电 路 理 论

李 智　王 勇　李 军
刘静伦　龙建忠　方 勇 编著

科学出版社
北 京

内 容 简 介

本书全面系统地介绍了电路分析的基本原理和基本方法,内容包括:电路分析导论,电路元件,线性电路基本分析方法,线性电路的输入/输出时域分析,线性电路的正弦稳态分析,拉普拉斯变换和 s 域分析,双口网络,图论及线性电路矩阵分析法,PSpice、EWB 等 EDA 工具在线性电路分析中的应用。并在相关章节的复习思考题中提供了相应的练习。

本书可作为高等院校电子信息、电气工程、自动控制、通信工程、计算机科学与技术等专业的教材,也可作为成人教育的教材和相关专业科技人员的参考书。

图书在版编目(CIP)数据

电路理论 / 李智等编著. — 北京:科学出版社,2021.1
ISBN 978-7-03-067034-2

Ⅰ.①电… Ⅱ.①李… Ⅲ.①电路理论-高等学校-教材 Ⅳ.①TM13

中国版本图书馆 CIP 数据核字(2020)第 240279 号

责任编辑:叶苏苏/责任校对:彭 映
责任印制:罗 科/封面设计:义和文创

科 学 出 版 社 出版
北京东黄城根北街16号
邮政编码:100717
http://www.sciencep.com

*成都锦瑞印刷有限责任公司*印刷
科学出版社发行 各地新华书店经销
*

2021年1月第 一 版 开本:787×1092 1/16
2021年1月第一次印刷 印张:26 1/2
字数:645 000
定价:79.00 元
(如有印装质量问题,我社负责调换)

前　　言

　　电路理论课程是教育部规定的综合性大学电子信息类专业的专业基础课与专业主干课，也是电气工程、控制科学与工程、计算机科学与技术等专业必修的专业基础课或专业主干课。1982 年以来，经过数十年几代新老教师的共同努力，形成了有鲜明特色的教学体系，尤其注重传统理论教学和计算机仿真分析实践相结合。同时，与教学体系相呼应的教材建设也不断进步。根据教育部制定的课程教学大纲和教学基本要求，课程组先后编写出版了《电路与系统理论》(1996 年出版，四川大学出版社)、《电路系统分析与设计》(2002 年出版，四川大学出版社)、《电路理论基础》(2005 年出版，科学出版社，普通高等教育"十一五"国家级规划教材)。

　　近年来，随着卓越工程师培养、工程教育认证、翻转教学等一系列崭新教学理念的出现，课程组决定对《电路理论基础》(2005 版)进行教学内容的更新和修订，以适应新时代对电子信息技术基础课程的要求，具体如下：

　　1. 教育理念改革

　　教材修订的核心目标是引入工程教育理念，并将与工程实际相结合的工程教育理念贯穿于电路理论课程中。传统的电路基本理论与工程实际相结合，既是电力、电子产业发展和学生培养的必然要求，也是提高课程活力的必然选择。

　　2. 教学内容修订

　　教学内容是课程改革的核心和本质。首先，传统的电路理论课程教学专注于理想电路模型的分析和求解，而对于实际电路的讲解，尤其是微电子元器件、集成电路的内容，几乎没有涉及。其次，对电路在信号处理、类脑计算方面的应用缺乏介绍和分析。最后，对二端口、多端口网络内容，缺乏集成电路设计模块化、抽象化理念的支撑。教学内容的修订兼顾电路的分立与集成、模拟与数字、无源与有源元件、二端与多端元件、受控源与开关、线性与非线性以及能量处理与信号处理等多种特性，始终紧跟产业发展的步伐，适时地将工程实际中的最新进展引入到课程教学中来，并与基本概念、分析方法等有机结合，引导学生用所学的基本知识去分析和解决实际问题。

　　3. 教学方法改革

　　传统的教师讲、学生听的教学模式不应该是课程教学的全部。工作坊教学、团队项目、开放式问题(无预设答案)的解决，基于经验的学习以及参与研究，都应该是完整工程教育的组成部分。有必要从电路理论这门技术基础课程开始就有意识地对学生进行工程能力的培养。采用基于问题或项目的教学/学习方法，通过教师的精心构思，确定合适的题目，使学生在本课程中有一到两次工程设计实现的体验。

本书内容由三部分组成：

(1)电路分析基础，即第 1～6 章，主要介绍了电路分析的三种基本规律(电路元件约束规律、电路拓扑结构约束规律和基本信号规律)；电路分析的基本方法；电路基本定理及其应用。

(2)网络系统理论，即第 7～9 章，重点阐述了现代电路系统分析理论和计算机辅助电路分析。

(3)现代电路系统设计，即第 10 章，介绍了计算机辅助设计技术。

本书由李智负责主编，其中王勇编写了第 1 章、第 6 章、第 7 章，李智、龙建忠编写了第 2 章、第 5 章、第 10 章，方勇、刘静伦编写了第 3 章、第 4 章，李军编写了第 8 章、第 9 章；我院研究生蒋鸿宇、何毅、王红宁、李霏、谭海洋、龙程、王昌蓉参加了部分习题的编写和绘制插图工作。

四川大学电子信息学院全体同仁给予了许多帮助，尤其是课程组中的马代兴、何其超、王祯学三位老教授，同时院领导对本课程给予了许多支持，借本书出版之机，向他们表示最真挚的谢意！

本书在出版中得到了四川大学 2020 年立项建设教材资助，在此，向四川大学教材指导委员会、教务处及电子信息学院表示真挚的谢意！

由于编者水平所限，书中难免有疏漏和不当之处，恳请读者批评指正。

编　者
2020 年 12 月于四川大学

目　　录

第1章　电路分析导论 ·· 1

1.1　引言 ··· 1

1.2　电路模型和集中参数假设 ·· 1

1.3　电路的基本变量和关联参考方向 ··· 4

1.4　功率和能量——电路的复合变量 ··· 6

1.5　基尔霍夫电流定律与电荷守恒公理 ··· 8

1.6　基尔霍夫电压定律与能量守恒公理 ·· 10

1.7　特勒根定理 ·· 11

1.8　总结与思考 ·· 15

1.8.1　总结 ·· 15

1.8.2　思考 ·· 16

习题 1 ·· 16

第2章　电路元件与电路分类 ··· 19

2.1　二端电路元件的数学抽象及描述 ·· 19

2.1.1　二端电阻 ··· 19

2.1.2　二端电容 ··· 25

2.1.3　二端电感 ··· 30

2.1.4*　二端忆阻元件 ·· 33

2.2　独立电源 ··· 34

2.3　基本信号 ··· 39

2.3.1　复指数信号 ·· 39

2.3.2　单位阶跃信号 ·· 40

2.3.3　单位斜坡信号 ·· 41

2.3.4　单位冲击信号 ·· 42

2.4　多端电路元件的数学抽象及其描述 ·· 45

2.4.1　多端电阻 ··· 46

2.4.2　多端电感 ··· 58

2.4.3　多端电容 ··· 61

2.5　电路元件的基本组与器件造型的概念 ·· 61

2.6　电路分类 ··· 62

2.7 总结与思考 ··· 63
   2.7.1 总结 ··· 63
   2.7.2 思考 ··· 66
习题 2 ··· 67

第 3 章 电路分析的基本方法 ··· 75
3.1 电阻电路等效分析法 ··· 75
   3.1.1 电阻的串联和并联 ··· 75
   3.1.2 电阻的三角形连接与星形连接 ························· 77
   3.1.3 电阻电路等效分析法应用示例 ························· 81
3.2 支路电流法 ··· 87
3.3 节点分析法 ··· 89
3.4 网孔电流法 ··· 98
3.5 总结与思考 ··· 104
   3.5.1 总结 ··· 105
   3.5.2 思考 ··· 109
习题 3 ··· 110

第 4 章 电路定理 ··· 116
4.1 叠加定理 ·· 116
4.2 替代定理 ·· 120
4.3 戴维南定理与诺顿定理 ·· 122
   4.3.1 戴维南定理 ·· 122
   4.3.2 诺顿定理 ·· 124
   4.3.3 定理使用的技巧 ··· 125
4.4 互易定理 ·· 132
4.5 对偶原理 ·· 135
4.6 最大功率传输定理 ·· 137
4.7 总结与思考 ··· 138
   4.7.1 总结 ··· 138
   4.7.2 思考 ··· 140
习题 4 ··· 140

第 5 章 电路的时域分析 ·· 145
5.1 一阶电路分析 ·· 145
   5.1.1 一阶电路的零输入响应 ··································· 145
   5.1.2 一阶电路的零状态响应 ··································· 151
   5.1.3 一阶电路的完全响应 ······································ 155

    5.1.4 一阶电路的三要素分析法 ·· 159

  5.2 一般电路系统 I/O 微分方程的建立和求解 ································· 162

    5.2.1 电路系统 I/O 微分方程的建立和求解 ··························· 162

    5.2.2 初始条件的确定 ··· 166

    5.2.3 电路系统微分方程的求解 ··· 172

  5.3 冲击响应和阶跃响应 ··· 179

  5.4 卷积与零状态响应 ··· 185

    5.4.1 卷积的定理 ··· 185

    5.4.2 卷积的几何解释 ··· 187

    5.4.3 卷积的性质 ··· 189

  5.5 卷积积分应用 ·· 193

  5.6 总结与思考 ·· 196

    5.6.1 总结 ··· 196

    5.6.2 思考 ··· 197

习题 5 ··· 198

第 6 章　正弦电路的稳态分析 ·· 205

  6.1 正弦稳态分析基础 ··· 205

    6.1.1 正弦信号的基本概念 ··· 205

    6.1.2 线性时不变电路的正弦稳态响应和正弦量的相量 ············· 206

    6.1.3 基尔霍夫定律的相量形式 ··· 209

  6.2 阻抗、导纳和相量模型 ··· 211

    6.2.1 二端电路元件 VCR 的相量形式 ································· 211

    6.2.2 多端电路元件 VCR 的相量形式 ································· 215

    6.2.3 阻抗和导纳 ··· 216

  6.3 相量分析法 ·· 220

    6.3.1 等效变换分析法 ··· 221

    6.3.2 相代数方程描述电路法 ··· 222

  6.4 正弦电路的功率 ··· 227

    6.4.1 二端网络的功率 ··· 227

    6.4.2 正弦稳态的最大功率传输条件 ··································· 232

  6.5 非正弦周期信号激励下电路的稳态分析 ······························· 233

    6.5.1 电子技术中的非正弦周期信号 ··································· 234

    6.5.2 非正弦周期信号的正弦稳态响应 ································· 236

    6.5.3 非正弦周期信号的功率 ··· 237

  6.6 谐振电路 ··· 238

    6.6.1 串联谐振电路 ·· 238

    6.6.2 并联谐振电路 ·· 242

    6.6.3 耦合谐振电路 ·· 245

6.7 总结与思考 ··· 247

    6.7.1 总结 ··· 247

    6.7.2 思考 ··· 249

习题 6 ··· 250

第 7 章　电路的复频域分析方法 ·································· 255

7.1 拉普拉斯变换的定义 ·· 255

7.2 拉普拉斯变换的基本性质 ·· 256

7.3 拉普拉斯反变换 ·· 260

7.4 复频域电路分析方法 ·· 263

    7.4.1 基本电路元件的复频域模型 ····························· 263

    7.4.2 复频域电路分析方法 ··································· 265

7.5 网络函数的定义 ·· 268

7.6 网络函数的零点和极点 ·· 270

7.7 网络函数的瞬态响应 ·· 272

    7.7.1 极点与自由响应和强迫响应 ····························· 273

    7.7.2 零、极点与冲击响应 ··································· 274

7.8 网络的稳定性分析 ·· 276

7.9 总结与思考 ··· 281

    7.9.1 总结 ··· 281

    7.9.2 思考 ··· 282

习题 7 ··· 282

第 8 章　双口网络 ·· 287

8.1 双口网络的参数 ·· 287

    8.1.1 短路导纳参数(y 参数) ······························· 287

    8.1.2 开路阻抗参数(z 参数) ······························· 290

    8.1.3 混合参数 ··· 291

    8.1.4 传输参数 ··· 294

    8.1.5 双口网络参数之间的关系 ······························· 296

8.2 双口网络的等效电路 ·· 302

8.3 双口网络的相互连接 ·· 304

    8.3.1 双口网络的串联 ··· 304

    8.3.2 双口网络的并联 ··· 305

8.3.3　双口网络的级联 ……………………………………………………… 307

8.3.4　双口网络的混联 ……………………………………………………… 308

8.4*　双口网络有效连接的判别和实现 ………………………………………… 308

8.5　双口网络的黑箱分析法 ………………………………………………………… 311

8.6　总结与思考 ……………………………………………………………………… 313

8.6.1　总结 …………………………………………………………………… 313

8.6.2　思考 …………………………………………………………………… 313

习题 8 ……………………………………………………………………………… 314

第 9 章　图论及 LTI 电路系统的矩阵分析法 …………………………………………… 320

9.1　图论基础 ………………………………………………………………………… 320

9.1.1　图 ……………………………………………………………………… 320

9.1.2　回路 …………………………………………………………………… 322

9.1.3　树 ……………………………………………………………………… 322

9.1.4　割集 …………………………………………………………………… 323

9.1.5　基本回路与基本割集 …………………………………………………… 324

9.2　电路系统的图矩阵表示 ………………………………………………………… 324

9.2.1　关联矩阵 ……………………………………………………………… 324

9.2.2　基本割集矩阵 ………………………………………………………… 327

9.2.3　基本回路矩阵 ………………………………………………………… 328

9.2.4　图矩阵间的关系 ……………………………………………………… 331

9.2.5　支路变量之间的基本关系 …………………………………………… 331

9.3　支路电压电流关系——VCR 方程 …………………………………………… 333

9.4　节点分析法和基本割集分析法 ………………………………………………… 337

9.4.1　节点分析法 …………………………………………………………… 337

9.4.2　基本割集分析法 ……………………………………………………… 342

9.5　网孔分析法和基本回路分析法 ………………………………………………… 344

9.6*　改进节点分析法 ……………………………………………………………… 349

9.7　总结与思考 ……………………………………………………………………… 353

9.7.1　总结 …………………………………………………………………… 353

9.7.2　思考 …………………………………………………………………… 355

习题 9 ……………………………………………………………………………… 356

第 10 章　计算机辅助设计 ………………………………………………………………… 362

10.1　计算机辅助设计基础 ………………………………………………………… 362

10.1.1　计算机辅助设计技术简介 ………………………………………… 362

10.1.2　电子设计自动化简介 ……………………………………………… 364

    10.1.3 PSPICE 简介 ……………………………………………………… 366
10.2 Multisim 软件基础 …………………………………………………… 368
    10.2.1 Multisim 简介 ………………………………………………… 368
    10.2.2 Multisim 基本操作 …………………………………………… 371
10.3 Multisim 电路分析方法 ……………………………………………… 376
    10.3.1 直流工作点分析 ……………………………………………… 376
    10.3.2 交流分析 ………………………………………………………… 379
    10.3.3 瞬态分析 ………………………………………………………… 380
    10.3.4 扫描分析 ………………………………………………………… 382
    10.3.5 傅里叶分析 …………………………………………………… 384
    10.3.6 噪声分析 ………………………………………………………… 385
    10.3.7 失真分析 ………………………………………………………… 386
10.4 Multisim 应用实例 …………………………………………………… 388
    10.4.1 基尔霍夫电流定律和基尔霍夫电压定律的仿真 …………… 388
    10.4.2 电阻、电容、电感的电原理性的仿真 ……………………… 390
    10.4.3 电阻电路等效分析法的仿真 ………………………………… 395
    10.4.4 叠加定理的仿真 ……………………………………………… 398
    10.4.5 电路时域分析的仿真 ………………………………………… 399
    10.4.6 耦合电感去耦合等效变换的仿真 …………………………… 401
    10.4.7 基本共射极放大电路的仿真 ………………………………… 404
    10.4.8 有源带通滤波器的仿真 ……………………………………… 407
10.5 总结与思考 …………………………………………………………… 410
    10.5.1 总结 ……………………………………………………………… 410
    10.5.2 思考 ……………………………………………………………… 411
习题 10 ………………………………………………………………………… 411
主要参考文献 ………………………………………………………………… 413
附录 …………………………………………………………………………… 414

第1章 电路分析导论

内 容 提 要

本章在集中参数假设的条件下，导出电路模型的基本概念，介绍描述电路的基本变量和复合变量，给出了关联参考方向的约定。

重点介绍电路分析的理论基础：电荷守恒公理和能量守恒公理，由此导出电路必须遵守的两大约束规律之一——拓扑(或称结构)约束规律：基尔霍夫定律和特勒根定理。

1.1 引 言

在当今时代，人们的生活中已离不开电话(手机)、电视、音响、照明……工作中离不开计算机、测试仪表、控制装置、识别系统……尽管它们形状各异，性能不同，但都建立在一个共同的理论——电路理论基础之上。

电路理论由两个分支构成：电路分析、电路综合(设计)。电路分析是在给定电路系统的结构和元件参数之后，求解电路输入(激励)与输出(响应)之间的规律；电路综合是在给定电路系统的输入(激励)与输出(响应)之间的规律(或技术指标)的基础上，设计出电路系统(包括结构和元件参数)。本书在重点介绍电路分析的同时，也简要讨论电路综合(设计)。

电路分析必须满足两大约束规律：拓扑(结构)约束规律和元件约束规律。它们是电路分析与计算的基础，但它们又是建立在电荷守恒公理和能量守恒公理基础之上的。在这些理论基础之上，导出了一些重要的电路定理和各种基本分析方法。

电路理论是一门融合理论与工程应用的学科，我们既要学习和掌握它的基本概念、基本理论规律、基本分析方法，又要注重它的工程应用，与时俱进，不断创新！

电路理论是现代电子信息技术的重要基础，它既为后续课程模拟电子技术、数字电子技术、信号与系统、自控原理、通信原理等奠定了坚实的基础，又培养了读者成为一名科学家或工程师必备的分析问题和解决问题的能力。

1.2 电路模型和集中参数假设

在工农业生产、国防、科研和日常生活中，为实现电能的产生、传输、分配和转换，电信号的采集、交换、传输及处理，信息的存储，电量的测试等任务，人们设计、制造出各种实际电路元件(如电阻器、电容器、变压器、晶体管、运算放大器)，再将实际电路元件按一定的互连规律连接起来，以完成上述各种任务，这就形成了电路系统，通常人们称它们为实际电路。

为了研究实际电路系统的特性，必须进行科学抽象与概括，用一些反映其电磁本质属性的理想化元件按照一定的互连规律连接起来，成为有某种功能的组合体，来表征实际电路系统，这就是电路模型。它是对实际电路系统的抽象和概括。电路理论研究的对象就是电路模型。因为给客观事物建立一个理想化模型，再以此模型为对象进行定性或定量分析，然后根据分析的结果得出合乎客观事物实际情况的科学结论，是人们在长期科学实验中总结出来的一种自然科学研究方法。例如，力学中的质点模型，电学中的点电荷模型，原子物理学中的原子模型等。虽然模型并不是原来的客观事物，而仅仅是客观事物的符合一定条件的科学抽象，但它本身又有严格的定义。一个理想化模型可能与一个原物相对应，也可能用几个理想化模型的组合来最佳逼近原物。

电路理论以电路模型为研究对象，采用这种模拟的方法是必要的和可能的。因为在实际电路系统中，各种器件的工作过程都与电路的电磁现象有关。例如，电阻器的电阻是由于电场和磁场的能量与热能及其他形式能量的相互转换而形成的；电感线圈中磁场能量的存储与变化，决定于电路中的磁场分布情况；电容器中电场能量的存储与变化，决定于电路中的电场分布状态……这就是说，任何一个实际电路元件或由它们组成的实际电路都与其电磁特性有关。如果以实际电路为研究对象，必然是所有实际元件的电磁性能交织在一起，不仅使问题复杂化，甚至无法进行分析研究。所以只能采用模拟的概念，假设实际器件或电路中的电磁过程可以分别研究，从而可以用集中参数元件(即理想化元件)构成电路元件模型。每一种集中参数元件都只表示一种基本的电磁过程，反映一个物理本质特征，可以用数学方法精确定义。例如，理想的电阻元件是一种只表示消耗电能，产生焦耳热效应的器件；理想电容器只表示电荷及电场能量的存储；理想电感元件只表示磁链和磁场能量的存储等。这样任何实际电路元件均可以用这些理想化元件模型或它们的组合来表征。例如，一个实际电阻器，若只考虑电磁能转变为热能的特性，就可用一个理想电阻元件表示；若要表示由它引起磁场存在效应，就要用一个理想电阻与一个理想电感串联的模型表示；若还需表示由它引起电场存在的效应，就要用一个理想电阻与电容并联的模型表示。

上述所谓理想化元件(即集中参数元件)的假设，是指在似稳条件下，当电路元件的外部尺寸很小时，它的每个端钮上的电流和任意两个端钮之间的电压在任意时刻都有确定的值。也就是说，若实际电路的尺寸远小于电路正常工作时信号最高频率所对应的波长，实际电路中的电磁过程才可以分别研究，每一种物理本质才可以用一个理想化模型来表征。这种理想化元件模型就是集中参数元件，简称电路元件。

集中化假设可以用如下公式表示

$$l \ll \lambda \tag{1.1a}$$

或

$$\tau \ll T \tag{1.1b}$$

其中，l——实际电路的最大尺寸；

　　λ——电路工作信号的波长；

　　τ——信号从实际电路一端传到另一端所需时间，$\tau = \dfrac{l}{c}$，c 为光速；

　　T——信号的周期，$T = \dfrac{1}{f}$，f 是信号频率。

没有尺寸的实际电路在自然界中是不存在的，但具有一定尺寸又符合集中化假设的实际电路确实是普遍存在的。而当集中化假设满足之后的实际元件或电路，就可以不考虑空间因素，而仅看作是空间中的一个点。这时，就可以认为电路中流动的信号仅是时间的函数，而与空间坐标无关，电压和电流才可写为 $i(t)$ 和 $u(t)$，基尔霍夫定律才能应用。

例 1.1　一般音频电路的工作信号最高频率为 $f_h = 25\text{kHz}$，最低工作信号频率为 $f_1 = 20\text{Hz}$，试判别该电路是否满足集中参数假设。

解　因为

$$\lambda_h = \frac{c}{f_h} = 3 \times 10^8 / (25 \times 10^3) = 12(\text{km})$$

$$\lambda_1 = \frac{c}{f_1} = 3 \times 10^8 / 20 = 15\,000(\text{km})$$

所以音频电路满足集中参数假设。

例 1.2　手机的工作信号频率为 900MHz 和 1800MHz，试判别该电路是否满足集中参数假设。

解　因为

$$\lambda_1 = \frac{3 \times 10^8}{900 \times 10^6} = 0.33(\text{m})$$

$$\lambda_2 = \frac{3 \times 10^8}{1800 \times 10^6} = 0.167(\text{m})$$

若采用分立元件来组装手机，元件与波长间差距不大，用这种集中参数电路一般是不行的，但若采用大规模集成电路，则用集中参数电路表示是可以的。

例 1.3　微波电路工作信号频率一般为 $f = 300\text{MHz} \sim 300\text{GHz}$，对应的波长为 $\lambda = 1\text{m} \sim 1\text{mm}$，因此是不能用集中参数电路来描述的，而只能用分布参数电路来表示。

理论和实践表明，集中参数元件具有以下重要性质：

(1) 在任意时刻，流入二端集中参数元件任一端点的电流等于从另一端点流出的电流，且两个端点对参考点的电位均有确定值。

(2) 在任一时刻流入多端集中参数元件任一端点的电流等于从其他端点流出电流的代数和，且其任一端点对参考点的电位均有确定值。

不满足集中化假设的元件称为分布参数元件，由分布参数元件构成的电路叫作分布参数电路，而分布参数电路理论是建立在集中参数电路理论基础上的，一个分布参数电路可以看成是一串集中参数电路序列的极限，所以本书只讨论集中参数电路理论。

在电路系统理论中，电路通常也称网络或系统。一般网络定义为由许多不同个体根据某种机理或要求而交织在一起的，具有某种功能的集合体；系统定义为由若干相互作用和相互依赖的事物组合成的，具有特定功能的有机整体。一般讨论抽象规律时多用网络概念，研究具体问题时常用电路一词，而把系统看成是比电路更复杂、规模更大的组合体。但是近年来由于大规模集成电路技术的发展及各种复杂电路系统部件的采用，使系统、网络、电路及器件这些名词的划分发生了困难，它们当中的许多问题互相渗透，需要统一处理、分析和研究。因此，在电路系统理论中，电路、网络、系统三词通用，不再区别。

1.3 电路的基本变量和关联参考方向

在电路分析与设计中，为了定量地描述电路的状态或电路元件的特征，普遍采用两类变量，即基本变量和复合变量。

描述电路的基本变量为电压、电流、电荷、磁链。

电流 电荷质点的定向运动称为电流，其大小用单位时间内通过导体横截面的电荷量来计算，即

$$i(t) = \frac{dq(t)}{dt} \tag{1.2}$$

电流就其形成的原因可以分为三类：传导电流、运流电流、位移电流。若按电流大小和方向是否随时间变化又可以分为：直流(DC)，用 I 表示；交流(AC)，用 $i(t)$ 表示。电流的单位为安(A)。

电压 电场力把单位正电荷从电路的一点移到另一点所做的功称为电路中两点间电压，即

$$u(t) = \frac{dW(t)}{dq(t)} \tag{1.3}$$

电压也可以定义为电路中两点电位之差，而电位是指电路中任一点与参考点之间的电压，因为假设参考点的电位为零。即

$$U_{ab} = U_a - U_b = \int_a^b E dl \tag{1.4}$$

其中，E 为电场强度。但注意，计算 a、b 两点间的电压，与所选择 ab 间的路径无关。

电压也分为直流电压、交流电压，分别用 U 和 $u(t)$ 表示，单位为伏(V)。

电荷 是构成物质原子的一个电特征，它表示带电粒子的电荷数，可分为恒定电荷、时变电荷。分别用 Q 和 $q(t)$ 表示，单位为库(C)，一个电子的电荷量是 -1.602×10^{-19}C，而质子的电荷是正的，其电荷量与电子一样。当质子数与电子数相等时，原子呈中性。

磁链 一个匝数为 N 的线圈通过电流为 $i(t)$ 时，在线圈内部和外部建立磁场形成磁通 Ψ_L，磁通主要集中在线圈内部，与线圈相交链，称为磁链；$\Phi(t) = N\Psi_L$，单位为韦(Wb)。

磁链与电压之间恒满足如下关系

$$u(t) = \frac{d\Phi(t)}{dt} \tag{1.5}$$

例 1.4 已知流入电路中某节点的总电荷由方程：$q(t) = 5t\sin 4\pi t \,(\text{mC})$ 确定，试求 $t = 0.5\text{s}$ 时的电流 $i(t)$。

解 因为

$$i(t) = \frac{\mathrm{d}q(t)}{\mathrm{d}t} = \frac{\mathrm{d}}{\mathrm{d}t}(5t\sin 4\pi t) = (5\sin 4\pi t + 20\pi t \cos 4\pi t)(\text{mA})$$

所以

$$i(t)\big|_{t=0.5} = 5\sin 2\pi + 10\pi\cos 2\pi = 10\pi = 31.42(\text{mA})$$

例 1.5 已知一个电源以 2A 的电流流过灯泡 10s 的时间，该灯泡发热发光消耗能量 4.5kJ，试求灯泡两端的电压 u。

解 因为总电荷量

$$\Delta q(t) = i\Delta t = 2\times(10-0) = 20(\text{C})$$

所以

$$u = \frac{\Delta W}{\Delta q} = \frac{4.5\times10^3}{20} = 225(\text{V})$$

电压和电流都是标量，为了分析和计算的需要，应选定参考方向。

电流、电压的参考方向在电路分析时是独立任意假设的。

电流、电压的实际方向是电流、电压的真实方向。习惯上规定正电荷移动的方向为电流的实际方向，但电路分析中很难直接确定电流的实际方向，因此规定当电流的参考方向与实际方向一致时，电流为正值，否则为负值，据此确定电流的实际方向。如图 1-1 所示中，$i = -3\text{A}$，表示电流 i 的实际方向与图中标示相反，应由 B 流向 A。规定电位真正降低的方向为电压的实际方向，其高电压端标"+"，低电压端标"−"，同时规定当电压参考方向与实际方向一致时，电压为正值，否则为负值。如图 1-1，$u = 6\text{V}$，表示电压实际方向与图中假定的参考方向一致。

图 1-1 确定电流的实际方向

在电路分析与设计中，为了计算方便，规范统一，通常将电路中电流和电压的参考方向取为一致，即假定电压的参考方向已选定，则电流必须从支路的高电位(+)流向低电位(−)；或假定电流参考方向已选定，则电压的高电位(+)必须是电流进入的支路端。

例 1.6 欧姆定律按关联一致参考方向，如图 1-2(a) 所示，应表述为

$$u(t) = Ri(t)$$

(a) 关联一致参考方向　　(b) 反关联一致参考方向

图 1-2 关联参考方向的确定

若欧姆定律按图 1-2(b)，则应表述为

$$u(t) = -Ri(t)$$

本书约定，电路均按关联一致参考方向进行分析和计算。

1.4 功率和能量——电路的复合变量

通常在电路分析和设计中还广泛采用复合变量——功率和能量来表征电路的状态和特性，因为电路的工作状态总是伴随有电能与其他形式能量的互相转换。另一方面电子信息系统与电气设备中，对其中电路部件是有功率限制的，在实际使用时其电流和电压是不能超过额定值的，否则会损坏部件或设备，不能正常工作。

功率 是消耗或吸收能量的速率，或定义为电场力在单位时间内所做的功，单位为瓦(W)。

$$p(t) = \frac{\mathrm{d}W(t)}{\mathrm{d}t} \tag{1.6}$$

因为电路中，$u(t) = \dfrac{\mathrm{d}W}{\mathrm{d}q}, i(t) = \dfrac{\mathrm{d}q}{\mathrm{d}t}$，当 u、i 取并联一致参考方向时，功率可表述为

$$p(t) = \frac{\mathrm{d}W}{\mathrm{d}t} = \frac{\mathrm{d}W}{\mathrm{d}q} \cdot \frac{\mathrm{d}q}{\mathrm{d}t} = u(t)i(t) \tag{1.7}$$

上述所有分析中，采用统一单位制，即能量(J)、功率(W)、电压(V)、电流(A)、电荷(C)、磁链(Wb)、时间(s)。

在关联一致参考方向的条件下，若 $p(t) = u(t)\,i(t) > 0$，则表示元件消耗(或吸收)功率，若 $p(t) < 0$，则表示元件产生(或提供)功率。在一个电路中 $\sum p_{耗}(t) = \sum p_{供}(t)$，即功率守恒。

功率有时也可以用马力(hp)表示，1hp=0.735kW。

例 1.7 图 1-3 所示电路中，已知：$i_1 = 12\text{A}$，$i_3 = -13\text{A}$，$i_4 = 1\text{A}$，$u_1 = 10\text{V}$，$u_4 = -5\text{V}$，试求：(1)电路中各元件的功率；(2)电路的总功率。

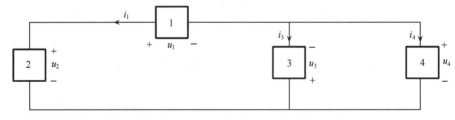

图 1-3 例题 1.7 图

解 (1)计算各元件上功率。

因为按照关联一致参考方向计算：

$$P = ui \qquad\qquad (u，i \text{ 为关联参考方向})$$

所以

$$P_1 = -u_1 i_1 = -10 \times 12 = -120(\text{W}) \quad (\text{产生})$$
$$P_2 = u_2 i_1 = (u_1 + u_4) \times i_1 = (10-5) \times 12 = 60(\text{W}) \quad (\text{吸收})$$
$$P_3 = -u_3 i_3 = -(-u_4) \times i_3 = -5 \times (-13) = 65(\text{W}) \quad (\text{吸收})$$
$$P_4 = u_4 i_4 = -5 \times 1 = -5(\text{W}) \quad (\text{产生})$$

(2) 计算电路功率。

因为

$$P_{耗}(t) = P_2 + P_3 = 125\text{W}$$
$$P_{供}(t) = P_1 + P_4 = -125\text{W}$$

所以

$$P(t) = P_{耗} + P_{供} = 125 + (-125) = 0(\text{W})$$

本题验证了电路中的功率守恒。

能量 是做功的本领，单位为焦(J)，即

$$W(t) = \int_{-\infty}^{t} p(\tau)\mathrm{d}\tau = \int_{-\infty}^{t} u(\tau)i(\tau)\mathrm{d}\tau \qquad (1.8)$$

在关联一致参考方向的条件下，若能量为正值，即 $W(t)>0$，则表示电路从外界吸收能量；若能量为负值，即 $W(t)<0$，则表示电路向外界提供能量。

一般用瓦·时(W·h)作为电力系统的度量单位，即

$$1(\text{W·h}) = 3600(\text{J})$$

例 1.8 一个 100W 的电灯泡，4h 需要消耗多少能量？

解 因为

$$W(t)=Pt$$

所以

$$W(t) = 100 \times 4 \times 60 \times 60 = 1440(\text{kJ})$$

若用瓦·时表示，则

$$W(t) = Pt = 100 \times 4 = 400(\text{W·h})$$

在实际应用中，有时感到国际单位(SI 单位)太大或太小，一般可加上如表 1-1 所示的国际单位制的词头，构成 SI 的十进倍数或分数单位。

表 1-1 SI 词头的名称、简称及符号

因数	名称		符号	因数	名称		符号
10^{24}	尧	yotta	Y	10^{-1}	分	deci	d
10^{21}	泽	zetta	Z	10^{-2}	厘	centi	c
10^{18}	艾	exa	E	10^{-3}	毫	milli	m
10^{16}	拍	peta	P	10^{-6}	微	micro	μ
10^{12}	太	tera	T	10^{-9}	纳	nano	n
10^{9}	吉	giga	G	10^{-12}	皮	pico	p
10^{6}	兆	mega	M	10^{-16}	飞	femto	f
10^{3}	千	kilo	k	10^{-18}	阿	atto	a
10^{2}	百	hecto	h	10^{-21}	仄	zepto	z
10	十	deca	da	10^{-24}	幺	yocto	y

1.5 基尔霍夫电流定律与电荷守恒公理

集中参数电路是由集中参数元件按一定规律连接而成的。电路中每一个二端元件称为一条支路，而把两条或两条以上支路的连接点称为节点，例如，图 1-4 中的 n_1、n_2、n_3；为了电路分析的方便，一般也可将流过同一电流的几个元件的组合称为支路，例如，图 1-4 中有三条支路 b_1、b_2、b_3；电路中的任一闭合路径称为回路，例如，图 1-4 中的 l_1、l_2、l_3；如果回路内部不含有另外支路，而又常将这种特殊回路称为网孔，如 l_1、l_2。

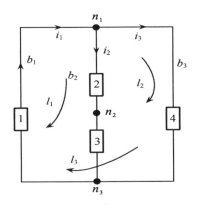

图 1-4 集中参数电路中的参数元件

电路中流经支路的电流称为支路电流，支路两端的电压称为支路电压，它们是电路分析中用得最多的两个变量，电路的基本规律也将用它们来描述。

电路的基本规律包括两个方面，一个是电路整体应遵守的规律，另一个是电路局部的各个组成部分应遵守的规律。或者说，一个是电路元件互连为一个电路整体支路电压和支路电流各自应遵守的基本规律，另一个是每一个支路元件上电压与电流应遵守的基本规律。前者人们称为电路的拓扑规律，即基尔霍夫定律和特勒根定理；后者称为电路的元件规律，或称支路电压-电流关系(VCR)。本章只讨论前者，后者在第 2 章介绍。

基尔霍夫定律是德国物理学家基尔霍夫(Kirchhoff)于 1847 年确立的。该定律由电压定律和电流定律组成，它们分别是建立在电荷守恒公理和能量守恒公理基础上的，下面分别介绍。

电荷守恒公理 电路中的电荷既不能创生，也不能消灭，只能在电路中连续流动，而不能在电路中任一节点上堆积，即每一瞬间电荷的堆积率为零。对电路中任一节点或高斯面有

$$\sum_{k=1}^{B} q_k(t) = 0 \quad (\forall t) \tag{1.9}$$

或

$$\sum_{k=1}^{B} q_k\left(t_{0-}\right) = \sum_{k=1}^{B} q_k\left(t_{0+}\right) \quad (\forall t) \tag{1.10}$$

基尔霍夫电流定律　对于任一集中参数电路中的任一节点，在任一时刻，流出(或流进)该节点的所有支路电流的代数和为零。即

$$\sum_{k=1}^{B} i_{b_k}(t) = 0 \quad (\forall t) \tag{1.11}$$

将电荷守恒公理应用于集中参数电路，因为 $i(t) = \dfrac{\mathrm{d}q(t)}{\mathrm{d}t}$ ，将式(1.9)两边微分，即

$$\frac{\mathrm{d}}{\mathrm{d}t}\sum_{k=1}^{B} q_k(t) = \sum_{k=1}^{B} \frac{\mathrm{d}q_k(t)}{\mathrm{d}t} = \sum_{k=1}^{B} i_{b_k}(t) = 0$$

式(1.11)被称为基尔霍夫电流定律(KCL)。

KCL 也可以表述为如下形式，即

$$\sum_{k=1}^{B} i_{k\lambda}(t) = \sum_{k=1}^{B} i_{k\text{出}}(t) \quad (\forall t) \tag{1.12}$$

例 1.9　图 1-4 电路中，节点 n_1 的 KCL 可表述为

$$-i_1(t) + i_2(t) + i_3(t) = 0$$

或

$$i_1(t) = i_2(t) + i_3(t)$$

通常，约定流进节点的电流为负，流出节点的电流为正。i_k 为流进节点的第 k 支路的电流，B 为节点处的支路数。

基尔霍夫电流定律还可以推广到任一高斯面(即任意形状的封闭曲面或割集)，所以 KCL 又可以表述为对于任一集中参数电路中的任一高斯面，在任一时刻，流出高斯面的所有支路电流的代数和为零，即

$$\sum_{k=1}^{C} i_{b_k}(t) = 0 \quad (\forall t) \tag{1.13}$$

例 1.10　图 1-5 所示的晶体管放大器中，高斯面 s_1 的电流应满足 $I_e = I_b + I_c$ ，这正是晶体管的电流分配关系。

不难证明，KCL 的上述两种表述(即节点和高斯面)是等价的。

KCL 只适用于集中参数电路，不适用于分布参数电路。KCL 仅仅是对集中参数电路中任意节点或高斯面加的一种线性拓扑约束，与各支路元件的性质无关。对于一个具有 N 个节点，B 条支路的电路来说，独立的 KCL 方程只有 $N-1$ 个， KCL 方程是一个以 +1、0、−1 为系数的线性齐次方程，±1 和 0 仅仅表示支路电流与节点或高斯面的关联关系，而与 $i_k(t)$ 本身数值的正负无关。

KCL 可以采用矩阵形式表述，这将留待以后讨论。

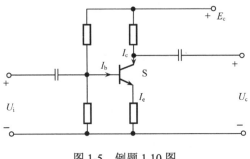

图 1-5　例题 1.10 图

1.6　基尔霍夫电压定律与能量守恒公理

能量守恒公理　任一时刻电路中的能量既不能创生，也不能消灭，只能由一种形式的能量转变为另一种形式的能量，即能量守恒。对电路有

$$\sum_{k=1}^{B} W_k(t) = 0 \quad (\forall t) \tag{1.14}$$

基尔霍夫电压定律　对于任一集中参数电路中的任一回路，在任一时刻，沿此回路任一方向巡行一周，则回路中各支路电压的代数和为零。即

$$\sum_{k}^{B} u_{b_k}(t) = 0 \quad (\forall t) \tag{1.15}$$

根据静电场的环路定理，电荷在电场中运动，电场力对它做的功与路径无关，只与起始位置有关，取任意闭合回路为积分路径，它的始末位置是同一点，因此电场力做功为零，电势差就是零；所以沿回路绕一周，电位降落的代数和为零，即

$$\sum_{k=1}^{B} u_{b_k}(t) = 0$$

式(1.15)即为基尔霍夫电压定律(KVL)的数学表达式。

在公式(1.15)中，u_k 为回路中的第 k 条支路电压，B 为回路中的支路数。回路的巡行方向可以任意选取，可选顺时针方向，也可选逆时针方向。当支路电压的参考方向与巡行方向一致时，取正；反之取负。

例 1.11　已知电路如图 1-6 所示，且 $U_1 = 3\text{V}$，$U_2 = 5\text{V}$，$U_4 = -7\text{V}$，$U_5 = 8\text{V}$，$U_6 = 4\text{V}$，试求 U_3 和端口电压 U_{ab}。

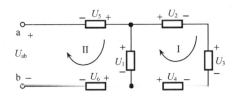

图 1-6　例题 1.11 图

解　(1)求U_3：选顺时针方向为回路 I 的电流方向，由 KVL 得

$$-U_1 + U_2 + U_3 - U_4 = 0$$

即

$$U_3 = U_1 - U_2 + U_4 = 3 - 5 + (-7) = -9(\text{V})$$

(2) 求 U_{ab}。

方法 1：因为回路 II 未闭合，本来 KVL 不能应用，但由于待求支路为 U_{ab}，所以当将 U_{ab} 加入考虑后，就可以得到广义的回路 II，由于可以将 KVL 推广应用于回路 II，得

$$U_1 + U_6 - U_{ab} - U_5 = 0$$

因此

$$U_{ab} = U_1 + U_6 - U_5 = 3 + 4 - 8 = -1(\text{V})$$

方法 2：端口电压 U_{ab} 也可由另一个广义回路 III 求得，此时 KVL 为

$$-U_5 + U_2 + U_3 - U_4 + U_6 - U_{ab} = 0$$

即

$$\begin{aligned} U_{ab} &= -U_5 + U_2 + U_3 - U_4 + U_6 \\ &= -8 + 5 + (-9) - (-7) + 4 = -1(\text{V}) \end{aligned}$$

这两种方法计算结果相同。由此可得出如下重要结论：计算两点之间电压与所选路径无关。

同样，KVL 只适用于集中参数电路，不适用于分布参数电路。

KVL 也仅仅是对集中参数电路任一回路(包括广义回路)中各支路电压加的一种线性拓扑约束，与各支路元件性质无关。KVL 的独立方程数等于 $B - (N-1)$。

KVL 方程是一个以 +1、0、-1 为系数的线性齐次方程，±1 和 0 仅仅表示支路电压与回路的关联关系，而与 $u_k(t)$ 本身数值的正负无关。

KCL 和 KVL 奠定了集中参数电路分析计算的基础，而它们的物理实质是电荷守恒公理与能量守恒公理，所以电路理论的基础是这两个公理。

1.7 特勒根定理

集中参数电路拓扑结构约束规律除了基尔霍夫电流定律和电压定律之外，还有特勒根(Tellegen)定理。

特勒根定理   对于任一个具有 N 个节点，B 条支路的集中参数电路，若其支路电压和支路电流用矢量表示为

$$\boldsymbol{u}_b(t) = \left[u_{b_1}(t), u_{b_2}(t), \cdots, u_{b_B}(t) \right]^{\mathrm{T}}$$

$$\boldsymbol{i}_b(t) = \left[i_{b_1}(t), i_{b_2}(t), \cdots, i_{b_B}(t) \right]^{\mathrm{T}}$$

则不论各支路元件性质是什么，恒有

$$\boldsymbol{u}_b^{\mathrm{T}}(t)\boldsymbol{i}_b(t) = 0 \quad (\forall t) \tag{1.16}$$

或

$$\sum_{k=1}^{B} u_{b_k}(t) i_{b_k}(t) = 0 \quad (\forall t) \tag{1.17}$$

其中，u_{b_k} 和 i_{b_k} 表示第 k 条支路的支路电压和支路电流。

特勒根定理是由基尔霍夫定律推导出来的，定理证明将在以后给出。显然 KCL、KVL 和特勒根定理只要任意两个即可表征电路中支路电流或支路电压的约束关系，所以只有两个是独立的。特勒根定理为电路理论计算提供了重要途径。同样特勒根定理也只适用于集中参数电路，也仅仅是对 u_b 和 i_b 的线性拓扑约束，与电路元件的性质无关。

特勒根定理的式 (1.16) 和式 (1.17) 是等价的，因为任一支路的 $u_{b_k} i_{b_k} = p_k(t)$，所以特勒根定理的物理意义的解释是，在任一时刻，任一集中参数电路的各支路所吸收或提供的瞬时功率之和为零。或者说，集中参数电路中独立电源向电路提供的功率总和，恒等于电路中所有无源元件吸收的功率总和，即瞬时功率守恒。

例 1.12 设电路 N 是由 B 个正电阻组成的二端电路，并设 N 中任意支路电流 i_k 与支路电压 u_k 取关联一致参考方向，且满足

$$\begin{cases} |i_k| \leqslant |i_S| \\ |u_k| \leqslant |u_S| \end{cases}$$

u_S 和 i_S 为端口电压与电流，如图 1-7 所示。

证明：ab 端口输入电阻 R_i 不大于 N 中 B 个电阻的串联值 $R_串$。

证明 因为 Tellegen 定理

$$\sum_{k=1}^{B} u_{b_k}(t) i_{b_k}(t) = 0$$

所以对图 1-7 所示电路有

$$-u_S(t) i_S(t) + \sum_{k=1}^{B} u_k(t) i_k(t) = 0$$

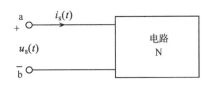

图 1-7 例题 1.12 图

即

$$u_S(t) i_S(t) = \sum_{k=1}^{B} u_k(t) i_k(t) = \sum_{k=1}^{B} R_k i_k(t) \cdot i_k(t) = \sum_{k=1}^{B} R_k \cdot i_k^2(t) \tag{1}$$

又因为 ab 端口输入电阻

$$\bar{R}_i = \frac{u_{ab}}{i} = \frac{u_S(t)}{i_S(t)}$$

所以对式 (1) 两端同除以 $i_S^2(t)$，得

$$R_{\mathrm{i}}=\sum_{k=1}^{B}R_k\cdot\frac{i_k^2(t)}{i_{\mathrm{S}}^2(t)}=\sum_{k=1}^{B}R_k\cdot\frac{\left|i_k(t)\right|^2}{\left|i_{\mathrm{S}}(t)\right|^2}$$

又因为
$$\begin{cases}R_{\text{串}}=\sum_{k=1}^{B}R_k\\\left|i_{\mathrm{S}}(t)\right|\geqslant\left|i_k(t)\right|\end{cases}$$
（电阻串联公式见第 2 章）

所以

$$R_{\mathrm{i}}\leqslant R_{\text{串}}$$

特勒根定理还可以进一步推广到两个同构网络，所谓同构网络是两个由集中参数元件构成的电网络 N 和 N′，若节点数相等，支路数也相等，且所有支路与节点间的连接规律一样，则称这两个电网络为同构网络。显然，同构网络具有相同的拓扑结构，但支路元件性质不一定相同。两个同构电网络中支路电压与电流间的约束关系，可以用广义特勒根定理来描述。

广义特勒根定理　若两个集中参数元件构成的同构网络 N 和 N′，其支路电压和电流分别为 $u_b(t)$、$i_b(t)$ 和 $u_b'(t)$、$i_b'(t)$，则对任一时刻 t，恒有

$$\left.\begin{array}{l}\boldsymbol{u}_b^{\mathrm{T}}(t)\boldsymbol{i}_b'(t)=0\quad(\forall t)\\\boldsymbol{u}_b'^{\mathrm{T}}(t)\boldsymbol{i}_b(t)=0\quad(\forall t)\end{array}\right\}\tag{1.18}$$

或

$$\left.\begin{array}{l}\sum_{k=1}^{B}u_{b_k}(t)i_{b_k}'(t)=0\quad(\forall t)\\\sum_{k=1}^{B}u_{b_k}'(t)i_{b_k}(t)=0\quad(\forall t)\end{array}\right\}\tag{1.19}$$

显然，式(1.18)和式(1.19)是等价的。

因为 u_{b_k} 与 i_{b_k}' 不是同一个网络中同一条支路上的电压和电流，它们的乘积没有什么物理意义，所以广义特勒根定理仅仅是同构网络必须遵守的一个数学关系。但是由于其表述的是电压和电流的乘积，所以又可以称之为似功率守恒。

广义特勒根定理也可以理解为同一个集中参数电路在不同的时刻支路电压与支路电流的乘积，即

$$\left.\begin{array}{l}\sum_{k=1}^{B}u_{b_k}(t_1)i_{b_k}(t_2)=0,\quad t_1>0\\\sum_{k=1}^{B}u_{b_k}(t_2)i_{b_k}(t_1)=0,\quad t_2>0\end{array}\right\}\tag{1.20}$$

例 1.13　已知图 1-8 所示由线性正电阻构成的网络 N，对于给定不同的负载 R_2 和不同的输入 U_1，作了两次测量，数据如下：

(1) $R_2=2\Omega$，$U_1=4\mathrm{V}$ 时 $I_1=2\mathrm{A}$，$U_2=2\mathrm{V}$；

(2) $R_2=1\Omega$，$\hat{U}_1=6\mathrm{V}$ 时 $\hat{I}_1=4\mathrm{A}$。

试求：$\hat{U}_2$。

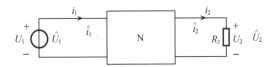

图 1-8　例题 1.13 图

解　由广义 Tellegen 定理式(1.19)得

$$\begin{cases} -U_1\hat{i}_1 + U_2\hat{i}_2 + \sum_{k=1}^{B} U_{b_k}(t)\hat{i}_{b_k}(t) = 0 \\ -\hat{U}_1 i_1 + \hat{U}_2 i_2 + \sum_{k=1}^{B} \hat{U}_{b_k}(t) i_{b_k}(t) = 0 \end{cases}$$

因为网络 N 由 N 个线性正电阻组成，即 $U_{b_k} = R_{b_k} i_{b_k}$，$\hat{U}_{b_k} = R_{b_k}\hat{i}_{b_k}$，

所以

$$\begin{cases} -U_1\hat{i}_1 + U_2\hat{i}_2 + \sum_{k=1}^{B} R_{b_k} i_{b_k} \hat{i}_{b_k} = 0 \\ -\hat{U}_1 i_1 + \hat{U}_2 i_2 + \sum_{k=1}^{B} R_{b_k} \hat{i}_{b_k} i_{b_k} = 0 \end{cases}$$

即

$$-U_1\hat{i}_1 + U_2\hat{i}_2 = -\hat{U}_1 i_1 + \hat{U}_2 i_2$$

代入数值得

$$-4\times 4 + 2\times\frac{\hat{U}_2}{1} = -6\times 2 + \hat{U}_2\times\frac{2}{2}$$

所以

$$\hat{U}_2 = 4\text{V}$$

在实际工作中，由于电路元件的数值随着各种外在因素的影响而变化，所以支路电压和电流也将随之而变化。通常人们把变化后的网络称为扰动网络，则特勒根第三定律可作如下表述。

特勒根第三定理　若任一集中参数网络 N 的扰动网络 N′的支路电压矢量和电流矢量为

$$\boldsymbol{u}_b'(t) = \boldsymbol{u}_b(t) + \Delta\boldsymbol{u}_b(t)$$
$$\boldsymbol{i}_b'(t) = \boldsymbol{i}_b(t) + \Delta\boldsymbol{i}_b(t)$$

则对任一时刻恒有

$$\boldsymbol{i}_b^{\mathrm{T}}(t)\Delta\boldsymbol{u}_b(t) = \boldsymbol{u}_b^{\mathrm{T}}(t)\Delta\boldsymbol{i}_b(t) \quad (\forall t) \tag{1.21}$$

特勒根定理是电路理论中非常重要的定理，应用非常广泛，进一步的讨论留待以后进行。

特勒根定理可以用基尔霍夫电流定律(KCL)和电压定律(KVL)进行理论证明，因此电路的拓扑(结构)约束的这三个规律中，只有两个是独立的，即只要任用其中两个规律就可以完整地描述电路的拓扑约束规律。

1.8　总结与思考

1.8.1　总结

本章重点　电路的拓扑(结构)约束规律

本章难点　关联参考方向

(1)电路理论是建立在集中参数假设条件下的,即 $l \ll \lambda$ 或 $\tau \ll T$。

(2)电路模型是在集中参数假设条件下,由实际电路进行物理抽象而得到的理想化模型,它是科学研究的方法手段,电路理论研究的对象是电路模型,而不是实际电路。

(3)描述电路的基本变量是电压、电流、电荷、磁链,它们之间恒满足如下规律,即

$$i(t) = \frac{\mathrm{d}q(t)}{\mathrm{d}t}, \quad u(t) = \frac{\mathrm{d}\Phi(t)}{\mathrm{d}t}$$

(4)电路分析中约定使用关联一致参考方向,它规定,若电压参考方向已任意设定,则电流方向必须为从高电位(+)端流向低电位(−)端。

(5)描述电路的复合变量是功率和能量,它们要受电路额定工作状态的限制,在关联一致参考方向下,有

① $p(t) = u(t)i(t)(\mathrm{W})$ [若 $p(t) > 0$,消耗功率;$p(t) < 0$,提供功率]。

② $W(t) = \int_{-\infty}^{t} p(\tau)\mathrm{d}\tau = \int_{-\infty}^{t} u(\tau)i(\tau)\mathrm{d}\tau(\mathrm{J})$ [若 $W(t) > 0$,耗能;$W(t) < 0$,供能]。

(6)任何集中参数电路必须遵循以下三个定律中任意两个。

①KCL:对于任意集中参数电路中的任意一个节点或高斯面(割集),在任一时刻,流出该节点或高斯面(割集)的电流代数和为零。

$$\sum_{k=1}^{B} i_{b_k}(t) = 0 \quad (\forall t)$$

它的物理实质是电荷守恒公理

$$\sum q_k(t) = 0$$

②KVL:对于任意集中参数电路中的任一闭合回路(含广义回路),在任一时刻,沿此回路任一巡行方向巡行一周,则回路中各支路的电压降的代数和为零。

$$\sum_{k=1}^{B} u_{b_k}(t) = 0 \quad (\forall t)$$

它的物理实质是能量守恒公理

$$\sum W_k(t) = 0$$

③Tellegen 定理:对于任意集中参数电路,在任一时刻,其支路电压与支路电流的乘积之和为零。

$$\sum_{k=1}^{B} u_{b_k}(t)i_{b_k}(t) = 0 \quad (\forall t)$$

它的物理实质是瞬时功率守恒。

1.8.2 思考

(1)为什么电路的研究对象不能用实际电路,而必须用电路模型?

(2)为什么电路分析中必须采用关联一致参考方向?若都采用实际方向可行吗?

(3)当电路中给定元件额定功率或能量限制之后,元件上的电压和电流是否可任意取值?若用反并联方向(如电源),吸收功率和产生功率的计算公式应如何表述?

(4)KCL 仅仅是对连接于节点或高斯面的支路电流的约束,它还能约束回路电流或网孔电流吗?它为什么与各支路元件的性质无关呢?

(5)KVL 仅仅是对同一个回路中各支路电压的约束,它还能约束节点电压、树支电压吗?它为什么与支路元件性质无关?计算两点间电压是否与所选路径有关?

习 题 1

1.1 单项选择题,从下列各题给定的答案中,选出一个正确答案,填入括号中。

(1)计算机的工作频率是 1GHz,其对应的波长是(   )m。

A. 0.3;   B. 3;   C. 0.33;   D. 3.3

(2)若流过某节点的电流 $i = (3t^2 - t)$A,则 t 为 1~2s 之间进入该节点的电荷总量是(   )C。

A. 55;   B. 5.5;   C. 34;   D. 2

(3)若一个接 120V 电源的电炉,其工作电流为 15A,电炉消耗电能为 30kJ,则电炉使用的时间是(   )s。

A. 16.67;   B. 166.67;   C. 200;   D. 250

(4)若一个电路有 12 条支路,可列 8 个独立的 KVL 方程,则可列出的独立 KCL 方程数是(   )。

A. 8;   B. 12;   C. 5;   D. 4

(5)图 1-9 中,电流 i 应为(   )A。

A. e^{-t};   B. $\cos t$;   C. $e^{-t}-\cos t$;   D. $e^{-t}+\cos t$

(6)图 1-10 中,电压 u 应为(   )V。

A. 6;   B. 14;   C. 30;   D. 10

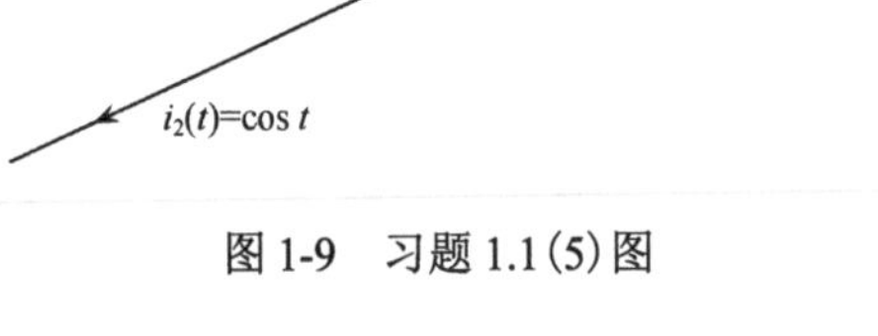

图 1-9 习题 1.1(5)图 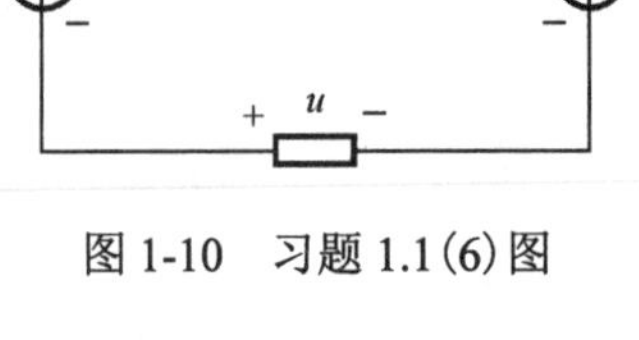   图 1-10 习题 1.1(6)图

1.2 已知图 1-11 中各个元件的参考方向及参数值,(1)试判定元件中电流与电压的实际方向。(2)

求出各元件的功率，并说明是产生还是消耗功率。

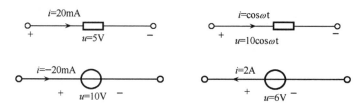

图 1-11 习题 1.2 图

1.3 电视机用一根 10m 的馈线和它的天线相互连接，当接收的信号频率为 203MHz(即 10 频道)，试问：

(1)馈线接天线端点与接电视机端点瞬时电流是否相等？

(2)馈线是否可用集中参数元件逼近？

1.4 已知电路如图 1-12 所示，各电路元件的电压、电流已给定，试求：(1)各元件吸收的功率；(2)电路的总功率。

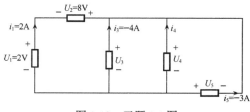

图 1-12 习题 1.4 图

1.5 在图 1-13 中，已知 $U_1=10\text{V}$，$U_2=5\text{V}$，$U_4=-3\text{V}$，$U_6=2\text{V}$，$U_7=-3\text{V}$，$U_{12}=8\text{V}$，能否求出所有支路电压？若能，试确定它们。若不能，试求出尽可能多的支路电压。

1.6 在图 1-13 中，若采用关联一致参考方向，且已知 $I_1=2\text{A}$，$I_4=5\text{A}$，$I_7=-5\text{A}$，$I_{10}=-3\text{A}$，$I_3=1\text{A}$，试求出尽可能多的支路电流。

1.7 图 1-13 所示电路，若支路电压和支路电流采用关联一致参考方向，试证明：

$$I_1 + I_2 + I_3 + I_4 = 0$$
$$I_6 + I_7 + I_8 + I_{10} = 0$$

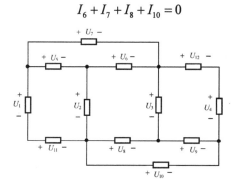

图 1-13 习题 1.5～1.7 图

1.8 已知图 1-14 中，$U_{ab} = 5V$，试求 U_S。

1.9 根据题 1.6 中所求得各支路电压和支路电流的数值，验证特勒根定理的正确性。

1.10 已知线性时不变电阻网络如图 1-15 所示，当 $R_2 = 1\Omega$ 时，若 $U_1 = 6V$，则 $i_1 = 1A$，$U_2 = 1V$；当 $R_2 = 2\Omega$ 时，若 $U_1 = 5V$，则 $i_1 = 1A$，试求第二种情况下的电压 U_2。

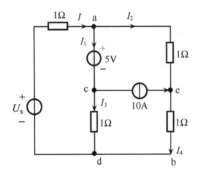

图 1-14 习题 1.8 图

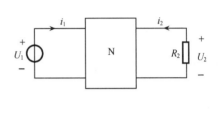

图 1-15 习题 1.10 图

第2章 电路元件与电路分类

内 容 提 要

本章的目的就是系统地介绍集中参数电路分析、研究的基本依据，两类约束规律之一——电路的元件约束规律(VCR)。

本章从基本变量出发，定义了两类电路元件——二端电路元件和多端电路元件。重点讨论了线性时不变二端元件 VCR、电路模型、基本性质、连接公式及应用；常用多端电路元件的 VCR、电路模型、基本性质及分析应用。最后简要介绍了电路的分类。

本章强调线性与非线性、非时变与时变、无源与有源、短路与开路、串联与并联、阶跃与冲击、跃变与不跃变、虚地与虚断、同名端、逆变性等基本概念。本章是本书的重要基础。

2.1 二端电路元件的数学抽象及描述

具有两个端点的集中参数元件称为二端电路元件，依据 4 个基本变量之间的两两约束关系可以定义二端电阻、二端电容、二端电感、二端忆阻，下面分别介绍。

2.1.1 二端电阻

一个二端电路元件，如果对于所有的时间 t，其端点的电压瞬时值 $u(t)$ 和通过其中的电流瞬时值 $i(t)$ 之间的关系，可用如下代数方程来决定时，即

$$f[u(t),i(t),t] = 0 \quad (\forall t) \tag{2.1}$$

则此二端元件称为二端电阻。

对所有的时间 t，式(2.1)在几何上确定为 u-i 平面上的一簇曲线，因而也可以说：如果对所有的时间 t，二端元件上的 $u(t)$、$i(t)$ 之间的关系可以由 u-i 平面上的一簇曲线所确定，则此元件称为二端电阻。

因为二端电阻的电压瞬时值与电流瞬时值之间仅受代数关系约束，所以二端电阻是一种瞬时性元件或无记忆元件。

根据式(2.1)描述的二端电阻可以分为四类，即非线性时变电阻、非线性时不变电阻、线性时变电阻和线性时不变电阻。

如果定义既满足可加性，又满足齐次性的函数为线性函数，即若 $f(x)$ 满足

(1)可加性

$$f(x_1 + x_2) = f(x_1) + f(x_2) \tag{2.2a}$$

(2)齐次性

$$f(ax) = af(x) \tag{2.2b}$$

则称 $f(x)$ 为线性函数。

显然，线性函数在几何上的图形为过原点的直线。根据式(2.2a)和式(2.2b)，可以得出如下定义。

如果对所有时间 t ，二端电阻的 $u(t)$ 与 $i(t)$ 之间的关系，既满足可加性，又满足齐次性，或 $u(t)$ 与 $i(t)$ 之间的关系用一簇在 u-i 平面上过原点的直线所确定，则称该元件为线性二端电阻；否则，即为非线性二端电阻。它们的电路符号如图 2-1 所示。

图 2-1   线性电阻和非线性电阻电路符号

PN 结二极管的电路模型就是非线性电阻，其特性曲线如图 2-2 所示。而图 2-3 所示的则是理想二极管的特性曲线。

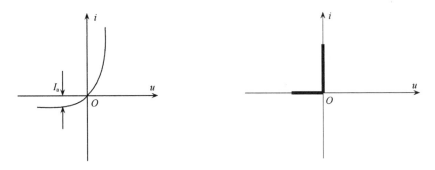

图 2-2   实际二极管的特性曲线   图 2-3   理想二极管的特性曲线

电路中使用广泛的是线性时不变电阻，其特性方程可表示为

$$\left.\begin{array}{l} u(t) = f[i(t)] = Ri(t) \qquad (\forall t) \\ i(t) = f^{-1}[u(t)] = Gu(t) \qquad (\forall t) \end{array}\right\} \tag{2.3}$$

在 u-i 平面，式(2.3)表达的是一条过原点的直线，这条直线的斜率就是线性电阻(或电导)值。其实式(2.3)就是人们熟知的欧姆定律。

电路中常见的开路和短路就是线性时不变电阻的两个极端情况。如果一个二端元件，不论它两端电压为何值，其流过的电流均为零，则称为开路，其特性曲线就是 u-i 平面上的 u 轴，如图 2-4(a)所示。由于这个特性曲线的斜率为无穷大，所以 $R = \infty$ 或 $G = 0$ 。与此相反，则称短路，其特性曲线为 u-i 平面上的 i 轴，此时 $R = 0$ 或 $G = \infty$ ，如图 2-4(b)所示。

线性时不变电阻，在关联一致参考方向下，其消耗的功率为

$$p(t) = u(t)i(t) = Ri^2(t) = Gu^2(t) \tag{2.4}$$

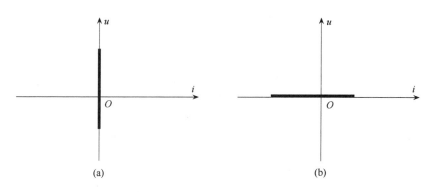

(a)   (b)

图 2-4 开路和短路情况的特性曲线

若线性时不变电阻为正电阻，则 $p(t) > 0$，所以线性正电阻是耗能元件。线性时不变电阻的能量为

$$W(t) = \int_{-\infty}^{t} p(\zeta)\mathrm{d}\zeta = \int_{-\infty}^{t} Ri^2(\zeta)\mathrm{d}\zeta = \int_{-\infty}^{t} Gu^2(\zeta)\mathrm{d}\zeta \tag{2.5}$$

则 $W(t) > 0$，所以线性正电阻是无源元件。理论上可以证明，只要二端电阻的 u-i 特性曲线位于 u-i 二维平面的一、三象限，则该二端电阻就是无源的。只要 u-i 曲线位于 u-i 平面二、四象限，则是有源的。

例 2.1 已知一个线性电阻 $R = 4\Omega$ 及一个非线性电阻特性为 $u(t) = f[i(t)] = 3i(t) - 4i^2(t)(\mathrm{V})$，流过的电流 $i(t) = \sin\omega t(\mathrm{A})$，试确定在这两个元件上产生的电压 $u(t)$。

解 (1)线性电阻

$$u(t) = Ri(t) = 4\sin\omega t$$

(2)非线性电阻

$$u(t) = 3i(t) - 4i^2(t) = 3\sin\omega t - 4\sin^2\omega t$$
$$= \sin 3\omega t$$

显然，这个流控非线性电阻实际上为一个变频器。由此可得出如下结论：线性电阻上的响应与激励波形相同，而非线性电阻上的响应则是一个不同的波形。这就是说，非线性电阻具有波形变换特性。因此，非线性电阻被广泛地应用在整流器、信号发生器等电路中。

例 2.2 将一支 20kΩ、1/8W 的金属膜电阻应用于直流电路时，最大允许施加多大电压？最大允许通过多大电流？

解 因为

$$p(t) = Gu^2(t)$$

所以

$$|u(t)| = \sqrt{Rp(t)} = \sqrt{20 \times 10^3 \times \frac{1}{8}} = 50(\mathrm{V})$$

而

$$|i(t)| = \frac{|u(t)|}{R} = \frac{50}{20 \times 10^3} = 2.5 (\text{mA})$$

故在实际应用中，该电阻电流不得超过 2.5mA，电压不得超过 50V。

综上所述，从由欧姆定律定义的线性时不变电阻到由式(2.1)定义的二端电阻是一个飞跃，这时，电阻已不仅仅是一种能够用来将电能转变为热能的器件了。非线性电阻和时变电阻的波形变换和频率变换特性已经在电路设计中获得了广泛的应用。

从电阻的定义也可以看出，描述电阻 u-i 关系 VCR 的是代数方程，这表明电阻的基本特性，即电阻是一种即时性元件，任意时刻的电压，仅与该时刻的电流有关，而与过去的历史无关，也就是说电阻是一种无记忆性元件。

线性时不变(LTI)电阻应用广泛，所以本书重点介绍它。LTI 电阻在电路中最基本的连接方式有两种，即串联和并联。

所谓串联就是电路中各电路元件首尾相连仅有一个公共节点，通过各元件的电流相等，如图 2-5 所示。

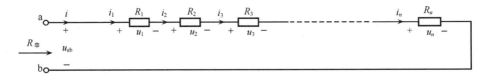

图 2-5　电阻的串联

因为由 KVL 得

$$u_{ab} = u_1 + u_2 + u_3 + \cdots + u_n$$

依据欧姆定律以及串联定义

$$i = i_1 = i_2 = i_3 = \cdots = i_n$$

所以

$$u_{ab} = R_1 i_1 + R_2 i_2 + R_3 i_3 + \cdots + R_n i_n$$
$$= (R_1 + R_2 + R_3 + \cdots + R_n)i$$

故

$$R_{串} = R_{ab} = \frac{u_{ab}}{i} = R_1 + R_2 + R_3 + \cdots + R_n \qquad (2.6a)$$

即

$$R_{串} = \sum_{k=1}^{n} R_k \qquad (2.6b)$$

所谓并联就是电路中所有电路元件都是首与首相连，尾与尾相连，即元件与元件间有两个公共节点，施加在每个电阻元件两端的电压是相等的，如图 2-6 所示。

因为对 a 点列 KCL 得

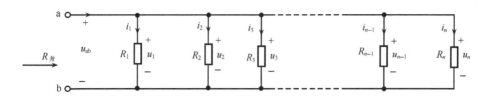

图 2-6 电阻的并联

$$i = i_1 + i_2 + i_3 + \cdots + i_n$$

依据欧姆定律以及并联定义

$$u_{ab} = u_1 = u_2 = \cdots = u_n$$

所以

$$i(t) = \frac{u_1}{R_1} + \frac{u_2}{R_2} + \frac{u_3}{R_3} + \cdots + \frac{u_n}{R_n}$$

$$= \left(\frac{1}{R_1} + \frac{1}{R_2} + \frac{1}{R_3} + \cdots + \frac{1}{R_n}\right) u_{ab}$$

$$= \left(G_1 + G_2 + G_3 + \cdots + G_n\right) u_{ab}$$

故

$$R_并 = \left(\frac{i}{u_{ab}}\right)^{-1} = \left(\frac{1}{R_1} + \frac{1}{R_2} + \frac{1}{R_3} + \cdots + \frac{1}{R_n}\right)^{-1} \tag{2.7a}$$

或

$$G_并 = G_1 + G_2 + G_3 + \cdots + G_n$$

即

$$R_并 = \sum_{k=1}^{n} \left(\frac{1}{R_k}\right)^{-1} \tag{2.7b}$$

$$G_并 = \sum_{k=1}^{n} G_k$$

例 2.3 试证明两个以上的电阻并联时，(1)总电阻 $R_并$ 比这些电阻中阻值最小的还小；(2)阻值都相等的 n 个电阻并联时，其总电阻为 $R_并 = \frac{R_1}{n}$。

证明 (1)把并联的 n 个电阻从小到大排序，即

$$R_1 < R_2 < R_3 < \cdots < R_n$$

因为

$$R_并 = \frac{1}{\frac{1}{R_1} + \frac{1}{R_2} + \frac{1}{R_3} + \cdots + \frac{1}{R_n}} = \frac{R_1}{1 + \frac{R_1}{R_2} + \frac{R_1}{R_3} + \cdots + \frac{R_1}{R_n}}$$

所以

$$R_并 < R_1$$

（2）因为

$$R_1 = R_2 = R_3 = \cdots = R_n$$

所以

$$R_{\#} = \cfrac{1}{\cfrac{1}{R_1} + \cfrac{1}{R_2} + \cfrac{1}{R_3} + \cdots + \cfrac{1}{R_n}} = \cfrac{1}{\cfrac{n}{R_1}} = \cfrac{R_1}{n} \tag{2.8}$$

式（2.8）是电路计算中的一个重要公式。

例2.4　试求图 2-7（a）所示无限梯形电路的端口电阻 R_i。

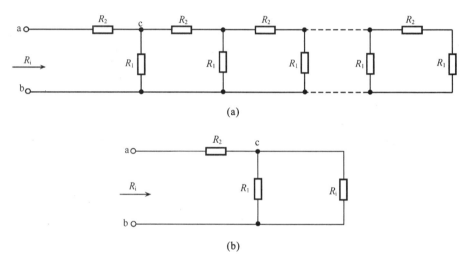

图 2-7　例 2.4 图

解　因为梯形电路为无限，若 $R_i = R_{ab}$，则也认为 $R_i = R_{cb}$，所以可将电路变换为图 2-7（b）所示。故

$$R_i = R_2 + R_1 \mathbin{/\mkern-5mu/} R_i = R_2 + \frac{R_1 R_i}{R_1 + R_i}$$

即

$$R_i^2 - R_2 R_i - R_1 R_2 = 0$$

所以

$$R_i = \frac{R_2 \pm \sqrt{R_2^2 + 4 R_1 R_2}}{2}$$

因为电路中所有电阻均为 LTI 正电阻，R_i 不能为负值。

所以

$$R_i = \frac{R_2 + \sqrt{R_2^2 + 4 R_1 R_2}}{2}$$

例2.5　已知电路如图 2-8 所示，试求出图 2-8（a）中电压 u_1 和 u_2，图 2-8（b）中电流 i_1 和 i_2。

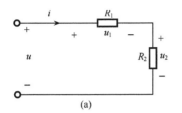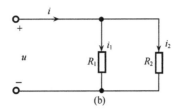

图 2-8　例 2.5 图

解　(1)求 u_1 和 u_2。

在图 2-8(a)中，因为

$$i = \frac{u}{R_1 + R_2}$$

所以

$$u_1 = R_1 i = \frac{R_1}{R_1 + R_2} u$$

$$u_2 = R_2 i = \frac{R_2}{R_1 + R_2} u$$

(2)求 i_1 和 i_2。

在图 2-8(b)中，因为

$$u = \frac{R_1 R_2}{R_1 + R_2} i = \frac{i}{G_1 + G_2}$$

所以

$$i_1 = \frac{u}{R_1} = \frac{R_2}{R_1 + R_2} i = \frac{G_1}{G_1 + G_2} i$$

$$i_2 = \frac{u}{R_2} = \frac{R_2}{R_1 + R_2} i = \frac{G_2}{G_1 + G_2} i$$

将上述特例推广到一般情况，即可得

分压公式

$$u_i = \frac{R_i}{R_{串}} u = \frac{R_i}{\sum\limits_{k=1}^{n} R_k} u \tag{2.9}$$

分流公式

$$i_i = \frac{G_i}{G_{并}} i = \frac{G_i}{\sum\limits_{k=1}^{n} G_k} i \tag{2.10}$$

以上所有公式可以推广到线性时变元件。

2.1.2　二端电容

一个二端电路元件，如果对于所有的时间 t，它所储存的电荷 $q(t)$ 和它两端点间的电

压瞬时值 $u(t)$ 之间的关系可用如下代数方程来确定时，即

$$f[q(t), u(t), t] = 0 \quad (\forall t) \tag{2.11}$$

则此二端元件称为二端电容。

对所有的时间 t，式(2.11)在几何上确定为 u-q 平面上的一簇曲线，所以也可以说，如果对所有的时间 t，二端元件上的 $u(t)$ 与 $q(t)$ 之间的关系可以由 u-q 平面上的一簇特性曲线所确定，则此元件称为二端电容。

虽然 $u(t)$ 与 $q(t)$ 之间是代数关系，但是由于 $u(t)$、$q(t)$ 之间存在如下规律，即

$$i(t) = \frac{\mathrm{d}q(t)}{\mathrm{d}t} = \frac{\partial f}{\partial u}\frac{\mathrm{d}u(t)}{\mathrm{d}t} + \frac{\partial f}{\partial t} \tag{2.12}$$

故二端电容具有记忆作用。电路中，凡是电压与电流之间存在微积分关系的元件均称为动态元件。因此，电容是一种动态元件。

如果对所有的时间 t，二端电容的 $q(t)$ 与 $u(t)$ 之间的关系都可以由 u-q 平面上过原点的直线来描述，则称为线性电容器；否则，称为非线性电容器。如果 $q(t)$ 与 $u(t)$ 之间的关系仅由 u-q 平面上的一条曲线描述，则称为时不变电容；若是由一簇曲线描述，则称为时变电容。因此，与电阻情况类同，二端电容也可分为四类，即非线性时变电容、非线性时不变电容、线性时变电容和线性时不变电容，它们的电路符号如图 2-9 所示。

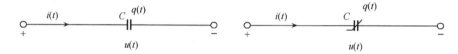

图 2-9　线性电容和非线性电容电路符号

二端线性时变电容的电荷和电压瞬时值之间的关系可用如下方程来描述

$$q(t) = f[u(t), t] = C(t)u(t) \quad (\forall t) \tag{2.13}$$

其中，$C(t)$ 是与电压无关的时变系数，它在任意时刻 t_0 的值表示电容特性曲线在 t_0 的斜率，称为该时刻的电容量，单位为法(F)。由式(2.12)可得到它的电压和电流之间的关系为

$$i(t) = \frac{\mathrm{d}q(t)}{\mathrm{d}t} = C(t)\frac{\mathrm{d}u(t)}{\mathrm{d}t} + u(t)\frac{\mathrm{d}C(t)}{\mathrm{d}t} \tag{2.14}$$

如果 $C(t)$ 为常数，则称为线性不变电容。其 u-q 特性方程可表示为

$$q(t) = Cu(t) \quad (\forall t) \tag{2.15}$$

线性时不变电容的电压和电流关系为

$$i(t) = \frac{\mathrm{d}q(t)}{\mathrm{d}t} = C\frac{\mathrm{d}u(t)}{\mathrm{d}t} \quad (\forall t) \tag{2.16}$$

$$u(t) = \frac{1}{C}\int_{-\infty}^{t} i(\tau)\mathrm{d}\tau = u(t_0) + \frac{1}{C}\int_{t_0}^{t} i(\tau)\mathrm{d}\tau \quad (\forall t) \tag{2.17}$$

任意时刻，线性时不变电容的功率为

$$p(t) = u(t)i(t) = Cu(t)\frac{\mathrm{d}u(t)}{\mathrm{d}t} \tag{2.18}$$

而 t 时刻电容获得的总能量为

$$W(t) = \int_{t_0}^{t} P(\zeta)\mathrm{d}\zeta = \frac{1}{2}C\left[u^2(t) - u^2(t_0)\right] = \frac{1}{2C}\left[q^2(t) - q^2(t_0)\right] \tag{2.19}$$

由此可以得出线性时不变电容的基本性质如下：

(1) 具有记忆特性。这就是说，线性时不变电容在某一时刻 t 的端电压 $u(t)$ 不仅取决于该时刻的电流值 $i(t)$，而且还与 $i(t)$ 在该时刻以前的全部历史有关，即电容电压具有记忆电流的作用。

(2) 在 $[t_0, t]$ 区间，电流若为有限值，则电容的端电压不能跃变，或认为电容可以阻止其电压突变，即满足换路定律

$$u\left(t_{0_+}\right) = u\left(t_{0_-}\right) \tag{2.20}$$

(3) 只有在初始电压为零的条件下，线性时不变电容的电压与电流之间才呈线性。

(4) 线性时不变正电容，由于 $W(t) > 0$，所以它是无源元件。

(5) 线性时不变正电容，当 $p(t) > 0$ 时，输入给电容的能量没有被消耗，而是作为电场能存储起来，当 $p(t) < 0$ 时，电容只是向外释放已存储的电场能，所以线性时不变正电容是储能元件。

例 2.6 已知图 2-10 所示电路中，$i(t) = 2\sin 2\pi t (\mathrm{A})$，$u(t) = 10\sin\left(2\pi t - \dfrac{\pi}{2}\right)(\mathrm{V})$。试求 (1) 确定图中 LTI 电路元件的性质及元件参数值；(2) 一周期内该元件吸收的电能量。

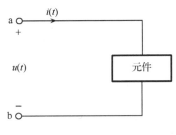

图 2-10 例 2.6 图

解 (1) 确定元件性质及参数。

因为元件是 LTI 元件，即 $C =$ 常数，于是可试探设为电容

$$i_C(t) = C\frac{\mathrm{d}u_C(t)}{\mathrm{d}t}$$

所以

$$C = \frac{i(t)}{\dfrac{\mathrm{d}u(t)}{\mathrm{d}t}} = \frac{2\sin 2\pi t}{2\pi \times 10\sin 2\pi t} = \frac{1}{10\pi} = 0.0318(\mathrm{F})$$

(2) 求储能。

因为电容元件是储能元件，一周期内储能、放能各两次，所以能量总和应为零。

同样，非线性电容和线性电容、时变电容和时不变电容也有着本质的差别，它们在电

路设计中也获得了广泛的应用。

LTI 电容在电路的中最基本的连接方式也是两种，即串联与并联。

线性时不变电容串联电路如图 2-11 所示，设每个电容均具有初始储能，即已被充电为

$$u_{C_1}(0_-), u_{C_2}(0_-), \cdots, u_{C_n}(0_-)$$

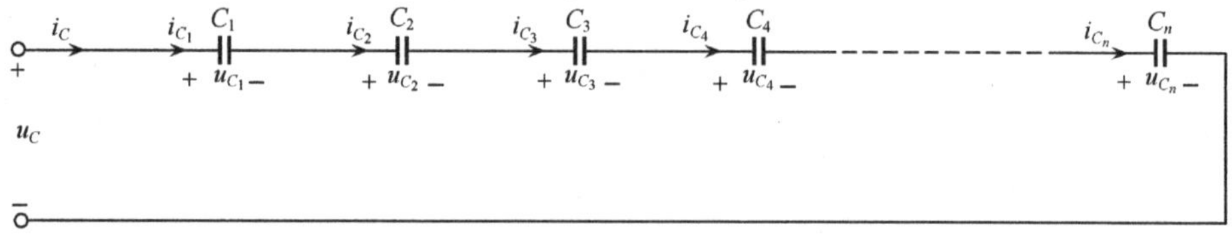

图 2-11　电容的串联

根据 KVL，可得

$$u_C = u_{C_1} + u_{C_2} + u_{C_3} + \cdots + u_{C_n}$$

而

$$\begin{cases} u_C = u_C(0_-) + \dfrac{1}{C}\displaystyle\int_{0_-}^{t} i_C(\tau)\mathrm{d}\tau \\ i_{C_1} = i_{C_2} = \cdots = i_{C_n} = i_C \end{cases}$$

于是可得

$$u_C = u_{C_1}(0_-) + \frac{1}{C_1}\int_{0_-}^{t} i_{C_1}(\tau)\mathrm{d}\tau + u_{C_2}(0_-) + \frac{1}{C_2}\int_{0_-}^{t} i_{C_2}(\tau)\mathrm{d}\tau + \cdots$$

$$= \left[u_{C_1}(0_-) + u_{C_2}(0_-) + \cdots + u_{C_n}(0_-) \right] + \left[\left(\frac{1}{C_1} + \frac{1}{C_2} + \cdots \frac{1}{C_n} \right)\int_{0_-}^{t} i_C(\tau)\mathrm{d}\tau \right]$$

所以 LTI 电容串联公式

$$\begin{cases} u_C(0_-) = \left[u_{C_1}(0_-) + u_{C_2}(0_-) + \cdots + u_{C_n}(0_-) \right] \\ \dfrac{1}{C_{串}} = \dfrac{1}{C_1} + \dfrac{1}{C_2} + \cdots + \dfrac{1}{C_n} \end{cases} \tag{2.21a}$$

或

$$\begin{cases} u_C(0_-) = \displaystyle\sum_{k=1}^{n} u_{C_k}(0_-) \\ \dfrac{1}{C_{串}} = \displaystyle\sum_{k=1}^{n} \dfrac{1}{C_k} \end{cases} \tag{2.21b}$$

对于两个电容串联，则串联公式可以表示为

$$C_{串} = \frac{C_1 C_2}{C_1 + C_2} \tag{2.21c}$$

LTI 电容并联电路如图 2-12 所示，设每个电容被充电到相同的数值

$$u_{C_1}(0_-) = u_{C_2}(0_-) = \cdots = u_{C_n}(0_-)$$

根据 KCL 可得

$$i_C = i_{C_1} + i_{C_2} + i_{C_3} + \cdots + i_{C_n}$$

因为

$$\begin{cases} i_C = C_{并} \dfrac{\mathrm{d}u_C}{\mathrm{d}t} \\ u_C = u_{C_1} = u_{C_2} = \cdots = u_{C_n} \end{cases}$$

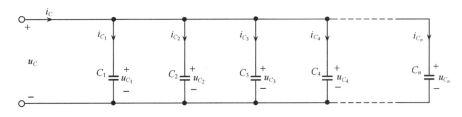

图 2-12　电容的并联

于是得

$$C_{并} \frac{\mathrm{d}u_C}{\mathrm{d}t} = C_1 \frac{\mathrm{d}u_{C_1}}{\mathrm{d}t} + C_2 \frac{\mathrm{d}u_{C_2}}{\mathrm{d}t} + C_3 \frac{\mathrm{d}u_{C_3}}{\mathrm{d}t} + \cdots + C_n \frac{\mathrm{d}u_{C_n}}{\mathrm{d}t}$$

$$= [C_1 + C_2 + C_3 + \cdots + C_n] \frac{\mathrm{d}u_C}{\mathrm{d}t}$$

所以得 LTI 电容并联公式

$$\begin{cases} C_{并} = C_1 + C_2 + C_3 + \cdots + C_n \\ u_C(0_-) = u_{C_1}(0_-) = u_{C_2}(0_-) = \cdots = u_{C_n}(0_-) \end{cases} \tag{2.22a}$$

或

$$\begin{cases} C_{并} = \displaystyle\sum_{k=1}^{n} C_k \\ u_C(0_-) = u_{C_1}(0_-) = \cdots = u_{C_n}(0_-) \end{cases} \tag{2.22b}$$

例 2.7　LTI 正电容梯形电路如图 2-13 所示，试求：

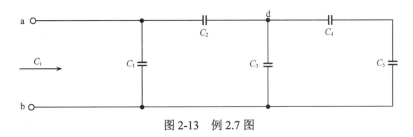

图 2-13　例 2.7 图

(1) a、b 两点间的总电容 C_i（即 C_{ab}）。

(2) 若梯形环节增加为无限时，设每个电容都相等为 C，则求 C_i。

解　(1) 求 C_{ab}。

因为

$$C_i' = C_{db} = C_3 + \cfrac{1}{\cfrac{1}{C_4}+\cfrac{1}{C_5}} = C_3 + \frac{C_4 C_5}{C_4 + C_5}$$

$$C_i = C_{ab} = C_1 + \cfrac{1}{\cfrac{1}{C_2}+\cfrac{1}{C_{db}}} = C_1 + \frac{C_2 C_{db}}{C_2 + C_{db}}$$

$$= C_1 + \frac{C_2 C_4 C_5}{(C_2 + C_3)(C_4 + C_5) + C_4 C_5}$$

(2) 当梯形环节为无限时，设 $C_{db} = C_i$ ，则得

$$C_i = C_1 + \cfrac{1}{\cfrac{1}{C_2}+\cfrac{1}{C_i}} = C + \frac{CC_i}{C+C_i} \qquad (因为所有电容相等)$$

即得

$$C_i^2 - CC_i - C^2 = 0$$

所以得

$$C_i = \frac{C \pm \sqrt{C^2 + 4C^2}}{2} = \frac{1 \pm \sqrt{5}}{2} C$$

因为 C 为 LTI 正电容，所以

$$C_i = \frac{1+\sqrt{5}}{2} C \quad (F)$$

2.1.3 二端电感

一个二端电路元件，如果对于所有时间 t ，它的磁链 $\Phi(t)$ 与流过它的电流 $i(t)$ 之间的关系可用如下代数方程描述

$$f[\Phi(t), i(t), t] = 0 \quad (\forall t) \tag{2.23}$$

则称该元件为二端电感。

式 (2.23) 在几何上确定为 Φ-i 平面上的一簇曲线，所以也可以说，如果对所有的时间 t ，二端元件的 $\Phi(t)$ 与 $i(t)$ 之间的关系可以由 Φ-i 平面上的一簇曲线所确定，则称此元件为二端电感。

根据法拉第电磁感应定律，二端电感的电压 $u(t)$ 和磁链 $\Phi(t)$ 之间存在如下关系，即

$$u(t) = \frac{\mathrm{d}\Phi(t)}{\mathrm{d}t} \quad (\forall t) \tag{2.24}$$

故二端电感具有记忆作用，是一个动态元件。

同理，二端电感也可分为非线性时变电感、非线性时不变电感、线性时变电感和线性时不变电感四类。其电路符号如图 2-14 所示。

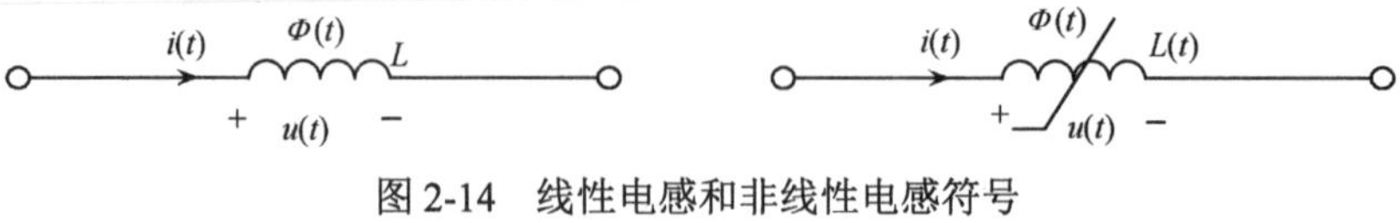

图 2-14 线性电感和非线性电感符号

线性电感只不过是单调电感的特例，它可分为两类，一类是线性时变电感。其特性方程为

$$\Phi(t) = L(t)i(t) \quad (\forall t) \tag{2.25}$$

其 u-i 关系为

$$u(t) = L(t)\frac{\mathrm{d}i(t)}{\mathrm{d}t} + i(t)\frac{\mathrm{d}L(t)}{\mathrm{d}t} \tag{2.26}$$

另一类是线性时不变电感。因为 $L(t)$ 为常数，所以有

$$\Phi(t) = Li(t) \quad (\forall t) \tag{2.27}$$

其 u-i 关系为

$$u(t) = L\frac{\mathrm{d}i(t)}{\mathrm{d}t} \tag{2.28}$$

$$i(t) = \frac{1}{L}\int_{-\infty}^{t} u(\tau)\mathrm{d}\tau = i(t_0) + \frac{1}{L}\int_{t_0}^{t} u(\tau)\mathrm{d}\tau \tag{2.29}$$

任意时刻，线性时不变电感的功率为

$$p(t) = u(t)i(t) = Li(t)\frac{\mathrm{d}i(t)}{\mathrm{d}t} \tag{2.30}$$

而时刻 t 获得的总能量为

$$W(t) = \int_{t_0}^{t} p(\zeta)\mathrm{d}\zeta = \frac{1}{2}L\left[i^2(t) - i^2(t_0)\right] = \frac{1}{2L}\left[\Phi^2(t) - \Phi^2(t_0)\right] \tag{2.31}$$

由此可以得出线性时不变电感的基本性质：

(1) 具有记忆性，即电感电流具有记忆其电压的特性。

(2) 在 $[t_0, t]$ 区间，电压若为有限值，则电感中的电流不能跃变，或认为电感可以阻止其电流突变，即满足换路定律

$$i(t_{0_+}) = i(t_{0_-}) \tag{2.32}$$

(3) 只有在初始电流为零的条件下，线性时不变电感的电压与电流之间才呈线性。

(4) 线性时不变正电感，由于 $W(t) > 0$，所以它是无源元件。

(5) 由式 (2.29) 不难看出，线性时不变正电感是一个储能元件。

最后必须指出，因为二端电感与二端电容是对偶元件，故以上所有特性方程和基本性质都可以通过对偶原理由二端电容方程和性质导出，所以不需赘述。

例 2.8　若有一个 8H 的 LTI 电感，其两端电压 $u(t)$ 为

$$u(t) = \begin{cases} 120t^2, & t > 0 \\ 0, & t < 0 \end{cases}$$

且其初储能 $W(0) = 0$，试求流过该电感的电流 $i(t)$ 和在 $0 < t < 5\mathrm{s}$ 期间的储能。

解　(1) 求 $i(t)$。

因为　$i(t) = i(0) + \dfrac{1}{L}\displaystyle\int_0^t u(\tau)\mathrm{d}\tau$，而初储能为零，即 $i(0) = 0$。所以

$$i(t) = \frac{1}{8}\int_0^t 120\tau^2\mathrm{d}\tau = 15 \times \frac{t^3}{3} = 5t^3(\mathrm{A})$$

(2) 求 $W(t)$。

因为

$$W(t) = \frac{1}{2}L\left[i^2(t) - i^2(0)\right]$$

所以

$$W(t) = \frac{1}{2} \times 8\left[(5 \times 5^3)^2 - 0\right] = 1562.5(\text{kJ})$$

LTI 电感电路最基本的连接方式也有两种：串联与并联，与电容串联与并联的推导类似(或用对偶原理)可得

电感串联公式

$$\begin{cases} L_{串} = \sum_{k=1}^{n} L_k \\ i_{串}(0_-) = i_1(0_-) = i_2(0_-) = \cdots = i_k(0_-) \end{cases} \tag{2.33}$$

LTI 电感并联公式

$$\begin{cases} \dfrac{1}{L_{并}} = \sum_{k=1}^{n} \dfrac{1}{L_k} \\ i_{并}(0_-) = \sum_{k=1}^{n} i_k(0_-) \end{cases} \tag{2.34a}$$

若两个电感并联，则并联公式可表示为

$$L_{并} = \frac{L_1 L_2}{L_1 + L_2} \tag{2.34b}$$

例 2.9 已知电感电路如图 2-15 所示，其中 $i(t) = 4\left(2 - e^{-10t}\right)$mA，$i_1(0_-) = 5$mA，试求：
(1) L_{ab}；(2) $u_{ab}(t)$；(3) $i_2(t)$。

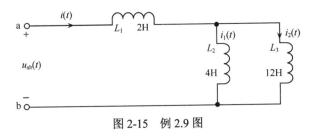

图 2-15 例 2.9 图

解 (1) 求 L_{ab}。

因为

$$L_{ab} = L_1 + L_2 \parallel L_3$$

所以

$$L_{ab} = 2 + \frac{4 \times 12}{4 + 12} = 5(\text{H})$$

(2) 求 $u_{ab}(t)$。

因为

$$u_{ab}(t) = L_{ab}\frac{\mathrm{d}i(t)}{\mathrm{d}t}$$

所以

$$u_{ab}(t) = 5\frac{\mathrm{d}}{\mathrm{d}t}\left[4\left(2 - \mathrm{e}^{-10t}\right)\right] = 200\mathrm{e}^{-10t}\,(\mathrm{mV})$$

(3) 求 $i_2(t)$。

因为

$$i_2(t) = i_2(0) + \frac{1}{L}\int_0^t u_2(\tau)\mathrm{d}\tau$$

而

$$i_2(0) = i(0) - i_1(0_-) = \left[4(2 - \mathrm{e}^{-10t})\right]\Big|_{t=0} - 5 = -1\,(\mathrm{mA})$$

$$u_2(t) = u_{ab}(t) - u_1(t) = 200\mathrm{e}^{-10t} - L_1\frac{\mathrm{d}i_1(t)}{\mathrm{d}t} = 120\mathrm{e}^{-10t}\,(\mathrm{mV})$$

所以

$$i_2(t) = -1 + \frac{1}{12}\int_0^t 120\mathrm{e}^{-10t}\mathrm{d}\tau = -1 - \mathrm{e}^{-10t} + 1\,(\mathrm{mA})$$

即

$$i_2(t) = -\mathrm{e}^{-10t}\,(\mathrm{mA})$$

2.1.4*　二端忆阻元件

在电路理论中，人们研究的基本变量是 $u(t)$、$i(t)$、$q(t)$、$\Phi(t)$ 4 个，它们之间两两关系的组合数应有 6 个，除两个为普遍规律外，剩余 4 个应定义为四类元件，前面已讨论了三类，还剩下一类 q-Φ 关系。为此，定义反映电荷与磁链关系的元件为二端忆阻元件 (memristor)。虽然纯粹的实际忆阻器现在还没有生产出来，但已经可以用有源电路来实现它，它在建立电路模型及信息处理方面具有很大的优点。

对于任一时刻 t，如果二端元件的电荷与磁链之间的关系可用如下代数方程描述，即

$$f[\Phi(t), q(t), t] = 0 \quad (\forall t) \tag{2.35}$$

则称此元件为二端忆阻元件。

非线性忆阻元件可以分为以下两个子类：

(1) 荷控忆阻元件。其特性方程为

$$\Phi(t) = f[q(t), t] = 0 \quad (\forall t) \tag{2.36}$$

其电压、电流关系为

$$u(t) = \frac{\mathrm{d}\Phi(q)}{\mathrm{d}t} = \frac{\partial \Phi(q)}{\partial q}\frac{\partial q(t)}{\partial t} = M(q)i(t) \tag{2.37}$$

其中

$$M(q) = \frac{\mathrm{d}\Phi(q)}{\mathrm{d}q} \tag{2.38}$$

由式 (2.37) 可以看出，$M(q)$ 具有电阻的量纲，由式 (2.38) 可以看出 $M(q)$ 的大小与 q 有关，

即 $M(q)$ 在任一瞬时 t_0 的值决定于其电流从 $-\infty$ 到 t_0 的积分 $q(t_0) = \int_{-\infty}^{t_0} i(\tau)\mathrm{d}\tau$ 。这就是说，$M(q)$ 的值既与忆阻电流的历史有关(即具有记忆性)，又具有电阻的量纲，所以称之为忆阻元件，且将 $M(q)$ 称为元件的增量忆阻参数。

从式(2.38)还可以看出，当 $M(q)$ 确定之后，荷控忆阻元件特性就与线性时变电阻相似。

(2) 磁控忆阻元件。其特性方程为

$$q(t) = h[\Phi(t),t] \quad (\forall t) \tag{2.39}$$

其电压、电流关系为

$$i(t) = \frac{\mathrm{d}q(\Phi)}{\mathrm{d}t} = \frac{\partial q(\Phi)}{\partial \Phi}\frac{\partial \Phi(t)}{\partial t} = W(\Phi)u(t) \tag{2.40}$$

其中

$$W(\Phi) = \frac{\partial q(\Phi)}{\partial \Phi} \tag{2.41}$$

称为忆导。这就是说，它既具有记忆电压的作用，又具有电导的量纲，所以 $W(\Phi)$ 称为元件的增量忆导参数。

从式(2.40)可知，当 $W(\Phi)$ 确定之后，磁控忆阻元件特性就与线性时变电阻相似。单调忆阻是既满足磁控，又满足荷控的忆阻元件，其特性方程为

$$q(t) = h[\Phi(t),t] = f^{-1}[\Phi(t),t] \quad (\forall t) \tag{2.42}$$

当忆阻元件的 q-Φ 曲线为过原点的一直线时，$M(q) = R$ 或 $W(\Phi) = G$，即忆阻元件退化为线性电阻元件，所以没有必要定义线性忆阻元件。

2.2　独立电源

独立电源包括电压源和电流源。

1. 理想电压源与理想电流源

1) 理想电压源

如果一个二端元件的端电压是定值或是一定时间的函数，并与流过其中的电流无关，则二端元件为理想的独立电压源，简称独立电压源。即

$$u(t) = u_\mathrm{S}(t) \quad (\forall i, i \in R) \tag{2.43}$$

其中，R 表示实数集。

$u_\mathrm{S}(t)$ 为常数时，称为直流电压源；$u(t)$ 为时间函数时，称为时变电压源。它们在 i-u 平面上的特性曲线如图 2-16 所示。

由图 2-16 不难看出独立电压源其实质就是一个非线性流控电阻。独立电压源是一种理想电源，不能严格表示任何实际物理器件，因为理想电源理论上可以提供无限大的能量，但是不少实际电源可以用理想电源来近似或逼近，例如，汽车蓄电池，只要流过的电流不超过几个安培，就可以认为端电压不变，是一个理想电压源；又如，家用电源插座，只要

用电小于 20A，就可以看作理想电压源。

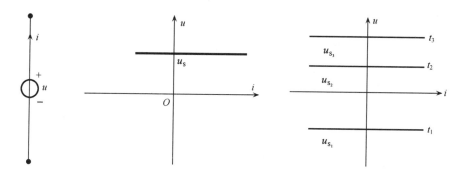

图 2-16 独立电压源电路符号、时变和时不变 $i\text{-}u$ 特性曲线

理想的独立电压源的基本连接方式有两种：串联与并联。

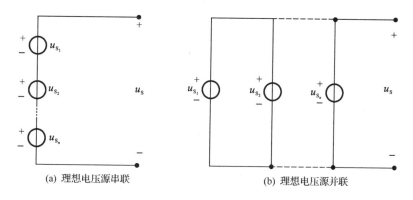

(a) 理想电压源串联   (b) 理想电压源并联

图 2-17 独立电压源的基本连接方式

根据 KVL，不难求得理想电压源的串联公式，即

$$u_{S_{\text{串}}} = \sum_{k=1}^{n} u_{S_k} \tag{2.44}$$

由于违背了 KVL，一般理想电压源不能并联，只有满足条件 $u_{S_1} = u_{S_2} = \cdots = u_{S_k} = u_{S_{\text{并}}}$，才能并联。

2) 理想电流源

如果一个二端元件流过的电流是定值或是一定的时间函数，而与其两端的电压无关，即

$$i(t) = i_S(t) \quad (\forall u, u \in R) \tag{2.45}$$

则称此二端元件为理想的独立电流源，简称独立电流源。

当 $i_S(t)$ 为常数时称为直流电流源，当 $i_S(t)$ 为时间函数时称为时变电流源，它们在 $i\text{-}u$ 平面上的特性曲线如图 2-18 所示。

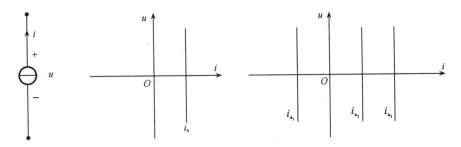

图 2-18　独立电流源电路符号、时变和时不变 $i\text{-}u$ 特性曲线

由图 2-18 不难看出独立电流源其实质是非线性压控电阻。

同样，独立电流源也是物理元件的合理近似。理想的独立电流源的基本连接方式有两种，即串联和并联（见图 2-19）。

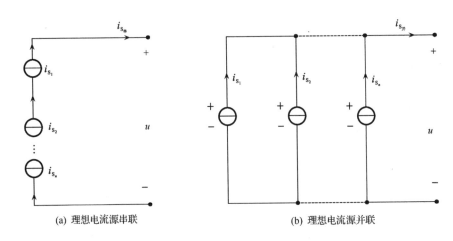

（a）理想电流源串联　　　　　　　　　　（b）理想电流源并联

图 2-19　独立电流源的基本连接方式

根据 KCL，不难求得理想电流源的并联公式

$$i_{S_{\#}} = \sum_{k=1}^{n} i_{S_k} \tag{2.46}$$

由于违背了 KCL，一般理想电流源不能串联，只有满足条件 $i_{S_1} = i_{S_2} = \cdots = i_{S_n}$，才能串联。

在功率计算时，通常独立电源取反关联方向。在此前提下，$p(t) = u(t)i(t) > 0$，表示电源供给功率；$p(t) < 0$，表示电源吸收功率。当然，也可以统一用关联一致参考方向计算功率，这样更方便，此时 $p(t) > 0$ 表示电源消耗功率，$p(t) < 0$ 表示电源提供功率。

例 2.10　已知图 2-20 所示电路中，理想电压源 $u_S = 20\text{V}$，理想电流源 $i_S = 2\text{A}$，电阻 $R = 5\Omega$，试求各电路元件的功率。

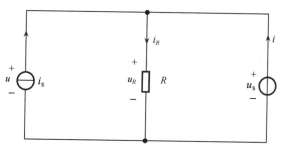

图 2-20　例 2.10 图

解　因为 $i_R = \dfrac{u_R}{R}$，而 $u_R = u_S$，所以 $i_R = \dfrac{20}{5} = 4(\text{A})$。

依据 KCL

$$-i_S + i_R - i = 0$$

所以

$$i = i_R - i_S = 4 - 2 = 2(\text{A})$$

因为

$$P = ui \quad (\text{按关联一致参考方向})$$

所以

$$P_R = u_R i_R = U_S i_R = 20 \times 4 = 80(\text{W}) \qquad (\text{消耗})$$
$$P_{u_S} = -u_S i = -20 \times 2 = -40(\text{W}) \qquad (\text{提供})$$
$$P_{i_S} = -u i_S = -u_S i_S = -20 \times 2 = -40(\text{W}) \quad (\text{提供})$$

显然，$P_R = P_{u_S} + P_{i_S}$ 计算正确。

2. 实际电压源与实际电流源

实际上理想电源是不存在的，电源总是含有内阻的。因此，下面就来讨论实际电源的两种模型及其变换。

1) 实际电压源

实际电压源在输出电流 i 变化时，其端电压 u 要随之变化，所以可以用一个理想电流源 u_S 与一个内阻 R_S 的串联模型来表示，如图 2-21 所示。模型中 u_S 等于实际电源的开路电压 u_{OC}，R_S 等于输出电阻。当实际电压源两端接上负载电阻 R_L 时，电源电压 u 与输出电流 i 之间的关系，即它的 VCR 称为实际电压源的外特性(见图 2-21)或负载特性。电源内阻 R_S 越小，实际电压源越接近理想电压源，外特性越平坦。因此，当实际电压源接上负载电阻 R_L 时，外特性可用下式描述(内阻 R_S 也可用 R_o 表示)：

若已知开路电压 u_{OC}、负载电阻 R_L 及其端电压 u，则电源内阻 R_o 可求，即将 $i = \dfrac{u}{R_L}$ 代入式(2.47)中，并对 R_o 求解可得

$$R_o = R_S = R_L\left(\dfrac{u_{OC}}{u} - 1\right) \tag{2.48}$$

式 (2.48) 常用来测定实际电压源的内阻。

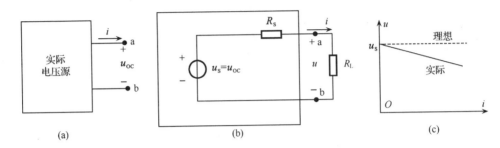

图 2-21 实际电压源模型

$$u = u_{\mathrm{S}} - R_{\mathrm{S}}i = u_{\mathrm{OC}} - R_{\mathrm{o}}i \tag{2.47}$$

2) 实际电流源

实际电流源的端电压 u 变化时，它的输出电流 i 也将随之变化。当 u 增大时，i 将减小，这相当于有一部分电流在理想电流源内部流动而送不出来。因此这种特性可以用一个理想电流源 i_{S} 和一个表现电流损失的电阻 R_{S} 相并联的模型来表征 (见图 2-22)。

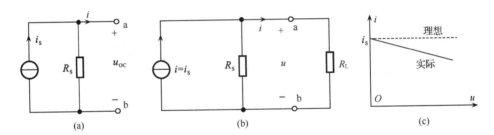

图 2-22 电流源模型

并联电阻 R_{S} 称为实际电流源的内阻或输出电阻，也可用 R_{o} 表示。显然，理想电流源 i_{S} 即为实际电流源输出端短路 ($u = 0$) 时的电流，用 i_{SC} 表示 (注意，由于 $u = 0$，R_{S} 中无电流)，故 $i_{\mathrm{S}} = i_{\mathrm{SC}}$，当实际电流源接上负载电阻 R_{L} 时，输出电流 i 与端电压 u 的关系 (VCR)，称为实际电流源的外特性或负载特性。外特性可以用下式表述，即

$$i = i_{\mathrm{S}} - \frac{u}{R_{\mathrm{S}}} = i_{\mathrm{SC}} - \frac{u}{R_{\mathrm{o}}} \tag{2.49}$$

实际电流源的内阻 R_{o} 也可由开路电压 u_{OC}、负载电阻 R_{L} 及其上的电压 u 求得。

由图 2-22 (a) 可知

$$u_{\mathrm{OC}} = R_{\mathrm{S}}i_{\mathrm{S}} = R_{\mathrm{o}}i_{\mathrm{SC}}$$

即

$$i_{\mathrm{SC}} = \frac{u_{\mathrm{OC}}}{R_{\mathrm{o}}} \tag{2.50}$$

由图 2-22 (b) 可知，负载电阻 R_{L} 的端电压为

$$u = i_\mathrm{S} \times \frac{R_\mathrm{S} R_\mathrm{L}}{R_\mathrm{S} + R_\mathrm{L}} = i_\mathrm{SC} \times \frac{R_\mathrm{o} R_\mathrm{L}}{R_\mathrm{o} + R_\mathrm{L}} = \frac{u_\mathrm{OC}}{R_\mathrm{o}} \times \frac{R_\mathrm{o} R_\mathrm{L}}{R_\mathrm{o} + R_\mathrm{L}} = \frac{u_\mathrm{OC} R_\mathrm{L}}{R_\mathrm{o} + R_\mathrm{L}}$$

由此可得

$$R_\mathrm{S} = R_\mathrm{o} = R_\mathrm{L}\left(\frac{u_\mathrm{OC}}{u} - 1\right)$$

可见，实际电流源与实际电压源有相同的公式。

2.3　基本信号

　　独立电源的电压或电流可以是供给电路的信号源，也可以是供给电路电能的能源。信号源代表外界对电路的激励作用，它的数学模型是随时间变化的任意函数，所以有各种波形。为此，下面将讨论几种最典型的基本信号函数(波形)：复指数信号、单位阶跃信号、单位冲击信号和单位斜坡信号。任意信号都可以由一系列基本信号组成。

2.3.1　复指数信号

　　复指数信号一般定义为

$$f(t) = k\mathrm{e}^{st}, \quad -\infty < t < \infty \tag{2.51}$$

其中，$s = \sigma + \mathrm{j}\omega$（$\sigma$ 为 s 的实部，ω 为 s 的虚部）；k 为信号的强度。

　　根据欧拉公式，上述复指数信号可展开为

$$\begin{aligned} f(t) &= k\mathrm{e}^{(\sigma+\mathrm{j}\omega)t} = k\mathrm{e}^{\sigma t}\mathrm{e}^{\mathrm{j}\omega t} = k\mathrm{e}^{\sigma t}(\cos\omega t + \mathrm{j}\sin\omega t) \\ &= k\mathrm{e}^{\sigma t}\cos\omega t + \mathrm{j}k\mathrm{e}^{\sigma t}\sin\omega t \end{aligned} \tag{2.52}$$

由此，可以把复指数信号表示为两部分

$$\begin{cases} \mathrm{Re}\left(k\mathrm{e}^{st}\right) = k\mathrm{e}^{\sigma t}\cos\omega t \\ \mathrm{Im}\left(k\mathrm{e}^{st}\right) = k\mathrm{e}^{\sigma t}\sin\omega t \end{cases}, \quad -\infty < t < \infty \tag{2.53}$$

于是，可以得知复指数信号的物理意义：一个复指数信号可以分解为实部和虚部两部分，其中实部为时间的余弦函数，虚部为时间的正弦函数。指数因子 σ 表征正弦函数或余弦函数振幅随时间增长（$\sigma > 0$）或衰减（$\sigma < 0$）的变化情况，称为衰减因子。指数因子 ω 则表示正弦函数或余弦函数的角频率，称为振荡角频率。

　　复指数信号，根据 σ 和 ω 的取值不同，可以表征出人们熟悉的几种信号。

　　当 $\sigma = 0$，$\omega = 0$ 时，表征了直流信号

$$f(t) = k \tag{2.54}$$

　　当 $\sigma \neq 0$，$\omega = 0$ 时，表征了指数信号

$$f(t) = k\mathrm{e}^{\sigma t} \tag{2.55}$$

　　当 $\sigma = 0$，$\omega \neq 0$ 时，表征了正弦与余弦信号

$$f(t) = k\cos\omega t + \mathrm{j}k\sin\omega t \tag{2.56}$$

若只取 $f(t)$ 的实部，则 $f(t)=A\cos(\omega t+\phi)$，这就是本书使用的正弦信号，它由振幅 A、角频率 ω、初相 ϕ 三个要素决定。这就是说，复指数信号概括了直流信号、指数信号、正弦与余弦信号，所以它是一种重要信号，它在电路系统分析中占有重要地位。

2.3.2　单位阶跃信号

阶跃信号是一种最重要的理想信号模型之一，它在电路系统分析及其他科学技术领域中均占有重要地位。

单位阶跃信号的波形如图 2-23（a）所示，通常用 $U(t)$ 表示，定义为

$$U(t)=\begin{cases}0,&t<0\\1,&t>0\end{cases}\qquad(2.57)$$

在 $t=0$ 跳变点处函数值未定义$\left(\text{有时}t=0\text{处规定其函数值为}U(0)=\dfrac{1}{2}\right)$。

单位阶跃信号又称为单位阶跃函数。它的物理意义是：在 $t=0$ 时对某一电路系统接入单位电源（可以是直流电压源或直流电流源），并且无限持续下去，如图 2-23（b）所示。

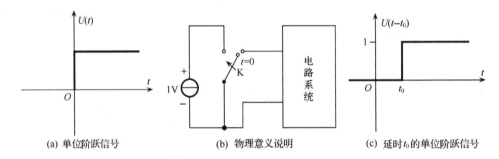

图 2-23　单位阶跃信号的波形

如果接入单位电源的时间推迟到 $t=t_0$ 时刻（$t_0>0$），那么模拟的是一个延时的单位阶跃函数，其波形如图 2-23（c）所示，其定义为

$$U(t-t_0)=\begin{cases}0,&t<t_0\\1,&t>t_0\end{cases}\qquad(2.58)$$

从以上定义中可以看出，单位阶跃信号鲜明地表示出信号的单边特性，即信号在某接入时刻 t_0 以前的幅度为零。利用单位阶跃信号的这一重要特性，可以方便地用数学表示式描述各种信号的接入特征，或规定任意波形的起始点。

图 2-24 表示了常见的几种函数波形。其实一个任意形状的波形均可以表示成无限多个阶跃信号的叠加，即

$$f(t)=f(0)U(t)+\int_0^t f^{(1)}(\tau)U(t-\tau)\mathrm{d}\tau\qquad(2.59)$$

其证明类同下面冲击函数的结论，所以此处从略。

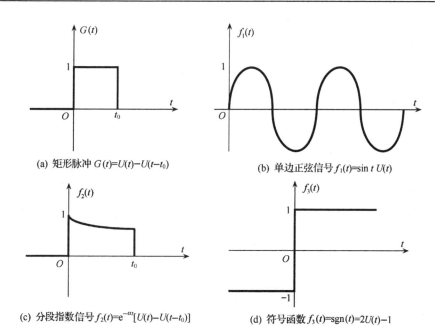

图 2-24　常见的几种函数波形

例 2.11　试求出图 2-25（a）所示半波正弦信号的表达式。

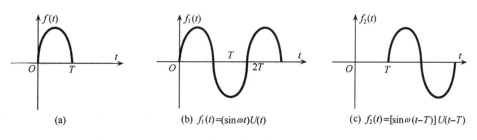

图 2-25　例 2.11 图

解　因为图 2-25（a）中的半波正弦信号可以看作是图 2-25（b）所示正弦信号和图 2-25（c）所示延迟时间 T 的正弦信号的叠加。所以图 2-25（a）信号的表达式应为

$$f(t) = f_1(t) + f_2(t)$$

即

$$f(t) = (\sin \omega t)U(t) + \left[\sin \omega (t - T)\right]U(t - T)$$

2.3.3　单位斜坡信号

单位斜坡信号也是一种重要的典型信号，其波形如图 2-26（a）所示，其定义为

$$r(t) = \begin{cases} t, & t > 0 \\ 0, & t < 0 \end{cases} \tag{2.60a}$$

或

$$r(t) = tU(t) \tag{2.60b}$$

而图 2-26(b)所示延迟的单位斜坡信号定义为

$$r(t-t_0) = \begin{cases} t-t_0, & t > t_0 \\ 0, & t < t_0 \end{cases} \tag{2.61}$$

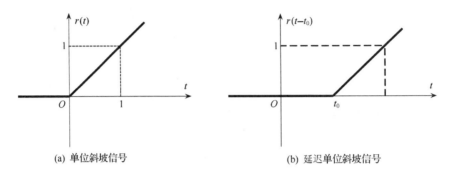

(a) 单位斜坡信号　　　　　　(b) 延迟单位斜坡信号

图 2-26　单位斜坡信号波形

2.3.4　单位冲击信号

冲击信号也是一种最重要的理想信号模型,它在电路系统分析及其他科学领域中占有极其重要的地位。

单位冲击信号如图 2-27 所示,用 $\delta(t)$ 表示,其定义为

$$\left. \begin{aligned} \delta(t) &= 0, & t \neq 0 \\ \delta(t) &= 奇异, & t = 0 \\ \int_{-\infty}^{\infty} \delta(t)\mathrm{d}t &= 1 \end{aligned} \right\} \tag{2.62}$$

这就是说,单位冲击信号是用面积来定义的,它只存在于 $t=0$ 那一点,它对自变量的积分为一个单位面积。习惯上常把这个积分值叫作它的强度,标在波形旁,如图 2-27(a)所示。若面积值为 k,即是冲击强度为 k,单位冲击信号可以认为是单位脉冲信号在宽 $\Delta\tau \to 0$,高 $\dfrac{1}{\Delta\tau} \to \infty$ 时的极限,即

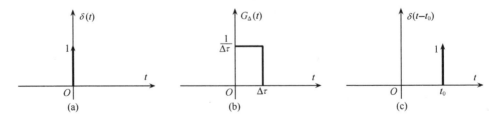

(a)　　　　　　(b)　　　　　　(c)

图 2-27　单位冲击函数及其数学意义

$$\lim_{\Delta \tau \to 0} G_\Delta(t) = \delta(t) \tag{2.63}$$

若冲击信号在 $t = t_0$ 时刻存在，则定义为

$$\left. \begin{array}{l} \delta(t - t_0) = 0, \qquad t \neq t_0 \\ \delta(t - t_0) = 奇异, \quad t = t_0 \\ \int_{-\infty}^{\infty} \delta(t - t_0) \mathrm{d}t = 1 \end{array} \right\} \tag{2.64}$$

$\delta(t)$ 信号与阶跃信号一样，是一种奇异信号。它是 1892 年英国电气工程师赫维赛德在电工理论中首先采用的，1951 年由法国数学家施瓦兹用广义函数的概念所严格证明。它是某些物理现象的理想模型和抽象，它的无穷大振幅总是以有限值为基础的。例如，在一个突然换路的全电容回路，为实现电荷的瞬间传输，流过电容的电流就必然为冲击，但是电荷的值是有限的，只是传输的时间趋于零，所以才产生冲击电流。类似现象不胜枚举。

因为除 $t = 0$ 外，$\delta(t)$ 处处等于零，所以若任意一个信号 $f(t)$ 处处有界，且在 $t = 0$ 处连续，则有

$$f(t)\delta(t) = f(0)\delta(t) \tag{2.65}$$

两边积分得

$$\int_{-\infty}^{\infty} f(t)\delta(t)\mathrm{d}t = \int_{-\infty}^{\infty} f(0)\delta(t)\mathrm{d}t = f(0)\int_{-\infty}^{\infty} \delta(t)\mathrm{d}t$$

根据 $\delta(t)$ 信号的定义可得

$$\int_{-\infty}^{\infty} f(t)\delta(t)\mathrm{d}t = f(0) \tag{2.66}$$

式 (2.66) 表明，$\delta(t)$ 信号将信号 $f(t)$ 在 $t = 0$ 处的值筛选了出来，所以称为 $\delta(t)$ 信号的筛选性质或抽样性质，同理可得

$$\int_{-\infty}^{\infty} f(t)\delta(t - t_0)\mathrm{d}t = f(t_0) \tag{2.67}$$

冲击信号是一个偶函数，即

$$\delta(t) = \delta(-t) \tag{2.68}$$

利用 $\delta(t)$ 信号的抽样性，即可证明这个结论。

冲击信号与阶跃信号之间存在着密切关系，即

$$\delta(t) = \frac{\mathrm{d}U(t)}{\mathrm{d}t} \tag{2.69}$$

$$U(t) = \int_{-\infty}^{t} \delta(\tau)\mathrm{d}\tau \tag{2.70}$$

这种关系从波形图中就可以明显看出，因为阶跃信号在 $t = 0$ 处不连续，其变化率为无穷大，当 $t > 0$ 时，阶跃信号的变化率为零。这就是说，阶跃信号对时间的变化率（即导数）为冲击信号。

引入了奇异信号的概念之后，对线性时不变电容和电感的电压与电流之间的关系可作进一步阐述。

在任意时刻 t，线性时不变电容的端电压与其中流过的电流之间的关系为

$$u_C(t) = \frac{1}{C} \int_{-\infty}^{t} i_C(\tau) \mathrm{d}\tau$$

$$= \frac{1}{C} \int_{-\infty}^{0} i_C(\tau) \mathrm{d}\tau + \frac{1}{C} \int_{0_+}^{t} i_C(\tau) \mathrm{d}\tau$$

$$= u_C(0_-) + \frac{1}{C} \int_{0_+}^{t} i_C(\tau) \mathrm{d}\tau, \quad t \geqslant 0$$

即

$$u_C(t) = u_C(0_-) U(t) + \frac{1}{C} \int_{0_+}^{t} i_C(\tau) \mathrm{d}\tau \tag{2.71}$$

对式 (2.71) 微分可得

$$C \frac{\mathrm{d}u_C(t)}{\mathrm{d}t} = Cu_C(0_-) \delta(t) + i_C(t)$$

即

$$i_C(t) = C \frac{\mathrm{d}u_C(t)}{\mathrm{d}t} - Cu_C(0_-) \delta(t) \tag{2.72}$$

由此，可以得出带有初始储能的线性时不变电容的时域电路模型，如图 2-28 所示。

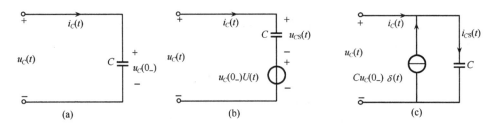

图 2-28　初始储能线性时不变电容时域电路模型

在这里采用 0_- 系统是考虑到 $i_C(t)$ 可能含有冲击信号。如果 $i_C(t)$ 为有界，即不包括冲击信号，则可以不用区分 0_- 和 0_+。

根据对偶原理，可以立即得到在任意时刻 t，线性时不变电感的电压与电流关系为

$$i_L(t) = i_L(0_-) U(t) + \frac{1}{L} \int_{0_+}^{t} u_L(\tau) \mathrm{d}\tau \tag{2.73}$$

$$u_L(t) = L \frac{\mathrm{d}i_L(t)}{\mathrm{d}t} - Li_L(0_-) \delta(t) \tag{2.74}$$

于是，可得到其时域电路模型如图 2-29 所示。

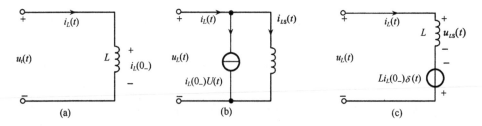

图 2-29　初始储能线性时不变电感时域电路模型

由以上讨论可知,电路系统内部动态元件上的初始状态对系统的作用可以等效为激励信号源,所以电路系统的完全响应将是内部激励(即初始状态)和外部激励共同作用的结果。前者称为零输入响应,后者称为零状态响应,二者叠加即为全响应。从分析方法的角度来说,求零输入响应与求零状态响应没有本质的区别,所以后面将主要讨论零状态响应。

2.4　多端电路元件的数学抽象及其描述

如果一个电路元件具有 3 个或 3 个以上引出端可以和其他元件相互连接,则称该元件为多端电路元件。

如果元件的引出端之间存在一定的约束关系,即从一个引出端流入元件的电流等于从另一个引出端流出元件的电流,即这两个引出端形成一个端口。如果元件的所有引出端都两两构成端口,则称此元件为多端口元件。

多端口元件都是多端元件,但多端元件不一定是多端口元件,不过只要对多端电路元件进行数学抽象及描述之后,与此相似就不难得到多端口元件的描述了。

对于多端电路元件人们通常采用黑箱法进行描述,即将元件看作一个黑箱,选择引出端一组可测量的独立基本变量,然后进行外部测量,从而找出各变量之间的约束规律。也就是说,用独立基本变量及约束规律将多端元件表征出来。

如何选择一组独立的基本变量呢?下面以图 2-30 所示三端元件为例来说明,显然,如果采用电压和电流基本变量来描述,就有 6 个变量(u_{13}、u_{21}、u_{32}、i_1、i_2、i_3。)

根据基尔霍夫定律(KCL 和 KVL)可知,6 个变量存在如下关系,即

$$i_1 + i_2 + i_3 = 0$$

$$u_{13} + u_{21} + u_{32} = 0$$

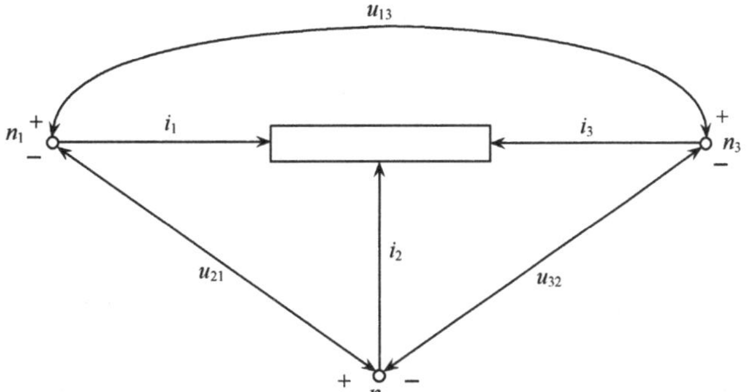

图 2-30　独立基本变量选择说明

显然,6 个变量只有 4 个是线性独立的,因此一个三端元件只需用两个独立电压和两个独立电流就可以描述。一般说来,一个 n 端电路元件,最多有 $n-1$ 个独立电压变量和 $n-1$ 个独立电流变量。

同理,一个多端元件也可采用独立的电荷 $q(t)$ 和独立的电压 $u(t)$,独立的磁链 $\Phi(t)$ 和

独立的电流 $i(t)$ 基本变量组来描述。根据 $i(t)$、$u(t)$、$q(t)$ 和 $\Phi(t)$ 之间的约束关系就可以定义和描述四类多端元件：多端电阻、多端电容、多端电感和多端忆阻，下面分别来讨论前三类元件。

2.4.1 多端电阻

一个 n 端电路元件，如果它的各引出端的独立电压与独立电流的瞬时值之间的关系可用式(2.75)代数方程来确定时，即

$$F_R\left[\boldsymbol{u}_R(t),\boldsymbol{i}_R(t),t\right]=0 \quad (\forall t) \tag{2.75}$$

则称此元件为 n 端电阻。式中 $\boldsymbol{u}_R(t)$、$\boldsymbol{i}_R(t)$ 均为 $n-1$ 维列矢量，F_R 为 $n-1$ 维矢量函数。

与二端电阻分类方法相同，n 端电阻也可以分为线性和非线性两大类，每类又可分为时不变和时变两种情形。

多端电阻在实践中获得了广泛的应用。下面就几种重要的多端电阻元件进行介绍，重点阐述它们的电路模型、描述方程和基本特性。

1. 受控源

受控源是一个双口元件。它是用来表征一个端口支路和另一个端口支路之间控制关系的物理模型，它常被用来模拟电子器件中发生的物理现象，而不是一个实际部件。

受控电源可分为以下四类：

(1)电压控制型电压源(VCVS)，简称压控电压源。它的电路模型如图 2-31 所示，其描述方程为

$$\left.\begin{aligned} i_1 &= 0 \\ u_2 &= \mu u_1 \end{aligned}\right\} \tag{2.76}$$

其中，$\mu = \dfrac{u_2}{u_1}$，称为电压放大系数或电压传输系数。

图 2-31　VCVS　　　　　　　　图 2-32　CCVS

(2)电流控制型电压源(CCVS)，简称流控电压源。它的电路模型如图 2-32 所示，其描述方程为

$$\left.\begin{aligned} u_1 &= 0 \\ u_2 &= \gamma_{\mathrm{m}} i_1 \end{aligned}\right\} \tag{2.77}$$

其中，$\gamma_{\mathrm{m}} = \dfrac{u_2}{i_1}$，称为转移电阻或跨阻。

(3)电压控制型电流源(VCCS)，简称压控电流源。它的电路模型如图 2-33 所示，其

描述方程为

$$\left.\begin{array}{r} i_1 = 0 \\ i_2 = g_m u_1 \end{array}\right\} \tag{2.78}$$

其中，$g_m = \dfrac{i_2}{u_1}$，称为转移电导或跨导。

图 2-33　VCCS　　　　　　　　　　图 2-34　CCCS

　　(4) 电流控制型电流源(CCCS)，简称流控电流源。它的电路模型如图 2-34 所示，其描述方程为

$$\left.\begin{array}{r} u_1 = 0 \\ i_2 = \alpha i_1 \end{array}\right\} \tag{2.79}$$

其中，$\alpha = \dfrac{i_2}{i_1}$，称为电流放大系数或电流传输系数。

　　上述四类受控源中，当 μ、γ_m、g_m、α 为常数时，上述定义的受控源为线性时不变元件。当 $\mu(t)$、$\gamma_m(t)$、$g_m(t)$、$\alpha(t)$ 为时间的函数时，则上述定义的受控源为线性时变元件。如果上述受控源的受控量分别为非线性函数：$u_2 = f_1(u_1, t)$，$u_2 = f_2(i_1, t)$，$i_2 = f_3(u_1, t)$，$i_2 = f_4(i_1, t)$，则定义的就是非线性受控源。

　　在 u、i 采用关联一致参考方向的前提下，受控源吸收的瞬时功率为

$$p(t) = u_1(t)i_1(t) + u_2(t)i_2(t)$$

　　因为控制端口不是 $u_1 = 0$，就是 $i_1 = 0$，所以四类受控源吸收的瞬时功率均为

$$p(t) = u_2(t)i_2(t) \tag{2.80}$$

　　假设这里研究的是 CCCS，将它控制端接到独立电源 i_1 上，受控端接在负载 R_L 上，如图 2-35 所示。

　　因为

$$u_2 = -i_2 R_L$$

所以受控源瞬时功率为

$$p(t) = -i_2^2(t)R_L \tag{2.81}$$

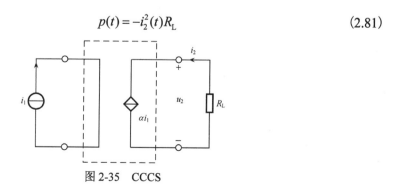

图 2-35　CCCS

从其他三类模型出发，也能得到式(2.81)的结论。因此，只要 R_L 为无源元件，则受控源的瞬时功率总是负值。这就是说，受控源向负载提供功率，所以受控源是一种有源元件，而受控源的有源性正是电子电路放大作用的理论基础。

例 2.12   已知含 CCCS 的电路如图 2-36 所示，试求(1)其输出端开路电压 u_{oc}。(2) $u_s = 0$，再求其输出端开路电压 u_{oc}。

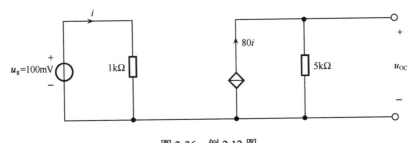

图 2-36   例 2.12 图

解   (1)因为 $u_s = 100\text{mV}$，得

$$i = \frac{100 \times 10^{-3}}{1 \times 10^3} = 100 \times 10^{-6}(\text{A})$$

所以

$$u_{oc} = 5 \times 10^3 \times 80 \times 100 \times 10^{-6} = 40(\text{V})$$

(2)因为 $u_s = 0$，得 $i = 0$，而 i 为 CCCS 的控制量，所以

$$u_{oc} = 80i \times 5 \times 10^3 = 80 \times 0 \times 5 \times 10^3 = 0(\text{V})$$

由此可见，受控源是受控制量控制的，当控制量改变时(大小和方向)，它也将随着改变(大小和方向)；当受控源的控制量不存在时，受控源也就随之消失了。

例 2.13   已知受控源电路如图 2-37 所示，试求：

(1)输入端口的输入电阻 R_i。

(2)若在输入端口外加一个激励电压源 $u_{ab} = u_s = 20(\text{V})$，求出各元件上的功率。此时受控源是否可用一个电阻代替？

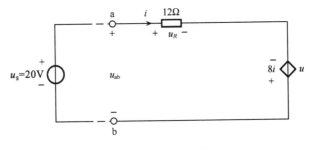

图 2-37   例 2.13 图

解   (1)求 R_i。

依据 KVL 可得

$$u_{ab} = 12i - 8i = 4i$$

所以

$$R_i = \frac{u_{ab}}{i} = \frac{4i}{i} = 4(\Omega)$$

(2) 求 P 及代替受控源等值电阻 R。

因为

$$u_{ab} = u_S = 12i - 8i = 4i = 20\text{V}$$

所以

$$i = 5\text{A}$$

又因为

$$P = ui$$

所以

$$P_R = u_R i = 12 \times 5 \times 5 = 300(\text{W}) \qquad\qquad (消耗)$$
$$P_{受} = -u \times i = -(8i) \times i = -8 \times 5 \times 5 = -200(\text{W}) \qquad\qquad (产生)$$
$$P_{u_S} = -u_S i = -20 \times 5 = -100(\text{W}) \qquad\qquad (产生)$$

又因为

$$u = -8i = -8 \times 5 = -40(\text{V})$$

所以

$$R = \frac{u}{i} = \frac{-40}{5} = -8(\Omega)$$

由此得出结论：对 ab 右侧无源电路中的受控源可以用一个电阻等效，且这个电阻一般为负电阻。

2. 运算放大器

运算放大器是一种应用最广泛的多端集成电路元件，一般由若干晶体管和电阻构成，因为它能完成模拟信号的加法、积分、微分等运算，所以称为运算放大器。虽然它性能各异，型号繁多，内部结构不同，但在电路理论中，人们关心的是它的外部特性，所以一般采用如图 2-38 所示电路符号表示。

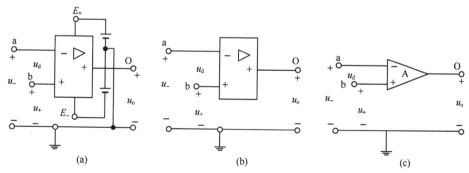

图 2-38 运算放大器电气图形符号

图 2-38(a)为运算放大器国家标准图形符号，其中三角形符号表示它为放大器。运算放大器有两个输入端：a(反相输入端)、b(同相输入端)；一个输出端"O"端；电源端 E_+、E_-连接直流偏置电压，以维持运算放大器内部晶体管正常工作。在电路分析时可以不考虑偏置电源，采用图 2-38(b)或其简化形式表示，图 2-38(c)为习惯用符号，但偏置电源是存在的。

当运算放大器采用单端输入时，则输出电压 u_o 分别为

反相端 a 输入时

$$u_o = -Au_- \tag{2.82a}$$

同相端 b 输入时

$$u_o = Au_+ \tag{2.82b}$$

若运算放大器反相端和同相端同时输入，即差动输入时，则输出电压 u_o 为

$$u_o = A(u_+ - u_-) = Au_d \tag{2.82c}$$

运算放大器输出 u_o 与差动输入 u_d 之间的转移特性曲线如图 2-39 所示。

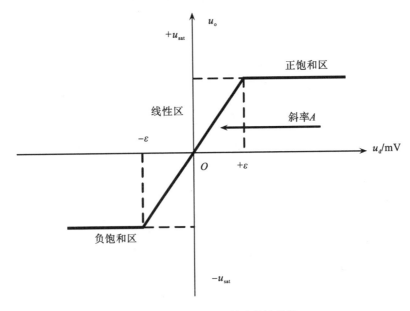

图 2-39 运算放大器转移特性曲线

$-\varepsilon \leqslant u_d \leqslant +\varepsilon$ 时，运算放大器工作在线性区，放大倍数 A 很大，一般称此工作状态为开环运行。显然运算放大器为一个电压源(VCVS)，它可以用如图 2-40 所示电路模型表示。

因为一般运算放大器的开环增益 A 是很高的，输入阻抗 R_i 是很大的，而输出阻抗 R_o 则较小，所以通常在实际应用中都将运算放大器看作理想器件。在此情况下，理想运算放大器具有如下特点

$$\left.\begin{array}{l} A \approx \infty \\ R_i \approx \infty \\ R_o \approx 0 \end{array}\right\} \tag{2.83}$$

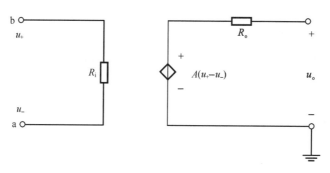

图 2-40 运算放大器电路模型

根据式(2.83)，可以得到分析理想运算放大器的两条重要规则。

(1)"虚地"。因为理想运算放大器的 $A \approx \infty$，而输出电压 u_o 总是有限值，所以其输入电压就接近于零。若输入端是双端输入(差动)，则有 $u_\Sigma = u_i \approx 0$；若输入端是单端反相输入，则有 $u_\Sigma = u_- \approx 0$ (同相端接地)，这就是说输入端电压与地同电位，即电压均为零，但是因为输入电流为零，输入端与地间是不通的，所以简称"虚地"。

(2)"虚断"。因为理想运算放大器的 $R_i \approx \infty$，所以运算放大器的两个输入端的输入电流都接近于零，即两输入端之间几乎可以看作断路，并简称"虚断"。

"虚地"和"虚断"是两个矛盾的概念，但对于一个理想运算放大器是必须同时满足的。这两条规则广泛用于分析含理想运算放大器的电路系统。

如果运算放大器对各端的电压、电流均取关联一致参考方向，则其吸收的瞬时功率为

$$p(t) = p_i(t) + p_o(t) = -u_S i_1 - i_o(t) u_o(t) = -i_o(t) u_o(t) < 0 \tag{2.84}$$

这就意味着运算放大器向负载提供功率，所以运算放大器是一个有源器件。运算放大器是重要的集成电路元件，它获得了广泛应用，下面举例说明。

例 2.14 已知反相输入比例运算器如图 2-41 所示，试求其输出电压 $u_o(t)$ 吸收的瞬时功率 $p(t)$。

解 (1)求 $u_o(t)$，比例运算器电路模型如图 2-41 (b)图所示，其中虚线框内为运算放大器模型，根据虚断的概念可得

$$i_1 = i_f$$

$$\frac{u_i(t)}{R_1} = -\frac{u_o(t)}{R_f}$$

即

$$k = \frac{u_o(t)}{u_i(t)} = -\frac{R_f}{R_1}$$

$$u_o(t) = k u_i(t) = -\frac{R_f}{R_1} u_i(t) \tag{2.85}$$

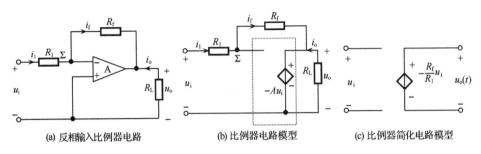

(a) 反相输入比例器电路   (b) 比例器电路模型   (c) 比例器简化电路模型

图 2-41　反相输入比例运算器

由此得到反相输入简化电路模型如图 2-41(c) 所示。

(2) 求 $p_o(t)$。比例运算器的瞬时功率 $p_o(t)$ 为

$$p_o(t) = -i_o(t)u_o(t) = \left[-\frac{u_o(t)}{R_L}\right]u_o(t) = -\frac{1}{R_L}\left[u_o(t)\right]^2$$

$$= -\frac{1}{R_L}\left[-\frac{R_f}{R_1}u_S(t)\right]^2 = -\frac{R_f^2}{R_1^2 R_L}u_S^2(t)$$

因为电阻均为无源的，所以运算放大器是一个有源器件，它所提供的功率是由工作电源 u_S 提供的。图 2.41(a) 所示电路是一个重要电路，如果将其 Σ 点改为多输入则可获得加法器。

若令

$$u_o = -\frac{R_f}{R_1}u_{S_1}(t) - \frac{R_f}{R_2}u_{S_2}(t) - \cdots - \frac{R_f}{R_n}u_{S_n}(t)$$

则

$$R_1 = R_2 = \cdots = R_n = R_f$$

$$u_o = -\left[u_{S_1}(t) + u_{S_2}(t) + \cdots + u_{S_n}(t)\right] \tag{2.86}$$

如果将 R_f 改为电容 C_f，即可获得积分器

$$u_o(t) = -\frac{1}{R_1 C_f}\int_0^t u_S(\tau)\mathrm{d}\tau + u_o(0) \tag{2.87}$$

如果将 R_1 改为电容 C_1，即可获得微分器

$$u_o(t) = -R_f C_1 \frac{\mathrm{d}u_S(t)}{\mathrm{d}t} \tag{2.88}$$

例 2.15　试求如图 2-42 所示同相输入比例运算放大器的输出电压 $u_o(t)$。

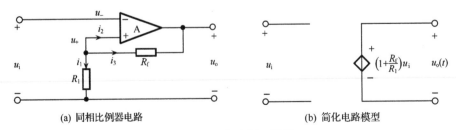

(a) 同相比例器电路   (b) 简化电路模型

图 2-42　同相比例运算器

解　因为虚地，所以

$$u_+ = u_- = u_i$$

由 KCL 得 $i_1 + i_2 + i_3 = 0$ ，而因为虚断

$$i_2 = 0$$

所以

$$i_1 = -i_3$$

而

$$i_1 = \frac{u_+}{R_1} = \frac{u_i}{R_1}, \quad i_3 = \frac{u_+ - u_o}{R_f} = \frac{u_i - u_o}{R_f}$$

即得

$$\frac{u_i}{R_1} = \frac{u_i - u_o}{R_f}$$

故得

$$u_o(t) = \left(1 + \frac{R_f}{R_1}\right)u_i \tag{2.89}$$

根据式 (2.89) 可得同相比例器的电路模型如图 2-42 (b) 所示。

例 2.16　已知隔离器 (或称缓冲器) 如图 2-43 所示，它是由电压跟随器 (虚线框内电路) 构成的，试求：

(1) 电压跟随器输出电压 $u_o'(t)$ 。

(2) 隔离器输出电压 $u_o(t)$ 。

解　(1) 求电压跟随器输出电压 $u_o'(t)$ 。

因为虚地，$u_+ = u_-$ 而反相端与输出端 o 直接相连。

所以

$$u_o'(t) = u_- = u_+ \tag{2.90}$$

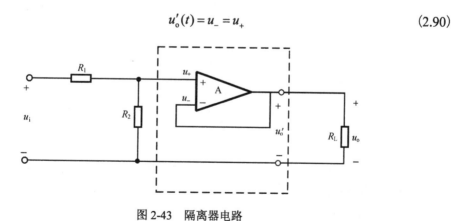

图 2-43　隔离器电路

(2) 求隔离器输出电压 $u_o(t)$ 。

由分压公式可得

$$u_+ = \frac{R_2}{R_1+R_2}u_i$$

所以

$$u_o(t) = u_+ = \frac{R_2}{R_1+R_2}u_i$$

若不加电压跟随器，则输出电压 u_o 应为

$$u_o = \frac{R_2 /\!/ R_L}{R_1+R_2 /\!/ R_L}u_i = \frac{R_2 R_L}{R_1 R_2 + R_1 R_L + R_2 R_L}u_i$$

显然负载 R_L 直接影响了分压的结果，由此得出结论：在电路中间接入电压跟随器，有效地克服了输出端的负载效应影响，即起到了隔离作用，因此电压跟随器获得了广泛的应用。

比例器、加法器、积分器、微分器在电路系统模拟和信号处理中获得了广泛的应用。

3. 回转器

回转器是一个新型的双口器件，理想的回转器电路符号及两种等价的电路模型如图 2-44 隔离器电路所示。

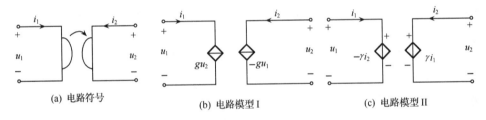

(a) 电路符号　　　(b) 电路模型 I　　　(c) 电路模型 II

图 2-44　回转器

回转器的描述方程(即电压与电流的关系)为

$$\begin{bmatrix} u_1 \\ u_2 \end{bmatrix} = \begin{bmatrix} 0 & -\gamma \\ \gamma & 0 \end{bmatrix}\begin{bmatrix} i_1 \\ i_2 \end{bmatrix} \tag{2.91}$$

$$\begin{bmatrix} i_1 \\ i_2 \end{bmatrix} = \begin{bmatrix} 0 & g \\ -g & 0 \end{bmatrix}\begin{bmatrix} u_1 \\ u_2 \end{bmatrix} \tag{2.92}$$

其中，$\gamma = \frac{1}{g}$ 称为回转系数，具有电阻量纲。

请注意，如果回转方向与图 2-44(a) 所示(即 γ 的箭头)相反，则图 2-44(b)、图 2-44(c) 中电路模型的受控源极性均应取反，式(2.91)、式(2.92)中的 γ 和 g 均应反号。

回转器的瞬时功率为

$$p(t) = -i_1(t)u_1(t) - i_2(t)u_2(t)$$
$$= -i_1(t)[-\gamma i_2(t)] - i_2(t)[\gamma i_1(t)] = 0$$

于是，得到回转器吸收的能量为

$$W(t) = \int_{-\infty}^{t} p(\tau)\mathrm{d}\tau = 0 \tag{2.93}$$

　　由此得出结论：回转器是一种无源元件，并且它既无损耗，又不能储能，即是无损元件。

　　回转器的另一重要性质是：能将输出端口接的二端元件逆变为输入端口的该元件的对偶元件。因此也将回转器称为正阻抗逆变器。如图 2-45 所示。

　　因为

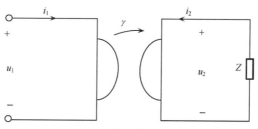

图 2-45　接负载的回转器

$$u_1 = -\gamma i_2 = -\gamma\left(-\frac{u_2}{Z}\right) = \gamma\left(\frac{\gamma i_1}{Z}\right) = \gamma^2 \frac{1}{Z} i_1 \qquad (2.94a)$$

即

$$Z_i = \frac{u_1}{i_1} = \frac{1}{Z}\gamma^2 \qquad (2.94b)$$

　　如果负载 Z 为电阻 R，则 $R_i = Z_i = \frac{1}{R} = \gamma^2 G$，即输入端得到一个数值为 $\gamma^2 G$ 的电阻。

　　如果负载 Z 为电容 C，则 $Z_i = \frac{1}{1/sC}\gamma^2 = \gamma^2 sC$，即输入端得到一个电感量 $L = \gamma^2 G$ 的电感。

　　如果 Z 为电感 L，则 $Z_i = \frac{1}{sL}\gamma^2$，即输入端得到一个电容量 $C = \frac{L}{\gamma^2}$ 的电容。

　　同理，还可以对非线性元件进行逆变。回转器的这一重要性质在电路设计和大规模集成电路设计制造中，常用来模拟电感器。回转器可以用多种方法来实现。

4. 负阻抗转换器

　　负阻抗转换器是一种双口器件，在 1954 年开始被引入有源滤波器领域，从此推动了有源滤波器的设计。负阻抗转换器有两种类型。一种称为电流反相负阻抗转换器(INIC)，其电路符号和电路模型如图 2-46 所示。

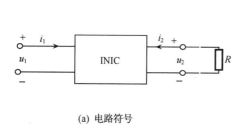

(a) 电路符号

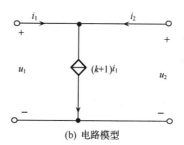

(b) 电路模型

图 2-46　INIC

其描述方程(即 u - i 特性)为

$$\begin{bmatrix} u_1 \\ i_2 \end{bmatrix} = \begin{bmatrix} 0 & 1 \\ k & 0 \end{bmatrix} \begin{bmatrix} i_1 \\ u_2 \end{bmatrix} \tag{2.95}$$

其中，K 为标量常数，称为转换比。由于图 2-46 中采用了关联一致参考方向，因此 u_1 和 u_2 同相，但 i_1 和 i_2 反相，这就是说，INIC 转换了电流方向而保持电压极性不变。

另一种称为电压反相型负阻抗转换器(VNIC)，其电路符号和电路模型如图 2-47(a)和图 2-47(b)所示。

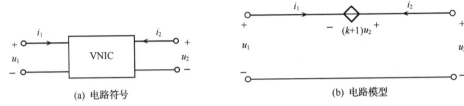

(a) 电路符号　　　　　　　　　　　　(b) 电路模型

图 2-47　VNIC

它的 u - i 特性方程为

$$\begin{bmatrix} u_1 \\ i_2 \end{bmatrix} = \begin{bmatrix} 0 & -k \\ -1 & 0 \end{bmatrix} \begin{bmatrix} i_1 \\ u_2 \end{bmatrix} \tag{2.96}$$

显然，它的特性正好与 INIC 特性相反，转换了电压极性而保持电流方向不变。

如果在 INIC 的输出端上接一负载电阻 R，则因为 $u_2 = -Ri_2$，得到 $u_1 = u_2 = -Ri_2$，所以在输入端可求得

$$R_i = \frac{u_1}{i_1} = -kR \tag{2.97}$$

将负载 R 接在 VNIC 输出端上，也可以得到同样结论。这就是说负阻抗转换器的重要功能是将一个具有正电阻的电阻器转换成一个具有负电阻的电阻器。因为具有正电阻的电阻器为无源器件，具有负电阻的电阻器为有源器件，所以负阻抗转换器是一种能将无源元件转换为有源元件的有源器件。

如果将负载 R 换为电容 C 或电感 L，也能得到类似的结论。

5. 理想变压器

理想变压器是一个多端电阻元件，也是实际变压器的理想化模型。一个实际变压器抽象为理想变压器的条件是：①该变压器不消耗功率；②它没有任何漏磁通，也就是说各绕组之间的耦合系数 $K=1$；③每个绕组的自感都是无穷大。

二端口理想变压器的电路符号和电路模型如图 2-48(a)、图 2-48(b)、图 2-48(c)所示。

二端口理想变压器的 u - i 特性方程为

$$\begin{bmatrix} u_1 \\ i_2 \end{bmatrix} = \begin{bmatrix} 0 & n \\ -n & 0 \end{bmatrix} \begin{bmatrix} i_1 \\ u_2 \end{bmatrix} \tag{2.98}$$

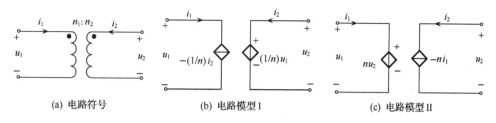

(a) 电路符号　　(b) 电路模型 I　　(c) 电路模型 II

图 2-48　二端口理想变压器

其中，n 为初次级之间匝数比，一般 $n = \dfrac{n_1}{n_2}$。如果改变图 2-48(a)中电压与电流的参考方向或改变同名端的位置，则电路模型和 u-i 特性方程也应作相应改变。

三端口理想变压器电路符号及电路模型如图 2-49(a)、图 2-49(b)所示。

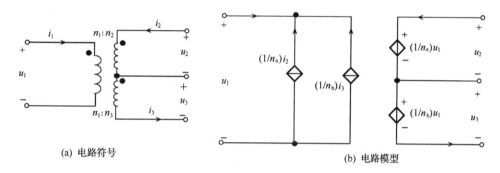

(a) 电路符号　　　　　　　(b) 电路模型

图 2-49　三端口理想变压器

三端口理想变压器的 u-i 特性方程为

$$\left.\begin{array}{l} u_2 = \dfrac{1}{n_a}u_1 \\[2mm] u_3 = \dfrac{1}{n_b}u_1 \\[2mm] i_1 = -\left(\dfrac{1}{n_a}i_2 + \dfrac{1}{n_b}i_3\right) \end{array}\right\} \tag{2.99}$$

其中，匝数比 $n_a = \dfrac{n_1}{n_2}$；$n_b = \dfrac{n_1}{n_3}$。

以此类推，不难得出多端口理想变压器的电路模型和 u-i 特性方程。

理想变压器由于电压电流采用了关联参考方向，其所吸收的瞬时功率和能量为

$$p(t) = i_1(t)u_1(t) + i_2(t)u_2(t) + i_3(t)u_3(t) = i_1(t)u_1(t)$$
$$+ \frac{1}{n_a}u_1(t)\left[-n_a i_1(t) + \frac{n_a}{n_b}i_3(t)\right] + \frac{1}{n_b}u_1(t)\left[-n_b i_1(t) + \frac{n_b}{n_a}i_2(t)\right] = 0$$
$$W(t) = \int_{-\infty}^{t}\left[i_1(\tau)u_1(\tau) + i_2(\tau)u_2(\tau) + i_3(\tau)u_3(\tau)\right]\mathrm{d}\tau = 0$$

由此可见，理想变压器是无损元件，既不储能，也不耗能，而是把输入端口流入的能

量全部由输出端口传送出去。

理想变压器的重要特性是具有阻抗变换作用。如图 2-50 所示为接负载的理想变压器。因为

$$\begin{cases} u_2 = -i_2 Z \\ u_1 = nu_2 \\ i_2 = -ni_1 \end{cases}$$

所以

$$u_1 = -ni_2 Z = -nZ(-ni_1) = (n^2 Z)i_1 \tag{2.100a}$$

$$Z_1 = \frac{u_1}{i_1} = n^2 Z \tag{2.100b}$$

理想变压器的这一重要性质在实际工作中获得了广泛应用。

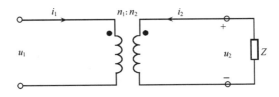

图 2-50 接负载的理想变压器

例 2.17 已知理想变压器电路如图 2-51 所示，试求其输入电阻 R_i。

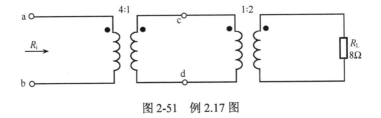

图 2-51 例 2.17 图

解 由图中给定的条件可求得 $n_1 = \frac{4}{1} = 4$；$n_2 = \frac{1}{2}$。

设 cd 端输入电阻为 R_i'，则可得

$$R_i' = n_2^2 R_L = \left(\frac{1}{2}\right)^2 \times 8 = 2(\Omega)$$

所以

$$R_i = n_1^2 R_i' = 4^2 \times 2 = 32(\Omega)$$

2.4.2 多端电感

一个 n 端电路元件，如果它的各独立端电流与其磁链之间的关系可以用代数方程来确定时，即

$$F_L\big[i_L(t),\varphi_L(t),t\big]=0 \quad (\forall t) \tag{2.101}$$

则称此元件为 n 端电感。式中 $i_L(t)$、$\varphi_L(t)$ 均为 $n-1$ 维列矢量，F_L 为 $n-1$ 维矢量函数。

与二端电感分类方法相同，n 端电感可以分为线性和非线性两大类，每类又可以分为时不变和时变两种情形。

多端电感中应用最广泛的是耦合电感。一个二端口耦合电感电路符号如图 2-52 所示。

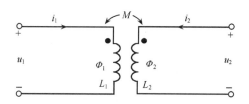

图 2-52　二端口耦合电感电路符号

如果耦合电感是线性时不变的，则 i-φ 特性方程和 u-i 特性方程可分别表示为

$$\left.\begin{array}{l}\varPhi_1(t)=L_1i_1(t)+M_{12}i_2(t)\\[2mm]\varPhi_2(t)=M_{21}i_1(t)+L_2i_2(t)\end{array}\right\} \tag{2.102}$$

$$\left.\begin{array}{l}u_1(t)=L_1\dfrac{\mathrm{d}i_1(t)}{\mathrm{d}t}+M_{12}\dfrac{\mathrm{d}i_2(t)}{\mathrm{d}t}\\[4mm]u_2(t)=M_{21}\dfrac{\mathrm{d}i_1(t)}{\mathrm{d}t}+L_2\dfrac{\mathrm{d}i_2(t)}{\mathrm{d}t}\end{array}\right\} \tag{2.103}$$

其中，L_1 和 L_2 分别为初级和次级的自感，在关联参考方向下，自感 L_1 和 L_2 总为正值。M_{12} 和 M_{21} 别为初级与次级之间的互感，它们可正可负。如果耦合电感是互易的，则 $M_{12}=M_{21}$ $=\pm M$，互感的正负号由耦合电感初次级同名端 "·" 的位置决定 (见图 2-52)。若在关联一致参考方向的条件下，电流 $i_1(t)$ 和 $i_2(t)$ 都同时流进或流出同名端，则互感 M_{21} 取正，否则取负。

线性时不变耦合电感可以根据式 (2.103) 得到去耦等效电路模型，如图 2-53 所示。

线性时不变耦合电感储存的总能量为

$$\begin{aligned}W(t)&=\int_{-\infty}^{t}\big[u_1(\tau)i_1(\tau)+u_2(\tau)i_2(\tau)\big]\mathrm{d}\tau\\[2mm]&=\int_{-\infty}^{t}\left[L_1i_1(\tau)\frac{\mathrm{d}i_1(\tau)}{\mathrm{d}\tau}+M\frac{\mathrm{d}\big[i_1(\tau)\cdot i_2(\tau)\big]}{\mathrm{d}\tau}+L_2i_2(\tau)\frac{\mathrm{d}i_2(\tau)}{\mathrm{d}\tau}\right]\mathrm{d}\tau\end{aligned}$$

因为 $\tau=-\infty$，$i_1(\tau)=i_2(\tau)=0$；$\tau=t$ 时，$i_1(\tau)=i_1(t)$，$i_2(\tau)=i_2(t)$，则上式变为

$$\begin{aligned}W(t)&=\int_0^{i_1(t)}L_1i_1\mathrm{d}i_1+\int_0^{i_1(t)i_2(t)}M\mathrm{d}\big(i_1i_2\big)+\int_0^{i_2(t)}L_2i_2\mathrm{d}i_2\\[2mm]&=\frac{1}{2}\big[L_1i_1^2(t)+2Mi_1(t)i_2(t)+L_2i_2^2(t)\big]\\[2mm]&=\frac{1}{2}L_1\left(i_1+\frac{M}{L_1}i_2\right)^2+\frac{1}{2}\left(L_2-\frac{M^2}{L_1}\right)i_2^2\end{aligned} \tag{2.104}$$

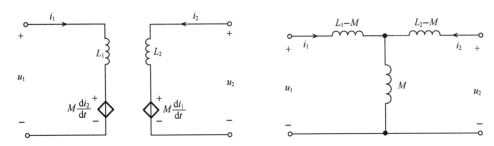

图 2-53　线性时不变耦合电感电路模型

所以线性时不变耦合电感为无源的条件是

$$L_2 - \frac{M^2}{L_1} \geqslant 0$$

或

$$K = \frac{|M|}{\sqrt{L_1 L_2}} \leqslant 1 \tag{2.105}$$

其中，K 称为耦合电感的耦合系数，一般总是 $K \leqslant 1$，所以耦合电感是无源的。由式(2.103)可知，线性时不变耦合电感是储能元件，它具有记忆功能。

同理，可分析多端口线性定常耦合电感，其 $\Phi\text{-}i$ 关系可表示为

$$\left. \begin{array}{l} \boldsymbol{\Phi}(t) = \boldsymbol{L}\boldsymbol{i}(t) \\ \boldsymbol{i}(t) = \boldsymbol{\Gamma}\boldsymbol{\Phi}(t) \end{array} \right\} \tag{2.106}$$

其中，$\boldsymbol{L}$ 为电感矩阵，它是一个方阵，即

$$\boldsymbol{L} = \begin{bmatrix} L_{11} & L_{12} & \cdots & L_{1n} \\ L_{21} & L_{22} & \cdots & L_{2n} \\ \vdots & \vdots & & \vdots \\ L_{n1} & L_{n2} & \cdots & L_{nn} \end{bmatrix}_{n \times n} \tag{2.107}$$

方阵中，对角线元素为自感，非对角线元素为互感，其正负号判定方法同二端口耦合电感。而倒电感矩阵 $\boldsymbol{\Gamma}$（电感矩阵 $\boldsymbol{L}$ 的逆矩阵）为 $\boldsymbol{\Gamma} = \boldsymbol{L}^{-1}$。

根据电磁感应定律可以得多端口耦合电感的 $u\text{-}i$ 关系，用公式为

$$\boldsymbol{u}(t) = \boldsymbol{L}\frac{\mathrm{d}\boldsymbol{i}(t)}{\mathrm{d}t} \tag{2.108}$$

$$\boldsymbol{i}(t) = \boldsymbol{i}(0) + \boldsymbol{\Gamma}\int_0^1 \boldsymbol{u}(\tau)\mathrm{d}\tau \tag{2.109}$$

例 2.18　已知耦合电感电路如图 2-54 所示，试求其输出电压 $u_{bc}(t)$。

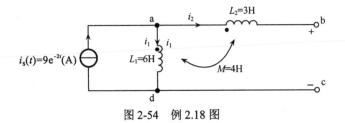

图 2-54　例 2.18 图

解　依据 KVL 可得

$$u_{bc}(t) = u_{ba} + u_{ac} = -u_{ab} + u_{ac}$$

因为

$$u_{ab}(t) = M\frac{\mathrm{d}i_1(t)}{\mathrm{d}t} + L_2\frac{\mathrm{d}i_2(t)}{\mathrm{d}t}$$

而又因为 bc 端开路，$i_1(t) = i_s(t)$，$i_2(t) = 0$ 所以

$$u_{ab} = M\frac{\mathrm{d}i_1(t)}{\mathrm{d}t} = M\frac{\mathrm{d}i_s(t)}{\mathrm{d}t} = 4\times\frac{\mathrm{d}}{\mathrm{d}t}(9\mathrm{e}^{-2t}) = 4\times 9\times(-2)\mathrm{e}^{-2t}$$

即得

$$u_{ab} = -72\mathrm{e}^{-2t}\,(\mathrm{V})$$

因为

$$u_{ac} = L_1\frac{\mathrm{d}i_1(t)}{\mathrm{d}t} + M\frac{\mathrm{d}i_2(t)}{\mathrm{d}t} = L_1\frac{\mathrm{d}i_1(t)}{\mathrm{d}t}$$

所以

$$u_{ac} = 6\times\frac{\mathrm{d}}{\mathrm{d}t}(9\mathrm{e}^{-2t}) = 6\times 9\times\left(-2\mathrm{e}^{-2t}\right) = -108\mathrm{e}^{-2t}\quad(\mathrm{V})$$

故

$$u_{bc}(t) = -u_{ab} + u_{ac} = -(-72\mathrm{e}^{-2t}) + (-108\mathrm{e}^{-2t}) = -36\mathrm{e}^{-2t}\quad(\mathrm{V})$$

2.4.3　多端电容

一个 n 端电路元件，如果它的各独立端电压与其电荷之间的关系可以用如下代数方程来确定时，即

$$\boldsymbol{F}_C\left[\boldsymbol{u}_C(t),\boldsymbol{q}_C(t),t\right] = 0\quad(\forall t)\tag{2.110}$$

则称此元件为 n 端电容。其中 $\boldsymbol{u}_C(t)$、$\boldsymbol{q}_C(t)$ 均为 $n-1$ 维列矢量，$\boldsymbol{F}_C$ 为 $n-1$ 维矢量函数。

依照二端电容分类方法，多端电容也可以分为线性与非线性、时变与时不变等种类。

虽然实际生产的多端电容商品还未见到，但其未来应用的可能性是存在的。事实上，任何电子元件的寄生电容都可以视为多端电容，虽然这是人们所不希望的，但是在电路分析与集成电路设计时必须考虑其存在的重要影响因素。

2.5　电路元件的基本组与器件造型的概念

在这一章中，已经详细地研究了二端和多端电路元件，给出了 10 种常用类型电路元件的理想化模型、精确定义和特性方程。然而从分析讨论过程中，可以发现这 10 种电路元件并非都是基本的，如理想运算放大器可以由一个线性电阻器(开路)和一个受控源构成，理想变压器可由两个受控源构成，回转器可由受控源构成等。实际上 10 种电路元件中，只有四类二端元件和受控源是基本的，称之为元件基本组。各种实际器件的理想化模型都可以由这个基本组的元件组合构成，人们把用理想元件构成的网络

去模拟构造实际器件的方法叫作器件造型。

造型是科学分析的重要原则。这是因为实际的器件和系统用作实用分析时通常过于复杂，以至于无法进行，在大多数情况下，这种复杂性常常是由于许多非本质因素的存在带来的，所以造型的基本原理就是只抽出本质性的属性。选用理想化模型其实是在真实性与简单性之间作了折中，使采用基本元件组进行器件造型成为可能。将实际元件用最小基本组造型模拟以后，实际电路系统就可以用几种简单的支路构成网络来模拟，这就使建立在支路网络基础上的电路理论更加通用化、简单化，并便于计算机处理。

器件造型的基本方法有两种：①物理方法，即根据元器件内部工作的物理原理进行造型，如晶体管小信号 T 型模型；②黑箱法，即根据器件的外部特性造型，如晶体管的网络参数模型。

器件造型应考虑精度和工作条件两个问题。通常只要反映了本质特征，就可以在精确性与简单化之间作折中；而工作条件主要考虑作用信号的性质，且主要是信号幅度和频率范围。

器件造型是一门专门学科，它的系统论述已经超出本书范围，请读者参阅有关参考资料。

2.6 电 路 分 类

将电路元件按一定的拓扑规律相互连接起来便构成了电路系统，或称网络，它们即可完成预定的功能，并在给定激励的情况下，获得需要的响应。

电路可以从不同角度进行分类。根据构成电路的元件性质，可以将电路分为线性电路与非线性电路，时变电路与时不变电路，电阻电路和动态电路。一个电路如果仅仅由独立源和线性电路元件构成则称为传统线性电路；若电路中除独立源之外还含有非线性电路元件则称传统非线性电路。如果一个电路仅仅由独立源和时不变元件构成则称为传统时不变电路；如果由独立源和时变元件构成则称为传统时变电路。如果由电阻元件和独立源构成的电路则称为电阻电路；如果电路中含有储能元件则称为动态电路。以上这种仅根据电路元件性质分类的方法叫作传统分类法。

在电路分析中，人们更关心电路的激励与响应之间的关系，或称输入-输出端口特性（I/O）。因此，也可以按照电路输入-输出端口特性，将电路分为线性与非线性电路，时变与时不变电路。如果电路 I/O 特性满足叠加定理，即满足可加性和齐次性，则是端口线性电路，显然线性电路是可以用线性常微分方程来描述的。如果电路端口 I/O特性不满足叠加定理，或不能用线性常微分方程来描述，则称为端口非线性电路。如果电路端口 I/O 特性是由变系数微分方程描述的，即系数是时间的函数，则称为端口时变电路。或者说 I/O 特性若用微分-积分算符 $\pi[f(t), y(t)] = 0$ 表示，且初时刻 $y(T) = y(0)$，则当 $f(t) = f(t-T)$ 时，$y(t) = y(t-T)$，网络称为端口时不变电路；否则称为时变电路。以上分类法称为端口分类法。

一般说来，端口线性不一定是传统线性，但是当传统线性电路所有动态元件无初始储能，且电路内部不含独立源时，则电路一定是端口线性电路。

传统时不变电路一定是端口时不变电路，但端口时不变电路不一定是传统时不变电路。

电路还可以分为无源电路和有源电路，同样可以按传统和端口来定义。若一个电路仅仅由无源电路元件构成，则该电路就是传统的无源电路；若电路中有一个或一个以上有源电路元件，则该电路就是传统的有源电路。

电路的输入端口的电压为 $u(t)$，电流为 $i(t)$，电路端口的能量为

$$W(t) = W(t_0) + \int_{t_0}^{t} \boldsymbol{u}^{\mathrm{T}}(\tau) i(\tau) \mathrm{d}\tau$$

其中，$W(t_0)$ 为初始储能。

若电路端口能量 $W(t) \geqslant 0$ 时，则该电路称为端口无源电路；若 $W(t) < 0$，则该电路称为端口有源电路。

理论上可以证明，传统的无源电路，必定是端口无源电路。传统的有源电路不一定是端口有源电路，但是端口有源电路必定是传统有源电路。

本书中若未加说明，电路的分类都是按传统定义的。

2.7　总结与思考

2.7.1　总结

(1) 电路是由四个基本变量电压、电流、电荷、磁链描述的，四个变量间的两两约束关系定义了四类电路元件。

① 二端电路元件如图 2-55 所示。

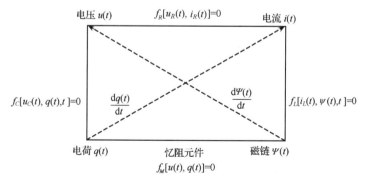

图 2-55

② 多端电路元件。

若将图 2-55 中基本变量由一维标量改为二维以上矢量：$\boldsymbol{u}(t)$、$\boldsymbol{i}(t)$、$\boldsymbol{q}(t)$、$\boldsymbol{\Psi}(t)$，则

同理，两两矢量间的约束关系定义出了四类多端电路元件：多端电阻 F_R、多端电容 F_C、多端电感 F_L 及多端忆阻 F_M。

上述定义与传统定义发生了质的飞跃，线性元件与非线性元件、时不变元件与时变元件间存在着本质的差别。

(2) 本章重点之一：线性时不变二端电阻、电容、电感(取关联参考方向)，见表 2-1。

表 2-1

电路元件符号	定义	VCR	基本性质
$i_R(t)$ R $u_R(t)$	$u_R(t) = Ri_R(t)$	$u_R(t) = Ri_R(t)$ $i_R(t) = Gu_R(t)$ $p_R(t) = u_R(t)i_R(t) = Ri_R^2(t) = Gu_R^2(t)$	(1) 无源、有损： $p_R(t) < 0$ (耗能元件) (2) 无记忆， 即时性元件
$i_C(t)$ $q(t)$ C $u_C(t)$	$q(t) = Cu_C(t)$	$i_C(t) = C\dfrac{du_C(t)}{dt}$ $u_C(t) = u_C(0_-) + \dfrac{1}{C}\displaystyle\int_{0_-}^{t} i_C(\tau)d\tau$ $p_C(t) = u_C(t)i_C(t)$ $W_C(t) = \dfrac{1}{2}C\left[u_C^2(t) - u_C^2(0_-)\right]$	(1) 记忆性， 储能元件 (2) $i_C(t)$ 有限， $u_C(t)$ 不能跃变 即 $u_C(0_+) = u_C(0_-)$ 换路定律 (3) $u_C(0_-) = 0$ $u_C - i_C$ 呈线性
$i_L(t)$ $\Phi(t)$ L $u_L(t)$	$\Phi(t) = Li_L(t)$	$u_L(t) = L\dfrac{di_L(t)}{dt}$ $i_L(t) = i_L(0_-) + \dfrac{1}{L}\displaystyle\int_{0_-}^{t} u_L(\tau)d\tau$ $p_L(t) = u_L(t)i_L(t)$ $W_L(t) = \dfrac{1}{2}L[i_L^2(t) - i_L^2(0_-)]$	(1) 无记性， 储能元件 (2) $u_L(t)$ 有限， $i_L(t)$ 不能跃变 即 $i_L(0_+) = i_L(0_-)$ 换路定律 (3) $i_L(0_-) = 0$ $u_L - i_L$ 呈线性

注意：①短路是阻值为零($R = 0$)的电阻，开路是阻值为无穷大($R = \infty$)的电阻。

②电容两端电压为恒定值(直流)时， $i_C(t) = 0$ ，开路，即电容具有隔直作用。

③电感通过电流为恒定值(直流)时， $u_L(t) = 0$ ，短路。

④分压、分流公式，串联与并联公式。

(3) 本章重点之二：独立源和基本信号。

①电压源。

理想电压源 定义： $u_S(t)$ 恒定或为时间函数，如图 2-56 所示。

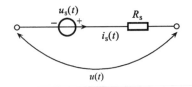

图 2-56 理想电压源   图 2-57 实际电压源

实际电压源 定义（如图 2-57）

$$u(t) = u_\text{S}(t) - R_\text{S}i(t)$$

或

$$u(t) = u_\text{OC}(t) - R_\text{o}i(t)$$

②独立电流源。

理想电流源 定义（如图 2-58(a)）：$i_\text{S}(t)$ 恒定或为时间函数，$u(t)$ 任意。

实际电流源 定义（如图 2-58(b)）：

$$i(t) = i_\text{S}(t) - \frac{1}{R_\text{S}}u(t)$$

或

$$i(t) = i_\text{SC}(t) - G_\text{o}u(t)$$

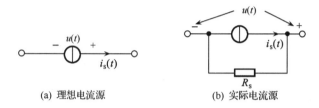

(a) 理想电流源　　　　　　　　(b) 实际电流源

图 2-58　独立电流源

③正弦信号。定义：$f(t) = A\cos(\omega t + \phi)$。其中，$A$ 为振幅；ω 为角频率；ϕ 为初相位。

④单位阶跃信号。定义

$$U(t) = \begin{cases} 0, & t > 0 \\ 1, & t < 0 \end{cases}$$

性质：单边特性。

⑤单位冲击信号。定义

$$\begin{cases} \delta(t) = \begin{cases} 0, & t \neq 0 \\ \text{奇异}, & t = 0 \end{cases} \\ \int_{-\infty}^{\infty} \delta(t)\mathrm{d}t = 1 \end{cases}$$

性质：抽样性。

注意：（a）信号间转换关系：a.实际电压源 $\rightleftarrows$ 实际电流源。

$$\text{b.}\begin{cases} \delta(t) = \dfrac{\mathrm{d}U(t)}{\mathrm{d}t} \\ U(t) = \displaystyle\int_{-\infty}^{t} \delta(\tau)\mathrm{d}\tau \end{cases}$$

（b）$f(t)$、$U(t)$、$\delta(t)$ 可以是电压信号，也可以用电流信号，取决于电路符号表示的意义。

（4）本章重点之三：常用多端电路元件。

①受控源。它是一种电路模型，而不是实际电路元件，它既具有独立电源的特性，可按独立源规律处理，又表征了实际电子器件内部的控制关系，因此在电路变换时，控制支路必须始终保留，在列电路方程时，必须补写出描述控制量的方程。

②运算放大器。 是一种使用广泛的集成电路器件，其实质为一个电压控制电压源（VCVS），理想运算放大器具有"虚地"和"虚断"两个重要特点，根据这两个物理特点可以分析计算运放电路；应用运放 VCVS 电路模型是分析计算运放电路的第二条重要途径。

③理想变压器。定义

$$\begin{cases} u_1(t) = nu_2(t) \\ i_1(t) = -\dfrac{1}{n}i_2(t) \end{cases}$$

本质为多端电阻。重要性质是阻抗变换作用，即 $R_i = n^2 R_L$。

④耦合电感

$$\text{VCR} \begin{cases} u_1(t) = L_1 \dfrac{\mathrm{d}i_1(t)}{\mathrm{d}t} \pm M \dfrac{\mathrm{d}i_2(t)}{\mathrm{d}t} \\ u_2(t) = \pm M \dfrac{\mathrm{d}i_1(t)}{\mathrm{d}t} + L_2 \dfrac{\mathrm{d}i_2(t)}{\mathrm{d}t} \end{cases}$$

具有记忆性，满足换路定律

$$i_1(0_+) = i_1(0_-), \quad i_2(0_+) = i_2(0_-)$$

分析计算时既可以用 VCR，也可以用电路模型。

2.7.2 思考

(1)LTI 电阻、电容、电感两端施加的电压或流过的电流，是否有额定限制？能任意施加吗？它们的两个端点能任意连接吗？

(2)电路短路时，是否短路电流 $i_{SC} = 0$；电路开路时，是否开路电压 $U_{OC} = 0$？

(3)冲击信号是否就是能量为无穷大？如何理解其抽样性？

(4)实际电压源是由电压源与其内阻 R_S 构成的一个串联模型，能将其表示为电压源与电阻的并联模型吗？为什么？

(5)实际电流源是由电流源与其内阻 R_S 构成的一个并联模型，能将其表示为电流源与电阻的串联模型吗？为什么？实际电压源与实际电流源模型是否可以等效互换？条件是什么？理想电压源与理想电流源是否可以等效互换？为什么？

(6)受控源的能源是器件本身具有的，还是由外加工作独立源通过控制支路提供的？它能单独存在吗？一个无源电路中的受控源可以用电阻取代，而有源电路中的受控源还可以用电阻取代吗？为什么？

(7)运算放大器其实质就是一个 VCVS，正确运用虚地、虚断或电路模型就可以容易地进行计算。虚地是否输入端与参考地间连通(即短接)？虚断是否输入端与同相端或反相端之间开路？为什么？如何用运放实现回转器、负阻抗转换器？

(8)理想变压器为什么本质是多端电阻,而不是多端电感?其具有的阻抗变换作用是否表明它具有放大作用,为什么?

(9)耦合电感 VCR 中互感 M 的"+""–"应如何确定?耦合电感当满足什么条件时,可转变为理想变压器?

(10)如何用回转器来模拟实现接地电感、浮地电感、理想变压器?

习 题 2

2.1　单项选择题。　从每题给定的四个答案中,选择其中正确的填入括号中。

(1)一支 $R=100\Omega$、功率为 0.25W 的金属膜电阻,最大允许通过的电流为(　　)。

A. 0.25mA;　　　　　　B. 100mA;　　　　　　C. 50mA;　　　　　　D. 0.5mA

(2)若一个电路元件的 VCR 为 $u(t)=i^2(t)-4i(t)$,则该元件是(　　)。

A. 电压源;　　　　　　B. 非线性电感;　　　　C. 非线性电容;　　　　D. 非线性电阻

(3)若已知电感的初始电流 $i_L(0_-)=8$A,初始储能为 0.64J,则该电感为(　　)。

A. 0.02H;　　　　　　B. 0.002H;　　　　　　C. 0.2H;　　　　　　D. 0.08H

(4)若已知一电容的端压 $u_C(t)=10\sin\left(2\pi t-\dfrac{\pi}{2}\right)$(V),流过的电流为 $i_C(t)=20\sin 2\pi t$(A),则该电容为(　　)。

A. 0.5F;　　　　　　B. 2F;　　　　　　C. $\dfrac{1}{\pi}$F;　　　　　　D. πF

(5)在图 2-59 所示电路中耦合电感的输出电压为(　　)。

A. $\cos t$V;　　　　　　B. 0V;　　　　　　C. $0.4\sin t$V　　　　　　D. 0.8V

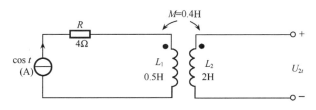

图 2-59　习题 2.1(5)图

(6)在图 2-60 所示电路的输入电阻 R_i 等于(　　)。

A. 12Ω;　　　　　　B. 8Ω;　　　　　　C. 20Ω;　　　　　　D. $\infty\Omega$

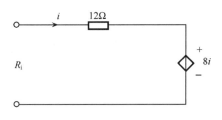

图 2-60　习题 2.1(6)图

2.2 简答题。

(1)已知图 2-61 所示电路中，A 为未知元件，电流源($I_{s_1}=2A$)发动功率 $P_1=100W$，试求出流过元件 A 的电流 I_A。

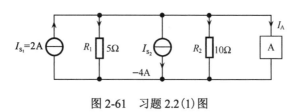

图 2-61　习题 2.2(1)图

(2)试求出图 2-62 电路中电流 I。

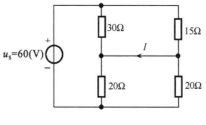

图 2-62　习题 2.2(2)图

(3)无限梯形连接的电容电路如图 2-63 所示，试求：①输入端总电容 C_i；②若将 C 换为 R，再求总电阻 R_i。

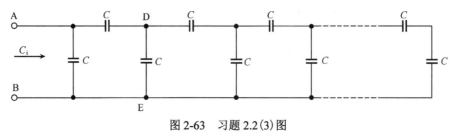

图 2-63　习题 2.2(3)图

(4)已知一耦合电感在图 2-64 所示的关联参考方向下的电感矩阵为 $L=\begin{bmatrix}4&3\\3&6\end{bmatrix}$ 试求将其改为图 2-64(b) 所示连接的等值电感 $\hat{L}$。

(5)已知理想运算放大电路图 2-65 所示的输出电压：$u_o=-4u_1-7u_2$，而 $R_f=10k\Omega$，试求电阻 R_1 和 R_2。

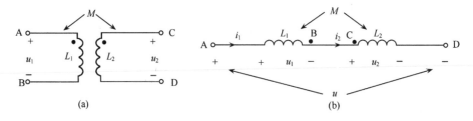

图 2-64　习题 2.2(4)图

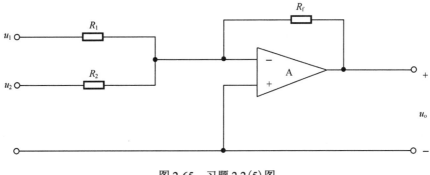

图 2-65　习题 2.2(5)图

(6) 试求图 2-66 所示理想变压器的输入电阻 R_i。

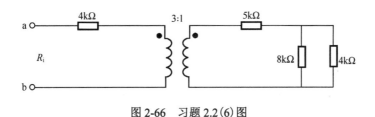

图 2-66　习题 2.2(6)图

2.3　已知以下二端电路元件的特性方程:

(1) $10i + 3u = 0$；　　　　(2) $u = (\cos 4t)i + 5$；　　　　(3) $q = e^{-u}$；

(4) $\varphi = i^2$；　　　　　　(5) $i = \tanh\varphi$；　　　　　　(6) $2u + i = 8$；

(7) $i = 3 + \sin \omega t$；　　　(8) $u = L_n(q+1)$；　　　　(9) $i = u + (\cos 2t)\dfrac{u}{|u|}$；

(10) $u = 3i + \cos i$；　　　(11) $u = q - q^3$；　　　　　(12) $i = L_n(u+3)$。

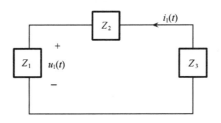

图 2-67　习题 2.4 图

试确定这些二端元件的名称,并指出它们是线性的还是非线性的,是时不变的还是时变的,是有源的还是无源的,是双向的还是单向的,以及它们控制变量的类型。

2.4　已知图 2-67 所示为线性时不变电路,由一个电阻、一个电感和一个电容组成,其中:

$$i_1(t) = 10e^{-t} - 20e^{-2t}, \quad t \geqslant 0$$
$$u_1(t) = -5e^{-t} + 20e^{-2t}, \quad t \geqslant 0$$

若在 $t = 0$ 时电路的总储能 $W(0) = 25J$,试确定 Z_1、Z_2、Z_3 的性质及参数值。

2.5　画出与下列函数表达式对应的波形。

(1) $3\delta(t-2)$;　　　(2) $\delta(t-1)+\delta(t-2)$;　　　(3) $\cos(2t-60°)U(t)$;

(4) $U(-t)$;　　　(5) $U(t)-2U(t-1)$;　　　(6) $\mathrm{e}^{2t}\cos t$;

(7) $r(t)\sin t$ 。

2.6　试确定图 2-68(a)、图 2-68(b)所示电路中电阻器、电压源、电流源上的功率，并指出电阻器消耗功率的来源。

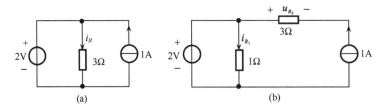

图 2-68　习题 2.6 图

2.7　试求图 2-69 电路的输入电阻 $R_i = R_{AB}$。

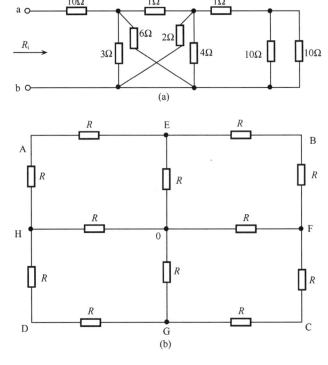

图 2-69　习题 2.7 图

2.8　试求图 2-70(a)、(b)所示电路的输入电阻 R_i。

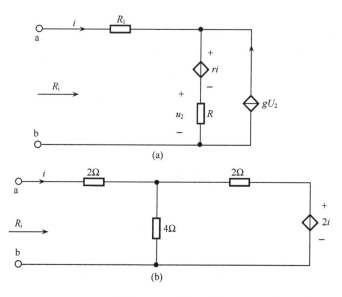

(a)

(b)

图 2-70　习题 2.8 图

2.9　试将图 2-71 所示的两个受控源分别用等值电阻元件取代。如果 R_2、R_3 或 R_4 支路中含有独立源，试问受控源能否用无源元件来取代？为什么？通过本题能得出什么结论？

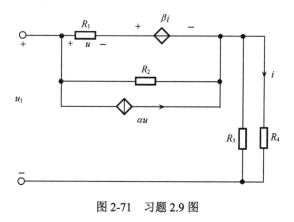

图 2-71　习题 2.9 图

2.10　通过 $L = 2\text{mH}$ 电感的电流波形如图 2-72 所示，试写出在关联参考方向下电感电压和功率以及能量的表达式。

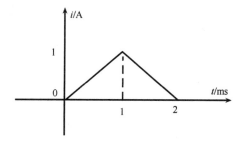

图 2-72　习题 2.10 图

2.11 在关联参考方向下，电容两端的电压和电流波形如图 2-73 所示。求电容 C，画出电容功率的
波形，并计算当 $t = 2\text{ms}$ 时电容所吸收的功率和储存的能量。

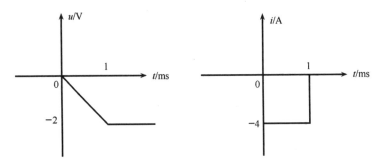

图 2-73 习题 2.11 图

2.12 在图 2-74 所示电路中，N 为某用电设备，今测量得 $U_N = 6\text{V}$，$I_N = 1\text{A}$，其所有电流参考方向
如图中所示，选取关联参考方向。 试求：（1）未知电阻 R 的值。（2）电压源和电流源产生的功率。

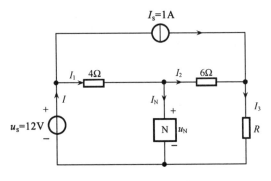

图 2-74 习题 2.12 图

2.13 在图 2-75（a）所示电路中，电容 C 和电感 L 无初始储能，欲使电感 L 中的电流 $i_L(t)$ 有如图 2-75（b）
所示波形，试求激励电压源信号 $u_s(t)$ 的函数表达式。

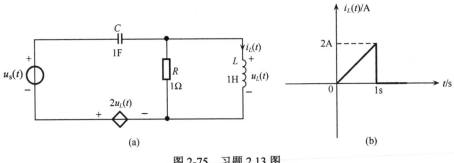

图 2-75 习题 2.13 图

2.14 在图 2-76 所示电路中运算放大器为理想运算放大器，试证明虚线框内电路可以实现一个回转
器，若图中所有电阻相等且 $R = 10\text{k}\Omega$，$C = 0.1\text{F}$，求其模拟电感 L 的值。

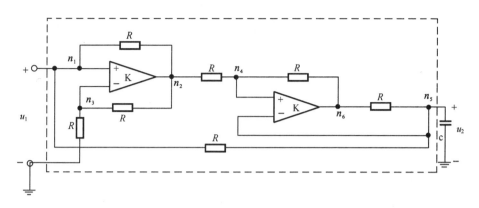

图 2-76　习题 2.14 图

2.15　试证明图 2-77 所示回转器电路，可以模拟一个浮地电感，并求出此电感的值。

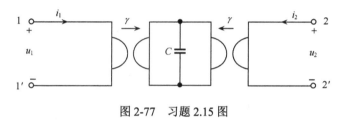

图 2-77　习题 2.15 图

2.16　若将图 2-77 电路中电容 C 去掉，试证明这种两个回转器的级联，可以模拟一个理想变压器，并求出其变压比 n。

2.17　一耦合电感器在图 2-78(a) 的参考方向下有电感矩阵：$\boldsymbol{L} = \begin{bmatrix} 4 & -3 \\ -3 & 6 \end{bmatrix}$

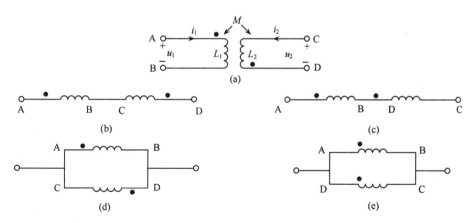

图 2-78　习题 2.17 图

(1) 试求该图在 (b)、(c)、(d)、(e) 四种连接方式下的等值电感。

(2) 总结出耦合电感串联、并联的计算公式。

2.18　线性时不变耦合电感器也可用理想变压器和二端电感器来等效，试证明图 2-79(b) 可与图 2-79(a)

等效，并求在二者等效时 L_b 和 $\dfrac{n_1}{n_2}$ 与 L_a 与 M 的关系。

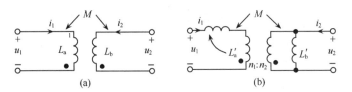

图 2-79　习题 2.18 图

2.19　试求图 2-80 所示理想变压器电路的输入电阻 R_i 。

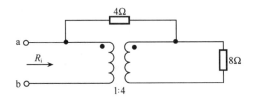

图 2-80　习题 2.19 图

2.20　试证明图 2-81 所示电路可以实现一个负阻抗转换器，并求出此负阻 R_i 是多少？

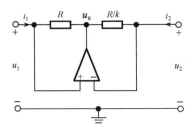

图 2-81　习题 2.20 图

2.21　已知一网络的 I/O 关系由下列方程确定，试判定该网络是线性还是非线性。

(1) $\dfrac{\mathrm{d}y(t)}{\mathrm{d}t} + y(t) = u^2(t) + u(t)$ ；

(2) $\dfrac{\mathrm{d}^2 y(t)}{\mathrm{d}t^2} + y(t) = u^2(t) + \int_0^t u(\tau)\mathrm{d}\tau$ ；

(3) $y(t) = i + u(t)\sin\omega t$ 。

2.22　已知某一网络 I/O 关系由下面特性方程确定，试判定此网络是时变还是时不变网络。

(1) $y(t) = tu(t) + 1$ ；

(2) $y(t) + \dfrac{\mathrm{d}^2 y(t)}{\mathrm{d}t^2} = u(t) + \dfrac{\mathrm{d}u(t)}{\mathrm{d}t}$ ；

(3) $y(t) = t - \int_0^t u(\tau)\mathrm{d}\tau$ 。

第3章 电路分析的基本方法

内 容 提 要

本章通过电阻电路的一般分析方法的介绍，详细讲解电路分析中常用的方法，即电阻电路等效分析法、支路电流分析法、回路电流分析法、网孔电流分析法和节点电压分析法。重点讲解了回路电流分析法、网孔电流分析法和节点电压分析法。

本章是本书的重点，本章所讲解的电路分析方法是本书以后章节中其他电路分析方法的基础。本章的难点是用节点电压法求解含电压源支路的电路，以及用回路分析法求解含电流源支路的电路。

3.1 电阻电路等效分析法

3.1.1 电阻的串联和并联

电路元件中最基本的连接方式就是串联和并联。本节内容已在高中课程学习过，通过示例再回顾这部分内容。

例 3.1 电路如图 3-1 所示。求：(1)a、b 两端的等效电阻 R_{ab}。(2)c、d 两端的等效电阻 R_{cd}。

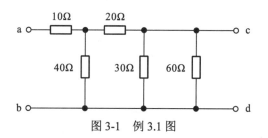

图 3-1 例 3.1 图

解 (1)求解 R_{ab} 的过程如图 3-2 所示。

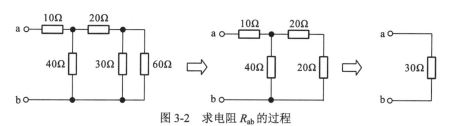

图 3-2 求电阻 R_{ab} 的过程

所以

$$R_{ab} = 30(\Omega)$$

(2)求 R_{cd} 时，一些电阻的连接关系发生了变化，10Ω 电阻对于求 R_{cd} 不起作用。R_{cd} 的求解过程如图 3-3 所示。

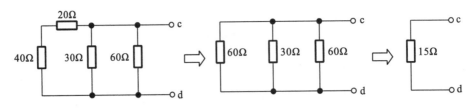

图 3-3   求电阻 R_{cd} 的过程

所以

$$R_{cd} = 15(\Omega)$$

例 3.2   求图 3-4 所示惠斯通电桥的平衡条件。

解   电桥平衡时，检流计 G 的读数为零。因此所谓电桥平衡的条件就是指电阻 R_1、R_2、R_3、R_4 满足什么关系时，检流计的读数为零。

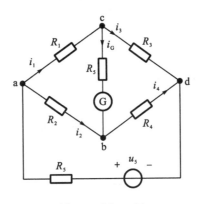

图 3-4   例 3.2 图

检流计的读数为零，即 $i_G = 0$ 时，检流计所在的支路相当于开路，故有

$$i_1 = i_3, \quad i_2 = i_4$$

另外，由于检流计的读数为零，电阻 R_5 上的电压为零，节点 b、c 之间短路，因此

$$u_{cb} = 0$$

所以

$$u_{ac} = u_{ab}, \quad u_{cd} = u_{bd}$$

即

$$R_1 i_1 = R_2 i_2, \quad R_3 i_3 = R_4 i_4$$

两式相比有

$$R_1 / R_3 = R_2 / R_4$$

即电桥平衡的条件是

$$R_1R_4 = R_2R_3$$

3.1.2　电阻的三角形连接与星形连接

1. 电阻的三角形（△）与星形（Y）连接

图 3-5 所示电路的各电阻之间既非串联连接又非并联连接。如求 a、b 间的等效电阻，则无法再利用电阻串联、并联的计算方法得到简单求解。

当三个电阻首尾相连，并且三个连接点又分别与电路的其他部分相连时，这三个电阻的连接关系称为三角形（△）连接。图 3-5 所示电路中电阻 R_1、R_2、R_5，R_3、R_4、R_5 均为三角形（△）连接。

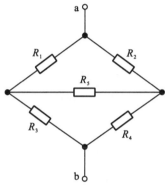

图 3-5　混联电路

当三个电阻的一端接在公共节点上，而另一端分别接在电路的其他三个节点上时，这三个电阻的连接关系称为星形（Y）连接。图 3-5 所示电路中电阻 R_1、R_5、R_3，R_2、R_5、R_4 的连接形式就是星形（Y）连接。

2. △连接与 Y 连接的等效变换

Y 连接与△连接的电阻电路如图 3-6(a) 和图 3-6(b) 所示。在电路分析中，如果将 Y 连接等效为△连接或者将△连接等效为 Y 连接，就会使电路变得简单而易于分析。

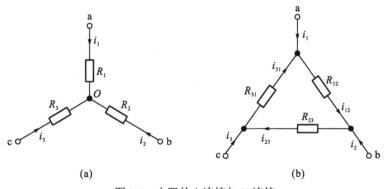

(a)　　　　　　　　　　　　　(b)

图 3-6　电阻的△连接与 Y 连接

由 Y 连接变为△连接的关系式如下：

$$R_{\triangle} = \frac{\text{Y电阻两两乘积之和}}{\text{Y不相邻电阻}}$$

已知：R_1、R_2、R_3，求 R_{12}、R_{23}、R_{31}。

$$R_{12} = \frac{R_1R_2 + R_2R_3 + R_3R_1}{R_3}$$

$$R_{23} = \frac{R_1R_2 + R_2R_3 + R_3R_1}{R_1}$$

$$R_{31} = \frac{R_1R_2 + R_2R_3 + R_3R_1}{R_2}$$

由△连接转换到 Y 连接的关系式如下：

$$R_{\text{Y}} = \frac{\triangle\text{相邻电阻的乘积}}{\triangle\text{电阻之和}}$$

已知：R_{12}、R_{23}、R_{31}，求 R_1、R_2、R_3。

$$R_1 = \frac{R_{31}R_{12}}{R_{12} + R_{23} + R_{31}}$$

$$R_2 = \frac{R_{12}R_{23}}{R_{12} + R_{23} + R_{31}}$$

$$R_3 = \frac{R_{23}R_{31}}{R_{12} + R_{23} + R_{31}}$$

当△连接的三个电阻相等，都等于 $R_{\triangle}$ 时，那么由上式可知，等效为 Y 连接的三个电阻也必然相等，记为 R_{Y}，反之亦然。并有

$$R_{\text{Y}} = \frac{1}{3}R_{\triangle}$$

3. 举例

例 3.3 求图 3-7 所示电路的等值电阻 R_{ab}。

解 (解法 1)将电路上面的△连接部分等效为 Y 连接，如图 3-8 所示。

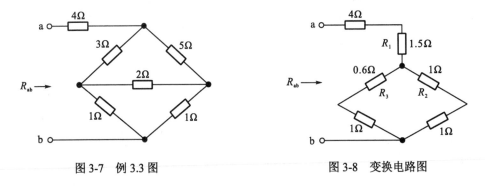

图 3-7 例 3.3 图   图 3-8 变换电路图

其中：

$$R_1 = \frac{3 \times 5}{3+5+2} = 1.5(\Omega)$$

$$R_2 = \frac{2 \times 5}{3+5+2} = 1(\Omega)$$

$$R_3 = \frac{2 \times 3}{3+5+2} = 0.6(\Omega)$$

$$\therefore R_{ab} = 4 + 1.5 + \frac{2 \times 1.6}{2+1.6} = 5.5 + 0.89 = 6.39(\Omega)$$

解　（解法 2）将原电路图中 1Ω、2Ω 和 3Ω 三个 Y 连接的电阻变换成△连接，如图 3-9 所示。

其中：

$$R_1 = \frac{1 \times 2 + 2 \times 3 + 3 \times 1}{1} = 11(\Omega)$$

$$R_2 = \frac{1 \times 2 + 2 \times 3 + 3 \times 1}{3} = 3.67(\Omega)$$

$$R_3 = \frac{1 \times 2 + 2 \times 3 + 3 \times 1}{2} = 5.5(\Omega)$$

所以

$$R_{ab} = 4 + R_3 \mathbin{/\!/} (R_1 \mathbin{/\!/} R_4 + R_2 \mathbin{/\!/} R_5) = 6.39(\Omega)$$

两种方法求出的结果完全相等。

例3.4　电路如图 3-10 所示，各电阻的阻值均为 1Ω。试求 a、b 间的等效电阻。

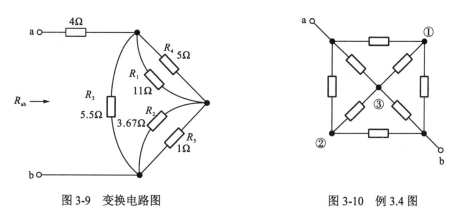

图 3-9　变换电路图　　　　　　图 3-10　例 3.4 图

解　本题可利用△与 Y 形之间的等效变换进行求解，但也可利用电路的对称性进行求解。这里采用后面一种方法。

在 a、b 间施加电压时，节点①和节点②是两个对称节点，为等电位点。因此可将节点①与节点②短接，如图 3-11(a) 所示。

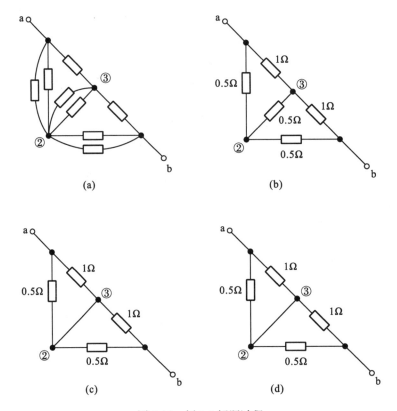

图 3-11   例 3.4 解题过程

图 3-11(b)所示电路为图 3-11(a)的等效电路,该电路满足电桥平衡条件,故节点②与节点③可视为短路,见图 3-11(c)。另外电桥平衡时,图 3-11(b)中节点②与节点③间的支路电流为零,所以节点②与节点③之间也可视为开路,如图 3-11(d)所示。由图 3-11(c)或图 3-11(d)均可求得

$$R_{ab} = \frac{2}{3}(\Omega)$$

例 3.5   图 3-12 所示电路(a)为一个无限链形网络,每个环节由 R_1 与 R_2 组成,求输入电阻 R_{ab}。

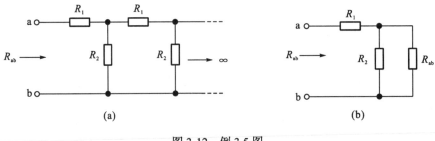

图 3-12   例 3.5 图

解   因为是无限链形网络,所以在输入端去掉一个或增加一个(或有限个)环节,网

络的输入电阻不变，如图 3-12(b)所示，故有

$$R_{ab} = R_1 + \frac{R_2 R_{ab}}{R_2 + R_{ab}}$$

即

$$R_{ab}^2 - R_1 R_{ab} - R_1 R_2 = 0$$

解得

$$R_{ab} = \frac{R_1 \pm \sqrt{R_1^2 + 4 R_1 R_2}}{2}$$

因为

$$R_{ab} > 0$$

所以

$$R_{ab} = \frac{R_1 + \sqrt{R_1^2 + 4 R_1 R_2}}{2}$$

3.1.3　电阻电路等效分析法应用示例

(1)为求电路中某一支路的电流和电压，运用等效化简分析方法时，将待求支路固定不动，电路的其余部分根据上述等效变化化简电路的基本方法，按"由远而近"逐步进行等效化简，化简成为单回路或单节偶等效电路。于是，根据等效电路，运用 KVL 或 KCL 和元件的 VAR，或分压与分流关系，计算出待求支路的电压和电流。

(2)对于有受控源的含源线性二端网络进行等效化简时，受控源按独立电源处理。但是，在等效变换化简电路的过程中，受控源的控制量支路应该保留。应注意的是，受控源的控制量应在端口及端口内部。

(3)对于含受控源的无源二端网络，等效化简为一个等效电阻 R_0。这时可以采用网络端口外加电压源电压或电流源电流的伏安关系来求解。

1)在无源二端网络端口外加电压源 u，则产生输入电流 i。运用 KVL、KCL 和元件 VAR，求出端口电压 u 与电流的 i 关系式。则等效电阻为

$$R_0 = u/i$$

2)在无源二端网络端口外加电流源电流 i 值，则产生电压 u。运用 KVL、KCL 和元件 VAR，求出端口电压 u 与电流 i 的关系式。则等效电阻为

$$R_0 = u/i$$

先任意假定无源二端网络中某一支路电流或电压值，根据元件的 VAR 和 KVL、KCL，计算出端口电压 u 和输入电流 i 的数值。则等效电阻为

$$R_0 = u/i$$

例 3.6　应用等效化简方法分析含源线性电路。如图 3-13(a)所示电路，试用等效化简电路的方法，求 5Ω 电阻元件支路的电流 I 和电压 U。

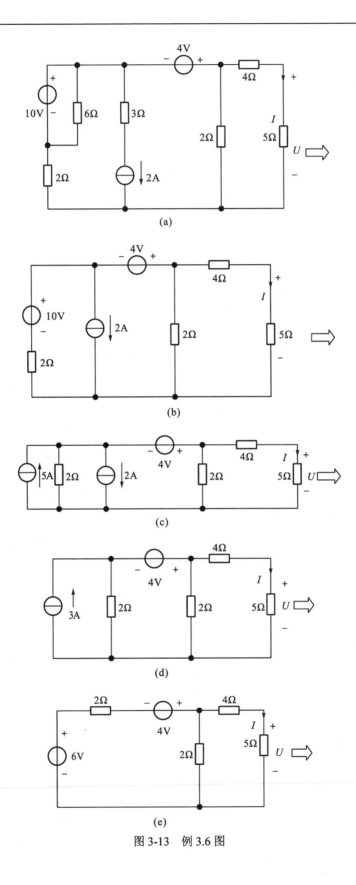

图 3-13   例 3.6 图

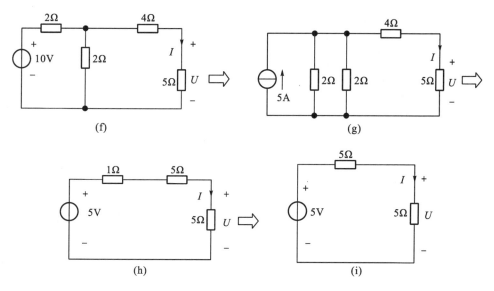

图 3-13 例 3.6 图(续)

解 (1)进行等效化简,步骤如下:①将图 3-13(a)中 6Ω 电阻拆除并将 3Ω 电阻置零,得出如图 3-13(b)所示等效电路;②将图 3-13(b)中 10V 电压源模型支路等效变换为电流源模型支路,得出如图 3-13(c)所示等效电路;③将图 3-13(c)中两串联电压源合并为一个 3A 电压源,得出如图 3-13(d)所示等效电路;④将 3A 电流源模型支路等效为 6V 电压源模型支路,得出如图 3-13(e)所示等效电路;⑤将图 3-13(e)中两串联电压源合并为一个 10V 电压源,得出如图 3-13(f)所示等效电路;⑥将图 3-13(f)中 10V 电压源模型等效变换为 5A 电流源模型,得出如图 3-13(g)所示等效电路;将图 3-13(g)中两并联的 2Ω 电阻元件合并为一个 1Ω 电阻元件,再将 5A 电流源模型等效变换为 5V 电压源模型,得出如图 3-13(h)所示等效电路;将图 3-13(h)中 1Ω 与 4Ω 串联电阻合并为一个 5Ω 电阻元件,得出最简单的单回路等效电路如图 3-13(i)所示。

(2)计算待求支路的电流和电压。

根据图 3-13(i)等效电路,回路电流

$$I = \frac{5}{5+5} = 0.5(A)$$

电压为

$$U = 5I = 5 \times 0.5 = 2.5(V)$$

例 3.7 含受控源电路等效化简分析计算。如图 3-14(a)所示电路,应用等效化简方法,求 ab 支路电流 I_0 和电压 U_0。

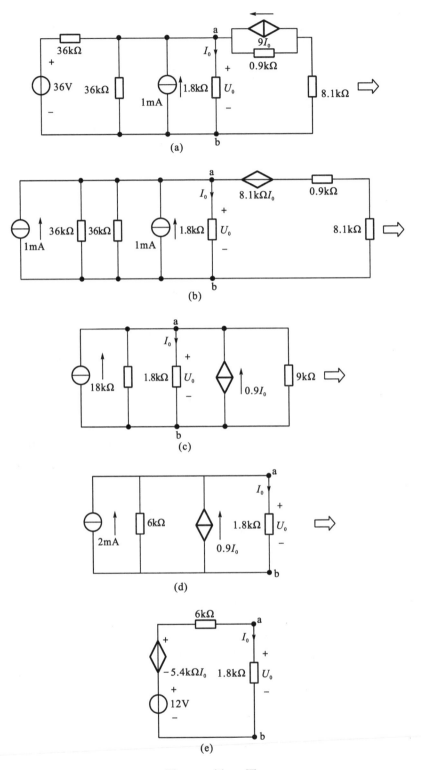

图 3-14　例 3.7 图

解 (解法1)：(1)保留 ab 支路不变，将电路进行等效化简。其步骤如下：将图 3-14(a) 中 36V 电压源模型等效变换为 1mA 电流源模型，又将 $9I_0$ 受控电流源模型等效变换为受控 电压源模型，得出如图 3-14(b)所示等效电路；将图 3-14(b)中两 36kΩ 并联电阻合并得出一 个 18kΩ 等效电阻，又将 0.9kΩ 和 8.1kΩ 两串联电阻合并为 9kΩ 等效电阻，并将受控电压源 模型等效变换为受控电流源模型，得出如图 3-14(c)所示等效电路；将图 3-14(c)中 18kΩ 和 9kΩ 两并联电阻合并为一个 6kΩ 等效电阻，得出如图 3-14(d)所示的单节偶等效电路。

(2)根据图 3-14(d)所示等效电路。列节点 KCL 方程为

$$-2\times10^{-3}+I_0-0.9I_0+\frac{U_0}{6\times10^3}=0$$

$$0.1I_0+\frac{U_0}{6\times10^3}=2\times10^{-3}$$

$$0.1\left(\frac{U_0}{1.8\times10^3}\right)+\frac{U_0}{6\times10^3}=2\times10^{-3}$$

$$\frac{4U_0}{18\times10^3}=2\times10^{-3}$$

$$U_0=\frac{2\times18}{4}=9\text{V}$$

$$I_0=\frac{U_0}{1.8\times10^3}=\frac{9}{1.8\times10^3}=5\text{(mA)}$$

解 (解法 2)(1)将图 3-14(a)电路按上述解法之一的步骤等效化简为如图 3-14(d)所 示等效电路。保留 ab 支路不动，将含受控电流源的电流源模型等效变换为含受控电压源 的电压源模型，得出如图 3-14(e)所示单回路等效电路。

(2)根据图 3-14(e)所示等效电路，列回路 KVL 方程为

$$(6\times10^3+1.8\times10^3)I_0=12+5.4\times10^3I_0$$

$$2.4\times10^3I_0=12$$

所以

$$I_0=\frac{12}{2.4\times10^3}=5\text{(mA)}$$

$$U_0=1.8\text{k}I_0=1.8\times10^3\times5\times10^{-3}=9\text{(V)}$$

例 3.8 含受控源无源二端网络端口输入电阻的计算。如图 3-15(a)所示电路，求 a、b 端口的输入电阻 R_0。

解 (解法 1)如图 3-15(b)所示，a、b 端口外加电压源电压 U，端口输入电流为 I。 列 KVL 方程为

$$U=3I+2I_0+2I_0=3I+4I_0$$

按分流关系计算 I_0，得出

$$I_0=\frac{4}{2+4}\left(I-\frac{U-3I}{8}\right)=\frac{11}{12}I-\frac{1}{12}U$$

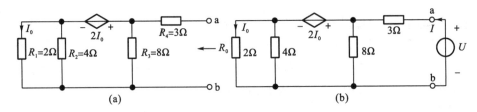

图 3-15   例 3.8 图

将 I_0 代入 U 得出

$$U = 3I + 4\left(\frac{11}{12}I - \frac{1}{12}U\right) = \frac{20}{3}I - \frac{U}{3}$$

移项后得出

$$4U = 20I$$

所以

$$R_0 = \frac{U}{I} = \frac{20}{4} = 5(\Omega)$$

解   （解法 2）按图 3-15（b）所示电路，端口外加电压源电压 U，产生输入电流 I。为计算端口电压 U 和 I 的数值，现假定受控电压源控制支路电流 $I_0 = 1\text{A}$ ，则有

（1）R_1 和 R_2 两端的电压为

$$2 \times 1 = 2(\text{V})$$

（2）R_2 支路的电流为

$$\frac{2}{4} = 0.5(\text{A})$$

故通过受控电压源的电流为

$$1 + 0.5 = 1.5(\text{A})$$

（3）受控电压源的电压为

$$2I_0 = 2 \times 1 = 2(\text{V})$$

电阻 R_3 两端的电压为

$$2 + 2 = 4(\text{V})$$

（4）按 KCL 输入电流为

$$I = 0.5 + 1.5 = 2(\text{A})$$

（5）a、b 端口的电压为

$$U = 3 \times 2 + 2 + 2 = 10(\text{V})$$

（6）a、b 端口的输入电阻为

$$R_0 = \frac{U}{I} = \frac{10}{2} = 5(\Omega)$$

由此可见，上述两种方法计算结果相同。后一种分析计算方法较前者简便。

3.2　支路电流法

支路电流法是线性电路最基本的分析方法。它是以支路电流作为待求变量，根据基尔霍夫电流定律(KCL)建立独立的电流方程，根据基尔霍夫电压定律(KVL)建立独立的电压方程，然后联立方程求得支路电流。

下面通过例题介绍该分析方法的具体求解过程。

例 3.9　用支路电流法求解如图 3-16 所示电路。

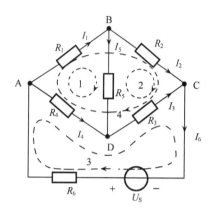

图 3-16　例 3.9 图

解　各支路电流如图 3-16 所示，支路有 6 条，故变量有 6 个。

如果一个电路有 n 个节点，那么对于每个节点都可以列出相应的 KCL 方程，但是其中只有 $n-1$ 个节点的 KCL 方程是独立的。

本电路有 4 个节点，所以有 3 个独立的 KCL 方程。建立 KCL 方程时，选择 4 个节点中的任意 3 个即可，并假设流出节点的电流为正，流入节点的电流为负。于是有 KCL 方程

节点 A	$I_1 + I_4 + I_6 = 0$	(1)
节点 B	$-I_1 + I_2 + I_5 = 0$	(2)
节点 C	$-I_2 - I_3 + I_6 = 0$	(3)

因为有 6 个变量，故还需要 3 个方程方能求得支路电流。这 3 个方程可以通过 3 个回路建立 3 个独立的 KVL 方程来获得。图 3-16 所示电路有若干个回路，如何从中选取 3 个独立的回路呢？确保方程独立的充分条件是每一个回路必须至少含有 1 条其他回路所没有的支路。这里选回路 1、2、3 如图 3-16 所示，列写 KVL 方程，并假设压降方向与回路绕向一致时取正，反之取负。KVL 方程

回路 1	$R_1 I_1 + R_5 I_5 - R_4 I_4 = 0$	(4)
回路 2	$R_2 I_2 - R_3 I_3 - R_5 I_5 = 0$	(5)
回路 3	$R_4 I_4 + R_3 I_3 - U_S + R_6 I_6 = 0$	(6)

联立求解(1)～(6)这 6 个方程便可求得支路电流 $I_1 \sim I_6$。但需要说明的是，如果列写 KVL 方程时选取的回路是回路 1、2、4(如图 3-16)，则方程不独立。在选取独立回路列 KVL 方程时，除按前面提到的方法选取之外，按网孔建立的 KVL 方程也是完全独立的。

例 3.10　用支路电流法求图 3-17(a)所示电路的电压 u_1 和 u_2。

已知：$R_1 = 1\Omega$，$R_2 = 2\Omega$，$R_3 = 3\Omega$，$u_{S_1} = 1V$，$u_{S_2} = 2V$。

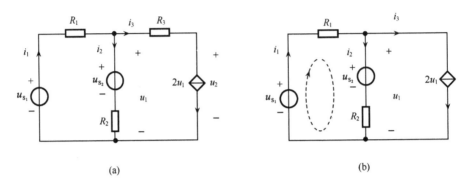

(a)　　　　　　　　　　　　　　(b)

图 3-17　例 3.10 图

解　设支路电流 i_1、i_2、i_3 如图 3-17 所示。受控源 $2u_1$ 同独立源处理方式相同，由于电阻 R_3 与电流源串联，故将其短路后[如图 3-17(b)]并不影响支路电流 i_1、i_2、i_3 以及电压 u_1 的求解。电路共有 2 个节点，选其中任意一个节点建立 KCL 方程均可，其方程为

$$i_1 - i_2 - i_3 = 0 \tag{1}$$

对图 3-17(b)所示的虚线回路建立 KVL 方程

$$-u_{S_1} + R_1 i_1 + u_{S_2} + R_2 i_2 = 0 \tag{2}$$

由于支路电流 i_3 的数值就是受控电流源的数值，所以

$$i_3 = 2u_1 \tag{3}$$

支路电流法未知量是支路电流，故式(3)中的控制量 u_1 应转换为支路电流表示，即

$$u_1 = u_{S_2} + R_2 i_2 \tag{4}$$

代入数据并联立方程(1)、(2)、(3)和(4)，求解得

$$i_1 = 0.43(\text{A}), \quad i_2 = -0.71(\text{A}), \quad i_3 = 1.14(\text{A}), \quad u_1 = 0.57(\text{V})$$

但求解受控源上的电压 u_2 时，不能沿用图 3-17(b)所示的电路，应回到原电路即图 3-17(a)所示的电路中进行求解，此时

$$\begin{aligned}
u_2 &= -R_3 i_3 + u_{S_2} + R_2 i_2 \\
&= -3 \times 1.14 + 2 + 2 \times (-0.71) \\
&= -2.84(\text{V})
\end{aligned}$$

支路电压法、支路电流法比较见表 3-1。

表 3-1　**2b 法、支路电压法、支路电流法比较**

名称	方法简述	方程	说明	优缺点
2b 法	以 b 个支路电流 i_k 和 b 个支路电压 u_k 为变量列写 $2b$ 个方程，并直接求解	①由 KCL 得 $n-1$ 个：$\sum i_k = 0$ ②由 KVL 得 $l(l=b-n+1)$ 个：$\sum u_k = 0$ ③由 b 条支路(或元件)得 b 个 VCR 方程		优点：列写方程容易 缺点：方程数目多
支路电压法	以 b 个支路电压 u_k 为变量列写 b 个方程，并直接求解	①由 KVL 得 $l(l=b-n+1)$ 个：$\sum u_k = 0$ ② $n-1$ 个：$\sum G_k u_k = \sum i_{S_k}$	$\sum G_k u_k = \sum i_{S_k}$ 式由 2b 法中的式①和式③推出	应用较少
支路电流法	以 b 个支路电流 i_k 为变量列写 b 个方程，并直接求解	①由 KCL 得 $n-1$ 个：$\sum i_k = 0$ ② $l(l=b-n+1)$ 个：$\sum R_k i_k = \sum u_{S_k}$	$\sum R_k i_k = \sum u_{S_k}$ 式由 2b 法中的式①和式③推出	列写方程容易 方程数较少 应用较多
	$\sum R_k i_k = \sum u_{S_k}$ 左侧表示某一回路所有电阻"电压降"的代数和，当回路绕向与 i_k 同向时，$R_k i_k$ 前取"+"号，反之取"–"号；右侧表示回路中所有电压源"电压升"的代数和，当回路绕向与电压源同向时，u_{S_k} 前取"–"号，反之取"+"号。对含有受控源的情况，处理方法与回路电流法相似，这一问题将在回路法中介绍			

3.3　节点分析法

"适当的一组电压变量"应具有下列性质：

(1)一旦由方程解得它们后，电路中每一电压和电流都可由 KCL 和 VCR 很容易求得。

(2)它们之间不能用 KVL 联系，即它们必须是彼此独立无关的，任一个电压不能用其他电压来表示。

这两个性质表明它们应是"一组完备的独立电压变量"。

在电路中，若任意选择一个节点为参考点，则其余每一节点对参考点的电压叫作节点电压。有 N 个节点的电路，其节点电压数为 $m=N-1$，这 m 个节点电压就是一组完备的、独立的电压变量。因此，一旦节点电压求得后，则任意支路的两节点之间的电压即为已知，$U_{ij}=U_i-U_j$，因而该支路电流由 VCR 确定。由于各节点电压不能用 KVL 联系，即任一节点电压不能用其他节点电压来表示，所以它们之间是彼此独立无关的。由于电路中每个节点的电流是受 KCL 约束的，所以应用 KCL 即可列出电路的节点方程。

下面举例说明节点电压方程组的建立方法。如图 3-18 所示，电路有 $N=4$ 个节点，选节点 n_4 为参考点，则节点电压为 U_1、U_2、U_3($m=N-1=3$)。既然它们之间不能用 KVL 相联系，那么只能根据 KCL 和 VCR 来列写方程。

对节点 n_1、n_2、n_3 运用 KCL 有

$$\left.\begin{array}{l} I_1 + I_5 - I_{S_1} + I_{S_2} = 0 \\ -I_1 + I_2 + I_3 = 0 \\ -I_3 + I_4 - I_5 - I_{S_2} + I_{S_3} = 0 \end{array}\right\} \tag{3.1}$$

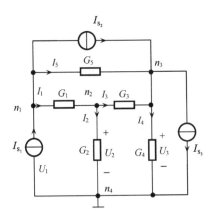

图 3-18　节点电压的组建方法

列出支路 VCR

$$
\left.\begin{aligned}
I_1 &= G_1(U_1 - U_2) \\
I_2 &= G_2 U_2 \\
I_3 &= G_3(U_2 - U_3) \\
I_4 &= G_4 U_3 \\
I_5 &= G_5(U_1 - U_3)
\end{aligned}\right\} \tag{3.2}
$$

式 (3.1) 代入式 (3.2)，整理后得

$$
\left.\begin{aligned}
(G_1 + G_5)U_1 - G_1 U_2 - G_5 U_3 &= I_{\mathrm{S}_1} - I_{\mathrm{S}_2} \\
-G_1 U_1 + (G_1 + G_2 + G_3)U_2 - G_3 U_3 &= 0 \\
-G_5 U_1 - G_3 U_2 + (G_3 + G_4 + G_5)U_3 &= I_{\mathrm{S}_2} - I_{\mathrm{S}_3}
\end{aligned}\right\} \tag{3.3}
$$

将式 (3.3) 概括为

$$
\left.\begin{aligned}
G_{11}U_1 + G_{12}U_2 + G_{13}U_3 &= I_{\mathrm{S}_{11}} \\
G_{21}U_1 + G_{22}U_2 + G_{23}U_3 &= I_{\mathrm{S}_{22}} \\
G_{31}U_1 + G_{32}U_2 + G_{33}U_3 &= I_{\mathrm{S}_{33}}
\end{aligned}\right\} \tag{3.4}
$$

　　式 (3.4) 即是以节点电压为变量得到的节点方程组 (方程数 $m = N-1 = 3$)，它们是彼此独立的。求解此方程组可得到 U_1、U_2、U_3，进而可算出所有支路电压电流。式 (3.4) 中 G_{11}、G_{22}、G_{33} 分别称为节点 n_1、n_2、n_3，的自电导，它们是与所求节点相连的所有电导的总和。例如 $G_{11} = G_1 + G_5$；G_{12} 为节点 n_1、n_2 之间的互电导，它是节点 n_1、n_2 之间公共支路电导负值，即 $G_{12} = -G_1$。类似地，G_{13}、G_{21}、G_{23}、G_{31}、G_{32} 分别为其下标数字表示的节点之间的互电导，是相应节点间公共支路电导的负值。对不含受控源的线性电路，一般总有

$$
G_{12} = G_{21}, \quad G_{13} = G_{31}, \quad G_{23} = G_{32}
$$

　　另外，$I_{\mathrm{S}_{11}}$、$I_{\mathrm{S}_{22}}$、$I_{\mathrm{S}_{33}}$ 分别为流入节点 n_1、n_2、n_3 的电流源的代数和 (即流入取正，流出取负)。一般地，对具有 n 个节点的电路独立节点数为 $m = N-1$，可列 $N-1$ 个独立的节点方程，即

$$
\left.
\begin{aligned}
G_{11}U_1 + G_{12}U_2 + \cdots + G_{1m}U_m &= I_{S_{11}} \\
G_{21}U_1 + G_{22}U_2 + \cdots + G_{2m}U_m &= I_{S_{22}} \\
&\cdots\cdots \\
G_{m1}U_1 + G_{m2}U_2 + \cdots + G_{mm}U_m &= I_{S_{mm}}
\end{aligned}
\right\}
\tag{3.5a}
$$

或

$$
\begin{bmatrix}
G_{11} & G_{12} & \cdots & G_{1m} \\
G_{21} & G_{22} & \cdots & G_{2m} \\
\vdots & \vdots & & \vdots \\
G_{m1} & G_{m2} & \cdots & G_{mm}
\end{bmatrix}
\begin{bmatrix}
U_1 \\ U_2 \\ \vdots \\ U_m
\end{bmatrix}
=
\begin{bmatrix}
I_{S_{11}} \\ I_{S_{22}} \\ \vdots \\ I_{S_{mm}}
\end{bmatrix}
\tag{3.5b}
$$

即

$$
G_m U_m = I_S
\tag{3.5c}
$$

根据克拉默法则可得第 j 个节点电压的解为

$$
U_j = \frac{1}{\Delta}(\Delta_{1j}I_{S_{11}} + \Delta_{2j}I_{S_{22}} + \cdots + \Delta_{mj}I_{S_{mm}}), \quad j = 1, 2, \cdots, m
\tag{3.6}
$$

其中，Δ 为节点方程的系数行列式，即

$$
\Delta =
\begin{bmatrix}
G_{11} & G_{12} & \cdots & G_{1m} \\
G_{21} & G_{22} & \cdots & G_{2m} \\
\vdots & \vdots & & \vdots \\
G_{m1} & G_{m2} & \cdots & G_{mm}
\end{bmatrix}
\tag{3.7}
$$

Δ_{ij} 为 Δ 的代数余因式，即 M_{ij} 为 Δ 划去第 i 行、第 j 列后的子行列式，则

$$
\Delta_{ij} = (-1)^{i+j}M_{ij}
\tag{3.8}
$$

这种以节点电压为变量来列写节点方程(3.5)的分析方法称为节点分析法。它适用于任何电路(平面的，非平面的)，目前在计算机辅助分析(CAA)中得到应用。

综上所述，节点分析法的基本规律可概括如下：

(1)节点分析法的本质是 KCL，节点电压变量是独立而完备的，独立节点方程的个数 $m = N - 1$。

(2)节点方程的电导矩阵 $\boldsymbol{G}_m$ 的元素由自电导和互电导组成，其构成原则如下。

①自电导 G_{ii} 是对角线上元素，它等于与节点 $i(i = 1, 2, \cdots, N - 1)$ 相互连接的所有支路的电导和，并永远为正。

②互电导 $G_{ij}(i \neq j)$ 是非对角线上元素，它等于节点 i 和节点 j 之间公共支路的电导和，并永远为负。

(3)激励电流源 $I_{S_{ij}}$ 是流入节点的所有电流源的代数和，写在节点方程等式右边，流进为正，流出为负。若激励为有伴电压源，则应将它等效为有伴电流源；若激励为无伴电压源，则可用理想电压源转移定理处理之后，再等效为有伴电流源。所有与电流源相串联的电导，在列节点方程时，均不予考虑。

(4)对于电路中的受控源，在列节点方程时可先当作独立源对待，按规律(3)处理，

然后再列补充方程，将控制量用节点电压变量来描述。

根据上述规律，下面举例说明节点分析法的方法及步骤。

例 3.11 列出如图 3-19 所示电路的节点电压方程。

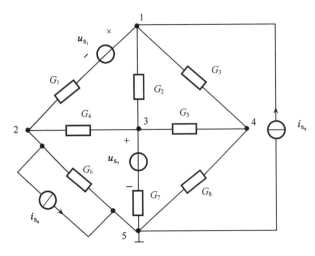

图 3-19 例 3.11 图

解 选节点 5 为参考点，节点电压分别为 u_1、u_2、u_3、u_4，如图 3-19 所示。根据列写节点电压方程的规律，不难得出节点电压方程为

节点 1 $(G_1 + G_2 + G_3)u_1 - G_1u_2 - G_2u_3 - G_3u_4 = G_1u_{s_1} + i_{s_9}$

节点 2 $-G_1u_1 + (G_1 + G_4 + G_6)u_2 - G_4u_3 = -i_{s_6} - G_1u_{S_1}$

节点 3 $-G_2u_1 - G_4u_2 + (G_2 + G_4 + G_5 + G_7)u_3 - G_5u_4 = G_7u_{s_7}$

节点 4 $-G_3u_1 - G_5u_3 + (G_3 + G_5 + G_8)u_4 = 0$

例 3.12 电路如图 3-20 所示。用节点电压法求电流 I_2 和 I_3 以及各电源发出的功率。

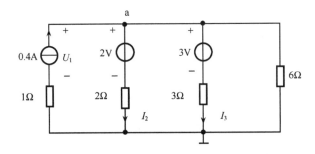

图 3-20 例 3.12 图

解 选参考节点如图 3-20 所示，节点电压为 U_a。

节点 a 的 KCL 方程为

$$\left(\frac{1}{2} + \frac{1}{3} + \frac{1}{6}\right)U_a = 0.4 + \frac{2}{2} + \frac{3}{3}$$

$$U_a = 2.4(V)$$

故

$$I_2 = \frac{U_a - 2}{2} = 0.2(A)$$

$$I_3 = \frac{U_a - 3}{3} = -0.2(A)$$

两个电压源发出的功率分别为

$$P_{2V} = -2 \times I_2 = -0.4(W)$$

$$P_{3V} = -3 \times I_3 = 0.6(W)$$

在求电流源发出的功率之前，先求出电流源上的电压 U_1。注意此时 1Ω 电阻不能作为多余元件去掉。

$$U_1 = U_a + 1 \times 0.4 = 2.8(V)$$

所以

$$P_{0.4A} = 0.4 \times U_1 = 1.12(W)$$

例 3.13　用节点电压法求如图 3-21 所示电路的节点电压 u_1 和 u_2。

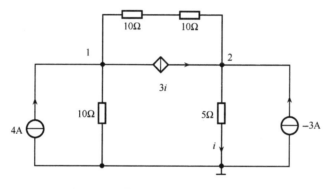

图 3-21　例 3.13 图

解　对节点 1、节点 2 分别建立 KCL 方程

$$\left(\frac{1}{10} + \frac{1}{10+10} \right) u_1 - \frac{1}{10+10} u_2 = 4 - 3i \tag{1}$$

$$-\frac{1}{10+10} u_1 + \left(\frac{1}{5} + \frac{1}{10+10} \right) u_2 = 3i + (-3) \tag{2}$$

由于电路中含有受控源，所以还需要增加一个关于受控源的控制量与节点电压的关系式。根据电路知

$$i = \frac{u_2}{5} \tag{3}$$

联立式(1)、(2)、(3)求解得节点电压为

$$u_1 = -10(V), \quad u_2 = -10(V)$$

例 3.14　两个实际电压源并联向三个负载供电的电路如图 3-22 所示。其中 R_1、R_2

分别是两个电源的内阻，R_3、R_4、R_5 为负载，求负载两端的电压。

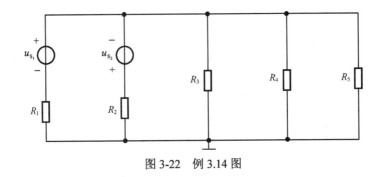

图 3-22 例 3.14 图

解 由于电路只有两个节点，所以只需要列一个节点电压方程。参考节点如图 3-22 所示，节点电压为 u，其 KCL 方程为

$$\left(\frac{1}{R_1}+\frac{1}{R_2}+\frac{1}{R_3}+\frac{1}{R_4}+\frac{1}{R_5}\right)u=\frac{u_{S_1}}{R_1}-\frac{u_{S_2}}{R_2}$$

即

$$(G_1+G_2+G_3+G_4+G_5)u=G_1u_{S_1}-G_2u_{S_2}$$

所以

$$u=\frac{G_1u_{S_1}-G_2u_{S_2}}{G_1+G_2+G_3+G_4+G_5}$$

像例 3.14 所示支路多，但节点却只有两个的电路，此时采用节点法分析电路最为简便，只需要列一个方程就可以了。其通用式子为

$$u=\frac{\sum Gu_S}{\sum G}$$

上式常被称为弥尔曼定理。

例 3.15 电路如图 3-23 所示。求节点 1 与节点 2 之间的电压 u_{12}。

解 （解法 1）由于列写节点的 KCL 方程的实质就是流出（或流入）该节点的电流代数和为零，所以对这种电路的处理方法之一便是假设流过 22V 电压源的电流为 i，如图 3-24 所示。

那么各节点的电流方程为

节点 1　　　　　　　$4(u_1-u_3)+3(u_1-u_2+1)+8=0$

节点 2　　　　　　　$3(u_2-u_1-1)+1\times u_2+i=0$

节点 3　　　　　　　$4(u_3-u_1)-i+5u_3-25=0$

由于多了一个未知量 i，所以必须再增加一个方程，即 $u_3-u_2=22$。

联立 4 个方程求解得

$$u_1=-4.5(\text{V}),\quad u_2=-15.5(\text{V}),\quad u_3=6.5(\text{V})$$

所以

$$u_{12}=u_1-u_2=11(\text{V})$$

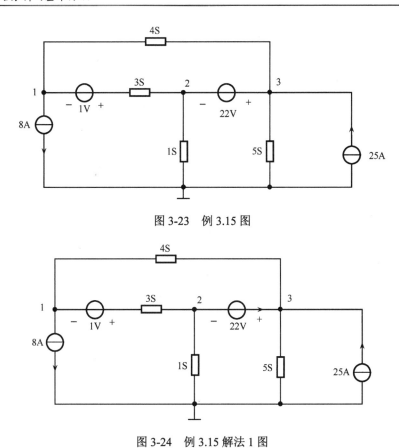

图 3-23　例 3.15 图

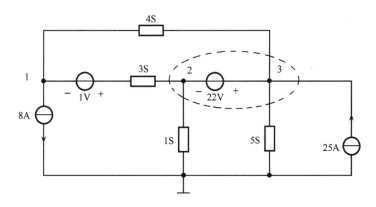

图 3-24　例 3.15 解法 1 图

解　(解法 2)将 22V 电压源包围在封闭面内，如图 3-25 所示。

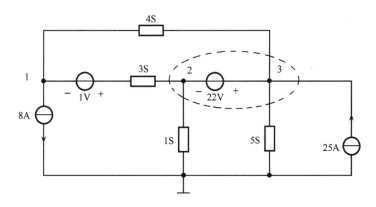

图 3-25　例 3.15 解法 2 图

节点电压仍为 u_1、u_2 和 u_3，但在建立 KCI，方程时，不再单独对节点 2 和节点 3 分别列写方程，而是建立虚线所示广义节点(又称超节点或高斯面)的 KCL 方程，而节点 1 的 KCL 方程不变，于是有

节点 1

$$4(u_1 - u_3) + 3(u_1 - u_2 + 1) + 8 = 0$$

广义节点

$$4(u_3 - u_1) + 3(u_2 - u_1 - 1) + 1 \times u_2 + 5u_3 - 25 = 0$$

辅助方程

$$u_3 - u_2 = 22$$

联立求解

$$u_1 = -4.5(V), \quad u_2 = -15.5(V), \quad u_3 = 6.5(V)$$

所以

$$u_{12} = u_1 - u_2 = 11(V)$$

解 (解法 3)如果电路的参考节点可以任意选择，那么可选 22V 电压源的一端为参考节点，并重新标注其他节点，如图 3-26 所示。

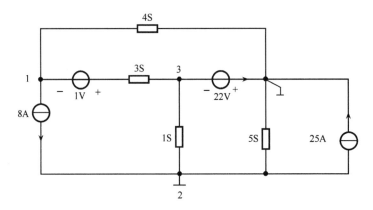

图 3-26   例 3.15 解法 3 图

由于节点 3 的电压正好是电压源电压，可以认为节点 3 的电压已经确定，故不再列写节点 3 的 KCL 方程，只需建立节点 1 和节点 2 的 KCL 方程即可，故有

节点 1

$$4u_1 + 3(u_1 - u_3 + 1) + 8 = 0$$

节点 2

$$-8 + 1 \times (u_2 - u_3) + 5u_2 + 25 = 0$$

节点 3

$$u_3 = -22(V)$$

联立求解

$$u_1 = -11(V), \quad u_2 = -6.5(V)$$

所以

$$u_{13} = u_1 - u_3 = 11(V)$$

例 3.16   用节点电压法求图 3-27 所示电路的电流 I。

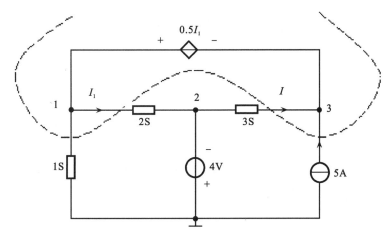

图 3-27 例 3.16 图

解 参考节点以及节点电压 U_1、U_2、U_3 如图 3-27 所示。节点 2 的电压为

$$U_2 = -4(\mathrm{V})$$

广义节点如虚线所示。假设流出广义节点的电流为正,流入广义节点的电流为负,则广义节点的 KCL 方程为

$$1 \times U_1 + 2(U_1 - U_2) + 3(U_3 - U_2) - 5 = 0$$

辅助方程为

$$U_1 - U_3 = 0.5I_1$$
$$I_1 = 2(U_1 - U_2)$$

联立求解得

$$U_1 = -1(\mathrm{V}), \quad U_2 = -4(\mathrm{V}), \quad U_3 = -4(\mathrm{V})$$

所以

$$I = 3(U_2 - U_3) = 0$$

节点电压分析法小结

节点电压分析法的流程如图 3-28 所示。

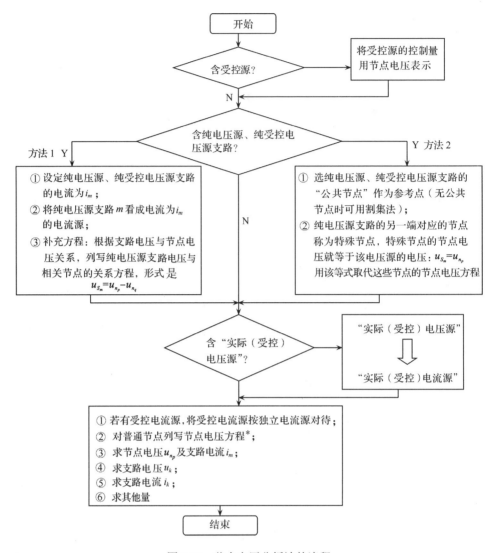

图 3-28 节点电压分析法的流程

3.4 网孔电流法

在网络分析中，人们也可以选取一组"适当的电流变量"作为第一步求解对象，它们应具有下列性质：

(1)一旦用方程解得它们后，电路中每一个电流和电压都可以用 KVL 和 VCR 求得。

(2)它们之间不能用 KCL 联系，即它们必须是彼此独立无关的，任何一个电流不能用其他电流来表示。

因此，选取一组"适当的电流变量"网孔电流，就是"一组完备的独立电流变量"。

可以证明：对于一个具有 B 条支路，N 个节点的平面电路，其独立的网孔数为 $L = B - (N-1)$，因此独立而完备的网孔电流变量数 $L = B - (N-1)$。

　　所谓平面电路就是无支路交叉的电路，如图 3-29(a)所示，而图 3-29(b)存在支路交叉，所以不是平面电路。网孔分析法只适用于平面电路，对于非平面电路只能采用回路分析法。

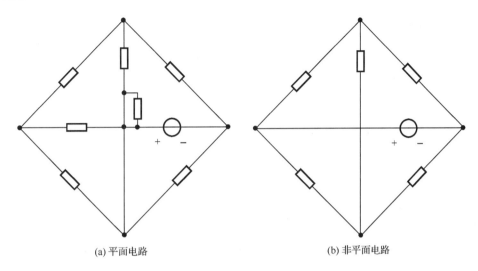

(a) 平面电路　　　　　　　　　　　　　　　(b) 非平面电路

图 3-29　平面电路与非平面电路

　　在实际中大量遇到的是平面电路，通常采用网孔分析法，即选取网孔电流作为一组独立的、完备的求解变量。

　　为了求解网孔电流，可以为每个网孔列出以网孔电流为变量的 KVL 方程组，这些方程组必须是完备的和独立的。以图 3-30 所示的电路为例，来说明列写网孔方程的方法。

　　在线性电路条件下，KVL 方程中支路电压可用网孔电流来表示，这样就得到所需的方程组。通常在列写方程时还把网孔电流参考方向作为列写方程时绕行的方向。由此可得图 3-30 所示电路的网孔方程为

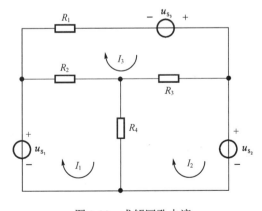

图 3-30　求解网孔电流

网孔 1 $\qquad$ $R_2I_1 + R_4I_1 - R_4I_2 - R_2I_3 = U_{S_1}$

网孔 2 $\qquad$ $R_3I_2 + R_4I_2 - R_4I_1 - R_3I_3 = U_{S_2}$

网孔 3 $\qquad$ $R_1I_3 + R_2I_3 + R_3I_3 - R_2I_1 - R_3I_2 = U_{S_3}$

整理后可得

$$\begin{cases} (R_2+R_4)I_1 - R_4I_2 - R_2I_3 = U_{S_1} \\ -R_4I_2 + (R_3+R_4)I_2 - R_3I_3 = U_{S_2} \\ -R_2I_1 - R_3I_2 + (R_1+R_2+R_3)I_3 = U_{S_3} \end{cases}$$

用R_{11}、R_{22}、R_{33} 表示网孔 1、网孔 2、网孔 3 的自电阻，它们分别为所在网孔的所有电阻之和，如 $R_{11}=R_2+R_4$ 等。显然，自电阻总是正值。用 R_{12}、R_{21} 表示网孔 1、网孔 2 的互电阻，R_{13}、R_{31} 表示网孔 1、网孔 3 的互电阻，用 R_{23}、R_{32} 表示网孔 2、网孔 3 的互电阻，它们在数值上等于相应网孔之间的公有电阻。其符号应这样确定：若流过互电阻的网孔电流与电流参考方向相同，则取正，否则取负，因而互电阻可正可负。按图 3-30 所设网孔电流正方向皆为顺时针方向(或反时针方向)，因而互电阻都为负值，即

$$R_{12} = R_{21} = -R_4$$
$$R_{13} = R_{31} = -R_2$$
$$R_{22} = R_{32} = -R_3$$

用U_{s11}、U_{s22}、U_{s33} 表示网孔 1、网孔 2、网孔 3 中电压源电压升的代数和，这样网孔方程变为

$$\left.\begin{array}{c} R_{11}I_1 + R_{12}I_2 + R_{13}I_3 = U_{S_{11}} \\ R_{21}I_1 + R_{22}I_2 + R_{23}I_3 = U_{S_{22}} \\ R_{31}I_1 + R_{32}I_3 + R_{33}I_3 = U_{S_{33}} \end{array}\right\} \qquad (3.9)$$

一般地，对于 L 个网孔的平面网络，其网孔方程如下

$$\left.\begin{array}{c} R_{11}I_1 + R_{12}I_2 + \cdots + R_{1L}I_L = U_{S_{11}} \\ R_{21}I_1 + R_{22}I_2 + \cdots + R_{2L}I_L = U_{S_{22}} \\ \cdots\cdots \\ R_{L1}I_1 + R_{L2}I_2 + \cdots + R_{LL}I_L = U_{S_{LL}} \end{array}\right\} \qquad (3.10a)$$

或

$$\begin{bmatrix} R_{11} & R_{12} & \cdots & R_{1L} \\ R_{21} & R_{22} & \cdots & R_{2L} \\ \vdots & \vdots & & \vdots \\ R_{L1} & R_{L2} & \cdots & R_{LL} \end{bmatrix} \begin{bmatrix} I_1 \\ I_2 \\ \vdots \\ I_L \end{bmatrix} = \begin{bmatrix} U_{S_{11}} \\ U_{S_{22}} \\ \vdots \\ U_{S_{LL}} \end{bmatrix} \qquad (3.10b)$$

即

$$R_L I_L = U_s \qquad (3.10c)$$

其解为

$$I_j = \frac{1}{\Delta}(\Delta_{1j}U_{S_{11}} + \Delta_{2j}U_{S_{22}} + \cdots + \Delta_{Lj}U_{S_{LL}}) \tag{3.11}$$

其中

$$\Delta = \begin{bmatrix} R_{11} & R_{12} & \cdots & R_{1m} \\ R_{21} & R_{22} & \cdots & R_{2m} \\ \vdots & \vdots & & \vdots \\ R_{L1} & R_{L2} & \cdots & R_{LL} \end{bmatrix} \tag{3.12}$$

$$\Delta_{ij} = (-1)^{i+j}M_{ij}, \qquad i,j = 1,2,\cdots,L$$

M_{ij} 为 Δ 划去第 i 行、第 j 列后的子行列式。

综上所述，网孔分析法的本质是 KVL、网孔(或回路)分析法，其方法及步骤归纳如下：

(1)选定网孔电流的正方向[或选定 $L = B-(N-1)$ 个独立回路电流正方向]，一般可以任意选取，通常取顺时针方向。

(2)根据公式(3.10)列出网孔(或回路)方程。①自电阻 R_{ii} 等于网孔 i 相连的所有电阻之和，且总是正的。②互电阻 R_{ij} 等于网孔 i 和 j 之间公共支路的电阻和，正负则由流过互电阻的网孔(或回路)电流的方向是否一致来确定。网孔电流的方向均取顺时针方向，所以互电阻总是负的。③激励电压 $U_{S_{LL}}$ 写在方程等号的右边，电压升为正，电压降为负。

(3)按克拉默法则求解网孔(或回路)方程，解出网孔(或回路)电流。

(4)根据 KCL，求出各支路电流，由 VCR 求出各支路电压。

以上分析中各网孔(回路)中的电源均为独立电压源，若网络中还含有其他类型电源则作如下处理：

(1)支路中含有电流源和并联电阻的，将它转换为电压源和电阻串联。

(2)支路由无伴电流源 I_S 构成的，一种方法是设该支路电压为 U_S(规定正方向)，将它当作电压源来列写方程，并增加一个方程 $I_S = I_i + I_j$，其中 I_i、I_j 为 I_S 所在两网孔(或回路)的网孔(或回路)电流，所设 U_S 由方程解出；另一种方法是进行理想电流源转移，然后再按(1)处理。

(3)支路中含有受控源的，先将受控源当作独立源处理，再将控制变量用网孔(或回路)电流和支路电阻表示，然后按前述步骤和方法处理。

例 3.17　电路如图 3-31 所示。用网孔法求流过 6Ω 电阻的电流 i。

解　网孔电流 i_1、i_2 和 i_3 如图 3-31 所示，对应各网孔的 KVL 方程为

i_1 网孔

$$(8+6+2)i_1 - 6i_2 - 2i_3 = 40$$

i_2 网孔

$$-6i_1 + (6+10)i_2 = -2$$

i_3 网孔

$$-2i_1 + (2+4)i_3 = 0$$

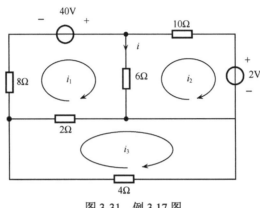

图 3-31   例 3.17 图

联立求解得

$$i_1 = 3(A), \quad i_2 = 1(A), \quad i_3 = 1(A)$$

所以

$$i = i_1 - i_2 = 2(A)$$

例 3.18   电路如图 3-32 所示。求网孔电流 i_1 和 i_2。

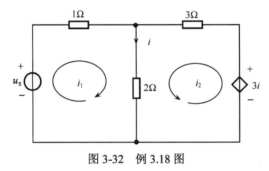

图 3-32   例 3.18 图

解   把受控电压源当作独立电压源处理，两个网孔的 KVL 方程分别为

$$(1+2)i_1 + 2i_2 = u_s$$
$$2i_1 + (2+3)i_2 = 3i$$

由于电路中含有受控电压源，方程中增加了一个变量 i，所以需要再增加一个辅助方程，即

$$i = i_1 + i_2$$

联立以上方程求解得

$$i_1 = \frac{1}{4}u_s, \qquad i_2 = \frac{1}{8}u_s$$

例 3.19   试求图 3-33 所示电路的网孔电流。

解   （方法 1）因为网孔电流法的实质是沿着网孔绕行一周，各元件上的电压的代数和为零，故在列写网孔的 KVL 方程时，假设电流源上的电压为 u，如图 3-34 所示。

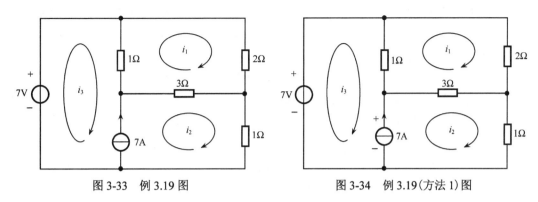

图 3-33　例 3.19 图　　　　　　　　　　　图 3-34　例 3.19(方法 1)图

网孔电流 i_1、i_2、i_3 如图 3-34 所设，对应的 KVL 方程为

i_1 网孔

$$(1+2+3)i_1 - 3i_2 - 1 \times i_3 = 0$$

i_2 网孔

$$3(i_2 - i_1) + 1 \times i_2 - u = 0$$

i_3 网孔

$$1 \times (i_3 - i_1) + u - 7 = 0$$

由于多设了一个变量，所以需要再增加一个方程，即

$$i_2 - i_3 = 7$$

联立以上四个方程求解得

$$i_1 = 2.5(A), \qquad i_2 = 2(A), \qquad i_3 = 9(A)$$

解　(方法 2)网孔电流 i_1、i_2、i_3 仍如图 3-34 所设，i_1 网孔的 KVL 方程的建立不变，仍为 i_1 网孔

$$(1+2+3)i_1 - 3i_2 - 1 \times i_3 = 0$$

为避免多设变量，在建立方程而遇到电流源时，电流源上的电压可以由其他支路的电压来代替。对于本例题来说，电流源上的电压从右侧看等于 3Ω 和 1Ω 电阻上的电压，而从左侧看等于 1Ω 电阻和 7V 电压源上的电压，而且两者相等。为此可以按图 3-35 所示的虚线回路建立 KVL 方程，并称该回路为超网孔或广义网孔。超网孔的 KVL 方程为

$$1 \times (i_3 - i_1) + 3(i_2 - i_1) + 1 \times i_2 - 7 = 0$$

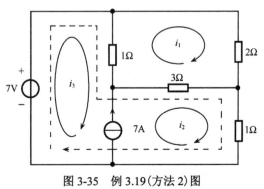

图 3-35　例 3.19(方法 2)图

根据上面两个 KVL 方程无法求出 i_1、i_2、i_3 三个变量,所以需要再增加一个方程,即

$$i_2 - i_3 = 7$$

联立以上三个方程求解得

$$i_1 = 2.5(\text{A}), \quad i_2 = 2(\text{A}), \quad i_2 = 9(\text{A})$$

例 3.20 求图 3-36 所示电路的网孔电流。

解 网孔电流 i_1、i_2、i_3 如图 3-36 所设。i_2 网孔和超网孔(虚线所示)的 KVL 方程分别为

$$4i_2 - 3i_1 - i_3 = 5$$
$$3(i_1 - i_2) + 4i_1 + 2i_3 + (i_3 - i_2) = 0$$

即

$$7i_1 - 4i_2 + 3i_3 = 0$$

辅助方程

$$i_1 - i_3 = 2u_0, \quad u_0 = 3(i_2 - i_1)$$

联立方程求解

$$i_1 = 1.833(\text{A}), \quad i_2 = 2.33(\text{A}), \quad i_2 = -1.17(\text{A})$$

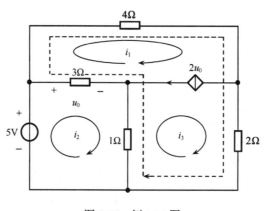

图 3-36 例 3.20 图

回路(网孔)电流分析法小结

回路(网孔)电流分析法的流程如图 3-37 所示。

3.5 总结与思考

支路分析法、节点分析法和回路分析法(网孔分析法)是电路分析中最基本、最常用的分析方法,这几种方法的优缺点具有互补性,它们在各类电路分析中应用非常广泛。

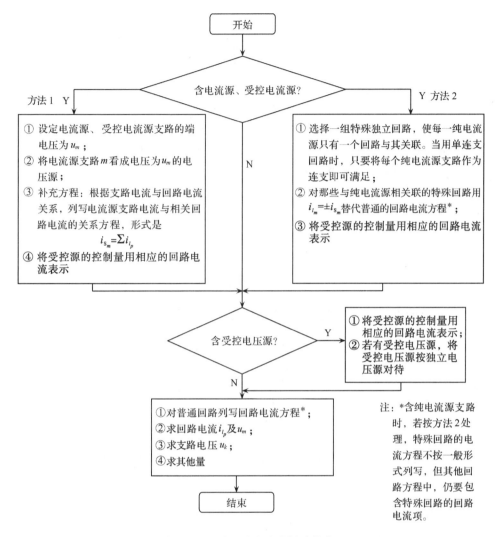

图 3-37　回路网孔电流分析法的流程

3.5.1　总结

1. 电阻电路等效分析法

(1) "等效电路" 既是一个重要的概念, 又是一个重要的分析方法。对于无源线性电阻网络, 不管其复杂程度如何, 总可以简化为一个等效电阻。

(2) n 个电阻的串联, 可以等效为

$$R = \sum_{k=1}^{n} R_k$$

两个电阻串联的分压公式为

$$U_1 = \frac{R_1}{R_1 + R_2}U, \quad U_2 = \frac{R_2}{R_1 + R_2}U$$

(3) n 个电导的并联，可以等效为

$$G = \sum_{k=1}^{n} G_k$$

两个电阻并联的分流公式为

$$I_1 = \frac{R_2}{R_1 + R_2} I, \quad I_2 = \frac{R_1}{R_1 + R_2} I$$

(4) 利用电阻串并联化简和 Y-△ 互换，可求得仅由电阻构成的单口网络的等效电阻。星形电路的电阻来确定等效三角形电路的各电阻的关系式是

$$R_{12} = \frac{R}{R_3} = R_1 + R_2 + \frac{R_1 R_2}{R_3}$$

$$R_{23} = \frac{R}{R_1} = R_2 + R_3 + \frac{R_2 R_3}{R_1}$$

$$R_{31} = \frac{R}{R_2} = R_1 + R_3 + \frac{R_1 R_3}{R_2}$$

三角形电路的电阻来确定等效星形电路的各电阻的关系式是

$$R_1 = \frac{R_{31} R_{12}}{R_{12} + R_{23} + R_{31}}$$

$$R_2 = \frac{R_{12} R_{23}}{R_{12} + R_{23} + R_{31}}$$

$$R_3 = \frac{R_{23} R_{31}}{R_{12} + R_{23} + R_{31}}$$

(5) 求含有受控源的单口网络的等效电阻时，一般采用外加独立电压源或独立电流源的方法。

2. 支路电流分析法

支路电压法、支路电流法参见表 3-1，其中最常用的是支路电流法。

3. 节点电压与支路电压

1) 节点电压
选一个节点为参考点 (0 电位点)，节点 p 与参考点间的电压称为节点 p 的节点电压。

2) 节点电压与支路电压的关系
设支路电压为 u_k，节点电压为 u_{n_p}, $(p = 1, 2, \cdots, n-1)$ 则有

$$u_k = u_{n_p} - u_{n_g} \quad (p \neq g) \tag{3.13}$$

其中，u_{n_p}——u_k 正极端节点的节点电压；

　　　　u_{n_g}——u_k 负极端节点的节点电压。

u_{n_p}、u_{n_g} 两者之一可能是参考节点电压，这时该节点的节点电压为 0。

式 (1) 实质上是 KVL 的体现。

4. 节点法及节点电压方程的来由

节点法的基本电路：由电导和电流源构成的电路。

在基本电路中，支路的 VCR 关系可写成

$$i_k = \pm i_{S_k} \pm G_k u_k \tag{3.14}$$

对 $n-1$ 个节点有

$$\sum i = 0 \tag{3.15}$$

将式(1)代入式(2)后，再代入式(3)，则每一个节点电压方程变为

$$\sum_{q=1}^{n-1}(G_{pq} \cdot u_{n_q}) = i_{S_{pp}}, \qquad p = 1, 2, \cdots, n-1 \tag{3.16}$$

式(4)左侧是关于节点电压 u_{n_q} 的线性组合，方程数共有 $n-1$ 个，从而可求得节点电压。这些方程称为节点电压方程，其分析方法称为节点电压法，简称为节点法。

从上面的推导方法可以看出，节点电压方程是将支路的 VAR 关系、节点电压 u_{n_q} 与支路电压 u_k 的关系(KVL)代入 $\sum i = 0$(KCL)后得到的。因此，节点方程的变量虽是节点电压，但它直接反映的是节点的电流关系(KCL)。

5. 节点电压方程的一般形式、自导和互导

1) 节点电压方程的一般形式(以 $n-1=3$ 为例)

$$G_{11}u_{n_1} + G_{12}u_{n_2} + G_{13}u_{n_3} = i_{S_{11}}$$
$$G_{21}u_{n_1} + G_{22}u_{n_2} + G_{23}u_{n_3} = i_{S_{22}}$$
$$G_{31}u_{n_1} + G_{32}u_{n_2} + G_{33}u_{n_3} = i_{S_{33}}$$

方程的左侧表示从与节点相关联的电导中流出的电流之和；方程的右侧表示流入节点的电流源的代数和。

2) 自导及互导

$G_{pp}(p=1,\cdots,n-1)$ 称为节点 p 的自导。电路无受控源时，自导 G_{pp} 等于与 p 节点关联的电导之和。

$G_{pq}(p \neq q)$ 称为节点 p 与节点 q 间的互导。当电路无受控源时，互导 G_{pq} 等于与节点 p 和节点 q 共同关联的电导之和的"负值"，且 $G_{pq} = G_{qp}$。

$i_{S_{pp}}$ 称为与节点 p 相关联的电流源的代数和。当 i_{S_k} 流入节点 p 时，i_{S_k} 前为"+"号；当 i_{S_k} 流出节点 p 时，i_{S_k} 前取"–"号。

6. 不同电路形式下节点法的应用

对非基本电路，即含有"实际电压源"、受控源、纯电压源、纯受控电压源的复杂电路，除可按图 3-17 所示的两种方法处理外，还可以采用移源法、改进的节点法。

7. 应注意的几个问题

(1)当电流源与一个电导(电阻)串联时,那么节点电压方程中的自导、互导中不应包含该电导(电阻),这是因为该支路的电流是电流源的电流,电流源的电流已列入自导及互导方程的右侧,若自导、互导中再出现该电导,那么相当于多计入了电流,因此是错误的。

这一问题也可根据"电流源与一个电导(电阻)串联,可等效为该电流源"来说明。

(2)当某支路为两个电阻(R_1、R_2)串联时,该支路的电导是 $1/(R_1+R_2)$,所以自导、互导中不能写成 $(1/R_1)+(1/R_2)$ 等形式。

8. 回路分析法和网孔分析法

网孔法仅是回路法的一个特例,回路选为网孔时,回路法就是网孔法。网孔法与节点法是对偶的,而回路法与割集法是对偶的。

9. 回路电流与支路电流

(1)回路电流。在每一个独立回路中存在的一个环流称为回路电流。当选取的独立回路为单连支回路且回路绕向与连支方向相同时,则回路电流就等于连支的支路电流。

(2)支路电流与回路电流的关系为

$$i_k = \sum i_{l_p}$$

即支路电流 i_k 等于与 k 支路相关联的那些回路的回路电流 i_{l_p} 的代数和。当 p 回路经过 k 支路时若 i_{l_p} 与 i_k 方向相同,i_{l_p} 前取"+"号,反之取"−"号。

可见,若能先求得各回路电流,那么各支路电流便可求得。$i_k = \sum i_{l_p}$ 本质上是 KCL 的体现。

10. 回路法及回路电流方程的由来

回路法的基本电路是仅由电阻和电压源构成的电路。
对回路法的基本电路有

$$\sum u_k = 0 \qquad \text{(KVL)} \tag{3.17}$$

$$i_k = \sum i_{l_p} \qquad \text{(KCL)} \tag{3.18}$$

$$u_k = \pm R_k g i_k \pm u_{S_k} \qquad \text{(支路的 VAR)} \tag{3.19}$$

将式(2)代入式(3),再将其代入式(1)得

$$\sum_{q=1}^{l} \left(R_{pq} \cdot i_{lp} \right) = u_{S_{pp}} \tag{3.20}$$

该方程称为回路电流方程,l 个独立回路可列 l 个以 i_{l_p} 为变量的回路电流方程,由此可求出 i_{l_p}。这种方法称为回路电流法,简称回路法。

从式(4)的推导可以看出,回路电流方程是将支路的 VAR 和 i_k 与 i_{l_p} 的关系(KCL)

代入到 $\sum u_k = 0$ 的结果。因此，回路电流方程变量虽是回路电流，但反映的却是回路的电压关系。回路 p 对应的回路电流方程的等号左侧表示：沿回路绕向回路 p 中各电阻上电压降的代数和；而方程等号的右侧表示：沿回路绕向回路 p 中各电压源电压升的代数和。

11. 回路电流方程的一般形式、自阻和互阻

1) 回路电流方程的一般形式（以 $l=3$ 为例）

$$R_{11}i_{l_1} + R_{12}i_{l_2} + R_{13}i_{l_3} = u_{S_{11}}$$
$$R_{21}i_{l_1} + R_{22}i_{l_2} + R_{23}i_{l_3} = u_{S_{22}}$$
$$R_{31}i_{l_1} + R_{32}i_{l_2} + R_{33}i_{l_3} = u_{S_{33}}$$

2) 自阻、互阻

R_{pp} 称为回路 p 的自阻，它等于回路 p 所关联的电阻之和。

$R_{pq}(p \neq q)$ 称为回路 p 与回路 q 间的互阻。当无受控源时，它等于回路 p 与回路 q 共同关联的电阻 R_k 的代数和。当 i_p、i_q 经过 R_k 时，若 i_p、i_q 方向一致，则代数和中 R_k 前取 "+" 号，反之取 "–" 号。

$u_{S_{pp}}$ 称为回路 p 中全部电压源电压升的代数和。当 u_{S_k} 方向与回路 p 绕向相同时，u_{S_k} 前取 "–" 号，反之取 "+" 号。

12. 不同电路形式下，回路法的应用

非基本电路是含有 "实际电流源"、受控源、纯电流源、纯受控电流源的复杂电路，可按图 3-37 所示的流程进行分析。

3.5.2　思考

(1) 等效分析法的依据是什么？其应用限制是什么？

(2) 节点分析法和回路分析法（网孔分析法），这几种方法的优缺点是什么？

(3) 为什么网孔分析法只能用于平面电路的分析？

(4) 节点电压与支路电压的关系是什么？

(5) 节点方程的变量直接反映的是节点的电流关系，这样的说法对吗？

(6) 节点电压分析法应该注意什么问题？

(7) 网孔分析法和回路分析法的关系如何？

(8) 支路电流与回路电流的关系是什么？

(9) 网孔分析法和回路分析法应该注意什么问题？

习 题 3

3.1 求图 3-38 所示电路中 a、b 端的等效电阻 R_{ab}。

3.2 图 3-39 电路用于测量电压源 U_S 与电阻 R_S 串联支路的 $u-i$ 特性，其中 $R_1 = 2\Omega$，$R_2 = 55\Omega$，S_1 闭合时电流表读数为 2A，S_2 闭合时读数为 1A。试求 ab 两端的 $u-i$ 关系曲线。

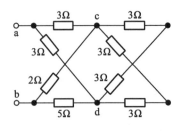

图 3-38 习题 3.1 图

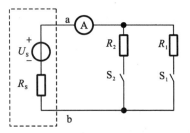

图 3-39 习题 3.2 图

3.3 把如图 3-40 所示电路作为两网孔问题处理，求网孔 1 的自电阻 R_{11}、网孔 2 的自电阻 R_{22} 为多少，再求两网孔的互电阻 R_{12} 和 R_{21}。

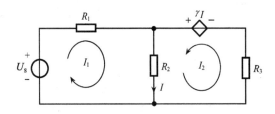

图 3-40 习题 3.3 图

3.4 求图 3-41 所示电路中的电流 i_2。

3.5 试求图 3-42 所示电路的 1−1′端电压。

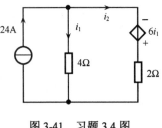

图 3-41 习题 3.4 图

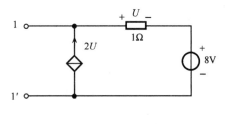

图 3-42 习题 3.5 图

3.6 求图 3-43 所示电路中的 U_2 和 U_1。

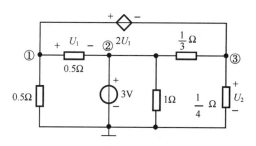

图 3-43　习题 3.6 图

3.7　写出图 3-44 所示电路的节点电压方程，并求电压 U。

3.8　试列写图 3-45 所示电路的网孔方程，并计算受控源产生的功率。

3.9　在图 3-46 所示电路中，试写出电路回路方程。

3.10　参见图 3-47 所示电路，含源二端网络 N 外接 R 为 12Ω 时，$I = 2A$；当 R 短路时，$I = 5A$。当 $R = 24Ω$ 时，求 I。

3.11　将图 3-48 所示二端电路等效变换为最简单的形式。

3.12　电路如图 3-49 所示，试用网孔法求解支路电流 I_1 和 I_4。

3.13　电路如图 3-50 所示。

(1) 列出网孔电流法方程式。

(2) 分别求独立源和受控源供出的功率。

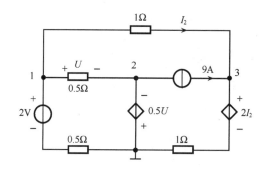

图 3-44　习题 3.7 图

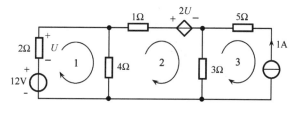

图 3-45　习题 3.8 图

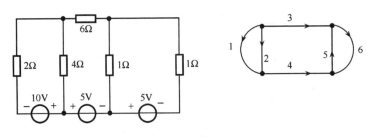

图 3-46 习题 3.9 图

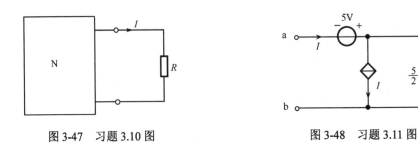

图 3-47 习题 3.10 图   图 3-48 习题 3.11 图

3.14 用支路电流法求如图 3-51 所示电路的电压 u_1 和 u_2。已知：$R_1 = 1\Omega$，$R_2 = 2\Omega$，$R_3 = 3\Omega$，$u_{S_1} = 1V$，$u_{S_2} = 2V$。

3.15 列出图 3-52 所示电路的节点电压方程。

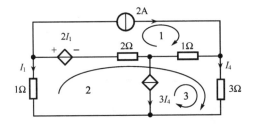

图 3-49 习题 3.12 图

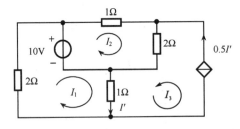

图 3-50 习题 3.13 图

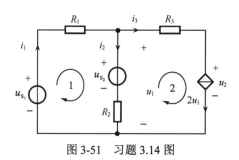

图 3-51 习题 3.14 图

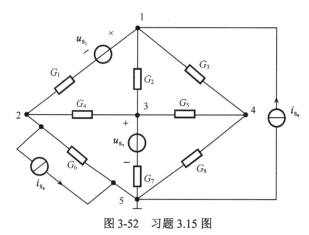

图 3-52 习题 3.15 图

3.16 电路如图 3-53 所示，用节点电压法求电流 I_2 和 I_3 以及各电源发出的功率。

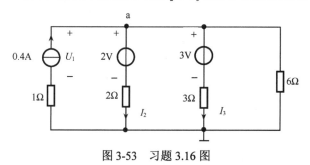

图 3-53 习题 3.16 图

3.17 用节点电压法求图 3-54 所示电路的节点电压 u_1 和 u_2。

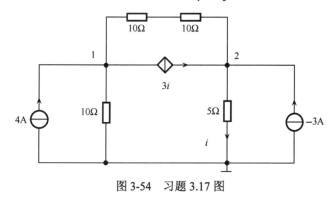

图 3-54 习题 3.17 图

3.18 两个实际电压源并联向三个负载供电的电路如图 3-55 所示。其中 R_1、R_2 分别是两个电源的内阻，R_3、R_4、R_5 为负载，求负载两端的电压。

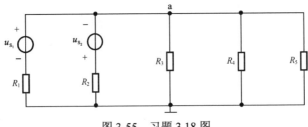

图 3-55 习题 3.18 图

3.19 电路如图 3-56 所示。用网孔法求流过 6Ω 电阻的电流 i。

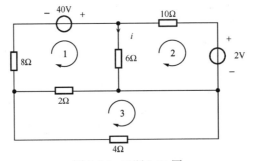

图 3-56 习题 3.19 图

3.20 电路如图 3-57 所示，求网孔电流 i_1 和 i_2。

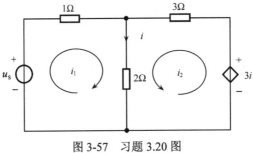

图 3-57 习题 3.20 图

3.21 求图 3-58 所示电路的网孔电流。

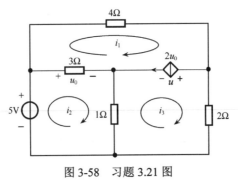

图 3-58 习题 3.21 图

3.22   用回路分析法求解图 3-59 所示电路各支路的电流。

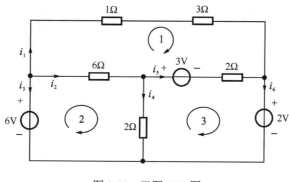

图 3-59   习题 3.22 图

第4章 电路定理

内 容 提 要

电路定理是电路分析的基础，本章所要讲解的电路定理内容是本书的重点内容。本章主要介绍电路分析有关基本定理，涉及定理的具体内容，相关定理使用的限定条件，并给出部分定理的证明或说明，以及定理的应用示例。

本章的重点内容是叠加定理及其使用条件；替代定理及使用；戴维南定理、诺顿定理等效电路的求法及应用；互易定理的三种形式、使用条件及应用；对偶原理、对偶关系、对偶电路、对偶元素等概念。

4.1 叠 加 定 理

叠加定理是线性电路最基本的定理。叠加定理描述了线性电路的齐次性或叠加性。其内容是：对于具有唯一解的线性电路，多个激励源共同作用时引起的响应(电路中各处的电流、电压)等于各个激励源单独作用时(将其他激励源置为零)所引起的响应之和。

利用图 4-1 所示电路进行讨论。求如图 4-1 所示电路的电流 i 。

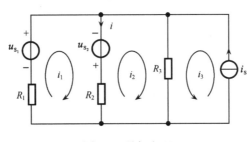

图 4-1 叠加定理

根据网孔电流法建立方程如下

$$(R_1 + R_2)i_1 - R_2 i_2 = u_{s_1} + u_{s_2}$$

$$-R_2 i_1 + (R_2 + R_3)i_2 + R_3 i_S = -u_{s_2}$$

上述两式联立就可以求解出 i_1、i_2 的表达式，即

$$i_1 = \frac{R_2 + R_3}{R_1 R_2 + R_2 R_3 + R_3 R_1} u_{s_1} + \frac{R_3}{R_1 R_2 + R_2 R_3 + R_3 R_1} u_{s_2}$$

$$+ \frac{-R_2 R_3}{R_1 R_2 + R_2 R_3 + R_3 R_1} i_S$$

$$i_2 = \frac{R_2}{R_1 R_2 + R_2 R_3 + R_3 R_1} u_{S_1} + \frac{-R_1}{R_1 R_2 + R_2 R_3 + R_3 R_1} u_{S_2}$$
$$+ \frac{-R_3(R_1 + R_2)}{R_1 R_2 + R_2 R_3 + R_3 R_1} i_S$$

由图 4-1 可知，$i = i_1 - i_2$。将 i 的结果进行化简后得

$$i = \frac{R_3}{R_1 R_2 + R_2 R_3 + R_3 R_1} u_{S_1} + \frac{R_1 + R_3}{R_1 R_2 + R_2 R_3 + R_3 R_1} u_{S_2}$$
$$+ \frac{R_1 R_3}{R_1 R_2 + R_2 R_3 + R_3 R_1} i_S$$

从电流 i 的表达式可以看出，i 的结果可以视为激励源 u_{S_1}、u_{S_2}、i_S 单独作用结果的线性组合。

当 u_{S_1} 单独作用时，令　$u_{S_2} = 0$，$i_s = 0$。

当 u_{S_2} 单独作用时，令　$u_{S_1} = 0$，$i_s = 0$。

当 i_S 单独作用时，　令　$u_{S_1} = 0$，$u_{s2} = 0$。

即三个激励源同时作用产生的电流 i 等于各激励电源单独作用时在该支路产生的电流之和。以图示的方式对图 4-1 所示各激励源单独作用情况加以描述，如图 4-2 所示。当电压源不作用时，即电压源置零时，用短路线代替；当电流源不作用时，即电流源置零时，用开路线代替。

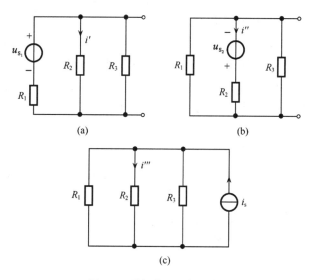

图 4-2　叠加定理分解示意

由上述分析可以推广到一般情况，如果有 n 个电压源、m 个电流源作用于线性电路，那么电路中某条支路的电流 i_l 可以表示为

$$i_l = K_{l_1} u_{S_1} + K_{l_2} u_{S_2} + \cdots + K_{l_n} u_{S_n} + K_{l_{(n+1)}} u_{S_{(n+1)}}$$
$$+ K_{l_{(n+2)}} u_{S_{(n+2)}} + \cdots + K_{l_m} u_{S_m} \tag{4.1}$$

其中，系数 K_{l_i} 取决于电路的参数和结构，与激励源无关。如果电路中的电阻均为线性且非时变的，则系数 K_{l_i} 为常数。电路中的各支路电压同样具有式(4.1)相同形式的表达式。

由式(4.1)可以知道，叠加定理实际包含了线性电路的两个基本性质，即叠加性和齐次性。所谓叠加性是指具有多个独立电源的线性电路，其任一条支路的电流或电压等于各个独立电源单独作用时在该支路产生的电流或电压的代数和。而齐次性是指当所有独立电源都增大为原来的 K 倍时，各支路的电流或电压也同时增大为原来的 K 倍；如果只是其中一个独立电源增大为原来的 K 倍，则只是由它产生的电流分量或电压分量增大为原来的 K 倍。

应用叠加定理时应注意以下几点：

(1)叠加定理适用的电路——线性电路。

(2)叠加对象——只能是电流、电压，也可以是支路电流节点、电压等，但不能是功率。

在求原电路的功率时不能用分电路的功率叠加求得。如电阻消耗的功率

$$P = I^2 R = U^2 G$$

P 不是电流(或电压)的一次函数。不过可用叠加定理求得原电路的电压或电流后，再求功率。

(3)叠加时注意电压、电流的参考方向。

(4)电源单独作用指的是独立电源，受控源不能单独作用，受控源应始终保留在电路中，但不参与"单独"作用与叠加。

(5)"各独立电源单独作用"，可以理解成每个独立电源逐个作用各一次，或各独立电源分组作用一次，但必须保证每个独立电源只能参与叠加一次；不能多次作用，也不能一次也不作用。

(6)某个(组)独立电源作用，同时意味着其他电源不起作用。所谓不起作用是指电压源短路，电流源断路。

叠加定理具有重要的理论价值，后续某些章节的分析方法就是建立在叠加定理基础上的，如非正弦稳态电路的分析方法。很多定理的证明也需要借助于叠加定理，如戴维南定理的证明。

叠加定理可用于具体电路的分析，使一个复杂问题的分析转化成多个简单问题分析。这种方法对某些电路分析是有效的，但对有些电路而言，这种方法虽然使每个问题变得简单，但同时也增加了分析计算工作量。

叠加定理用于电路分析时的过程如下：

(1)确定叠加方案(如分组过程)。

(2)分解电路。画出电源单独作用的分电路，分解使不作用的电压源短路，电流源断路，受控源受控关系本质上不变。所谓本质上不变是指当分电路中的支路电流、电压的变量在形式上有变化时，则受控源的控制量要随之变化。

(3)标出总电路、分电路电流(电压)的参考方向。

(4) 求解分电路。

(5) 结果叠加。如要叠加 i_l，当分电路中 i_{l_i} 与 i_l 同方向时，叠加 i_{l_i} 前取 "+" 号；反之取 "–" 号。

例 4.1　求图 4-3 所示梯形电路的电压 U。

$$\frac{U_{\mathrm{s}}}{U} = \frac{U_{\mathrm{s}}'}{U'}$$

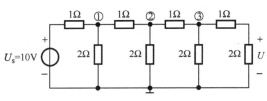

图 4-3　梯形电路

解　利用线性电路的齐次性求解。先假设所求电压 U' 为某值(尽可能使运算简单)，然后计算出电源电压 U_{s}' 的数值，根据齐次性有

由上式便可求得 U_{s} 作用下的电压 U。

假设 $U' = 2\mathrm{V}$，那么

节点 2 的电压

$$U_2' = 1 \times \left(\frac{3}{2} + 1\right) + 3 = \frac{11}{2}(\mathrm{V})$$

节点 1 的电压

$$U_1' = 1 \times \left(\frac{11}{4} + \frac{5}{2}\right) + U_2' = \frac{21}{4} + \frac{11}{2} = \frac{43}{4}(\mathrm{V})$$

此时电压源的电压

$$U_{\mathrm{s}}' = 1 \times \left(\frac{43}{8} + \frac{21}{4}\right) + U_1' = \frac{85}{8} + \frac{43}{4} = \frac{171}{8}(\mathrm{V})$$

则

$$U = \frac{U'}{U_{\mathrm{s}}'} U_{\mathrm{s}} = \frac{2 \times 8}{171} \times 10 = 0.936(\mathrm{V})$$

例 4.2　电路如图 4-4 所示。用叠加定理求电压 U。

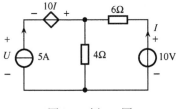

图 4-4　例 4.2 图

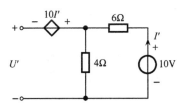

图 4-5　例 4.2 解图(一)

解 因为求的是电流源上的电压，所以尽管电流源与受控源串联，也不能将受控源短路而去掉。

10V 电压源单独作用时，电路如图 4-5 所示。

$$i = \frac{10}{4+6} = 1(\text{A})$$

$$U' = -10I' + 4I' = -6I' = -6(\text{V})$$

5A 电流源单独作用时，电路如图 4-6 所示。

$$I'' = -\frac{4}{4+6} \times 5 = -2(\text{A})$$

$$U'' = -10I'' - 6I'' = -16I'' = 32(\text{V})$$

由叠加定理得

$$U = U' + U'' = 26(\text{V})$$

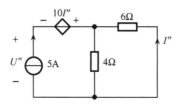

图 4-6　例 4.2 解图(二)

4.2　替 代 定 理

替代定理又被称为置换定理，其内容叙述如下：在线性电路中，或一个具有唯一解的电路，如其第 k 条支路的端电压 u_k 或电流 i_k 已知，那么这条支路可以用电压为 u_k 的电压源或电流为 i_k 的电流源替代，替代后电路各支路的电流和电压的数值保持不变。

设某电路共由 b 条支路构成，各支路电流分别为 $i_1, i_2, \cdots, i_k, \cdots, i_b$，各支路电压分别为 $u_1, u_2, \cdots, u_k, \cdots, u_b$，这些电流和电压分别满足 KCL 和 KVL。把电路中的第 k 条支路(该支路可能是一个电阻，也可能是一个电阻串电压源或电阻并电流源等)用电流为 i_k 的电流源替代后，各支路的电流与替代前完全相同；替代后的第 k 条支路为电流源，它两端的电压由外电路确定，由于第 k 条支路以外的各支路电流数值不变，故它们的支路电压也不会变化，而各支路电压仍受 KVL 的约束，所以第 k 条支路的电压仍为替代前的电压 u_k。

图示替代定理如图 4-7 所示。

对图 4-7(a)所示电路求解得

$$I_2 = 0.5(\text{A}), \quad U = 15(\text{V})$$

将最右侧支路用 0.5A 的电流源或用 15V 的电压源替代后，如图 4-7(b)、(c)所示，用替代后的电路再求各支路电压、电流，其数值仍与替代前一样。即用三个图求得的各支路电压、电流都是一样的。

例 4.3　求如图 4-8 所示电路各支路电流。

解　求图 4-8 中各支路电流。

$$I_1 = \frac{110}{5 + \dfrac{10 \times 15}{10 + 15}} = 10(\text{A})$$

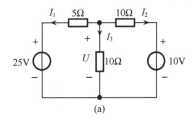

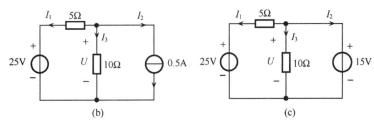

图 4-7　替代定理示例

$$I_2 = 6(\text{A})$$

$$I_3 = 4(\text{A})$$

(1) 电阻 R_4 用电流源替代，如图 4-9 所示。

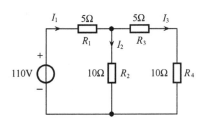

图 4-8　例 4.3 图

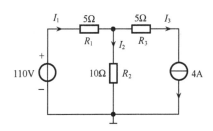

图 4-9　例 4.3 解图（一）

采用节点法计算方法得出

$$\left(\frac{1}{5} + \frac{1}{10}\right)U = \frac{110}{5} - 4$$

得 $U = 60(\text{V})$ 所以有

$$I_1 = \frac{110 - 60}{5} = 10(\text{A})$$

$$I_2 = \frac{60}{10} = 6(\text{A})$$

$$I_3 = 4(\text{A})$$

（2）电阻 R_2 用电压源替代，如图 4-10 所示。

对电路图 4-10 求解得

$$I_1 = \frac{110 - 60}{5} = 10(\text{A})$$

$$I_3 = \frac{60}{15} = 4(\text{A})$$

$$I_2 = I_1 - I_3 = 6(\text{A})$$

（3）R_2 用电流源、R_4 用电压源替代，如图 4-11 所示。

采用节点法计算方法得出

$$\left(\frac{1}{5} + \frac{1}{5}\right)U = \frac{110}{5} - 6 + \frac{40}{5}$$

即

$$U = 60(\text{V})$$

所以有

$$I_1 = \frac{110 - 60}{5} = 10(\text{A})$$

$$I_2 = 6\text{A}$$

$$I_3 = \frac{60 - 40}{5} = 4(\text{A})$$

本例采用了三种替代分析方法，其结果相同。

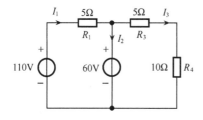

图 4-10   例 4.3 解图（二）

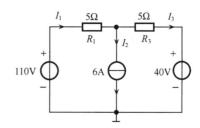

图 4-11   例 4.3 解图（三）

4.3   戴维南定理与诺顿定理

戴维南定理与诺顿定理在电路分析中占有极其重要的地位。这两个定理的分析对象是二端网络。所谓二端网络是指对外具有两个端钮的网络，又称单口网络或一端口网络。

4.3.1   戴维南定理

戴维南定理：任何一个含有独立电源的线性电阻二端网络，对外电路来说，总可以等效为一个电压源串电阻的支路，该电压源等于原二端网络的开路电压 u_{OC}，电阻 R_0 等于该网络中独立电源置零后端口处的等效电阻。

图 4-12 即为戴维南定理的示意。其中网络 N 的开路电压 u_{oc} 由图 4-12(b)所示电路在端口开路时求得(或测得);图 4-12(c)是等效电阻 R_0 的求解电路,网络 N_0 是网络 N 中独立电源置零后的网络;图 4-12(d)中端口 a、b 左侧电路是图 4-12(a)网络 N 的等效电路,也就是说,当该等效电路与网络 N 作用于相同的外电路时,就外电路而言,二者的效果完全相同。

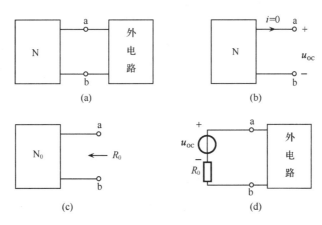

图 4-12 戴维南定理的示意

戴维南定理的证明如图 4-13 所示。

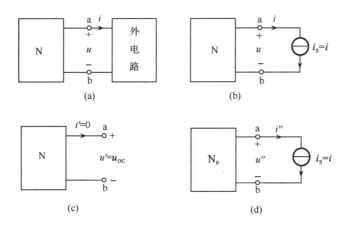

图 4-13 戴维南定理的证明

设图 4-13(a)所示电路在端口 a、b 处的电压为 U,电流为 i。根据替代定理,把外电路视为一条支路,并用电流为 i 的电流源替代,电路如图 4-13(b)所示。把图 4-13(b)所示电路的独立电源分为两部分,其中网络 N 中的所有独立电源作为一部分,另外一个部分就是替代后的电流源 $i_s = i$。根据叠加定理,当网络 N 中的独立电源作用时,电路如图 4-13(c)所示,ab 端口处的电压、电流为

$$u' = u_{oc}, \qquad i' = 0$$

替代后的电流源 $i_{\rm S}=i$ 作用时，电路如图 4-13(d) 所示，ab 端口处的电压、电流为

$$u''=-i''R_{\rm ab}=-iR_0,\qquad i''=i$$

根据叠加定理有

$$u=u'+u''=u_{\rm OC}-R_0 i$$

由此表达式可画出等效电路如图 4-14(b) 所示。

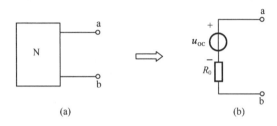

图 4-14　戴维南等效电路

戴维南定理不仅指出了网络 N 可以等效成什么电路，而且指出了等效电路的求法。求 $u_{\rm OC}$ 时，必须将 N 与外电路断开，再求 ab 的端口电压。求 R_0 的方法，可以用上述方法，还可以用开路短路法，也就是先求出网络 N 端口的开路电压 $u_{\rm OC}$，再出网络 N 端口的短路电流 $i_{\rm SC}$，则等效电阻 R_0 为

$$R_0=\frac{u_{\rm OC}}{i_{\rm SC}}\tag{4.2}$$

4.3.2　诺顿定理

含有独立电源的线性电阻二端网络，其等效电路的形式除前面提到的电压源串电阻外，还可以等效为电流源并电阻的形式，描述如下。

诺顿定理　任何一个含有独立电源的线性电阻二端网络，对外电路来说，总可以等效为一个电流源并电阻的电路，其中电流源等于原二端网络端口处的短路电流 $i_{\rm SC}$，电阻 R_0 等于该网络中独立电源置零后在端口处的等效电阻。

图 4-15(b) 所示电路即为图 4-15(a) 所示网络 N 的诺顿等效电路。诺顿定理的证明如图 4-16 所示。

将外电路用电压源替代，如图 4-16(b) 所示。根据叠加定理知，当网络 N 中的独立电源作用时，如图 4-16(c) 所示，此时有

$$i=i_{\rm SC}(\text{短路电流}),\qquad u'=0$$

当电压源 $u_{\rm S}=u$ 作用时，如图 4-16(d) 所示，即

$$i''=-\frac{u_{\rm S}}{R_{\rm ab}}=-\frac{u_{\rm S}}{R_0}=-\frac{u}{R_0},\qquad u'=u$$

根据叠加定理，图 4-16(a) 所示电路的端口电流为

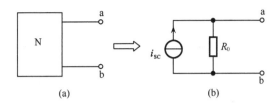

图 4-15　诺顿等效电路

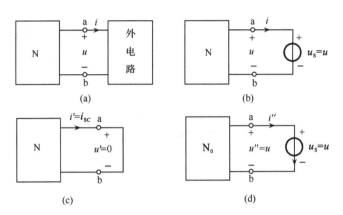

图 4-16　诺顿定理的证明

$$i = i' + i'' = i_{sc} - \frac{u}{R_0}$$

由该式便可得出如图 4-16(b)所示等效电路。

4.3.3　定理使用的技巧

一般情况下，诺顿等效电路和戴维南等效电路只是形式上不同而已，诺顿等效电路和戴维南等效电路之间可以通过等效变换相互求得。但在以下两种情况下二者不能相互转换，第一种是求戴维南等效电路时，等效电阻 $R_0 = 0$ 时，只能等效为戴维南电路，该等效电路是一个电压源；第二种是求诺顿等效电路时，等效电阻 $R_0 = \infty$ 时，只能等效为诺顿电路，该等效电路是一个电流源。

下面对电路中是否含有受控源分别加以讨论。

1. 电路中不合受控源

例 4.4　电路如图 4-17 所示。求 a、b 端的戴维南及诺顿等效电路。

解　(1)求戴维南等效电路。

①求开路电压 u_{OC}。电路如图 4-18 所示。

$$i = \frac{21+6}{3+3} = 4.5(A)$$

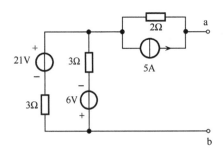

图 4-17 例 4.4 图

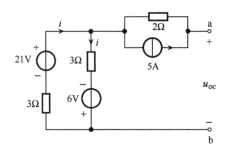

图 4-18 例 4.4 解图(一)

所以

$$u_{\text{OC}} = 2 \times 5 + 3i - 6 = 17.5(\text{V})$$

②求等效电阻 R_0。将独立电源置零，即电压源处短路、电流源处开路，如图 4-19 所示

$$R_0 = 2 + \frac{3 \times 3}{3+3} = 3.5(\Omega)$$

得戴维南等效电路如图 4-20 所示。

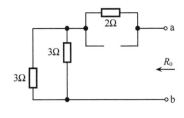

图 4-19 例 4.4 解图(二)

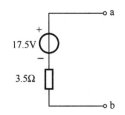

图 4-20 例 4.4 解图(三)

(2) 求诺顿等效电路。

①求短路电流 i_{SC}。电路如图 4-21 所示。

采用节点法，参考节点如图 4-21 所示。

$$\left(\frac{1}{3} + \frac{1}{3} + \frac{1}{2}\right)u = \frac{21}{3} - \frac{6}{3} - 5$$

所以

$$u = 0$$

$$i_{\text{SC}} = \frac{u}{2} + 5 = 5(\text{A})$$

②求等效电阻 R_0。等效电阻 R_0 的求法同前，这里略。诺顿等效电路如图 4-22 所示。

例 4.5 电路如图 4-23 所示。负载 R_{L} 可调，问 R_{L} 取何值可获得最大功率？最大功率是多少？

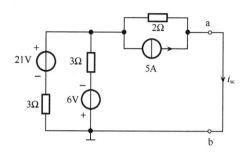

图 4-21 例 4.4 解图(四)

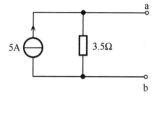

图 4-22 例 4.4 解图(五)

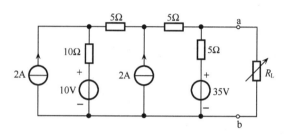

图 4-23 例 4.5 图

解 先求 R_L 左侧电路的戴维南等效电路。

(1) 求开路电压 u_{OC}。

采用回路法。回路电流如图 4-24 所示,分别为 2A、2A 和 i_1。

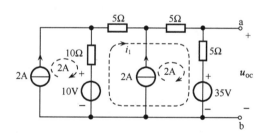

图 4-24 例 4.5 解图(一)

$$5i_1 + 5(i_1 + 2) + 5(i_1 + 2) + 35 - 10 + 10(i_1 - 2) = 0$$

得

$$i_1 = -1(\text{A})$$

所以

$$u_{OC} = 5(i_1 + 2) + 35 = 40(\text{V})$$

(2) 求等效电阻 R_0 (见图 4-25)。

$$R_0 = \frac{5 \times 20}{5 + 20} = 4(\Omega)$$

戴维南等效电路如图 4-26 所示。

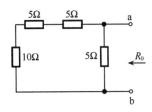

图 4-25　例 4.5 解图(二)

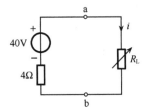

图 4-26　例 4.5 解图(三)

负载 R_L 所消耗的功率为

$$P = i^2 R_L = \left(\frac{u_{OC}}{R_0 + R_L}\right)^2 R_L$$

由 $\dfrac{dP}{dR_L} = 0$ 可知,当 $R_L = R_0 = 4(\Omega)$ 时,可获得最大功率。且有

$$P_{max} = i^2 R_L = \frac{u_{OC}^2}{4R_0} = 100(W)$$

端口处等效电阻 R_0 有以下几种求解方法:

(1)将网络内的独立电源置零,利用电阻的串、并联以及 △ 与 Y 之间的等效变换求得。

(2)外加电源法。将网络 N 内所有独立源置零,得到无源网络 N_0,在端口处外加一个电压源 u(或电流源 i),求其端口处的电流 i(或电压 u),如图 4-27(b)所示。

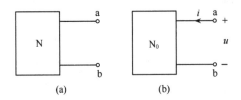

图 4-27　外加电源法

$$R_0 = \frac{u}{i} \tag{4.3}$$

(3)开路短路法。先求端口处的开路电压 u_{OC},再求出端口处短路后的短路电流 i_{SC},如图 4-28 所示。那么

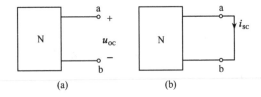

图 4-28　开路短路法

$$R_0 = \frac{u_{OC}}{i_{SC}} \tag{4.4}$$

注意 u_{OC} 与 i_{SC} 的参考方向。

2. 电路中含有受控源

当电路中含有受控源时，戴维南定理与诺顿定理同样适用。开路电压 u_{OC} 的求法同前；等效电阻 R_0 的求法只能用外加电源法和开路短路法。

例 4.6 电路如图 4-29 所示。求(1)ab 左端的戴维南等效电路。(2)电流源 I_{S_2} 吸收的功率。

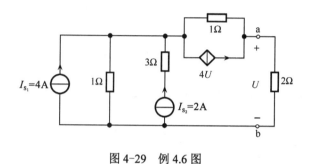

图 4-29 例 4.6 图

解 (1)求开路电压 U_{OC} 的电路如图 4-30(a)所示，图 4-30(b)是其简化电路。

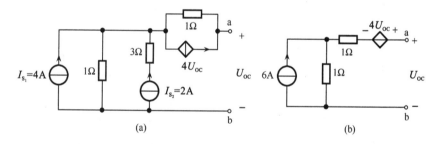

(a)   (b)

图 4-30 例 4.6 解图(一)

根据 KVL 可得

$$U_{OC} = 4U_{OC} + 6$$
$$U_{OC} = -2(V)$$

求等效电阻 R_0：外加电源法求解如图 4-31 所示。

其方程为

$$U_1 = 4U_1 + 2I_1$$

所以

$$R_0 = \frac{U_1}{I_1} = -\frac{2}{3}(\Omega)$$

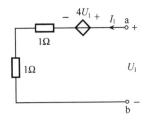

图 4-31　例 4.6 解图(二)

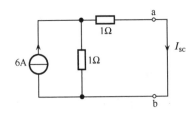

图 4-32　例 4.6 解图(三)

另外，开路短路法求解电路如图 4-32 所示短路电流

$$I_{sc} = 3(A)$$

所以

$$R_0 = \frac{U_{oc}}{I_{sc}} = -\frac{2}{3}(\Omega)$$

ab 左端的戴维南等效电路如图 4-33 所示。

(2) 由图 4-34 所示电路得

$$I = \frac{-2}{2 - \frac{2}{3}} = -\frac{3}{2}(A)$$

回原电路可求得电流源 I_{s_2} 两端电压 U_3。但为简化运算起见，将右侧支路用电流源替代，替代后的电路如图 4-34 所示。

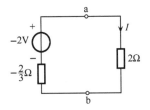

图 4-33　例 4.6 解图(四)

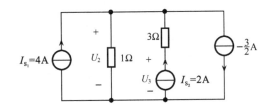

图 4-34　例 4.6 解图(五)

由节点电压法得

$$U_2 = 1 \times \left(4 + 2 + \frac{3}{2} \right) = 7.5(V)$$

所以

$$U_3 = 2 \times 3 + U_2 = 13.5(V)$$

电流源 I_{s_2} 吸收的功率

$$P = -2U_3 = -27(W)$$

应用戴维南或诺顿定理求解电路时，应将具有耦合关系的支路同时放在网络 N 中，但有时所求的戴维南等效电路却使耦合支路分开了(下面的例题即是如此)，如不进行控制量转移，则 a、b 左端等效为戴维南电路之后，控制量 u_1 不再存在，受控源无法控制。

考虑到求解戴维南或诺顿等效电路时，其端口处的电压或电流始终存在，所以在分析求解这一类电路时，应该首先将控制量转化为端口处的电压或电流的表达式，然后再求它的戴维南或诺顿等效电路。

例 4.7　用戴维南定理求图 4-35 所示电路的电压 u 。

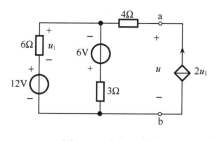

图 4-35　例 4.7 图

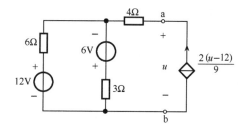

图 4-36　例 4.7 解图（一）

解　先将控制量 u_1 用端口电压 u 表示

$$u = 4 \times 2u_1 + u_1 + 12$$

所以

$$u_1 = \frac{1}{9}(u - 12)$$

等效电路如图 4-36 所示。

由图 4-37 求开路电压 u_{OC}

$$u_{OC} = -6 + 3 \times \frac{12 + 6}{6 + 3} = 0$$

等效电阻

$$R_0 = 4 + \frac{3 \times 6}{3 + 6} = 6(\Omega)$$

戴维南等效电路如图 4-38 所示。

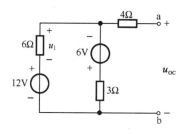

图 4-37　例 4.7 解图（二）

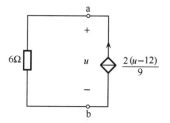

图 4-38　例 4.7 解图（三）

由此得

$$u = 6 \times \frac{2(u - 12)}{9}$$

所以

$$u = 48(\text{V})$$

4.4 互 易 定 理

互易定理是线性网络的又一个重要定理，它有三种形式，现论述如下。

设网络 N_R 仅由线性电阻元件组成，该网络对外有两对端钮，那么有以下定理。

互易定理 1

对于图 4-39 所示两电路，当在 1—1′之间加电压源，在 2—2′之间的短路电流为 i_2，如图 4-39(a)所示；当在 2—2′之间加电压源 u_{S_2}，在 1—1′之间的短路电流为 i_1，如图 4-39(b)所示，则有

$$\frac{i_2}{u_{S_1}} = \frac{i_1}{u_{S_2}}$$

当 $u_{S_1} = u_{S_2}$ 时，$i_1 = i_2$，即由互易定理 1 可知，当电压源和电流表互换位置后，电流表的读数不变。

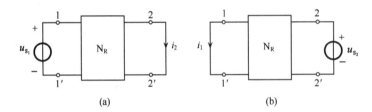

图 4-39 互易定理 1 示意

互易定理 2

对于图 4-40 所示两电路，当在 1—1′之间加电流源 i_{S_1} 时，在 2—2′之间的开路电压为 u_{S_2}，如图 4-40(a)所示；当在 2—2′之间加电流源 i_{S_2} 时，在 1—1′之间的开路电压为 u_1，如图 4-40(b)所示，则有

$$\frac{u_2}{i_{S_1}} = \frac{u_1}{i_{S_2}}$$

当 $i_{S_1} = i_{S_2}$ 时，$u_1 = u_2$，即由互易定理 2 可知，当电流源和电压表互换位置后，电压表的读数不变。

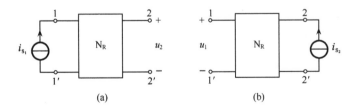

图 4-40 互易定理 2 示意

互易定理 3

对于图 4-41 所示两电路，当在 1—1′之间加电压源 u_{S_1} 时，在 2—2′之间的开路电压

为 u_2，如图 4-41(a)所示；当在 2—2′之间加电流源 i_{S_2} 时，在 1—1′之间的短路电流为 i_1，如图 4-41(b)所示，则有

$$\frac{u_2}{u_{S_2}} = \frac{i_1}{i_{S_2}}$$

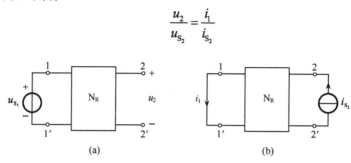

图 4-41　互易定理 3 示意

对互易定理 1 证明如下。

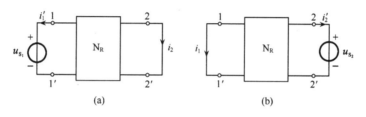

图 4-42　互易定理 1 证明

对于图 4-42 所示两电路，根据特勒根定理 2 不难得出下面两式，即

$$u_{S_1}i_1 + 0 \times i_2' + \sum_{k=3}^{b} u_k(t)i_k'(t) = 0$$

$$0 \times i_1' + u_{S_2}i_2 + \sum_{k=3}^{b} u_k'(t)i_k(t) = 0$$

$$\sum_{k=3}^{b} u_k(t)i_k'(t) = \sum_{k=3}^{b} u_k'(t)i_k(t)$$

$$u_{S_1}i_1 = u_{S_2}i_2$$

所以

$$\frac{i_2}{u_{S_1}} = \frac{i_1}{u_{S_2}}$$

证毕。

应用互易定理时要注意参考方向，如图 4-40(a)中的端钮 1 和 2 为同极性端，那么在图 4-40(b)中，端钮 1 和 2 也为同极性端(均为高电位或低电位)，否则应在相应的电流或电压前添加负号。

关于短路线的参考极性：在实际导线中，如电流从 a 端流向 b 端，表明 a 端电位高于 b 端。为了便于极性分析，在理想导线中，若电流从 a 流向 b，同样认为 a 端电位高于 b 端。

关于电流源的电位高低：由于 N_R 为纯电阻网络，不难得出电流源的输出端电位高于输入端电位。

例 4.8 在图 4-41 所示电路中，已知图 4-43(a)中 $u_{S_1} = 2V$，$i_2 = 2A$；图 4-43(b)中 $u_{S_2} = 2V$，求电流 i_1。

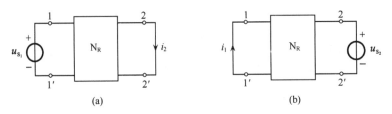

图 4-43　例 4.8 图

解 图 4-43(a)的端子 1、2 均为正极性端，而图 4-43(b)的端子 1、2 为反极性端。根据互易定理 1 知

$$\frac{i_2}{u_{S_1}} = \frac{-i_1}{u_{S_2}}$$

所以

$$i_1 = -\frac{u_{S_2}}{u_{S_1}} i_2 = -\frac{-2}{1} \times 2 = 4(A)$$

例 4.9 已知在图 4-44 所示的电路中，图 4-44(a)电路在电压源 u_{S_1} 的作用下，电阻 R_2 上的电压为 u_2。求图 4-44(b)电路在电流源 i_{S_2} 的作用下，电流 i_1 的值。

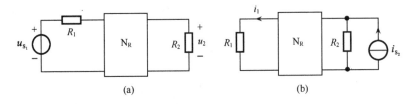

图 4-44　例 4.9 图

解 方法一：将电阻 R_1、R_2 和网络 N_R 当作一个新的电阻网络，如图 4-45 所示。此时可直接利用互易定理 3 的表达式求解，即

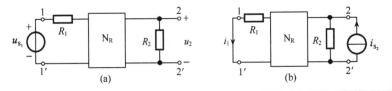

图 4-45　例 4.9 解图(一)

$$\frac{i_1}{i_{S_2}} = \frac{u_2}{u_{S_1}}$$

所以

$$i_1 = \frac{u_2}{u_{S_1}} i_{S_2}$$

方法二：改变电路的画法，即可与互易定理 1 的电路对应起来，如图 4-46 所示。

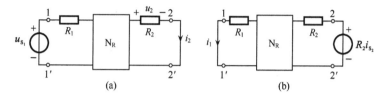

图 4-46　例 4.9 解图(二)

由此可以得出

$$\frac{i_2}{u_{S_1}} = \frac{i_1}{R_2 i_{S_2}}$$

而

$$i_2 = \frac{u_2}{R_2}$$

所以

$$i_1 = \frac{R_2 i_{S_2}}{u_{S_1}} \times \frac{u_2}{R_2} = \frac{i_{S_2}}{u_{S_1}} \cdot u_2$$

4.5　对 偶 原 理

为了更为简单地说明对偶原理，这里从如下的几组关系式进行入手。当电压与电流取关联参考方向时，对于电阻元件，其关系式为

$$U = IR \tag{4.5}$$

或

$$I = UG \tag{4.6}$$

对于电感元件 L

$$u = L\frac{\mathrm{d}i}{\mathrm{d}t} \tag{4.7}$$

对于电容元件 C

$$i = C\frac{\mathrm{d}u}{\mathrm{d}t} \tag{4.8}$$

如将式(4.5)中的电压 U 换成电流 I，将电阻 R 换成电导 G，即可得到式(4.6)；同理，

若将式(4.7)、式(4.8)中的 u 与 i 互换，L 与 C 互换，则两式彼此转换。为此称电阻 R 与电导 G、电感 L 与电容 C 为对偶元件，另外电压源与电流源也是一对对偶元件。而电压与电流为一对对偶变量。

在图 4-47(a) 中

$$u_1 = \frac{R_1}{R_1 + R_2} u_S \tag{4.9}$$

$$i_1 = \frac{G_1}{G_1 + G_2} u_S \tag{4.10}$$

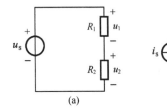

图 4-47　对偶电路

对式(4.9)与式(4.10)比较可知，将图 4-47(a)、(b) 所示元件换成其对偶元件、对偶变量互换、串联与并联连接互换后，两数学表达式可相互转换，为此把电路的串联与并联称为对偶连接。另外电路的网孔与节点、短路与开路、开关的打开与闭合等均具有对偶关系。图 4-47(a) 与图 4-47(b) 称为对偶电路。

电路中一些变量、名词之间具有相同"地位"而性质"相反"的特性，人们将这些变量、名称称为对偶元素。电路的对偶元素如表 4-1 所示。

表 4-1　对偶元素

N	R	L	电压源 u_S	串联	短路	网孔	KVL	戴维南定理	i	割集	开关闭
$\overline{N}$	G	C	电流源 i_S	并联	断路	节点	KCL	诺顿定理	u	回路	开关开

将一个电路 N 的元素，改成对偶元素，所形成的电路 $\overline{N}$ 称为 N 的对偶电路。

将电路中某一关系中的元素全部改换成对偶元素而得到的关系式称为原关系式的对偶关系。如网孔电流方程的对偶关系则是节点电压方程。

对偶定理　电路中若某一关系成立，那么其对偶关系特定成立。

综上所述，对偶就是两个不同的元件特性或两个不同的电路，却具有相同形式的数学表达式。其意义就在于对某电路得出的关系式和结论，其对偶电路也必然满足，起到了事半功倍的作用。但是必须注意"对偶"并非"等效"，它们是两个完全不同的概念。不能将 N 的对偶电路 $\overline{N}$ 称为 N 的等效电路。

例 4.10　画出如图 4-48(a) 所示电路的对偶电路。

解　图 4-48(a) 所示电路共有三个网孔，故其对偶电路除参考节点外还有三个节点，如图 4-48(b) 所示，将节点之间用虚线相连，同时使每条虚线穿过一个元件，把虚线换成它所穿过元件的对偶元件，即为所求对偶电路，如图 4-48(c) 所示。

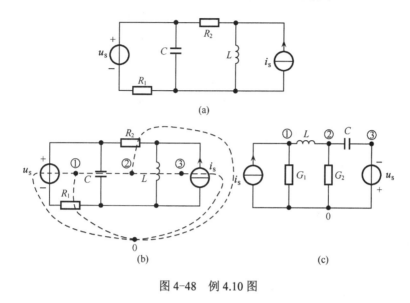

图 4-48　例 4.10 图

4.6　最大功率传输定理

应用戴维南定理或诺顿定理，可以描述和解决任意线性有源二端网络在外接可变负载上获得最大功率的问题。

最大功率传输定理　在任意线性有源二端电阻电路中，在其戴维南等效电压 u_{OC} 和内阻 R_0 不变，而外接负载电阻 R_L 可变的情况下，若电路的戴维南等效内阻 R_0 和负载电阻 R_L 相等（$R_L = R_0$）时，则电路负载上可以获得最大功率，即

$$p_{\max} = \frac{u_{OC}^2}{4R_0} \tag{4.11}$$

任意一个线性有源电路二端网络 N 如图 4-49(a) 所示，使用戴维南定理可以等效为图 4-49(b) 所示电路。

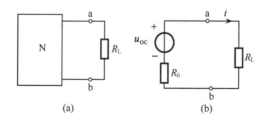

图 4-49　最大功率传输定理示意

从图 4-49 中可以看出，该电路的负载电阻 R_L 消耗的功率为

$$p = R_{\mathrm{L}} i^2 = \frac{R_{\mathrm{L}} u_{\mathrm{OC}}^2}{(R_0 + R_{\mathrm{L}})^2}$$

要使 R_{L} 消耗的功率达到最大值 $p_{\max}$，则必须满足条件 $\dfrac{\mathrm{d}p}{\mathrm{d}R_{\mathrm{L}}} = 0$，即

$$\frac{\mathrm{d}p}{\mathrm{d}R_{\mathrm{L}}} = \frac{(R_0 - R_{\mathrm{L}}) u_{\mathrm{OC}}^2}{(R_0 + R_{\mathrm{L}})^3} = 0$$

此时，$\left. \dfrac{\mathrm{d}^2 P}{\mathrm{d}R_{\mathrm{L}}^2} \right|_{R_0} < 0$。所以，当 $R_{\mathrm{L}} = R_0$ 时，R_{L} 可获得最大值 $p_{\max}$，$p_{\max} = \dfrac{u_{\mathrm{OC}}^2}{4R_0}$。

如果将图 4-49(b) 中 N 的戴维南等效电路用诺顿等效电路替换，则获得最大功率传输定理的另外一种形式为

$$p_{\max} = \frac{1}{4} R_0 i^2 \tag{4.12}$$

满足最大功率传输的条件是 $R_{\mathrm{L}} = R_0$，即 R_0 消耗的功率与 R_{L} 消耗的功率相等。对电压源 u_{OC} 来说，功率传输效率 $\eta = 50\%$，在电力系统中，获得最大功率传输是十分重要的，而不在乎功率传输效率。因此，最大功率传输定理在弱电系统中获得最广泛的应用。

4.7 总结与思考

4.7.1 总结

电路定理是电路分析的核心内容，是电路分析的理论依据，同时也是一种电路分析的方法。本章的重点是：叠加定理、戴维南定理、诺顿定理、最大功率传输定理等定理的内容描述、定理使用的限定范围或使用时应注意的问题。作为一种电路分析的方法使用时，应该掌握其分析步骤和使用技巧，同时也要注意在分析中使用定理的限制条件。本章难点是：求含受控源的一端口的戴维南等效电路、互易定理的使用以及参考方向、受控源等基本概念的掌握和应用。

1. 基本概念

(1) 相关定理的描述和使用中应注意的问题。

(2) 线性电路的齐次性或叠加性。

(3) 戴维南等效电路、诺顿等效电路。

(4) 开路短路法。

(5) 对偶。

(6) 最大功率。

2. 叠加定理

叠加定理用于电路分析时的过程如下。

(1) 确定叠加方案(如分组过程)。

(2)分解电路。画出电源单独作用的分电路，分别使不作用的电压源短路，电流源断路，受控源受控关系本质上不变。所谓本质上不变是指当分电路中的支路电流、电压的变量在形式上有变化时，则受控源的控制量要随之变化。

(3)标出总电路、分电路电流(电压)的参考方向。

(4)求解分电路。

(5)结果叠加。如要叠加 i_l，当分电路中 i_{li} 与 i_l 同方向时，叠加 i_{li} 前取"+"号；反之取"−"号。

3. 替代定理

替代定理　在线性电路中，或一个具有唯一解的电路，如其第 k 条支路的端电压 u_k 或电流 i_k 已知，那么这条支路可以用电压为 u_k 的电压源或电流为 i_k 的电流源替代，替代后电路各支路的电流和电压的数值保持不变。

4. 戴维南定理

戴维南定理　任何一个含有独立电源的线性电阻二端网络 N，对外电路来说，总可以等效为一个电压源串电阻的支路，该电压源等于原二端网络的开路电压 u_{OC}，电阻 R_0 等于该网络中独立电源置零后端口处的等效电阻。

定理不仅指出了任何一个含有独立电源的线性电阻二端网络 N 可等效成什么，而且指出了等效电路的求法。求 u_{OC} 时，必须 N 与外电路断开后再求断开的端口电压。

开路短路法：求出含有独立电源的线性电阻二端网络 N 开路电压 u_{OC} 后，再求出端口的短路电流 i_{SC}，则等效电阻 R_0 为

$$R_0 = \frac{u_{OC}}{i_{SC}}$$

5. 诺顿定理

诺顿定理　任何一个含有独立电源的线性电阻二端网络，对外电路来说，总可以等效为一个电流源并电阻的电路，其中电流源等于原二端网络端口处的短路电流 i_{SC}，电阻 R_0 等于该网络中独立电源置零后在端口处的等效电阻。

一般情况下，一端口网络既可等效成戴维南支路，也可以等效成诺顿支路。但是，当 $R_0 = 0$ 时，只能等效成戴维南支路；当 $R_0 \to \infty$ 时，只能等效成诺顿支路。

戴维南定理和诺顿定理统称为等效发电机定理。

6. 互易定理

互易定理是线性网络的又一个重要定理，它有三种表现形式。

7. 对偶原理

1)对偶元素

电路中一些变量、名词之间具有"地位"相同而性质"相反"的特性，人们将这些

变量、名称称为对偶元素。

2) 对偶电路

将一个电路 N_1 的元素，改换成对偶元素，所形成的电路 N_2 称为 N_1 的对偶电路。如 R_1、R_2、R_3 串联的，对偶电路 N_2 为 G_1、G_2、G_3 的并联。

3) 对偶关系

将电路中某一关系式中的元素全部改换成对偶元素而得到的关系式称为原关系式的对偶关系式。

如网孔电流方程的对偶关系式则是节点电压方程。

4) 对偶原理

电路中若某一关系式成立，那么其对偶关系式也一定成立。

注意：对偶并非等效。如一个电路 N_1 的对偶电路为 N_2，并非是指 N_1 与 N_2 等效。

8. 最大功率传输定理

最大功率传输定理 在任意线性有源二端电阻电路中，在其戴维南等效电压 u_{OC} 和内阻 R_0 不变，而外接负载电阻 R_L 可变的情况下，若电路的戴维南等效内阻 R_0 和负载电阻 R_L 相等（$R_L = R_0$），则电路负载上可以获得的最大功率为

$$p_{max} = \frac{u_{OC}^2}{4R_0}$$

4.7.2 思考

(1) 叠加定理使用的条件是什么？

(2) 叠加定理中"各独立电源单独作用"，应该如何理解？

(3) 替代定理中的"替代"可以理解为等效吗？

(4) 在求戴维南等效电路中的 R_0 时，必须将全部独立电源置为零，那么受控源也需同样处理吗？

(5) 开路短路法的处理步骤是什么？

(6) 同一个电路网络可以等效为戴维南等效电路和诺顿等效电路吗？

(7) 开路短路法可以用于诺顿等效电路的计算吗？

(8) 互易定理有何用处？

(9) 对偶原理是等效原理吗？为什么？

习 题 4

4.1 电路如图 4-50 所示，开关 S 由打开到闭合，电路内发生变化的是什么？

4.2 电路如图 4-51 所示，若电压源的电压 $U_s > 1V$，则电路的功率情况是怎样的？

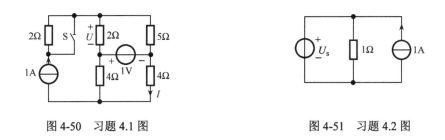

图 4-50　习题 4.1 图　　　　　　　　　　图 4-51　习题 4.2 图

4.3　电路如图 4-52 所示，U_s 为独立电压源，若外电路不变，仅电阻 R 变化时，将会引起什么变化？

4.4　电路如图 4-53 所示，I_s 为独立电流源，若外电路不变，仅电阻 R 变化时，将会引起什么变化？

4.5　电路如图 4-54 所示，求 a、b 两点间的电压 U_{ab}。

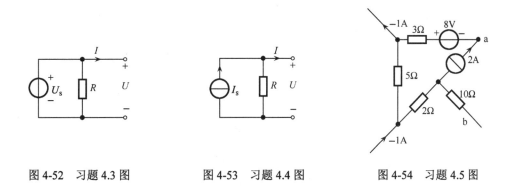

图 4-52　习题 4.3 图　　　　图 4-53　习题 4.4 图　　　　图 4-54　习题 4.5 图

4.6　如图 4-55 所示，求各电路端口电压 u（或端口电流 i）与各独立电源参数的关系。

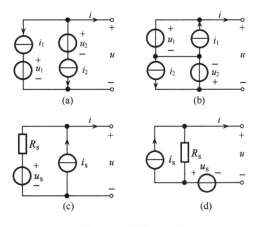

图 4-55　习题 4.6 图

4.7　求图 4-56(a) 所示电路中的电流 I_2 和图 4-56(b) 所示电路中受控源提供的功率。

4.8　电路如图 4-57 所示。问控制系数 g_m 取何值时，电流 $i = 0$？

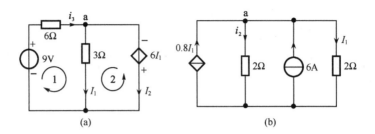

图 4-56   习题 4.7 图

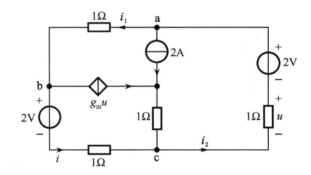

图 4-57   习题 4.8 图

4.9   电路如图 4-58 所示。求节点①与节点②之间的电压 u_{12}。

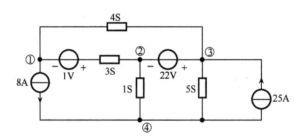

图 4-58   习题 4.9 图

4.10   已知线性含源单口网络 N 与外电路相连，如图 4-59 所示，且已知 ab 端口电压 $U = 12.5\text{V}$，而 ab 端口的短路电流 $I_{sc} = 10\text{mA}$，试求出单口网络 N 的戴维南等效电路。

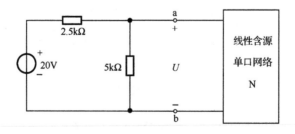

图 4-59   习题 4.10 图

4.11　求如图 4-60 所示电路中 2Ω 电阻上消耗的功率。

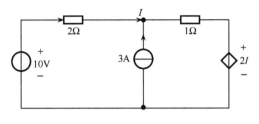

图 4-60　习题 4.11 图

4.12　已知线性电阻网络如图 4-61 所示，当 2A 电流源没接入时，3A 电流源对网络提供功率 54W，且知 $U_2=12\text{V}$ ；当 3A 电流源没接入时，2A 电流源对网络提供 28W 功率，且知 $U_3=8\text{V}$ 。

(1)求两电源同时接入时，各电源的功率。

(2)试确定网络 N 最简单的一种结构和元件参数值。

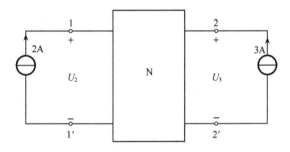

图 4-61　习题 4.12 图

4.13　N_0 为无源线性电阻网络，R_1 可调，R_2 固定。当 $U_s=8\text{V}$ ，$R_1=0$ 时，$I_2=0.2\text{A}$；当逐渐增大 R_1 值，使 $I_2=0.5\text{A}$ 时，R_1 端电压 $U_1=5\text{V}$ ，如图 4-62(a) 所示。当 $U_s=20\text{V}$ 时，变化 R_1 值，使 $I_2=2\text{A}$ ，如图 4-62(b) 所示，试问此时 R_1 端电压 U_1 为何值？

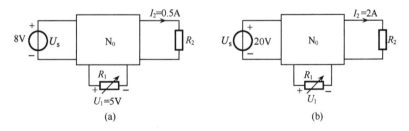

图 4-62　习题 4.13 图

4.14　已知图 4-63 中非线性电阻为流控电阻，其伏安关系为 $u=i^2-2i+\dfrac{4}{9}$ ，试用戴维南定理求出电压 u。

4.15 已知如图 4-64 所示电路，电阻 R_5 获得的最大功率 $P_{5max}=5\text{W}$ ，试求 U_S 和 g_m。

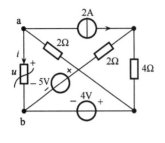

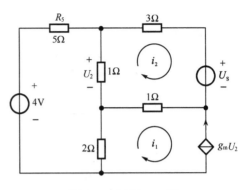

图 4-63   习题 4.14 图   图 4-64   习题 4.15 图

第5章 电路的时域分析

内 容 提 要

本章通过一阶线性时不变(LTI)动态电路的时域分析，阐明了电路分析中重要的基本概念，导出了求解 LTI 电路微分方程的两种方法，然后重点介绍了一阶有损电路的三要素分析法。

本章还系统地介绍了高阶 LTI 动态电路微分方程的建立和求解方法，重点阐述了 LTI 电路的冲击响应及其求解方法、LTI 电路的基本性质、卷积积分及其性质以及应用卷积积分求解 LTI 电路零状态响应的方法。本章为变换域分析奠定了基础，是本书的重点。

5.1　一阶电路分析

如果任意一个 LTI 电路中仅仅含有一个独立的电容元件或一个独立的电感元件，由于电容元件和电感元件的电压与电流关系是用微分或积分表示的，依据电路的 KCL、KVL 和元件 VCR 建立的电路方程必将是一阶线性常微分方程，因此将这种 *RC* 电路或 *RL* 电路常称为一阶电路。

由于电容元件和电感元件的 VCR 关系是用微分或积分表示的，所以常将它们称为动态元件，将含有电容元件、电感元件等储能元件的电路称为动态电路，而描述动态电路的数学模型必定是微分方程。而动态电路中当电路的结构或元件参数发生改变时，将会使电路从原来的工作状态过渡到新工作状态，这种过渡过程反映了电路真实的物理特性，使人们认识了电路过渡过程的物理本质。

5.1.1　一阶电路的零输入响应

如果任意 LTI 动态电路的输入激励信号为零，则仅仅由电路中动态元件的初始储能作用所产生的响应，就叫作电路的零输入响应。

对于一阶有损电路，可用一阶微分方程来描述，设电路的输出响应为 $y(t)$，电路的初储能用电路换路前(用 $t = 0_-$ 表示)的起始状态 $y(0_-) = y_0$ (y_0 为常数)表征，即若

$$\begin{cases} \dfrac{\mathrm{d}y(t)}{\mathrm{d}t} + ay(t) = 0, & t \geqslant 0 \\ y(0_-) = y_0 \end{cases}$$

则该齐次常微分方程的非零初始条件的解，就叫作电路的零输入响应，用 $y_{zp}(t)$ 表示。

下面通过 RC 电路来讨论一阶电路的零输入响应及其求解方法。

图 5-1(a) 所示的电容 C 在 $t=0_-$ 时被电源充电到电压 U_0，在 $t=0$ 时换路，即开关 K_1 打开，同时开关 K_2 闭合，现在分析 $t\geqslant 0$ 时电阻 R 两端的响应电压和电阻 R 中的响应电流。显然，在换路后（$t\geqslant 0$）电路中并无电源作用，电路中的物理过程是充电到电压 U_0 的电容 C 通过开关 K_2 对电阻 R 放电，即将电容的电场能转换为电阻 R 消耗的热能[见图 5-1(b)]。

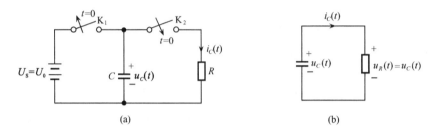

图 5-1　换路前后的一阶 RC 电路

由图已知，换路后初瞬，即 $t=0_+$ 时，电容初始电压为

$$u_C(0_+)=u_C(0_-)+\frac{1}{C}\int_{0_-}^{0_+}i_C(t)\mathrm{d}t=u_C(0_-) \qquad \left[因为 i_C(t) 为有限值\right]$$

即得换路定律

$$u_C(0_+)=u_C(0_-)=U_0$$

这就是电容两端在 $t=0_+$ 时的电压。因而电阻中电流由换路前的零值一跃而为换路后的初瞬值 $\frac{U_0}{R}$。而充电到 U_0 的电容 U_C 减小到零，电流 i_C 也随之从 $\frac{U_0}{R}$ 减小到零。

由此可见，上述物理过程是由非零初始状况 $\left[u_C(0_+)=U_0\neq 0\right]$ 产生的，这就是 RC 电路的零输入响应。下面定量分析 RC 电路的零输入响应。

由换路后的电路图 5-1(b)，根据 KVL 得

$$u_C(t)-u_R(t)=0, \qquad t\geqslant 0$$

又

$$u_R(t)=Ri(t), \qquad i_C(t)=\frac{-C\mathrm{d}u_C(t)}{\mathrm{d}t} \qquad (非关联参考方向)$$

得微分方程为

$$\frac{\mathrm{d}u_C(t)}{\mathrm{d}t}+\frac{1}{RC}u_C(t)=0, \quad t\geqslant 0 \qquad (5.1)$$

初始条件为

$$u_C(0_+)=U_0$$

这是一个一阶齐次微分方程，它的解为指数函数，设

$$u_C(t)=k\mathrm{e}^{\lambda t}$$

则它的特征方程为

$$\lambda + \frac{1}{RC} = 0$$

得

$$\lambda = -\frac{1}{RC}$$

　　人们通常称电路微分方程的特征方程的根 λ 为电路的固有频率，单位为 s^{-1}。它是由电路的结构决定的，反映了电路的固有性质。所以有

$$u_C(t) = k e^{-\frac{t}{RC}}$$

其中，k 为初始条件决定的常量，因为 $t=0_+$ 时，$u_C(0_+) = k e^0 = k$，而 $u_C(0_+) = U_0$，得 $k = U_0$，故有

$$u_C(t) = u_C(0_+) e^{-\frac{t}{RC}} = U_0 e^{-\frac{t}{RC}}, \quad t \geqslant 0 \tag{5.2}$$

这就是所求的响应电压，它是一个随时间衰减的指数函数，u_C 随时间变化的曲线，即 u_C 的波形如图 5-2(a) 所示。注意，在 $t=0$ 时（即换路时）u_C 是连续的，没有跃变。u_C 求得后，电流 $i_C(t)$ 可立即求得

$$i_C(t) = \frac{u_R(t)}{R} = \frac{u_C(t)}{R} = \frac{U_0}{R} e^{-\frac{t}{RC}}, \quad t \geqslant 0 \tag{5.3}$$

它也是一个随时间衰减的指数函数，波形如图 5-3(a) 所示，注意在 $t=0$ 时，即换路时，电流由零一跃而变为 $\dfrac{U_0}{R}$，产生跃变，这正是电容电压不能跃变所决定的。

　　由此可见，图 5-2(a) 电路中的零输入响应是随时间衰减的指数函数曲线，函数中 e 的指数 $\left(-\dfrac{t}{RC}\right)$ 必须是无量纲的，因此 RC 乘积具有时间的量纲，下面以 τ 表示：

$$\tau = RC = \frac{u}{i} \times \frac{q}{u} = \frac{it}{i} = t \tag{5.4}$$

所以 τ 称为该电路(指换路后)的时间常数。当 C 的单位用法(F)，R 的单位用欧(Ω)时(应是动态元件 C 两端的戴维南等效电阻)，τ 的单位为秒(s)。电压、电流衰减的快慢取决于时间常数 τ 的大小。以电压 $u_C(t)$ 为例，当 $t=\tau$ 时，有

$$u_C(t) = u_C(\tau) = U_0 e^{-1} = 0.368 U_0$$

当 $t = 4\tau$ 时，有

$$u_C(4\tau) = 0.0184 U_0$$

可见当 $t \geqslant 4\tau$ 时，电压 $u_C(t)$ 已下降到初始电压值 U_0 的 1.84% 以下，一般已可近似认为衰减到零(理论上，仅当 $t \to \infty$ 时，$u_C(t) \to 0$)。

　　实际上，因为

$$\left. \frac{\mathrm{d}u_C(t)}{\mathrm{d}t} \right|_{t=0} = \left. -\frac{u_C(t)}{RC} e^{\frac{t}{RC}} \right|_{t=0} = -\frac{U_0}{RC} = \frac{U_0}{\tau}$$

故过 $t=0$ 时曲线 $u_C(t)$ 上的点 $(0, U_0)$ 作衰减曲线的切线，必交于时间轴上 $t=\tau$ 的点[见图 5-2(a)]。因而 τ 越小，u_C 与 i 衰减越快；τ 越大，u_C 与 i 衰减越慢。

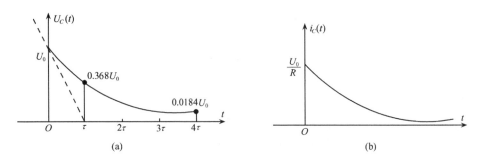

图 5-2 时间常数的物理意义说明

一阶电路的时间常数 τ 与电路固有频率 λ 之间存在如下关系，即

$$\tau = -\frac{1}{\lambda} \quad \text{或} \quad \lambda = -\frac{1}{\tau} \tag{5.5}$$

由以上分析可知，RC 电路的零输入响应是由电容的初始电压 U_0 和时间常数 $\tau = RC$ 所确定。在换路前，电路处于一种稳态，即 $u_C(0_-) = U_0$，$i_C = 0$；在换路后，当 $t \to \infty$ 时电路处于另一种稳态，即 $u_C(\infty) = 0$，$i_C(\infty) = 0$。这两种稳态之间的转换过程便是过渡过程。

另一种典型的一阶电路为 RL 电路，下面就来研究它的零输入响应。设在 $t < 0$ 时电路如图 5-3(a) 所示，开关 K_1 与 b 端相接，开关 K_2 打开，电感 L 由电流源 I_0 供电，由于 $I_0 =$ 常数，即

$$i_L(0_-) = I_0, \quad u_L = L\frac{\mathrm{d}i(t)}{\mathrm{d}t} = 0$$

这就是图 5-3(a) 中电感电流和电感电压的换路前的稳态值。

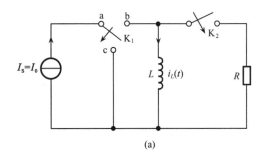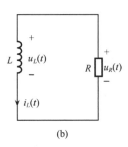

图 5-3 换路前后的一阶 RL 电路

设在 $t = 0$ 时，K_1 迅速投向 c，K_2 同时闭合，这样电感 L 便与电阻 R 相连接。虽然电感 L 已与电源相脱离，但由于电感电流不能突变，电感中存在初始电流 $i_L(0_+) = i_L(0_-) = I_0$（根据换路定律），即电感中储存磁场能。换路后，电路如图 5-3(b) 所示。电感电流 i_L 在 RL 回路中逐渐衰减到零，磁场能转换为电阻中的热能损耗。显然，这就是零输入响应的另一例。由图 5-3(b) 可得

$$u_L(t) - u_R(t) = 0, \quad t \geqslant 0$$

而由 VCR 得

$$u_L(t) = L\frac{\mathrm{d}i_L(t)}{\mathrm{d}t}, \quad u_R(t) = -i_L(t)R$$

有

$$L\frac{\mathrm{d}i_L(t)}{\mathrm{d}t} + Ri_L(t) = 0 \tag{5.6}$$

初始条件有

$$i_L(0_+) = I_0$$

解之得

$$i_L(t) = I_0 \mathrm{e}^{-\frac{t}{\tau}}, \quad t \geqslant 0 \tag{5.7}$$

其中

$$\tau = \frac{L}{R} = -\frac{1}{\lambda} \tag{5.8}$$

为图 5-3(b)电路的时间常数，电感电压为

$$u_L(t) = L\frac{\mathrm{d}i_L(t)}{\mathrm{d}t} = -I_0 R\mathrm{e}^{-\frac{t}{\tau}}, \quad t \geqslant 0 \tag{5.9}$$

i_L、u_L 波形如图 5-4(a)、图 5-4(b)所示，它们都是随时间衰减的指数曲线。

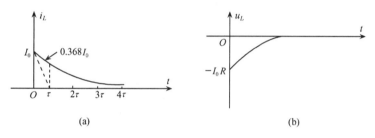

图 5-4　一阶 RL 电路零输入响应

由以上分析可知，在换路前，电路处于一种稳态；$i_L(0_-) = I_0$，$u_L(0_-) = 0$；在换路后，当 $t \to \infty$ 时电路处于另一种稳态，即 $i_L(\infty) = 0$，$u_L(\infty) = 0$。两种稳态之间的转换过程即是过渡过程。

总结以上关于零输入响应的分析，可知求解零输入响应的规律如下：

(1)从物理意义上说，零输入响应是在零输入时非零初始状态下产生的，它取决于电路的初始状态，也取决于电路的特性。对一阶电路来说，它是通过时间常数 τ 或电路固有频率 λ 来体现的。

(2)从数学意义上说，零输入响应就是线性齐次常微分方程，在非零初始条件下的解。

(3)在激励为零时，线性电路的零输入响应与电路的初始状态呈线性关系，初始状态可看作是电路的"激励"或"输入信号"。若初始状态增大 A 倍，则零输入响应也增大 A 倍，这可以从式(5.2)、式(5.3)、式(5.7)和式(5.9)看出。这种关系人们称为"零输入线性"。

下面举例说明一阶电路零输入响应的求解方法及步骤。

例 5.1   已知电路如图 5-5 所示，$t<0$ 时电路处于稳态，$t \geqslant 0$ 时 K$_1$ 打开，K$_2$ 闭合，试求 $t \geqslant 0$ 时的 $i(t)$。

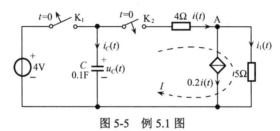

图 5-5   例 5.1 图

解   因为 $t \geqslant 0$ 时，$i(t) = -i_C(t) = -C \dfrac{\mathrm{d}u_C(t)}{\mathrm{d}t}$，所以只要求出 $u_C(t)$，即可求得 $i(t)$。

方法一：（1）建立电路微分方程。

对节点 A 列 KCL 方程，即

$$i(t) = 0.2i(t) + i_1(t) \tag{1}$$

对回路 l 列 KVL 方程

$$4i(t) + 5i_1(t) = u_C(t) \tag{2}$$

将式（1）代入式（2）得

$$8i(t) - u_C(t) = 0 \tag{3}$$

列 VCR 方程

$$i(t) = -i_C(t) = -C \frac{\mathrm{d}u_C(t)}{\mathrm{d}t} \tag{4}$$

将式（3）代入式（4）得电路微分方程

$$\frac{\mathrm{d}u_C(t)}{\mathrm{d}t} + \frac{5}{4}u_C(t) = 0 \tag{5}$$

（2）确定初始条件。

因为 $t<0$ 电路处于稳态，所以 $u_C(0_-) = 4\mathrm{V}$，根据换路定律得

$$u_C(0_+) = u_C(0_-) = 4\mathrm{V}$$

（3）求解微分方程。

因为式（5）的特征方程为

$$\lambda + \frac{5}{4} = 0$$

即

$$\lambda = -\frac{5}{4} = -1.25$$

所以

$$u_C(t) = k\mathrm{e}^{-1.25t}$$

又因为

$$u_C(0_+) = ke^0 = 4$$

即

$$k = 4$$

所以

$$u_C(t) = 4e^{-1.25t}\text{V}, \quad t \geqslant 0$$

(4) 求 $i(t)$。

$$i(t) = -C\frac{du_C(t)}{dt} = 0.5e^{-1.25t}\text{A}, \quad t \geqslant 0$$

方法二：一阶 RC 电路的零输入响应为

$$u_C(t) = u_C(0_+)e^{-\frac{t}{\tau}}, \quad t \geqslant 0$$

(1) 求 $u_C(0_+)$。

前已求出

$$u_C(0_+) = u_C(0_-) = 4\text{V}$$

(2) 求 τ。

在图 5-5 中，断开 $C(t \geqslant 0)$，外加端口电压 u，可列方程组为

$$\begin{cases} i(t) = 0.2(t) + i_1(t) \\ 4i(t) + 5i_1(t) = u(t) \end{cases}$$

消去 $i_1(t)$ 得

$$u(t) = 8i(t)$$

即

$$R_0 = \frac{u(t)}{i(t)} = 8\Omega$$

所以

$$\tau = R_0C = 8 \times 0.1 = 0.8(\text{s})$$

(3) 将 τ 代入公式求 $u_C(t)$。

$$u_C(t) = 4e^{-1.25t}\text{V}, \quad t \geqslant 0$$

5.1.2　一阶电路的零状态响应

若在电路中的动态元件的初始储能为零的条件下，仅仅由电路外加输入激励信号作用下，产生的响应，叫作电路的零状态响应。

对于一阶有损电路，设电路激励信号为 $f(t)$，电路的起始状态为 $y(0_-)$

$$\begin{cases} \dfrac{dy(t)}{dt} + ay(t) = bf(t) \\ y(0_-) = 0 \end{cases}$$

则该非齐次微分方程的零初始条件的解，就叫作电路的零状态响应，用 $y_{zs}(t)$ 表示。

下面通过具有零起始状态的 RC 电路，来讨论一阶电路的零状态响应及其求解方

法。如图 5-6 所示。

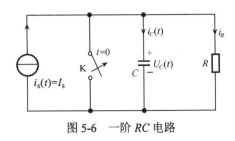

图 5-6　一阶 RC 电路

下面先从物理概念上定性阐明换路后 $u_C(t)$ 的变化趋势。在换路前 C 被开关 K 短路，所以 $u_C(0_-)=0$，$i_C(0_-)=0$，$i_R(0_-)=0$，电路处于初始稳态。在换路后初瞬，电容电压不会跃变，即 $u_C(0_+)=u_C(0_-)=0$，电容如同短路，又因 $u_R(0_+)=u_C(0_+)=0$，可知在 $t=0_+$ 时，$i_R(0_+)=\dfrac{u_R(0_+)}{R}=0$。显然，在 $t=0_+$ 时电流源电流 I_s 全部流向电容 C，对电容 C 充电，即

$$i_C(0_+)=I_s-i_R(0_+)=I_s$$

这时，电容电压将发生变化，其变化率为

$$\left.\frac{\mathrm{d}u_C(t)}{\mathrm{d}t}\right|_{t=0_+}=\frac{i_C(0_+)}{C}=\frac{I_s}{C}>0$$

以后，电容电压 $u_C(t)$ 由零逐渐增长，使流过电阻 R 上的电流 $i_R(t)=\dfrac{u_C(t)}{R}$ 也随之增长。但是由于总电流为恒流 I_s，使得电容器的充电电流以 $i_C(t)=I_s-i_R(t)$ 逐渐减小，直至最后 $t\to\infty$ 时，全部电流流过电阻 $i_R(\infty)=I_s$，$i_C(\infty)=0$，电容器如同开路，充电停止，电容电压 u_C 不再变化，即

$$\left.\frac{\mathrm{d}u_C(t)}{\mathrm{d}t}\right|_{t=\infty}=0,\quad u_C(\infty)=RI_s$$

电路达到了另一种稳态。

现在来定量计算零状态响应，由图 5-7，在换路后，根据 KCL 可得电路方程为

$$RC\frac{\mathrm{d}u_C(t)}{\mathrm{d}t}+u_C(t)=RI_s,\quad t\geqslant 0 \tag{5.10}$$

初始条件为

$$u_C(0_+)=0$$

方程式 (5.10) 是一个一阶非齐次线性微分方程，其完全解 $u_C(t)$ 由对应的齐次方程通解 $u_{C_h}(t)$ 和非齐次微分方程的任一特解 $u_{C_p}(t)$ 组成，即

$$u_C(t)=u_{C_h}(t)+u_{C_p}(t) \tag{5.11a}$$

首先由齐次方程求通解 u_{C_h}，因为

$$RC\frac{\mathrm{d}u_C(t)}{\mathrm{d}t}+u_C(t)=0$$

可求出通解为

$$u_{C_h}(t) = k e^{-\frac{t}{RC}}, \quad t \geqslant 0 \tag{5.11b}$$

然后由非齐次方程求特解 u_{C_p}，微分方程的一些典型特解可查表 5-2。

现激励为常量 I_s，则特解设为常数 A，即 $u_{C_p} = A$，并将其代入式 (5.10) 可得

$$A = I_s R$$

由此得

$$u_{C_p} = A = I_s R, \quad t \geqslant 0 \tag{5.11c}$$

所以，原方程的全解为

$$u_C(t) = u_{C_h} + u_{C_p} = k e^{-\frac{t}{RC}} + I_s R, \quad t \geqslant 0 \tag{5.11d}$$

最后由初始条件确定全解中的系数 k，当 $t = 0$ 时，$u_C(0_+) = 0$，可得

$$u_C(0) = k + I_s R$$

故

$$k = -I_s R$$

由此可得电路的零状态响应为

$$u_C(t) = -I_s R e^{-\frac{t}{\tau}} + I_s R = I_s R \left(1 - e^{-\frac{t}{\tau}}\right) = u_C(\infty)\left(1 - e^{-\frac{t}{\tau}}\right), \quad t \geqslant 0 \tag{5.11e}$$

$$i_C(t) = C \frac{\mathrm{d}u_C(t)}{\mathrm{d}t} = I_s e^{-\frac{t}{\tau}}, \quad t \geqslant 0 \tag{5.12}$$

u_C、i_C 波形如图 5-7 所示。

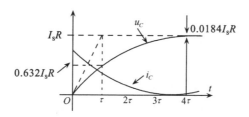

图 5-7 一阶 RC 电路零状态响应

u_C 是从零值开始按指数规律上升而趋于稳态值 $u_C(\infty) = I_s R$ 的，其时间常数 $\tau = RC$，τ 越小，上升越快；τ 越大，上升越慢。由图 5-7 可知，当 $t > 4\tau$ 时，$u_C(t)$ 与稳态值 $I_s R$ 之差已小于 1.84%，因而可以认为电容已充电完毕达到了稳态。i_C 是由零跃变到 $I_s(t = 0$时$)$ 后再按指数规律衰减到零，衰减的时间常数仍为 RC，当 $t > 4\tau$ 时，i_C 可近似认为衰减到稳态值 $i_C(\infty) = 0$。

图 5-6 电路可以将 I_s 并联电阻 R 转换为电源 $U_s = I_s R$，并联电阻 R 后再进行分析，其结果与前述完全相同，读者可自行分析，不再赘述。

另一种求解零状态响应的典型电路是电压源 U_s 通过电阻 R 对具有零初始条件的电感 L 在 $t \geqslant 0$ 时充电 [见图 5-8(a)]。

根据对偶原理，由 RC 电路零状态响应即可得到 RL 电路的零状态响应，即

$$i_L(t) = \frac{U_s}{R}\left(1 - e^{-\frac{t}{\tau}}\right) = i_L(\infty)\left(1 - e^{-\frac{t}{\tau}}\right), \quad t \geqslant 0 \tag{5.13}$$

$$u_L(t) = L\frac{\mathrm{d}i_L(t)}{\mathrm{d}t} = U_s e^{-\frac{t}{\tau}}, \quad t \geqslant 0 \tag{5.14}$$

RL 电路零状态响应的物理意义可用图 5-8(b) 表示。

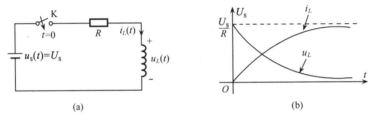

(a)   (b)

图 5-8 一阶 RL 电路的零状态响应

注意，其中时间常数 $\tau = \dfrac{L}{R}$。零状态响应 $i_L(t)$ 是由零值开始按指数规律上升而趋于稳态值 $\dfrac{U_s}{R}$ 的，而 $u_L(t)$ 是由换路前的零值跃变到换路后的初瞬的 U_s 后，再按指数规律衰减到零的。读者稍加对比就会发现，图 5-8(a) 电路的分析结果可根据对偶原理直接由图 5-6 电路的分析结果得到。

总结以上讨论的恒定电流或电压作用下电路的零状态响应，其规律如下：

(1) 从物理意义上说，电路的零状态响应是由外加激励和电路特性决定的。一阶电路零状态响应反映的物理过程，实质上是动态元件的储能从无到有逐渐增加的过程，电容电压或电感电流都是从零值开始按指数规律上升到稳态值。上升的快慢由时间常数 τ 决定。

(2) 从数学意义上说，零状态响应就是线性非齐次常微分方程在零初始条件下的解。

(3) 当系统的起始状态为零时，线性电路的零状态响应与外施激励成线性关系，即激励增大到 A 倍，响应也增大到 A 倍。多个独立源作用时，总的零状态响应为各独立源分别作用的响应的总和，这就是所谓"零状态线性"。

下面举例说明一阶电路零状态响应的求解方法及步骤。

例 5.2 已知电路如图 5-9 所示，且电感无初储能，当 $t=0$ 时，开关 K 闭合，试求 $t \geqslant 0$ 时的零状态响应 $u_L(t)$。

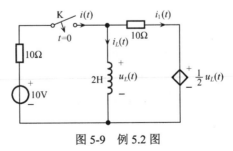

图 5-9 例 5.2 图

解　(1) 建立电路微分方程。

选 $i_L(t)$ 为变量，在 $t \geqslant 0$ 时，有

KVL 方程

$$u_L(t) - 10i_1(t) - \frac{1}{2}u_L(t) = 0$$

KCL 方程

$$i_1(t) = i(t) - i_L(t)$$

VCR 方程

$$\begin{cases} u_L(t) = L\dfrac{\mathrm{d}i_L(t)}{\mathrm{d}t} = 2\dfrac{\mathrm{d}i_L(t)}{\mathrm{d}t} \\ i_1(t) = \dfrac{10 - u_L(t)}{10} - i_L(t) \end{cases}$$

三式联解得电路微分方程

$$3\frac{\mathrm{d}i_L(t)}{\mathrm{d}t} + 10i_L(t) = 10 \tag{1}$$

(2) 求解。

由换路定律可得

$$i_L(0_+) = i_L(0_-) = 0 \tag{2}$$

方程 (1) 的解应为

$$i_L(t) = i_{Lh}(t) + i_{Lp}(t) = k\mathrm{e}^{-\frac{10}{3}t} + 1 \tag{3}$$

由初始条件式 (2) 即可定出式 (3) 中待定系数 $k = -1$，所以

$$i_L(t) = 1 - \mathrm{e}^{-\frac{10}{3}t}(\mathrm{A}), \quad t \geqslant 0$$

(3) 求 $u_L(t)$。

$$u_L(t) = L\frac{\mathrm{d}i_L(t)}{\mathrm{d}t} = \frac{20}{3}\mathrm{e}^{-\frac{10}{3}t}\mathrm{V}, \quad t \geqslant 0$$

5.1.3　一阶电路的完全响应

任意的 LTI 动态电路在电路中动态元件的初始储能和电路外加的输入激励信号的共同作用下，电路所产生的响应就叫作电路的完全响应，显然它就等于电路的零输入响应和零状态响应的叠加。

对于一阶有损电路，可以表示为

$$\begin{cases} \dfrac{\mathrm{d}y(t)}{\mathrm{d}t} + ay(t) = bf(t) \\ y(0_-) = C \end{cases}$$

则该非齐次常微分方程的非零初始条件的解 $y(t)$，就叫作电路的完全响应。显然

$$y(t) = y_{\mathrm{zp}}(t) + y_{\mathrm{zs}}(t)$$

下面举例说明一阶有损电路完全响应的求解方法。

在图 5-10 电路中，已知开关置于 a 时，电容初始电压 $u_C(0_-) = U_0 \neq 0$，求换路后的完全响应 $u_C(t)$。

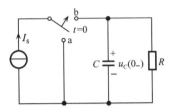

图 5-10   具有非零初态和激励的一阶 RC 电路

由图 5-10 可见，换路后，按 KCL 可得方程为

$$RC\frac{\mathrm{d}u_C(t)}{\mathrm{d}t} + u_C(t) = I_\mathrm{S}R, \quad t \geqslant 0 \tag{5.15a}$$

初始条件为

$$u_C(0_+) = u_C(0_-) = U_0 \tag{5.15b}$$

方程式 (5.15a) 的解为

$$u_C(t) = k\mathrm{e}^{-\frac{1}{\tau}} + I_\mathrm{S}R, \quad t \geqslant 0 \tag{5.16a}$$

代入初始条件有

$$u_C(0_+) = U_0 = k + I_\mathrm{S}R$$
$$k = U_0 - I_\mathrm{S}R$$

所以完全响应为

$$u_C(t) = I_\mathrm{S}R + (U_0 - I_\mathrm{S}R)\mathrm{e}^{-\frac{1}{\tau}}, \quad t \geqslant 0 \tag{5.16b}$$

由式 (5.15b) 可见，当 $I_\mathrm{S} = 0$ 时，即得零输入响应

$$u_{Czp}(t) = U_0\mathrm{e}^{-\frac{1}{\tau}}, \quad t \geqslant 0 \tag{5.16c}$$

按定义 $u_C(0_-) = 0$ 时，即得零状态响应 $u_{Czs}(t)$

$$u_{Czs}(t) = I_\mathrm{S}R\left(1 - \mathrm{e}^{-\frac{t}{\tau}}\right), \quad t \geqslant 0 \tag{5.16d}$$

所以式 (5.15b) 可改写为

$$u_C(t) = (\text{零输入响应}) + (\text{零状态响应})$$
$$= U_0\mathrm{e}^{-\frac{1}{\tau}} + I_\mathrm{S}R(1 - \mathrm{e}^{-\frac{t}{\tau}}), \quad t \geqslant 0 \tag{5.16e}$$

完全响应的上述分解方式表示在图 5-11 中。由式 (5.16c) 可以注意到，电路过去的历史 ($t < 0$ 时)，并未出现于响应的表示式中。不论 $t < 0$ 时输入是否为零，$t \geqslant 0$ 时响应完全由初始状态和 $t \geqslant 0$ 时的输入所决定。初始状态"总结"了计算未来响应所需的过去"信息"。当然，初始时刻是由人们根据具体情况任意选定的。一般地，如果初始时刻选为

t_0，则 u_C 的完全响应为

$$u_C(t)=u_C(t_0)\mathrm{e}^{-\frac{t-t_0}{\tau}}+I_SR\left(1-\mathrm{e}^{-\frac{t-t_0}{\tau}}\right),\quad t\geqslant t_0 \tag{5.16f}$$

其中，$u_C(t_0)$ 为 t_0 的状态；I_S 为 $t\geqslant t_0$ 的输入。

电路的完全响应也可以直接按照高等数学中常微分方程求解的方法求得，这时电路的完全响应分解为自由响应和强迫响应两个分量，图 5-11 中的响应 $u_C(t)$ 可改写为

$$u_C(t)=(U_0-I_SR)\mathrm{e}^{-\frac{1}{\tau}}+I_SR=u_{Ch}(t)+u_{Cp}(t) \tag{5.16g}$$
$$=(自由响应)+(强迫响应),\quad t\geqslant 0$$

其中，第一项是按指数规律衰减的，如图 5-12 中 $u_{Ch}(t)$，当 $t\to\infty$ 时，$u_{Ch}(t)\to 0$，因此又称之为暂态响应。一般说来，暂态响应是由两方面原因引起的结果，一是初始条件 (U_0)，二是外施信号的突然输入。具体说来，它与初始状态和稳态量之差 (U_0-I_SR) 有关，仅当此差值为非零时才存在暂态响应；若此差值为零，则暂态响应消失。式 (5.16g) 的第二项称为强迫响应，当它不随时间变化而趋于零时又称为稳态响应。它仅与输入有关，当输入为恒定量时，稳态响应也为恒定量；当输入为正弦量时，稳态响应也为同周期、同频率的正弦量；当输入为周期函数时，稳态响应也为周期函数。正弦输入作用下动态电路的稳态分析在第 6 章中讨论。

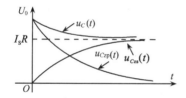

图 5-11　完全响应分解为零输入和零状态响应

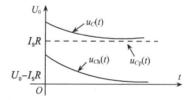

图 5-12　完全响应分解为自由响应和强迫响应

综上所述，LTI 电路的完全响应有两种求解方法，即叠加法和经典法。下面举例说明两种求解方法及步骤。

例 5.3　已知电路如例 5.2 图 5-9 所示，但在 $t<0$ 时，$i_L(0_-)=2\text{A}$，$t=0$ 时开关 K 闭合，试求 $t\geqslant 0$ 时电路响应 $u_L(t)$。

解　选 $i_L(t)$ 为变量，例 5.2 已求得电路微分方程为

$$3\frac{\mathrm{d}i_L(t)}{\mathrm{d}t}+10i_L(t)=10$$

方法一(叠加法)：电路完全响应=零输入响应+零状态响应
(1)求零输入响应 $i_{Lzp}(t)$。

根据换路定律有

$$i_L(0_+)=i_L(0_-)=2\text{ A}$$

由定义

$$\begin{cases}3\dfrac{\mathrm{d}i_L(t)}{\mathrm{d}t}+10i_L(t)=0\\ i_L(0_+)=2\end{cases}$$

可求解得

$$i_{Lzp}(t) = 2e^{-\frac{10}{3}t}A, \quad t \geq 0$$

(2)求零状态响应 $i_{Lzs}(t)$。

由定义

$$\begin{cases} 3\dfrac{di_L(t)}{dt} + 10i_L(t) = 10 \\ i_L(0_+) = i_L(0_-) = 0 \end{cases}$$

可求解得

$$i_{Lzp}(t) = 1 - e^{-\frac{10}{3}t}$$

(3)叠加。

$$完全响应=零输入响应+零状态响应$$

即

$$i_L(t) = i_{Lzp}(t) + i_{Lzs}(t) = 2e^{-\frac{10}{3}t} + 1 - e^{-\frac{10}{3}t}(A), \quad t \geq 0$$

(4)求 $u_L(t)$。

$$u_L(t) = L\frac{di_L(t)}{dt} = -\frac{20}{3}e^{-\frac{10}{3}t}V, \quad t \geq 0$$

方法二(经典法):电路完全响应=自由响应+强迫响应。

按照纯数学方法求解

$$\begin{cases} 3\dfrac{di_L(t)}{dt} + 10i_L(t) = 10 \\ i_L(0_+) = i_L(0_-) = 2 \end{cases}$$

(1)由齐次方程 $3\dfrac{di_L(t)}{dt} + 10i_L(t) = 0$ 求通解 $i_{Lh}(t)$。

$$i_{Lh}(t) = ke^{-\frac{10}{3}t}$$

(2)由非齐次方程 $3\dfrac{di_L(t)}{dt} + 10i_L(t) = 10$ 求特解 $i_{Lp}(t)$。

$$i_{Lp}(t) = 1$$

(3)由初始条件求出全解表达式中的待定系数 k,并求得完全响应。

因为

$$i_L(t) = i_{Lh}(t) + i_{Lp}(t) = ke^{-\frac{10}{3}t} + 1$$

$$i_L(t)\big|_{t=0_+} = i_L(0_+) = ke^0 + 1 = 2$$

即求得 $k=1$,所以

$$i_L(t) = e^{-\frac{10}{3}t} + 1(A), \quad t \geq 0$$

(4)求响应 $u_L(t)$。

$$u_L(t) = L\frac{di_L(t)}{dt} = -\frac{20}{3}e^{-\frac{10}{3}t}(V), \quad t \geqslant 0$$

　　从数学角度上讲，两种解法的区别在于确定待定系数 k 的次序不一致。但从物理本质来说，叠加法满足叠加定理，经典法不满足叠加定理，因此物理本质不同。

　　从物理角度上讲，电路完全响应的两种求解方法虽然物理本质不同，但对于一阶有损电路，它们都是由电路的初值 $[y(0_+)]$、稳态值 $[y(\infty)]$ 和时间常数 (τ) 所决定的，由此可以概括出一阶电路的三要素分析法。

5.1.4　一阶电路的三要素分析法

　　设一阶有损电路，在电路中动态元件的初始储能和恒定输入激励信号共同作用下的完全响应为 $y(t)$，而 $y(t)$ 可以是 $u_C(t)$、$i_L(t)$，也可以是 $u_R(t)$、$i_R(t)$、$i_C(t)$、$u_L(t)$，则电路的完全响应为

$$y(t) = \underset{\text{零输入响应}}{y(0_+)e^{-\frac{t}{\tau}}} + \underset{\text{零状态响应}}{y(\infty)\left(1-e^{-\frac{t}{\tau}}\right)}, \quad t \geqslant 0 \qquad (5.17)$$

或

$$y(t) = \underset{\text{自由响应}}{[y(0_+)-y(\infty)]e^{-\frac{t}{\tau}}} + \underset{\text{强迫响应}}{y(\infty)}, \quad t \geqslant 0 \qquad (5.18)$$

　　由此可见，电路的完全响应由 $y(0_+)$、$y(\infty)$、τ 三个要素决定，只要求出这三个要素，即可求得一阶有损电路在恒定输入信号激励下的完全响应。

　　(1) $y(0_+)$ 为电压或电流初始值，它由 $t=0_+$ 等效电路决定。应由 $t<0$ 电路求出 $u_C(0_-)$ 或 $i_L(0_-)$，然后由换路定律求得 $u_C(0_+)$ 或 $i_L(0_+)$，再由 $t=0_+$ 电路求得 $y(0_+)$。

　　(2) $y(\infty)$ 为电压或电流稳态值，因稳态时 $u_C(t)$ 及 $i_L(t)$ 不变，即有

$$i_C(\infty) = C\frac{du_C(t)}{dt}\bigg|_{t=\infty} = 0$$

$$u_L(\infty) = L\frac{di_L(t)}{dt}\bigg|_{t=\infty} = 0$$

所以稳态值 $y(\infty)$ 可在 $t \geqslant 0$ 电路中令 $t=\infty$，此时电容开路和电感短路，由此求得 $y(\infty)$。

　　(3) τ 为电路的时间常数，同一电路只有一个时间常数，$\tau = R_0C_0$ 或 $\tau = \dfrac{L_0}{R_0}$，其中 R_0 应理解为从动态元件两端看进去的戴维南或诺顿等效电路中的等效电阻 R_0。C_0 或 L_0 是独立的电容或独立的电感。

　　下面举例说明三要素分析法求解的方法和步骤。

　　例 5.4　已知电路如图 5-13(a)所示，开关 K 闭合前电路已处于稳态，$t=0$ 时开关 K 闭合，试用三要素分析法求 $u_R(t)$　$(t \geqslant 0)$。

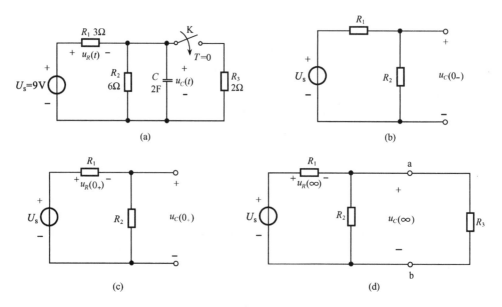

图 5-13   例 5.4 图

解   (1)由 $t < 0$ 电路求出 $u_C(0_-)$ 。

因为此时电路处于稳态，流过电容的电流为零，电容相当于开路，即

$$u_C(0_-) = \frac{R_2}{R_1 + R_2} U_s = \frac{6}{3+6} \times 9 = 6 \ (\text{V})$$

由换路定律可得

$$u_C(0_+) = u_C(0_-) = 6 \ (\text{V})$$

(2)由 $t = 0_+$ 电路，求出 $u_R(0_+)$ 。

因为 $u_R(0_-)$ 与 $u_R(0_+)$ 不满足换路定律，不能用 $t < 0$ 电路求 $u_R(0_-)$ ，而转换为 $u_R(0_+)$ ，但是可以由 $t = 0_+$ 电路求出 $u_R(0_+)$ ，此时电容 C 可用电压源 $u_C(0_+)$ 替代。

由图 5-13(c)不难看出

$$u_R(0_+) = u_s - u_C(0_+) = 9 - 6 = 3 \ (\text{V})$$

(3)由 $t \geq 0$ 电路，求出 $u_R(\infty)$ 。

由于 $t \to \infty$ 时，电路又进入新的稳态，(不同于 $t < 0$ 的稳态)，电容 C 相当于开路，此时电路可以表示为图 5-13(d)。

由此可得

$$u_R(\infty) = \frac{R_1}{R_1 + R_2 \ /\!/ \ R_3} U_s = \frac{3}{3 + 6 \ /\!/ \ 2} \times 9 = 6 \ (\text{V})$$

(4)由 $t \geq 0$ 电路，求得 τ 。

令图 5-13(d)电路中独立源 U_s 为零，即短路，则此时电容 C 的 ab 端戴维南等效电阻 R_0 为

$$R_0 = R_1 \ /\!/ \ R_2 \ /\!/ \ R_3 = 3 \ /\!/ \ 6 \ /\!/ \ 2 = 1 (\Omega)$$

所以

$$\tau = R_0 C = 1 \times 2 = 2(\text{s})$$

(5) 代入公式 (5.17) 求得 $u_R(t)$。

因为

$$u_R(t) = u_R(0_+)\mathrm{e}^{-\frac{t}{\tau}} + u_R(\infty)\left(1 - \mathrm{e}^{-\frac{t}{\tau}}\right)$$

所以

$$u_R(t) = 3\mathrm{e}^{-0.5t} + 6\left(1 - \mathrm{e}^{-0.5t}\right) \quad (\text{V}), \quad t \geqslant 0$$

例 5.5　已知图 5-14 所示网络 N 为纯电阻网络，激励为单位阶跃电压 $U(t)$，现把一个 1F 的电容 (其初始电荷为零) 接在 2—2′ 端，其输出响应电压 $u_{01}(t) = \dfrac{1}{2} + \dfrac{1}{8}\mathrm{e}^{-4t}$ (V) ($t \geqslant 0$)，若 2—2′ 端的电容换为一个 $\dfrac{1}{4}$ H 的电感 (初始磁通为零)，试求其输出响应 $u_{02}(t)$

解　因为两种情况均属于在恒定激励下的一阶有损电路，满足三要素分析法的应用条件，所以可以应用三要素分析法。

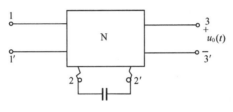

图 5-14　例 5.5 图

(1) 求出 RC 电路的三要素。

因为

$$u_{01}(t) = \frac{1}{2} + \frac{1}{8}\mathrm{e}^{-4t} \quad (\text{V}), \quad t \geqslant 0$$

所以

$$\begin{cases} u_{01}(0_+) = u_{01}(t)\big|_{t=0_+} = \dfrac{1}{2} + \dfrac{1}{8} = \dfrac{5}{8}(\text{V}) \\[2mm] u_{01}(\infty) = u_{01}(t)\big|_{t\to\infty} = \dfrac{1}{2}(\text{V}) \end{cases}$$

$$\tau_C = RC = \frac{1}{4} \ (\text{s})$$

因为 $C = 1\text{F}$，所以

$$R = \frac{\tau_C}{C} = \frac{1}{4} \ (\Omega)$$

(2) 求出 RL 电路的三要素。

根据 RC 电路与 RL 电路之间的对偶关系，不难求得

$$\begin{cases} u_{02}(0_+) = u_{01}(\infty) = \dfrac{1}{2}\,(\mathrm{V}) \\[2mm] u_{02}(\infty) = u_{01}(0_+) = \dfrac{5}{8}\,(\mathrm{V}) \end{cases}$$

而

$$\tau_L = \frac{L}{R} = \frac{0.25}{0.25} = 1 \ (\mathrm{s})$$

(3) 求 $u_{02}(t)$。

因为

$$u_{02}(t) = u_{02}(\infty) + \left[u_{02}(0_+) - u_{02}(\infty) \right] \mathrm{e}^{-\frac{t}{v}}, \quad t \geqslant 0$$

所以

$$u_{02}(t) = \frac{5}{8} - \frac{1}{8}\mathrm{e}^{-t} \quad (\mathrm{V}), \quad t \geqslant 0$$

5.2　一般电路系统 I/O 微分方程的建立和求解

5.2.1　电路系统 I/O 微分方程的建立和求解

对于等于或大于二阶的一般电路系统不能使用三要素分析法求解，它的 I/O 描述通常用一元 n 阶微分方程。依据 KCL、KVL 和 VCR，利用节点法或回路法建立电路的微积分方程组，然后将它们转为以待求参量为变量的一元 n 阶微分方程。

为了能方便地建立 I/O 微分方程，通常引入微分算符和用它表示的广义阻抗。

微分算符 P 和积分算符 P^{-1} 定义为

$$P = \frac{\mathrm{d}}{\mathrm{d}t}, \quad P^n = \frac{\mathrm{d}^n}{\mathrm{d}t^n} \tag{5.19}$$

$$P^{-1} = \frac{1}{P} = \int_{-\infty}^{t} \mathrm{d}t \tag{5.20}$$

微分算符或积分算符具有以下两个主要性质：

(1) 如果 $Pf_1(t) = Pf_2(t)$，则 $f_1(t) = f_2(t) + k$，注意此时 $f_1(t) \neq f_2(t)$，k 为常数。算符的这个性质表明，在等式两边的算符 P 不能直接相消。

(2) 如果 $f(t)$ 是时间 t 的可微分函数，则

$$p \cdot \frac{1}{P} = 1, \quad \frac{1}{P} \cdot p \neq 1, \quad p \cdot \frac{1}{P} f(t) \neq \frac{1}{P} \cdot p f(t)$$

这个性质表明，当积分算符 P^{-1} 左乘一个 p 时，这时两个算符同一般代数量相同，分子与分母中的 P 可以相消，当算符 P^{-1} 右乘一个 p 时，分子和分母中的 P 不能相消。

将上述性质推广，可以得到如下结论：

如果 $N(p)$ 是算符 P 的多项式，则

$$N(p) \cdot \frac{1}{N(P)} = 1, \quad \frac{1}{N(P)} \cdot N(p) \neq 1$$

并且

$$N(p) \cdot \frac{1}{N(P)} f(t) \neq \frac{1}{N(P)} \cdot N(p) f(t)$$

因为

$$f(t)P = f(t)\frac{\mathrm{d}}{\mathrm{d}t}, \quad f(t)P^{-1} = f(t)\int_{-\infty}^{t} \mathrm{d}t$$

不代表任何数学含义，所以一个函数右乘一个 P 或 P^{-1} 是没有意义的。

引入微分算符之后，可以定义电阻、电容和电感的广义阻抗为

电阻　　R

电容　　$\dfrac{1}{CP}$

电感　　LP

应用广义阻抗和广义导纳的概念，就可以应用第 3 章的方法来建立电路系统方程。

例 5.6　已知电容双耦合回路如图 5-15 所示，试建立响应 $u_2(t)$ 的微分方程。

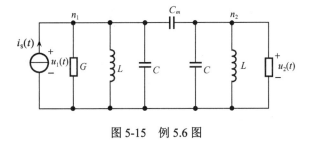

图 5-15　例 5.6 图

解　(1) 列出节点方程，根据公式法得

$$\begin{bmatrix} CP + G + \dfrac{1}{LP} + C_m P & -C_m P \\[2mm] -C_m P & CP + G + \dfrac{1}{LP} + C_m P \end{bmatrix} \begin{bmatrix} u_1(t) \\ u_2(t) \end{bmatrix} = \begin{bmatrix} i_{\mathrm{S}}(t) \\ 0 \end{bmatrix}$$

(2) 用克拉默法则求解 $u_2(t)$ 得

$$u_2(t) = \frac{\begin{vmatrix} (C+C_m)P^2 + GP + \dfrac{1}{L} & Pi_{\mathrm{S}}(t) \\[2mm] -C_m P^2 & 0 \end{vmatrix}}{\begin{vmatrix} (C+C_m)P^2 + GP + \dfrac{1}{L} & -C_m P^2 \\[2mm] -C_m P^2 & (C+C_m)P^2 + GP + \dfrac{1}{L} \end{vmatrix}}$$

$$= \frac{C_m P^3 i_{\mathrm{S}}(t)}{\left[(C+C_m)P^2 + GP + \dfrac{1}{L} \right]^2 - (C_m P^2)^2}$$

即

$$\left\{(C^2+2CC_m)P^4+2G(G+C_m)P^3+\left[\frac{2(C+C_m)}{L}+G^2\right]P^2\right.$$
$$\left.+\frac{2G}{L}P+\frac{1}{L^2}\right\}u_2(t)=C_mP^3i_\mathrm{S}(t)$$

即

$$(C^2+2CC_m)\frac{\mathrm{d}^4u_2(t)}{\mathrm{d}t^4}+2G(C+C_m)\frac{\mathrm{d}^3u_2(t)}{\mathrm{d}t^3}+\left[2(C+C_m)/L+G^2\right]\frac{\mathrm{d}^2u_2(t)}{\mathrm{d}t^2}$$
$$+\frac{2G}{L}\frac{\mathrm{d}u_2(t)}{\mathrm{d}t}+\frac{1}{L^2}u_2(t)=C_m\frac{\mathrm{d}^3i_\mathrm{S}(t)}{\mathrm{d}t^3}$$

这就是双耦合电路的微分方程，因有一个全电容回路，故方程仅为四阶。

当然也可以不用系统公式法，而仅根据第 3 章提供的建模依据：KCL、KVL、VCR 方程来直接列写。

例 5.7 已知双耦合电路如图 5-16(a) 所示，$e(t)$ 为电压激励信号，试建立输出响应 $i_2(t)$ 的微分方程。

解 选用网孔电源 $i_1(t)$、$i_2(t)$ 为变量，作出其等效电路图，如图 5-16(b) 所示。

根据 KCL、KVL 和 VCR 利用网孔法写出电路方程组为

$$L\frac{\mathrm{d}i_1(t)}{\mathrm{d}t}+Ri_1(t)+\frac{1}{C}\int_{-\infty}^t i_1(\tau)\mathrm{d}\tau+M\frac{\mathrm{d}i_2(t)}{\mathrm{d}t}=e(t)\tag{1}$$

$$L\frac{\mathrm{d}i_2(t)}{\mathrm{d}t}+Ri_2(t)+\frac{1}{C}\int_{-\infty}^t i_2(\tau)\mathrm{d}\tau+M\frac{\mathrm{d}i_1(t)}{\mathrm{d}t}=0\tag{2}$$

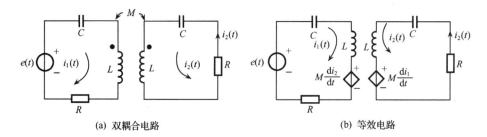

(a) 双耦合电路　　　　　　　　　　　　(b) 等效电路

图 5-16　双耦合电路

对式(1)、式(2)两边微分一次得

$$L\frac{\mathrm{d}^2i_1(t)}{\mathrm{d}t^2}+R\frac{\mathrm{d}i_1(t)}{\mathrm{d}t}+\frac{1}{C}i_1(t)+M\frac{\mathrm{d}^2i_2(t)}{\mathrm{d}t^2}=\frac{\mathrm{d}e(t)}{\mathrm{d}t}\tag{3}$$

$$L\frac{\mathrm{d}^2i_2(t)}{\mathrm{d}t^2}+R\frac{\mathrm{d}i_2(t)}{\mathrm{d}t}+\frac{1}{C}i_2(t)+M\frac{\mathrm{d}^2i_1(t)}{\mathrm{d}t^2}=0\tag{4}$$

引入微分算子，对联立方程消元得到一元高阶方程

$$LP^2i_1(t)+RPi_1(t)+\frac{1}{C}i_1(t)+MP^2i_2(t)=Pe(t)$$

$$LP^2 i_2(t) + RP i_2(t) + \frac{1}{C} i_2(t) + MP^2 i_1(t) = 0$$

即

$$\left(LP^2 + RP + \frac{1}{C}\right) i_1(t) + MP^2 i_2(t) = Pe(t) \tag{5}$$

$$MP^2 i_1(t) + \left(LP^2 + RP + \frac{1}{C}\right) i_2(t) = 0 \tag{6}$$

使用克拉默法则，解此方程组得

$$i_2(t) = \frac{\begin{vmatrix} LP^2 + RP + \dfrac{1}{C} & Pe(t) \\ MP^2 & 0 \end{vmatrix}}{\begin{vmatrix} LP^2 + RP + \dfrac{1}{C} & MP^2 \\ MP^2 & LP^2 + RP + \dfrac{1}{C} \end{vmatrix}} = \frac{-MP^3 e(t)}{\left(LP^2 + RP + \dfrac{1}{C}\right)^2 - (MP^2)^2}$$

即

$$\left[(L^2 - M^2)P^4 + 2RLP^3 + \left(R^2 + 2\frac{L}{C}\right)P^2 + 2\frac{R}{C}P + \frac{1}{C^2}\right] i_2(t) = MP^3 e(t)$$

即得

$$(L^2 - M^2)\frac{\mathrm{d}^4 i_2(t)}{\mathrm{d}t^4} + 2RL\frac{\mathrm{d}^3 i_2(t)}{\mathrm{d}t^3} + \left(R^2 + 2\frac{L}{C}\right)\frac{\mathrm{d}^2 i_2(t)}{\mathrm{d}t^2}$$
$$+ 2\frac{R}{C}\frac{\mathrm{d}i_2(t)}{\mathrm{d}t} + \frac{1}{C^2} i_2(t) = M\frac{\mathrm{d}^3 e(t)}{\mathrm{d}t^3}$$

综上所述，建立电路系统的微分方程数学模型的一般方法及步骤如下：

(1) 确定电路系统的输入-输出关系，选出适当的变量（根据所选方法）。

(2) 根据电路元部件的伏安关系（VCR）及电路系统的拓扑约束（KCL、KVL）建立电路微积分方程组或根据第 3 章公式法建立方程组。

(3) 将微积分方程组联立求解（可以引入微分算符用克拉默法则求解），从而得到一元高阶微分方程。

上述方法及步骤可以推广至其他非电系统。

通过例 5.6 和例 5.7，了解了电路系统微分方程建立的方法，同时也看到了电路系统微分方程所表征的电路系统激励与响应之间的关系，即表明了电路系统输入-输出的函数关系。不涉及电路系统内部，因此可以用图 5-17 来表示。

图 5-17　黑箱模型

这就是所谓黑箱模型。至于系统黑箱内可以是电网络系统，也可以是其他物理系统、生态系统或经济系统等。

这种描述方法称为系统时域的输入-输出描述法，并用如下定义来表述。

定义 一个线性时不变、单输入-单输出系统用下列表示输入 $f(t)$ 和输出 $y(t)$ 之间的关系的标量微分方程来描述

$$y^{(n)}(t) + a_{n-1}y^{(n-1)}(t) + \cdots + a_1 y^{(1)}(t) + a_0 y(t) \tag{5.21a}$$
$$= b_m f^{(m)}(t) + b_{m-1}f^{(m-1)}(t) + \cdots + b_1 f^{(1)}(t) + b_0 f(t)$$

或者表示为微分算符形式

$$\left[P^n + a_{n-1}P^{n-1} + \cdots + a_1 P + a_0 \right] y(t) = \left[b_m P^m + b_{m-1}P^{m-1} + \cdots + b_1 P + b_0 \right] f(t) \tag{5.21b}$$

其中，a_0，a_1，$\cdots$，a_{n-1}，a_n 与 b_0，b_1，$\cdots$，b_{m-1}，b_m 为常数，它们取决于元件的数值和系统的内部结构，而与外加激励无关。

对于一切用物理可实现的系统，输入与输出的导数最高阶次 n 和 m 都必须满足不等式：$n \geq m$。

数量 n 称为系统的阶，它等于系统中独立动态元件的个数或独立初始条件的个数。

最后必须指出，通常一个实际系统的数学模型可能是非线性的。这种非线性模型给分析和研究带来了巨大的困难，所以通常总是抓住主要矛盾，忽略次要因素，来进行近似和线性化。这对上述线性时不变输入-输出微分方程的研究具有重大实际意义。

当然，本教材所要讨论的所有建立系统数学模型的方法，仅仅是属于在公理基础上建立的有明确物理意义的理论模型，至于更进一步深入的研究，那就应该属于"系统辨识"的范畴。

5.2.2 初始条件的确定

在数学中，根据微分方程理论，要解一个 n 阶微分方程，就必须给定 n 个初始条件，才能定出微分方程通解中的待定常数。从数学的观点看，初始条件总是预先给定的，其实这只不过是为了将注意力集中于求解问题，而绕过了比求解问题更困难的确定初始条件。对于一个数学家来说，他可以任意假定初始条件，但对于电子工程技术人员来说，在解决问题时必须首先正确地确定初始条件，绝不能含糊。

系统初始条件的确定不仅是求解电路微分方程所必需的，而且更能加深人们对电路系统换路瞬间性能的认识，所以它是电路系统分析的基础。

定义 1 系统的状态。系统在 $t = t_0$ 时刻的状态是一组必须已知的最小数量的数据，利用这组数据和系统模型以及 $t \geq t_0$ 时刻的输入激励信号，就能完全确定 t_0 以后任何时刻系统的响应，对于 n 阶系统，这组数据由 n 个独立条件给定。这 n 个独立条件可以是系统响应的各阶导数。为分析方便，可假定起始时刻 $t_0 = 0$。

由于激励信号的作用，响应 $y(t)$ 及其各阶导数有可能在 $t = 0$ 时刻发生跳变，为了区分跳变前后的数值，以 0_- 表示激励接入之前瞬间，而以 0_+ 表示激励接入后瞬间。如果 $y^{(k)}(0_-) \neq y^{(k)}(0_+)$，则表示起始值发生跃变；如果 $y^{(k)}(0_-) = y^{(k)}(0_+)$，则表示在 $y^{(k)}$ 零点

连续。

由于可能存在跳变，在 $t=0_-$ 与 $t=0_+$ 时刻系统的状态将有所区别，为此引入以下两个概念以示区别(注意，这里指的是动态元件的储能状态)。

定义 2　系统的起始状态。在激励接入之前瞬间($t=0_-$)，系统的状态称为起始状态，它总结了未来响应所要的过去全部"信息"。

定义 3　系统的初始状态。在激励接入之后瞬间($t=0_+$)，系统的状态称为初始状态。

一个电路系统的初始条件依据于 $t=0_-$ 以前电路系统的状态，以及 $t=0_+$ 时系统的结构，因此一般情况，人们对系统微分方程求得之解限于 $0_+ < t < \infty$ 时间范围内，而不能把 $y^{(k)}(0_-)$ 作为初始条件，而应当利用 $y^{(k)}(0_+)$ 作为初始条件。这就是说，在建立系统的微分方程之后，要根据系统的起始状态与激励信号情况判断其初始状态，以便利用此初始状态给出的一组数据作为解微分方程的初始条件，才能求得完全响应。

下面分两种情况来讨论初始条件的确定。

首先，讨论**没有强迫跳变时初始条件的确定**。如果系统中电容电流 i_C 和电感电压 u_L 是有界的，那么电容端电压 u_C 和电感电流 i_L 以及电荷 q 和磁链 Φ 都是连续的。它们不能跃变，即它们遵守换路定律

$$\left.\begin{array}{l} u_C(0_-)=u_C(0_+) \\ i_L(0_-)=i_L(0_+) \end{array}\right\} \tag{5.22}$$

和

$$\left.\begin{array}{l} q(0_-)=q(0_+) \\ \Phi(0_-)=\Phi(0_+) \end{array}\right\} \tag{5.23}$$

根据换路定律，可以按换路后的系统，应用 KCL、KVL 定律，以及电容电压和电感电流的初始状态($t=0_+$)和 $t=0_+$ 时刻的输入求得系统的初始条件。

例 5.8　已知电路如图 5-18 所示，开关 K 闭合前电路已处于稳态，当 $t=0$ 时，开关 K 闭合，求初始条件 $i_C(0_+)$，$\dfrac{\mathrm{d}i_C(0_+)}{\mathrm{d}t}$。

解　(1)作出 $t=0_-$ 时等效电路，求出 $u_C(0_-)$ 和 $i_L(0_-)$。

因为 $t=0_-$，电路处于稳态，即

$$\begin{cases} u_C(0_-)=0 \\ i_L(0_-)=0 \end{cases}$$

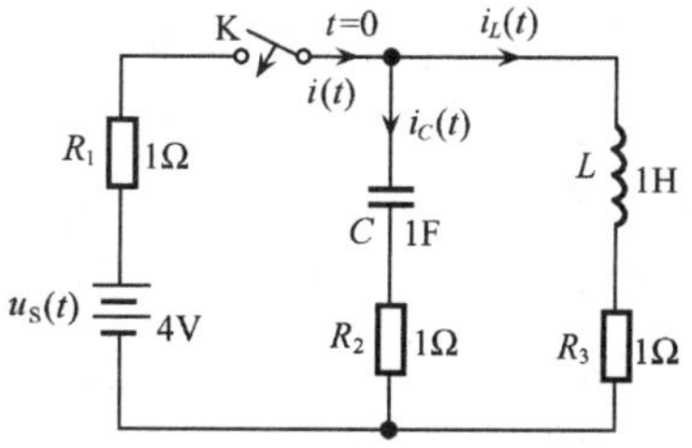

图 5-18　例 5.8 图

(2) 作出 $t=0_+$ 时等效电路, 求出 $i_L(0_+)$ 和 $u_C(0_+)$。

因为电路中无强迫跃变, 可以由换路定律得

$$\begin{cases} u_C(0_+) = u_C(0_-) = 0 \\ i_L(0_+) = i_L(0_-) = 0 \end{cases}$$

由 $t=0_+$ 时等效电路得

$$i_C(0_+) = \frac{U_s}{R_1 + R_2} = \frac{4}{1+1} = 2 \text{ (A)}$$

$$u_L(0_+) = R_2 i_C(0_+) = 1 \times 2 = 2 \text{ (V)}$$

(3) 根据电路方程和 $t=0$ 时电路初始状态, 确定微分初始条件 $\dfrac{\mathrm{d}i_C(0_+)}{\mathrm{d}t}$。

因为

$$R_1 i(t) + u_C(t) + R_2 i_C(t) = u_s(t)$$

而

$$i(t) = i_C(t) + i_L(t)$$

代入上式得

$$(R_1 + R_2) i_C(t) = u_s(t) - u_C(t) - R_1 i_L(t)$$

将数据值代入得

$$i_C(t) = \frac{1}{2}[u_s(t) - u_C(t) - i_L(t)] \tag{1}$$

由式 (1) 微分得

$$\frac{\mathrm{d}i_C(t)}{\mathrm{d}t} = \frac{1}{2}\left[u_s^{(1)}(t) - u_C^{(1)}(t) - i_L^{(1)}(t)\right] = \frac{1}{2}\left[u_s^{(1)}(t) - \frac{1}{C}i_C(t) - \frac{1}{L}u_L(t)\right]$$
$$= \frac{1}{2}\left[u_s^{(1)}(t) - i_C(t) - u_L(t)\right] \tag{2}$$

因为有 $i_C(t) = C\dfrac{\mathrm{d}u_C(t)}{\mathrm{d}t}$, $u_L(t) = L\dfrac{\mathrm{d}i_L(t)}{\mathrm{d}t}$, 令 $t=0$, 则由式 (2) 得

$$\left.\frac{\mathrm{d}i_C(t)}{\mathrm{d}t}\right|_{t=0_+} = \frac{1}{2}\left[u_s^{(1)}(0_+) - i_C(0_+) - u_L(0_+)\right]$$
$$= \frac{1}{2}[0 - 2 - 2] = -2 \quad \text{(A/s)}$$

注意: $i_C(0_+)$ 也可以由式 (1) 求得。

其次, 讨论**电路中有强迫跃变时初始条件的确定**。在实际工作中, 有时会遇到所谓 "强迫跃变" 的情况, 例如, 把一个纯电容与理想电压源接通, 或把一个含感的支路骤然切断。严格地说, 这些情况是不存在的。因为在前例中, 实际上不存在电阻等于零的无穷大功率的理想电压源; 而在后例中, 当把含感支路骤然切断时, 必然在开关的触头处产生电弧, 延长了换路时间。不过, 从工程实际角度看, 可以分析这类问题, 因为它们确实能近似地反映客观实际。例如, 当一个电容接到一个容量很大的电源时电源电压的变动非常小, 完全可以忽略不计; 又如当一个电感线圈的电流被一个快速无弧断

路器切断时，其换路过程所延长的时间也可以忽略不计。当忽略了这些因素后，电容电流和电感电压将为无穷大，从而电容电压和电感电流不再是连续的，它们将发生跃变，这时换路定律不再成立。

　　电路的强迫跃变情况主要发生在下列两种电路中。如果电路中存在全部由纯电容组成的闭合回路[见图 5-19(a)]，或由纯电容和理想电压源组成的闭合回路[见图 5-19(c)]。那么，当电路发生换路或电压源发生突变时，就可能有"强迫跃变"的情况产生，这时电容上的电压会发生跃变。如果电路中存在有全部由含电感的支路组成的节点[见图 5-19(b)]。或由含电感的支路和理想电流源组成的节点[见图 5-19(d)]，那么，当电路发生换路或电流源发生突变时，电感中的电流会发生跃变。上面对节点所说的情况也适用于割集。

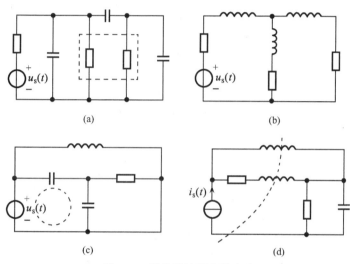

图 5-19　发生强迫跃变的电路

　　在发生"强迫跃变"的情况下，可根据电荷守恒定律和磁链守恒定律来确定初始值。

　　例 5.9　已知电路如图 5-20 所示，在开关 K 闭合前，各电容上的初始电荷为零。当 $t=0$ 时，开关闭合，求各电容上的电压。

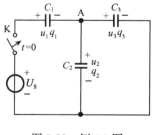

图 5-20　例 5.9 图

　　解　设 $t>0$ 时、C_1、C_2、C_3 上的电荷分别为 q_1、q_2、q_3，电压分别为 u_1、u_2、u_3。

(1)列出电荷守恒方程式。

因为电容没有初始电荷，所以在 $t = 0_-$ 时，与 A 点相连的各电容极板上的总电荷为 0，即 $\sum q(0_-) = 0$；开关闭合后，各电容及时充电，同时对节点 A 由于没有电流通路，故与它相连的各电容极板上的总电荷仍保持原来的数据（电荷守恒定律），即

$$-q_1(0_+) + q_2(0_+) + q_3(0_+) = \sum q(0_-) = 0 \tag{1}$$

因为

$$q_1(0_+) = C_1 u_1(0_+), \quad q_2(0_+) = C_2 u_2(0_+), \quad q_3(0_+) = C_3 u_3(0_+)$$

代入式(1)得

$$-C_1 u_1(0_+) + C_2 u_2(0_+) + C_3 u_3(0_+) = 0 \tag{2}$$

(2)根据基尔霍夫定律对两个回路列 KVL 方程

$$\begin{cases} u_1(0_+) + u_2(0_+) = U_S \tag{3} \\ u_2(0_+) - u_3(0_+) = 0 \tag{4} \end{cases}$$

(3)联解(2)、(3)、(4)式得

$$u_1(0_+) = \frac{C_2 + C_3}{C_1 + C_2 + C_3} U_S \tag{5}$$

$$u_2(0_+) = u_3(0_+) = \frac{C_1}{C_1 + C_2 + C_3} U_S \tag{6}$$

例 5.10 已知电路如图 5-21 所示，在开关闭合后各电感中没有初始能量，当 $t = 0$ 时，开关闭合，求各电感电流的初始值。

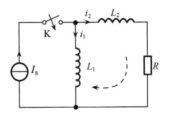

图 5-21 例 5.10 图

解 (1)列出磁链守恒方程式。

因为各电感都没有初始能量，故在 $t = 0_-$ 时，由 L_1、L_2、R 组成的闭合回路所包含的磁链应等于 0，即 $\sum \Phi(0_-) = 0$，当发生换路时，任一闭合回路中的总磁链应保持不变（磁链守恒定律）。所以在 $t = 0_+$ 闭合电路 I 的总磁链应为 0，即

$$-\Phi_1(0_+) + \Phi_2(0_+) = 0 \tag{1}$$

(2)因为 $\Phi_1(0_+) = L_1 i_1(0_+)$，$\Phi_2(0_+) = L_2 i_2(0_+)$，代入式(1)得

$$-L_1 i_1(0_+) + L_2 i_2(0_+) = 0 \tag{2}$$

(3)在 $t = 0_+$ 时，列出 KCL 方程

$$i_1(0_+) + i_2(0_+) = I_S \tag{3}$$

(4)联立式(2)、(3)求解即得

$$\begin{cases} i_1(0_+) = \dfrac{L_2}{L_1 + L_3} I_S \\ i_2(0_+) = \dfrac{L_1}{L_1 + L_3} I_S \end{cases}$$

对于较简单的电路，用上面讲述的方法求解初始条件是容易的。但是对于一些复杂情况，跃变值往往不易求得，这时可以采取对电网络方程两边从 0_- 到 0_+ 进行积分来求得关于 $t = 0_+$ 的条件。下面举例说明。

例 5.11 已知电路如图 5-22 所示，激励信号为单位跃阶信号，即 $e(t) = U(t)$；系统起始无储能，即 $i_2(0_-) = 0$，$\dfrac{\mathrm{d}i_2(0_-)}{\mathrm{d}t} = 0$。试求：$i_2(0_+)$，$\dfrac{\mathrm{d}i_2(0_+)}{\mathrm{d}t}$。

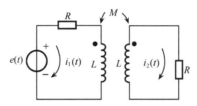

图 5-22 例 5.11 图

解 电路的微分方程为

$$(L^2 + M^2)\frac{\mathrm{d}^2 i_2(t)}{\mathrm{d}t^2} + 2RL\frac{\mathrm{d}i_2(t)}{\mathrm{d}t} + R^2 i_2(t) = M\frac{\mathrm{d}U(t)}{\mathrm{d}t}$$

即

$$\frac{\mathrm{d}^2 i_2(t)}{\mathrm{d}t^2} + \frac{2RL}{L^2 + M^2}\frac{\mathrm{d}i_2(t)}{\mathrm{d}t} + \frac{R^2}{L^2 + M^2} i_2(t) = \frac{M}{L^2 + M^2}\delta(t) \tag{1}$$

因为已知 $t = 0_-$ 时刻电路的起始条件

$$\begin{cases} i_2(0_-) = 0 \\ \dfrac{\mathrm{d}i_2(0_-)}{\mathrm{d}t} = 0 \end{cases}$$

所以对式 (1) 两边从 0_- 到 0_+ 进行两次积分得

$$\int_{0_-}^{0_+}\int \frac{\mathrm{d}^2 i_2(t)}{\mathrm{d}t^2}\mathrm{d}t^2 + \int_{0_-}^{0_+}\int \frac{2RL}{L^2 + M^2}\frac{\mathrm{d}i_2(t)}{\mathrm{d}t}\mathrm{d}t^2 + \int_{0_-}^{0_+}\int \frac{R^2}{L^2 + M^2}i_2(t)\mathrm{d}t^2$$

$$= \int_{0_-}^{0_+}\int \frac{M}{L^2 + M^2}\delta(t)\mathrm{d}t^2$$

即

$$\int_{0_-}^{0_+} \frac{\mathrm{d}i_2(t)}{\mathrm{d}t}\mathrm{d}t + \int_{0_-}^{0_+}\frac{2RL}{L^2 + M^2}i_2(t)\mathrm{d}t + \int_{0_-}^{0_+}\int \frac{R^2}{L^2 + M^2}i_2(t)\mathrm{d}t^2 = \int_{0_-}^{0_+}\frac{M}{L^2 + M^2}\mathrm{d}t \tag{2}$$

因为对于 0_- 到 0_+ 无穷小区间，若被积分函数不是无穷大，则无穷小区间内积分应为零。所以式 (2) 中左边第二项、第三项和右边项均为零，即

$$i_2(0_+) - i_2(0_-) = 0$$

而因为 $i_2(0_-) = 0$，故有

$$i_2(0_+) = 0$$

对式(1)两边进行一次 0_- 到 0_+ 的积分得

$$\int_{0_-}^{0_+} \frac{\mathrm{d}^2 i_2(t)}{\mathrm{d}t^2}\mathrm{d}t + \int_{0_-}^{0_+} \frac{2RL}{L^2+M^2}\frac{\mathrm{d}i_2(t)}{\mathrm{d}t}\mathrm{d}t + \int_{0_-}^{0_+} \frac{R^2}{L^2+M^2}i_2(t)\mathrm{d}t$$

$$= \int_{0_-}^{0_+} \frac{M}{L^2+M^2}\delta(t)\mathrm{d}t$$

即得

$$\frac{\mathrm{d}i_2(0_+)}{\mathrm{d}t} - \frac{\mathrm{d}i_2(0_-)}{\mathrm{d}t} + \frac{2RL}{L^2+M^2}\left[i_2(0_+) - i_2(0_-)\right] + 0 = \frac{M}{L^2+M^2}$$

又因

$$\frac{\mathrm{d}i_2(0_-)}{\mathrm{d}t} = 0, \quad i_2(0_+) = i_2(0_-) = 0$$

故所以得

$$\frac{\mathrm{d}i_2(0_+)}{\mathrm{d}t} = \frac{M}{L^2+M^2}$$

5.2.3　电路系统微分方程的求解

电路系统的 I/O 数学模型——微分方程的解可以有两种分解方式，一种是数学中已学过的齐次解与特解，即自由响应(也叫固有响应)与强迫响应；另一种是零输入响应与零状态响应，与此相对应地就得出了微分方程的两种解法，即经典法和叠加法，前面已作了讨论，下面进一步深入阐述。

线性电路系统完全响应可以分解为自由响应和强迫响应。

从微分方程理论可以知道，微分方程的完全解由两部分组成，这就是齐次解和特解。

当式(5.21a)中的 $f(t)$ 及其各阶导数都等于零时，方程的解即为齐次解。齐次解应满足

$$y^{(n)}(t) + a_{n-1}y^{(n-1)}(t) + \cdots + a_1 y^{(1)}(t) + a_0 y(t) = 0 \tag{5.24}$$

齐次解的形式为 $Ae^{\lambda t}$ 的函数组合，令 $y(t) = Ae^{\lambda t}$，代入式(5.24)，可得

$$A\lambda^n e^{\lambda t} + a_{n-1}A\lambda^{(n-1)}e^{\lambda t} + \cdots + a_1 A\lambda e^{\lambda t} + a_0 Ae^{\lambda t} = 0$$

化简为

$$\lambda^n + a_{n-1}\lambda^{(n-1)} + \cdots + a_1\lambda + a_0 = 0 \tag{5.25}$$

如果 λ_k 是式(5.25)的根，$y(t) = Ae^{\lambda_k t}$ 将满足式(5.25)，式(5.25)称为微分方程式(5.23)的特征方程，特征方程根 λ_1，λ_2，$\cdots$，λ_n 称为微分方程的特征根，也就是电路的固有频率。

在特征根互异(无重根)的情况下，微分方程的齐次解为

$$y_{通}(t) = A_1 e^{\lambda_1 t} + A_2 e^{\lambda_2 t} + \cdots + A_n e^{\lambda_n t} = \sum_{i=1}^{n} A_i e^{\lambda_i t} \tag{5.26}$$

这里，A_1，A_2，$\cdots$，A_n 是由初始条件决定的系数。

在有重根的情况下，齐次解的形式略有不同，假定 λ_1 是特征方程的 k 重根，那么，在齐次解中，相应于 λ_1 的部分将有 k 项

$$y_{通}(t) = A_1 t^{k-1}\mathrm{e}^{\lambda_1 t} + A_2 t^{k-2}\mathrm{e}^{\lambda_2 t} + \cdots + A_{k-1} t\mathrm{e}^{\lambda_1 t} + A_k \mathrm{e}^{\lambda_1 t} + \sum_{i=k+1}^{n} A_i \mathrm{e}^{\lambda_i t} \qquad (5.27)$$

显然 $A_k\mathrm{e}^{\lambda_1 t}$ 这项一定满足方程 (5.24)。同理，也可以证明 $A_{k-1}t\mathrm{e}^{\lambda_1 t}$，$\cdots$，$A_2 t^{k-2}\mathrm{e}^{\lambda_1 t}$，$A_1 t^{k-1}\mathrm{e}^{\lambda_1 t}$ 也满足方程式 (5.24)，这样在有重根的情况下，齐次方程的解由两部分组成，一部分是由式 (5.27) 表述的重根部分，另一部分是由 $k+1$ 至 n 个不相等的特征根表述的式 (5.26) 的形式。现将通解公式列于表 5-1，供参考。

表 5-1　通解公式

特征方程的根	通解表达式
特征根互异 （即无重根）	$y_{通}(t) = A_1 \mathrm{e}^{\lambda_1 t} + A_2 \mathrm{e}^{\lambda_2 t} + \cdots + A_n \mathrm{e}^{\lambda_n t} = \sum_{i=1}^{n} A_i \mathrm{e}^{\lambda_i t}$
特征根有 k 重根 λ_i	$y_{通}(t) = A_k \mathrm{e}^{\lambda_i t} + A_{k-1} t\mathrm{e}^{\lambda_i t} + \cdots + A_1 t^{k-1}\mathrm{e}^{\lambda_i t} + \sum_{i=k+1}^{n} A_i \mathrm{e}^{\lambda_i t}$
特征根有一对共轭复根 $\lambda_{1,2} = \alpha + \mathrm{j}\beta$	$y_{通}(t) = \mathrm{e}^{\alpha t}\left(A_1 \cos\beta t + A_2 \sin\beta t\right) + \sum_{k=3}^{n} A_i \mathrm{e}^{\lambda_i t}$

下面讨论求特解的方法，对于一般激励信号，特解的求取是困难的，但对于一些典型激励信号，特解的函数形式与激励形式有关。将激励函数代入方程式 (5.21a) 的右端，代入后，右端的函数式称为"自由项"。通常，由观察自由项试选特解函数式，再代入方程求得特解函数式。现将部分特解函数式列于表 5-2 中，供解方程时选用。

表 5-2　特解函数式

典型激励信号	响应 $y(t)$ 的特解 $y_T(t)$
E（常数）	$y_T(t) = B$
t^p	$y_T(t) = B_1 t^p + B_2 t^{p-1} + \cdots + B_p t + B_{p+1}$
$\mathrm{e}^{\alpha t}$	$y_T(t) = B\mathrm{e}^{\alpha t}$
$\cos\omega t$ $\sin\omega t$	$y_T(t) = B_1 \cos\omega t + B_2 \sin\omega t$
$t^p \mathrm{e}^{\alpha t}\cos\omega t$ $t^p \mathrm{e}^{\alpha t}\sin\omega t$	$y_T(t) = (B_1 t^p + \cdots + B_p t + B_{p+1})\mathrm{e}^{\alpha t}\cos\omega t + (C_1 t^p + \cdots + C_p t + \cdots + C_{p+1})\mathrm{e}^{\alpha t}\sin\omega t$

注：1.表中 B、C 是待定系数。

2.若 $f(t)$ 由几种激励函数组合，则特解也为其相应的组合。

3.若表中所列特解与齐次解重复，则应在特解中增加一项，即 t 倍乘表中特解；若这种重复形式有 k 次（特征根为 k 重根），则依次倍乘 $t^2, \cdots, t^n$ 诸项。例如，$f(t) = \mathrm{e}^{\alpha t}$，而齐次解也是 $\mathrm{e}^{\alpha t}$（特征根 $\lambda = \alpha$），则特解为 $B_0 t\mathrm{e}^{\alpha t} + B_1 \mathrm{e}^{\alpha t}$；若 α 是 k 重根，则特解为 $B_0 t^k \mathrm{e}^{\alpha t} + B_1 t^{k-1}\mathrm{e}^{\alpha t} + \cdots + B_k \mathrm{e}^{\alpha t}$。

最后，讨论如何确定齐次函数式中的系数 A。

设激励信号在 $t=0$ 时刻加入，微分方程求解的区间是 $0<t<\infty$，对于 n 阶方程，利用 n 个初始条件 $y(0_+)$，$\dfrac{\mathrm{d}y(0_+)}{\mathrm{d}t}$，$\dfrac{\mathrm{d}^2 y(0_+)}{\mathrm{d}t^2}$，$\cdots$，$\dfrac{\mathrm{d}^{n-1} y(0_+)}{\mathrm{d}t^{n-1}}$，即可确定全部系数 A_1，A_2，$\cdots$，A_n。

考虑方程特征根各不相同（无重根）的情况，方程的完全解为

$$y(t) = A_1 \mathrm{e}^{\lambda_1 t} + A_2 \mathrm{e}^{\lambda_2 t} + \cdots + A_n \mathrm{e}^{\lambda_n t} + B(t) \tag{5.28}$$

其中，$B(t)$ 表示特解。引用初始值可建立一组方程式

$$\left.\begin{array}{l} y(0_+) = A_1 + A_2 + \cdots + A_n + B(0_+) \\[2mm] \dfrac{\mathrm{d}y(0_+)}{\mathrm{d}t} = A_1 \lambda_1 + A_2 \lambda_2 + \cdots + A_n \lambda_n + \dfrac{\mathrm{d}B(0_+)}{\mathrm{d}t} \\[2mm] \cdots\cdots \\[2mm] \dfrac{\mathrm{d}^{n-1} y(0_+)}{\mathrm{d}t^{n-1}} = A_1 \lambda_1^{n-1} + A_2 \lambda_2^{n-1} + \cdots + A_n \lambda_n^{n-1} + \dfrac{\mathrm{d}^{n-1} B(0_+)}{\mathrm{d}t^{n-1}} \end{array}\right\} \tag{5.29}$$

注意：这是一组联立代数方程式，初始条件一经确定，即可由此方程求出系数 A_1，A_2，$\cdots$，A_n。下面将式 (5.29) 写成矩阵形式

$$\begin{bmatrix} y(0_+) & - & B(0_+) \\[1mm] \dfrac{\mathrm{d}y(0_+)}{\mathrm{d}t} & - & \dfrac{\mathrm{d}B(0_+)}{\mathrm{d}t} \\[1mm] \vdots & & \vdots \\[1mm] \dfrac{\mathrm{d}^{n-1} y(0_+)}{\mathrm{d}t^{n-1}} & - & \dfrac{\mathrm{d}^{n-1} B(0_+)}{\mathrm{d}t^{n-1}} \end{bmatrix} = \begin{bmatrix} 1 & 1 & \cdots & 1 \\ \lambda_1 & \lambda_2 & \cdots & \lambda_n \\ \vdots & \vdots & & \vdots \\ \lambda_1^{n-1} & \lambda_2^{n-1} & \cdots & \lambda_n^{n-1} \end{bmatrix} \begin{bmatrix} A_1 \\ A_2 \\ \vdots \\ A_n \end{bmatrix} \tag{5.30}$$

引用简化符号写成

$$y^{(k)}(0_+) - B^{(k)}(0_+) = VA \tag{5.31}$$

这里 $\left[y^{(k)}(0) - B^{(k)}(0) \right]$ 表示 $y(t)$ 与 $B(t)$ 各阶导数初始值构成的矩阵，而由各 λ 值构成的矩阵 V 称为范德蒙德矩阵（Vandermonde matrix），借助范德蒙德逆矩阵 V^{-1} 即可求系数 A 的一般表达式

$$A = V^{-1} \left[y^{(k)}(0_+) - B^{(k)}(0_+) \right] \tag{5.32}$$

该式右端的第二个矩阵已由给定的初始条件以及特解的初始值所确定。而求范德蒙德矩阵需用到行列式 $\det V$，此 $\det V$ 由下式给出，即

$$\begin{aligned} \det V &= (\lambda_2 - \lambda_1)(\lambda_3 - \lambda_1)\cdots(\lambda_n - \lambda_1)(\lambda_3 - \lambda_2)(\lambda_4 - \lambda_2)\cdots(\lambda_n - \lambda_2)\cdots(\lambda_n - \lambda_{n-1}) \\ &= \prod (\lambda_i - \lambda_j) \quad (i>j, 1\leqslant i\leqslant n, 1\leqslant j\leqslant n) \end{aligned} \tag{5.33}$$

由于 λ_1，λ_2，$\cdots$，λ_n 互异，相减后是非零的，因此系数 A_1，A_2，$\cdots$，A_n 被唯一地确定了。

有重根的情况可仿照以上方法求得，不再讨论。

线性电路系统完全响应的另一种的重要形式是分解为零输入响应与零状态响应。于是，可以把激励信号与起始状态两种不同因素引起的系统响应区分开，分别进行研究和计算，然后再叠加。

根据公式(5.28)，电路系统的完全响应可以表示为

$$y(t) = \sum_{i=1}^{n} A_i \mathrm{e}^{\lambda_i t} + B(t) \tag{5.34}$$

这里，系数 A 可由式(5.32)以矩阵形式给出，即

$$A = V^{-1}\left[y^{(k)}(0_+) - B^{(k)}(0_+) \right] \tag{5.35}$$

如果线性时不变电路系统满足换路定律，则

$$Y_{\mathrm{zp}}^{(k)}(0_+) = Y_{\mathrm{zp}}^{(k)}(0_-) \tag{5.36}$$

于是，得到零输入条件下系数 A_{zp} 之矩阵表示

$$A_{\mathrm{zp}} = V^{-1} Y^{(k)}(0_+) \tag{5.37}$$

而在零状态条件下有

$$Y_{\mathrm{zs}}^{(k)}(0_+) = Y^{(k)}(0_+) - Y_{\mathrm{zp}}^{(k)}(0_+) = Y^{(k)}(0_+) - Y^{(k)}(0_-)$$

于是，系数 A_{zs} 的矩阵表示为

$$A_{\mathrm{zs}} = V^{-1}\left[Y^{(k)}(0_+) - Y^{(k)}(0_-) - B^{(k)}(0_+) \right] \tag{5.38}$$

如果起始值无跃变，则

$$Y^{(k)}(0_+) - Y^{(k)}(0_-) = 0$$

于是有

$$A_{\mathrm{zs}} = V^{-1}\left[-B^{(k)}(0_+) \right] \tag{5.39}$$

系数矩阵 A 与 A_{zp}、A_{zs} 之间满足

$$A = A_{\mathrm{zp}} + A_{\mathrm{zs}} \tag{5.40}$$

则完全响应可分解为以下两部分

$$零输入响应 = \sum_{i=1}^{n} A_{\mathrm{zp}i} \mathrm{e}^{\lambda_i t} \tag{5.41}$$

$$零状态响应 = \sum_{i=1}^{n} A_{\mathrm{zs}i} \mathrm{e}^{\lambda_i t} + B(t) \tag{5.42}$$

如果把完全响应按自由响应与强迫响应划分，则有

$$自由响应 = \sum_{i=1}^{n} A_i \mathrm{e}^{\lambda_i t} \tag{5.43}$$

$$强迫响应 = B(t) \tag{5.44}$$

为了便于比较，将以上分析写成如下的表达式

$$Y(t) = \underbrace{\sum_{i=1}^{n} A_i \mathrm{e}^{\lambda_i t}}_{\text{自由响应}} + \underbrace{B(t)}_{\text{强迫响应}}$$

$$= \underbrace{\sum_{i=1}^{n} A_{\mathrm{zp}i} \mathrm{e}^{\lambda_i t}}_{\text{零输入响应}} + \underbrace{\sum_{i=1}^{n} A_{\mathrm{zs}i} \mathrm{e}^{\lambda_i t} + B(t)}_{\text{零状态响应}}$$

其中

$$\sum_{i=1}^{n} A_i \mathrm{e}^{\lambda_i t} = \sum_{i=1}^{n} (A_{zpi} + A_{zsi}) \mathrm{e}^{\lambda_i t} \tag{5.45}$$

综上所述，电路系统的完全响应的两种分解方式给出了两种不同的求解方法。

电路系统的自由响应仅仅依赖于电路系统本身的固有特性，而与激励信号无关，但是它的系数却与起始状态和激励都有关。这就是说，自由响应是由电路系统的初始储能状态和激励信号的突然加入引起的，它反映了电路系统的过渡过程。电路系统的强迫响应是由激励信号决定的，但没有描述激励信号接入瞬间的特性。因此，电路系统的经典解法是着眼于电路系统的动态关系。

电路系统的零输入响应不仅由电路系统本身的固有特性决定其响应形式，而且其系数也仅由系统的初始储能决定。电路系统的零状态响应不仅完全由激励信号所决定，而且也表征了激励信号接入瞬间的特性。因此，电路系统的叠加解法是表征了电路系统激励与响应之间的因果关系。

由此可见，自由响应与零输入响应虽然都满足齐次微分方程，但它们代表的物理意义不同，其系数的确定也不同。当起始状态为零时，零输入响应为零，但自由响应并不为零。强迫响应与零状态响应虽然都由激励信号所决定，但所描述的物理过程却不同，零状态响应中不仅含有由激励信号所决定的强迫响应分量，而且还包含了反映信号接入瞬间特性的自由响应分量。因此，自由响应和强迫响应不满足叠加定理，而零输入响应和零状态响应满足叠加定理。

最后通过下面的实例，来概括以上讨论的全部结论。

例 5.12 已知电路系统 I/O 微分方程为 $y^{(2)}(t) + 2y^{(1)}(t) + y(t) = f^{(1)}(t)$，激励 $f(t) = \mathrm{e}^{-t} U(t)$，初始条件 $y(0_-) = 1$，$y^{(1)}(0_-) = 2$。

试用两种方法求解出电路系统的完全响应。

解 因为 $f(t) = \mathrm{e}^{-t} U(t)$，所以 $\dfrac{\mathrm{d}f(t)}{\mathrm{d}t} = \dfrac{\mathrm{d}}{\mathrm{d}t}\left[\mathrm{e}^{-t} U(t)\right] = \delta(t) - \mathrm{e}^{-t} U(t)$，于是应求解的方程和初始条件可表示为

$$\begin{cases} y^{(2)}(t) + 2y^{(1)}(t) + y(t) = \delta(t) - \mathrm{e}^{-t} U(t) \\ y(0_-) = 1, \quad y^{(1)}(0_-) = 2 \end{cases}$$

方法一（经典法）

$$y(t) = y_{\mathrm{h}}(t) + y_{\mathrm{p}}(t)$$

（1）求齐次方程的通解

$$y^{(2)}(t) + 2y^{(1)}(t) + y(t) = 0$$

其特征方程为 $\lambda^2 + 2\lambda + 1 = 0$，得特征根为 $\lambda_1 = \lambda_2 = -1$，所以通解为

$$y_{\mathrm{h}}(t) = (A_1 t + A_2)\mathrm{e}^{-t}$$

（2）求非齐次方程的特解

$$y^{(2)}(t) + 2y^{(1)}(t) + y(t) = \delta(t) - \mathrm{e}^{-t} U(t)$$

因为电路系统的 I/O 微分方程是在 $t > 0$ 时的解。因为 $t > 0$ 时，$\delta(t) = 0$，激励只有

$-\mathrm{e}^{-t}$ 存在，而其指数 -1 与特征根相同，所以特解应设为

$$y_\mathrm{p}(t) = B_3 t^2 \mathrm{e}^{-t}$$

将上式代入非齐次微分方程，不难求得 $B_3 = -\dfrac{1}{2}$，即

$$y_\mathrm{p}(t) = -\frac{1}{2}t^2\mathrm{e}^{-t}$$

(3) 求初始条件。

因为激励信号为奇异信号，所以换路定律对该电路系统已不成立。对微分方程从 $0_-\sim 0_+$ 进行两次积分，即

$$\int_{0_-}^{0_+}\!\!\int y^{(2)}(\tau)\mathrm{d}\tau^2 + 2\int_{0_-}^{0_+}\!\!\int y^{(1)}(\tau)\mathrm{d}\tau^2 + \int_{0_-}^{0_+}\!\!\int y(\tau)\mathrm{d}\tau^2 = \int_{0_-}^{0_+}\!\!\int \delta(\tau)\mathrm{d}\tau^2 - \int_{0_-}^{0_+}\!\!\int \mathrm{e}^{-\tau}\mathrm{d}\tau^2$$

由此可以求得

$$y(0_+) - y(0_-) = 0$$

即

$$y(0_+) = y(0_-)$$

又因为 $y(0_-) = 1$，所以 $y(0_+) = 1$。

若对电路系统微分方程从 $0_-\sim 0_+$ 积分一次，即

$$\int_{0_-}^{0_+} y^{(2)}(\tau)\mathrm{d}\tau + 2\int_{0_-}^{0_+} y^{(1)}(\tau)\mathrm{d}\tau + \int_{0_-}^{0_+} y(\tau)\mathrm{d}\tau = \int_{0_-}^{0_+} \delta(\tau)\mathrm{d}\tau - \int_{0_-}^{0_+} \mathrm{e}^{-\tau}\mathrm{d}\tau$$

由此可求得

$$y^{(1)}(0_+) - y^{(1)}(0_-) = 1$$

即

$$y^{(1)}(0_+) = 1 + y^{(1)}(0_-)$$

又因为 $y(0_-) = 2$，所以 $y(0_+) = 3$。

(4) 确定全解表达式中待定系数。

因为

$$y(t) = y_\mathrm{h}(t) + y_\mathrm{p}(t) = (A_1 t + A_2)\mathrm{e}^{-t} - \frac{1}{2}t^2\mathrm{e}^{-t}$$

于是得

$$y(0_+) = y(t)\big|_{t=0_+} = (A_1 \times 0 + A_2)\mathrm{e}^0 - \frac{1}{2}\times 0 \mathrm{e}^0$$

$$A_2 = 1$$

$$y^{(1)}(0_+) = \frac{\mathrm{d}y(t)}{\mathrm{d}t}\bigg|_{t=0_+} = \frac{\mathrm{d}}{\mathrm{d}t}\left[(A_1 t\mathrm{e}^{-t} + A_1\mathrm{e}^{-t}) - \frac{1}{2}t^2\mathrm{e}^{-t}\right]\bigg|_{t=0_+}$$

$$A_1 = 4$$

所以电路系统的完全响应为

$$y(t) = (4t+1)\mathrm{e}^{-t} - \frac{1}{2}t^2\mathrm{e}^{-t}, \quad t > 0$$

$$\underset{\text{自由响应}}{}\quad \underset{\text{强迫响应}}{}$$

方法二(叠加法)

$$y(t) = y_{zp}(t) + y_{zs}(t)$$

(1)求零输入响应

$$\begin{cases} y^{(2)}(t) + 2y^{(1)}(t) + y(t) = 0 \\ y(0_-) = 1, \quad y^{(1)}(0_-) = 2 \end{cases}$$

因为在零输入时，激励为零，所以系统满足换路定律，即得初始条件

$$y(0_+) = y(0_-) = 1, \quad y^{(1)}(0_+) = y^{(1)}(0_-) = 2$$

而根据方法一已求得的特征根，可得零输入响应表达式

$$y_{zp}(t) = (A_{zp1}t + A_{zp2})e^{-t}$$

$$y(0_+) = y_{zp}(t)\Big|_{t=0_+} = (A_{zp1}t + A_{zp2})e^{-t}\Big|_{t=0_+} = 1$$

因为

$$y^{(1)}(0_+) = \frac{dy_{zp}(t)}{dt}\Bigg|_{t=0_+} = \frac{d}{dt}\Big[(A_{zp1}te^{-t} + A_{zp2})e^{-t}\Big]\Bigg|_{t=0_+} = 2$$

由此式得

$$\begin{cases} A_{zp1} = 3 \\ A_{zp2} = 1 \end{cases}$$

所以

$$y_{zp}(t) = (3t+1)e^{-t}, \quad t > 0$$

(2)求零状态响应

$$\begin{cases} y^{(2)}(t) + 2y^{(1)}(t) + y(t) = \delta(t) - e^{-t}U(t) \\ y(0_-) = 0, y^{(1)}(0_-) = 0 \quad (\text{由零状态定义知}) \end{cases}$$

由方法一，已求得

$$\begin{cases} y(0_+) - y(0_-) = 0 \\ y^{(1)}(0_+) - y^{(1)}(0_-) = 1 \end{cases}$$

即得

$$\begin{cases} y(0_+) = 0 \\ y^{(1)}(0_+) = 1 \end{cases}$$

而

$$y_{zs}(t) = (A_{zs1}t + A_{zs2})e^{-t} - \frac{1}{2}t^2e^{-t}$$

同理，即可求得

$$\begin{cases} A_{zs1} = 1 \\ A_{zs2} = 0 \end{cases}$$

$$y_{zs}(t) = te^{-t} - \frac{1}{2}t^2e^{-t}, \quad t > 0$$

(3)叠加

$$y(t) = y_{zp}(t) + y_{zs}(t) = (3t+1)\mathrm{e}^{-t} + \left(t\mathrm{e}^{-1} - \frac{1}{2}t^2\mathrm{e}^{-t}\right), \quad t>0$$

求解零状态响应的另一条重要途径是应用卷积积分，下面深入进行讨论。

5.3　冲击响应和阶跃响应

LTI 电路在单位冲击信号 $\delta(t)$ 激励下，电路系统所产生的零状态响应称为"单位冲击响应"或简称"冲击响应"，以 $h(t)$ 表示。

LTI 电路在单位阶跃信号 $U(t)$ 激励下，电路系统所产生的零状态响应称为"单位阶跃响应"或简称"阶跃响应"，以 $g(t)$ 表示。

冲击信号与阶跃信号代表了两种典型信号，求解由它们激励所引起的零状态响应是线性电路系统分析中常见的典型问题。同时任意激励信号总可以将它们分解为许多冲击信号的基本单元之和，或阶跃信号的基本单元之和。当人们要计算任意激励信号对于电路系统产生的零状态响应时，要求解非齐次微分方程的特解是不可能的，只能先分别计算出系统对其分解的冲击信号或阶跃号的零状态响应，然后叠加得到的所需求的零状态响应，这就是运用卷积积分求零状态响应的基本原理。因此，对这两个典型响应的研究，是为卷积分析做准备，也正是基于此，研究冲击响应和阶跃响应才具有重大意义。

LTI 电路与系统的冲击响应也就是下述微分方程在零起始状态下的解。

$$\left.\begin{aligned}
&h^{(n)}(t) + a_{n-1}h^{(n-1)}(t) + \cdots + a_1 h^{(1)}(t) + a_0 h(t) \\
&= b_m \delta^{(m)}(t) + b_{m-1}\delta^{(m-1)}(t) + \cdots + b_1 \delta^{(1)}(t) + b\delta(t) \\
&h(0_-) = h^{(1)}(0_-) = \cdots = h^{(n-1)}(0_-) = 0
\end{aligned}\right\} \tag{5.46}$$

冲击响应 $h(t)$ 的函数形式应保证方程式(5.46)左右两端奇异函数相平衡，同时又满足给定的 n 个零起始条件。$h(t)$ 的形式由 m 和 n 决定，下面分别讨论。

若 $n>m$，则一般物理可实现的系统都属于这种情况。此时，方程式左端的 $h^{(n)}(t)$ 项应对应冲击函数的 m 次导数 $\dfrac{\mathrm{d}^m \delta(t)}{\mathrm{d}t^m}$，以便与右端相匹配，依次有 $h^{(n-1)}(t)$ 项应对应 $\dfrac{\mathrm{d}^{m-1}\delta(t)}{\mathrm{d}t^{m-1}}\cdots\cdots$

若 $n=m+i$，则 $h^{(1)}(t)$ 项要对应 $\delta(t)$，而 $y(t)$ 项将不包含 $\delta(t)$ 及其各阶导数项，这表明，在 $n>m$ 的条件下，冲击响应 $h(t)$ 函数中将不包含 $\delta(t)$ 及其各阶导数项。

因为 $\delta(t)$ 及其各阶导数在 $t>0$ 时都等于零，因此，冲击信号的加入可以当作在 $t=0_-$ 时输入了若干能量，储存在系统的储能元件中，而在 $t=0_+$ 以后，外加激励已不复存在，系统冲击响应由储能唯一确定。因此，式(5.46)的解，就等效于下式零输入响应的解，其中 $t=0_+$ 初始条件由储能确定。

$$\left.\begin{aligned}
&h^{(n)}(t) + a_{n-1}h^{(n-1)}(t) + \cdots + a_1 h^{(1)}(t) + a_0 h(t) = 0 \\
&\left[h(0_+), h^{(1)}(0_+), \cdots, h^{(n-1)}(0_+)\right]
\end{aligned}\right\} \tag{5.47}$$

若 $n > m$，且微分方程特征根互异，则

$$h(t) = \left(\sum_{i=1}^{n} A_i \mathrm{e}^{\lambda_i t} \right) U(t) \tag{5.48}$$

若 $n = m$ 时，$h(t)$ 中必须含有 $\delta(t)$ 项，但无 $\delta(t)$ 的导数项，若微分方程特征根互异，则

$$h(t) = b_m \delta(t) + \left(\sum_{i=1}^{n} A_i \mathrm{e}^{\lambda_i t} \right) U(t) \tag{5.49}$$

若 $n < m$，$h(t)$ 中必含有 $\delta(t)$ 及其相应导数项，若这时微分方程特征根互异，则

$$h(t) = \sum_{i=1}^{m-n} \alpha_i \delta^{(i)}(t) + \left(\sum_{i=1}^{n} A_i \mathrm{e}^{\lambda_i t} \right) U(t) \tag{5.50}$$

若方程式(5.46)的特征根不为互异时，可根据表 5-1 修改式(5.48)～式(5.50)。剩余的问题就是如何确定公式中的系数 A_i 和 α_i，可利用方程式两端各奇异函数系数相匹配的比较系数法来求。下面举例说明。

例 5.13   设描述电路系统的 I/O 微分方程式为

$$y^{(2)}(t) + 4y^{(1)}(t) + 3y(t) = f^{(1)}(t) + 2f(t)$$

试求其冲击响应。

解   因为方程的特征根为 $\lambda_1 = -1$，$\lambda_2 = -3$，所以有

$$h(t) = (A_1 \mathrm{e}^{-t} + A_2 \mathrm{e}^{-3t}) U(t)$$

对 $h(t)$ 逐次求导得

$$h^{(1)}(t) = (A_1 + A_2)\delta(t) + (-A_1 \mathrm{e}^{-t} - 3A_2 \mathrm{e}^{-3t}) U(t)$$

$$h^{(2)}(t) = (A_1 + A_2)\delta^{(1)}(t) + (-A_1 - 3A_2)\delta(t) + (A_1 \mathrm{e}^{-t} - 9A_2 \mathrm{e}^{-3t}) U(t)$$

将 $y(t) = h(t)$，$f(t) = \delta(t)$ 代入给定的微分方程，得

$$(A_1 + A_2)\delta^{(1)}(t) + (3A_1 + A_2)\delta(t) = \delta^{(1)}(t) + 2\delta(t)$$

令左、右两端 $\delta^{(1)}(t)$ 的系数以及 $\delta(t)$ 的系数对应相等，得

$$\begin{cases} A_1 + A_2 = 1 \\ 3A_1 + A_2 = 2 \end{cases}$$

解得

$$A_1 = \frac{1}{2}, \quad A_2 = \frac{1}{2}$$

所以电路系统的冲击响应表达式为

$$h(t) = \frac{1}{2}(\mathrm{e}^{-t} + \mathrm{e}^{-3t}) U(t)$$

把一些用比较系数法求得的一阶、二阶系统的冲击响应列于表 5-3 中。

表 5-3 冲击响应 $h(t)$

电路系统方程		冲击响应 $h(t)$
一阶特征根为 $\lambda = -a$	$y^{(1)}(t) + a_0 y(t) = b_0 f(t)$	$b_0 \mathrm{e}^{\lambda t} U(t)$
	$y^{(1)}(t) + a_0 y(t) = b_1 f^{(1)}(t)$	$b_1 \delta(t) + b_1 \mathrm{e}^{\lambda t} U(t)$
二阶特征根为	$y^{(2)}(t) + a_1 y^{(1)}(t) + a_0 y(t) = b_0 f(t)$	$\dfrac{b_1}{\lambda_1 - \lambda_2}(\mathrm{e}^{\lambda_1 t} - \mathrm{e}^{\lambda_2 t}) U(t)$
$\lambda_{1,2} = \dfrac{-a_1 \pm \sqrt{a_1^2 - 4a_0}}{2}$	$y^{(2)}(t) + a_1 y^{(1)}(t) + a_0 y(t) = b_1 f^{(1)}(t)$	$\dfrac{b_1}{\lambda_1 - \lambda_2}(\lambda_1 \mathrm{e}^{\lambda_1 t} - \lambda_2 \mathrm{e}^{\lambda_2 t}) U(t)$

电路系统的阶跃响应只需将其方程式 (5.46) 中的激励函数 $f(t)$ 代入阶跃函数 $U(t)$ 之后，即可按前面讲过的比较系数方法求解，在此不再详细讨论。下面将从另一个角度来分析问题。

前面已经得到结论，阶跃函数的微分等于冲击函数，如果一阶电路系统的阶跃响应满足如下方程，即

$$g^{(1)}(t) + a g(t) = b U(t)$$

将上式对 t 求微分，得

$$\frac{\mathrm{d}}{\mathrm{d}t}\Big[g^{(1)}(t) + a g^{(1)}(t) \Big] = b \frac{\mathrm{d}}{\mathrm{d}t}[U(t)] = b\delta(t)$$

而一阶系统的冲击响应所满足方程

$$h^{(1)}(t) + a h(t) = b\delta(t)$$

将上面两式相比较，即得

$$h(t) = g^{(1)}(t) = \frac{\mathrm{d}g(t)}{\mathrm{d}t} \tag{5.51}$$

这就是说，电路系统的冲击响应是该电路系统阶跃响应的微分，这个结论虽然是由一阶电路系统导出的，实际上也适用于高阶的线性时不变电路系统，但对时变电路系统不适用。对式 (5.51) 两端从 0_- 到 t 取积分得

$$g(t) - g(0_-) = \int_{0_-}^{t} h(\tau)\mathrm{d}\tau$$

由于初始状态为零，故 $g(0_-) = 0$，所以有

$$g(t) = \int_{0_-}^{t} h(\tau)\mathrm{d}\tau \tag{5.52}$$

这就是说，人们可以通过对电路系统的冲击响应进行积分，从而求得系统的阶跃响应。

LTI 电路的冲击响应，也可以采用等效初始条件法，直接求取。

例 5.14 已知电路如图 5-23 所示，$i_L(0_-) = 0$ 试求出电路的冲击响应 $h(t) = i_L(t)$

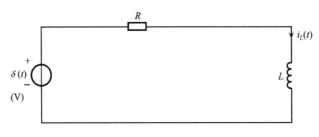

图 5-23　例 5.14 图

解　(1)建立电路微分方程。

因为

$$u_L(t) + u_R(t) = \delta(t)$$

所以

$$\begin{cases} L\dfrac{\mathrm{d}i_L(t)}{\mathrm{d}t} + Ri_L(t) = \delta(t) \\ i_L(0_-) = 0 \end{cases}$$

即

$$\begin{cases} L\dfrac{\mathrm{d}h(t)}{\mathrm{d}t} + Rh(t) = \delta(t) \\ h(0_-) = 0 \end{cases}$$

(2)求出等效初始条件。

对电路微分方程两端进行 $\int_{0_-}^{0_+}\mathrm{d}t$ 即

$$\int_{0_-}^{0_+} L\frac{\mathrm{d}h(t)}{\mathrm{d}t}\mathrm{d}t + \int_{0_-}^{0_+} Rh(t)\mathrm{d}t = \int_{0_-}^{0_+}\delta(t)\mathrm{d}t$$

即得

$$L\big[h(0_+) - h(0_-)\big] = 1$$

即

$$h(0_+) = \frac{1}{L} - h(0_-) = \frac{1}{L}$$

(3)求出 $h(t)$ 的等效零输入响应。

因为

$$\begin{cases} L\dfrac{\mathrm{d}h(t)}{\mathrm{d}t} + Rh(t) = 0 \\ h(0_+) = \dfrac{1}{L} \end{cases}$$

所以可求得

$$h(t) = \frac{1}{L}\mathrm{e}^{-\frac{R}{L}t}U(t)$$

求解电路系统的冲击响应和阶跃响应的另一种重要方法是拉普拉斯变换法，这将在以后讨论。

通过 LTI 电路系统时域分析，可以总结归纳出 LTI 电路系统具有四个重要的基本性质。

1. 线性性（即叠加性和均匀性）

定理 1 LTI 电路系统在下述意义上是线性的：

(1)响应的可分解性。任意 LTI 电路系统的完全响应都可以分解为零输入响应 $y_{zp}(t)$ 和零状态响应 $y_{zs}(t)$，即

$$y(t) = y_{zp}(t) + y_{zs}(t)$$

(2)零状态线性。当电路的起始状态为零或初储能为零时，电路系统的零状态响应对于各激励信号呈线性。

(3)零输入线性。当电路的激励信号为零时，电路系统的零输入响应对于电路的各起始状态呈线性。

定理的证明留给读者自己，但是需要强调在使用定理 1 时应注意：LTI 电路的全响应，它既不是电路激励的线性函数，也不是电路起始状态的线性函数，它只能是零输入响应与零状态响应的线性组合。

2. 延时不变性（或称定常特性）

定理 2 若 LTI 电路系统，输入激励为 $f(t)$ 时，引起的零状态响应为 $y_{zs}(t)$，则输入激励为 $f(t-\tau)$ 时，引起的零状态响应为 $y_{zs}(t-\tau)$。这就是说，电路响应的波形与输入的时间无关，仅仅是波形起点发生了改变。

3. 微分特性

定理 3 若任意的 LTI 电路系统在激励信号 $f(t)$ 的作用下，所产生的零状态响应 $y_{zs}(t)$，则当电路在激励信号为 $\dfrac{df(t)}{dt}$ 的作用下，所产生的零状态响应为 $\dfrac{dy_{zs}(t)}{dt}$

证明 设线性时不变系统 $f(t) \rightarrow y_{zs}(t)$，因为系统具有时不变性，即

$$f(t-\Delta t) \rightarrow y_{zs}(t-\Delta t)$$

又因为系统具有叠加性和均匀性，即

$$\frac{f(t)-f(t-\Delta t)}{\Delta t} \rightarrow \frac{y_{zs}(t)-y_{zs}(t-\Delta t)}{\Delta t}$$

于是，根据导数的定义有

$$\lim_{\Delta t \to 0} \frac{f(t)-f(t-\Delta t)}{\Delta t} = \frac{df(t)}{dt}$$

$$\lim_{\Delta t \to 0} \frac{y_{zs}(t)-y_{zs}(t-\Delta t)}{\Delta t} = \frac{dy_{zs}(t)}{dt}$$

$$\frac{df(t)}{dt} \rightarrow \frac{dy_{zs}(t)}{dt}$$

定理 3 可以进一步推广：

(1)LTI 电路的微分性可推广至高阶微分和积分。

(2)对 n 个典型激励信号，LTI 电路的零状态响应为

单位冲击信号

$$\delta(t) = \frac{\mathrm{d}U(t)}{\mathrm{d}t}, \qquad h(t) = \frac{\mathrm{d}g(t)}{\mathrm{d}t}$$

单位阶跃信号

$$U(t) = \frac{\mathrm{d}[tU(t)]}{\mathrm{d}t}, \qquad g(t) = \frac{\mathrm{d}r(t)}{\mathrm{d}t}$$

单位斜坡信号

$$tU(t) = \frac{\mathrm{d}}{\mathrm{d}t}\left[\frac{1}{2}t^2 U(t)\right], \qquad r(t) = \frac{\mathrm{d}y_{\text{加}}(t)}{\mathrm{d}t}$$

即

$$h(t) = \frac{\mathrm{d}g(t)}{\mathrm{d}t} = \frac{\mathrm{d}^2 r(t)}{\mathrm{d}t^2} = \frac{\mathrm{d}^3 y_{\text{加}}(t)}{\mathrm{d}t^3}$$

4. 因果特性

定理 4 一切物理可实现系统，只有在激励加入之后，才能产生响应输出。具有因果特性的系统称为因果系统，构成它的充分必要条件是

$$h(t) = 0 \quad (t < 0) \quad \text{或} \quad g(t) = 0 \quad (t < 0)$$

例 5.15 已知某 LTI 电路，当激励信号为 $f(t) = 12U(t)$ 时，电路的零状态响应 $y_{zs}(t) = (24 - 12e^{-2t})U(t)$，试求该电路的冲击响应 $h(t)$。

解 （1）求电路单位阶跃响应 $g(t)$。

因为电路零状态呈线性

$$g(t) = \frac{1}{12}y_{zs}(t) = (2 - e^{-2t})U(t)$$

（2）求电路单位冲击响应 $h(t)$。

因为电路的微分性

$$h(t) = \frac{\mathrm{d}g(t)}{\mathrm{d}t}$$

所以

$$h(t) = \frac{\mathrm{d}}{\mathrm{d}t}\left[(2 - e^{-2t})U(t)\right] = 2e^{-2t}U(t) + \delta(t)$$

例 5.16 已知某 LTI 电路，在相同的初始状态下，输入激励为 $f(t)$ 时，响应为 $y_1(t) = (2e^{-3t} + \sin 2t)U(t)$；输入激励为 $2f(t)$ 时，响应为 $y_2(t) = (e^{-3t} + 2\sin 2t)U(t)$。

试求：（1）该电路初态加大一倍，输入激励为 $0.5f(t)$ 时，电路响应 $y_3(t)$。

　　　　（2）该电路初态不变，输入激励为 $f(t - t_0)$ 时，电路响应 $y_4(t)$。

解 （1）求相同初态，$f(t)$ 激励下的 y_{zp}、y_{zs}。

因为 LTI 电路的线性性和已知条件，可得

$$\begin{cases} y_1(t) = y_{zp}(t) + y_{zs}(t) = (2e^{-3t} + \sin 2t)U(t) \\ y_2(t) = y_{zp}(t) + 2y_{zs}(t) = (e^{-3t} + 2\sin 2t)U(t) \end{cases}$$

两式联解，即得

$$\begin{cases} y_{zp}(t) = 3e^{-3t}U(t) \\ y_{zs}(t) = (-e^{-3t} + \sin 2t)U(t) \end{cases}$$

(2) 求 $y_3(t)$。

因为电路的线性性

$$y_3(t) = 2y_{zp}(t) + 0.5y_{zs}(t)$$

所以

$$y_3(t) = (5.5e^{-3t} + 0.5\sin 2t)U(t)$$

(3) 求 $y_4(t)$。

因为电路的线性性和延时不变性，可得

$$y_4(t) = y_{zp}(t) + y_{zs}(t - t_0)$$

所以

$$y_4(t) = 3e^{-3t}U(t) + \left[-e^{-3(t-t_0)} + \sin 2(t - t_0)\right]U(t - t_0)$$

5.4　卷积与零状态响应

5.4.1　卷积的定理

卷积积分 (convolution) 比较完整的概念是由 Duhamel 在 1833 年给出的。他克服了电路系统在任意信号激励时，求解零状态响应的困难。

根据线性时不变电路系统的线性性和延时不变性，可以推证如下定理。

卷积积分定理　任意线性时不变电路系统对于任意激励信号 $f(t)$ 的零状态响应等于该激励信号与电路系统冲击响应的卷积积分，即

$$y_{zs}(t) = \int_{t_0}^{t} f(\tau)h(t-\tau)\mathrm{d}\tau = \int_{t_0}^{t} f(t-\tau)h(\tau)\mathrm{d}\tau \tag{5.53}$$

卷积定理可以证明如下：

设宽度为 $\Delta\tau$，高度为 $\dfrac{1}{\Delta\tau}$ 的窄脉冲信号 $P_n(t)$，作用于 LTIS，产生的零状态响应为 $h_n(t)$，如图 5-24 所示。

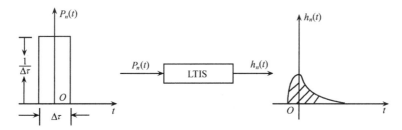

图 5-24　激励 $P_n(t)$ 的零状态响应 $h_n(t)$

因为

$$f(t) = \lim_{n\to\infty} P_n(t), \quad \Delta\tau = \frac{1}{n}$$

所以

$$h(t) = \lim_{n\to\infty} h_n(t)$$

又因为任意信号 $f(t)$ 可以分解为宽度为 $\Delta\tau$ 的无穷多个窄脉冲的叠加（见图 5-25），即

$$f_n(t) = \sum_{n=-\infty}^{\infty} f(k\Delta\tau)\Delta\tau P_n(t - k\Delta\tau)$$

$$= \sum_{n=-\infty}^{\infty} f(k\Delta\tau)P_n(t - k\Delta\tau)\Delta\tau$$

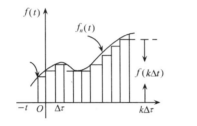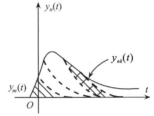

图 5-25　$f(t)$ 的分解图示及 $f(t)$ 的零状态响应 $y_n(t)$

根据 LTIS 的线性性和延时不变性，$f_n(t)$ 所引起的零状态响应 $y_n(t)$ 为

$$y_n(t) = \sum_{n=-\infty}^{\infty} f(k\Delta\tau)\Delta\tau h_n(t - k\Delta\tau)$$

$$= \sum_{n=-\infty}^{\infty} f(k\Delta\tau)h_n(t - k\Delta\tau)\Delta\tau$$

当 $t\to\infty$（即 $\Delta\tau\to0$），$\Delta\tau\to\mathrm{d}\tau$，$k\Delta\tau\to\tau$ 时上述求和符号应变为积分，于是得

$$f(t) = \int_{-\infty}^{\infty} f(\tau)\delta(t-\tau)\mathrm{d}\tau \tag{5.54}$$

$$y_{zs}(t) = \int_{-\infty}^{\infty} f(\tau)h(t-\tau)\mathrm{d}\tau = f(t)*h(t) \tag{5.55}$$

它们均称为卷积积分（convolution）。式 (5.55) 表明，线性时不变系统的零状态响应是输入信号 $f(t)$ 与系统的冲击响应 $h(t)$ 的卷积积分。

对于因果（可实现）系统，由于在 $t<0$ 时，$h(t)=0$，所以在 $t-\tau<0$，亦即 $t>\tau$ 时，式 (5.55) 中的 $h(t-\tau)=0$，于是该式的积分上限可改写为 t，即

$$y_{zs}(t) = \int_{-\infty}^{t} f(\tau)h(t-\tau)\mathrm{d}\tau = f(t)*h(t) \tag{5.56}$$

如果在 $t<t_0$ 时，$f(t)=0$，即输入在 $t=t_0$ 时接入，则式 (5.56) 中的积分下限可改写为 t_0，即

$$y_{zs}(t) = \int_{t_0}^{t} f(\tau)h(t-\tau)\mathrm{d}\tau = f(t)*h(t) \tag{5.57}$$

式 (5.57) 适用在 $t=t_0$ 时接入信号 $f(t)$ 因果系统，定理得证。

卷积定理，可以从物理本质上来理解。任意 LTI 电路对任意激励信号 $f(t)$，所产生

的零状态响应，可以理解为激励信号 $f(t)$ 从开始作用时刻 $t = t_0$ 到任意指定时刻（$\tau = t$）的时间内对电路的连续作用，可以用一个序列冲击信号对电路的激励去等效，每个冲击信号 $f(k\Delta\tau)\delta(t - k\Delta\tau)$ 的强度为 $f(k\Delta\tau) = f(\tau)$，相应的零状态响应为 $f(\tau)h(t - \tau)$，τ 就是输入冲击信号的瞬间，而 t 可以理解为观察到整个输入作用所引起响应的瞬间，因为 τ 时刻作用的信号，到 t 时刻才观察到输出，这之间时间差为 $(t - \tau) \geqslant 0$，即 $t - \tau$ 可以理解为电路对输入作用的记忆时间。因为 $t - \tau$ 不能为负值，所以卷积积分的上限只能取到 t，而不能是无穷。其实电路的卷积定理只不过是数学上卷积积分的特例，并赋予了其物理意义。

卷积的方法是借助于系统的冲击响应。与此类似，还可以利用系统的阶跃响应求系统对任意信号的零状态响应，这时，应把激励信号分解为许多阶跃信号之和，分别求其响应，然后再叠加。这种方法称 Duhamel 积分，其原理与卷积类似，此处不再讨论，只给出结论

$$f(t) = \int_{-\infty}^{\infty} f^{(1)}(\tau)U(t - \tau)\mathrm{d}\tau \tag{5.58}$$

$$y_{zs}(t) = \int_{-\infty}^{\infty} f^{(1)}(\tau)g(t - \tau)\mathrm{d}\tau \tag{5.59}$$

对于因果系统，如果在 $t < 0$ 时，$f(t) = 0$，则 Duhamel 积分可表示为

$$y_{zs}(t) = \int_{0_-}^{t} f^{(1)}(\tau)g(t - \tau)\mathrm{d}\tau \tag{5.60}$$

5.4.2　卷积的几何解释

卷积积分的几何解释可以帮助人们理解卷积的概念，把一些抽象的关系形象化。

如果对图 5-26(a)、(b) 给定函数 $f(t)$、$h(t)$ 进行卷积，首先应改变自变量。把 $f(t)$ 改为 $f(\tau)$ 时，函数图形应保持不变，只是横坐标 t 换为 τ，如图 5-26(a) 所示。然后把 $h(t)$ 改为 $h(t - \tau)$，图形要发生变化，图 5-26(b) 示出 $h(t)$ 也即 $h(\tau)$ 的图像，因为 $h(-\tau)$ 应以纵坐标为轴互相对称，所以将 $h(\tau)$ 曲线以纵轴反折过来，即可得到 $h(-\tau)$，见图 5-26(c)，再将 $h(-\tau)$ 延时 t 就得到 $h(t - \tau)$，如图 5-26(d) 所示。

$$f(t) = \begin{cases} 0, & t \leqslant -\dfrac{1}{2} \\ 1, & -\dfrac{1}{2} < t \leqslant 1 \\ 0, & t > 1 \end{cases}$$

$$h(t) = \begin{cases} 0, & t \leqslant 0 \\ \dfrac{1}{2}t, & 0 < t \leqslant 2 \\ 0, & t > 2 \end{cases}$$

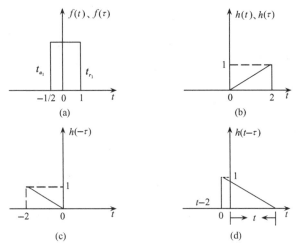

图 5-26　卷积的几何解释

$f(t)$ 的区间为

$$\begin{cases} t_{a_1} = -\dfrac{1}{2} \\ t_{r_1} = 1 \end{cases}$$

$$h(-\tau) = \begin{cases} 0, & t \geqslant 0 \\ \dfrac{1}{2}t, & 0 > t \geqslant -2 \\ 0, & t < -2 \end{cases}$$

$h(t-\tau)$ 的区间为

$$\begin{cases} t_{a_1} = t - 2 \\ t_{r_1} = t \end{cases}$$

当 t 从 $-\infty$ 向 $+\infty$ 改变时，$h(t-\tau)$ 自左向右平移，对应不同的 t 值范围，$h(t-\tau)$ 与 $f(t)$ 相乘积分的结果如下：

(1)　$-\infty < t \leqslant -\dfrac{1}{2}$　［图 5-27（a）］

$$f(t) * h(t) = 0$$

(2)　$-\dfrac{1}{2} < t \leqslant 1$　［图 5-27（b）］

$$f(t) * h(t) = \int_{-\frac{1}{2}}^{t} 1 \times \frac{1}{2}(t - \tau)\mathrm{d}\tau = \frac{t^2}{4} + \frac{t}{4} + \frac{1}{16}$$

(3)　$1 < t \leqslant \dfrac{3}{2}$　［图 5-27（c）］

$$f(t) * h(t) = \int_{-\frac{1}{2}}^{1} 1 \times \frac{1}{2}(t - \tau)\mathrm{d}\tau = \frac{3t}{4} - \frac{3}{16}$$

(4)　$\dfrac{3}{2} < t \leqslant 3$　［图 5-27（d）］

$$f(t) * h(t) = \int_{t-2}^{1} 1 \times \frac{1}{2}(t-\tau)\mathrm{d}\tau = -\frac{t^2}{4} + \frac{t}{2} + \frac{3}{4}$$

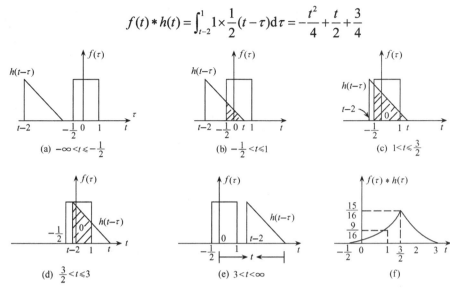

图 5-27 卷积积分的求解

(5) $3 < t < \infty$ [图 5-27(e)]

$$f(t) * h(t) = 0$$

各图中的阴影面积,即为相乘积分结果。最后,若以 t 为横坐标将与 t 对应的积分值表示成曲线,就是卷积积分 $f(t) * h(t)$ 的函数图像,如图 5-27(f)所示。

从图 5-27 所示分析可以看出,卷积运算是由反折、相乘、积分这些基本部分组成,在平移过程中如果两函数图像不能交叠,即表示相乘为零,积分结果也就等于零。根据这一规律就可以确定积分限。确定积分限的原则是:若函数 $f(t)$ 和 $h(t-\tau)$ 的非零值左边界(即函数不为零的最小 τ 值)分别为 t_{l_1} 和 t_{l_2},非零值右边界(即最大的 τ 值)分别为 t_{r_1} 和 t_{r_2},则积分下限应为 $\max\left[t_{l_1}, t_{l_2}\right]$,上限应为 $\min\left[t_{r_1}, t_{r_2}\right]$,即积分下限取左边界中的最大者,而积分的上限取右边界中的最小者。

5.4.3 卷积的性质

卷积是一种数学运算方法,它具有一些特殊性质。利用这些性质可使卷积运算简化。

1. 卷积代数

1)交换律

$$f_1(t) * f_2(t) = f_2(t) * f_1(t) \tag{5.61}$$

证明:把积分变量 τ 换为 $t-\tau$:

$$\begin{aligned}
f_1(t) * f_2(t) &= \int_{-\infty}^{\infty} f_1(\tau) f_2(t-\tau)\mathrm{d}\tau \\
&= \int_{-\infty}^{\infty} f_2(\lambda) f_1(t-\lambda)\mathrm{d}\tau \\
&= f_2(t) * f_1(t)
\end{aligned}$$

这意味着两函数在卷积积分中的次序是可以任意交换的。如果在图 5-26 的讨论中，倒换两函数的次序，即保持 $h(\tau)$ 不动，而将 $f(\tau)$ 折叠并沿 τ 轴平移，这时相乘曲线 $h(\tau)f(t-\tau)$ 与横坐标构成的面积将和原曲线 $f(\tau)f(t-\tau)$ 的面积相等，也即卷积积分结果完全一样。

2）分配律

$$f_1(t)*\left[f_2(t)+f_3(t)\right]=f_1(t)*f_2(t)+f_1(t)*f_3(t) \tag{5.62}$$

证明：由定义可导出

$$\begin{aligned}f_1(t)*\left[f_2(t)+f_3(t)\right]&=\int_{-\infty}^{\infty}f_1(\tau)\left[f_2(t-\tau)+f_3(t-\tau)\right]\mathrm{d}\tau\\&=\int_{-\infty}^{\infty}f_1(\tau)f_2(t-\tau)\mathrm{d}\tau+\int_{-\infty}^{\infty}f_1(\tau)f_3(t-\tau)\mathrm{d}\tau\\&=f_1(t)*f_2(t)+f_1(t)*f_3(t)\end{aligned}$$

它的物理含义是：系统对于 n 个相加信号的零状态响应，等于分别对每个激励的零状态响应的叠加，也可以认为激励信号对于冲击响应为 $h_1(t)$，$h_2(t)$，… 系统产生的零状态响应之和将等效于对冲击响应为 $h(t)=h_1(t)+h_2(t)+\cdots$ 的并联系统之零状态响应，即并联系统的冲击响应等于各并联子系统冲击响应之和。显然，这与线性系统的叠加性是一致的。分配律可用图 5-28 并联系统表示。

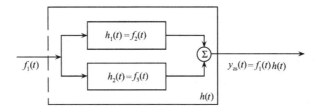

图 5-28　并联系统 $h(t)=h_1(t)+h_2(t)$

3）结合律

$$\left[f_1(t)*f_2(t)\right]*f_3(t)=f_1(t)*\left[f_2(t)*f_3(t)\right] \tag{5.63}$$

证明

$$\begin{aligned}\left[f_1(t)*f_2(t)\right]*f_3(t)&=\int_{-\infty}^{\infty}\left[\int_{-\infty}^{\infty}f_1(\lambda)f_2(\tau-\lambda)\mathrm{d}\tau\right]f_3(t-\tau)\mathrm{d}\tau\\&=\int_{-\infty}^{\infty}f_1(\lambda)\left[\int_{-\infty}^{\infty}f_2(\tau-\lambda)f_3(t-\tau)\mathrm{d}\tau\right]\mathrm{d}\lambda\\&=\int_{-\infty}^{\infty}f_1(\lambda)\left[\int_{-\infty}^{\infty}f_2(\tau)f_3(t-\tau-\lambda)\mathrm{d}\tau\right]\mathrm{d}\lambda\\&=f_1(t)*\left[f_2(t)*f_3(t)\right]\end{aligned}$$

此结果表明，若冲击响应分别为 $h_2(t)$、$h_3(t)$ 的两系统相串联，激励 $f(t)$ 作用于该串联系统所产生的零状态响应就等于各串联子系统冲击响应的卷积。结合律可用图 5-29 串联系统表示。

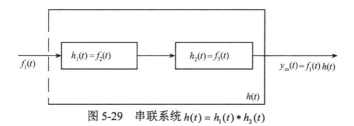

图 5-29　串联系统 $h(t) = h_1(t) * h_2(t)$

2. 卷积的微分与积分

上述卷积代数定律与乘法运算的性质类似，但是卷积的微分或积分却与两函数乘积的微分或积分性质不同。

1) 卷积的微分

两个函数相卷积后的导数等于其中一函数之导数与另一函数之卷积，其表示式为

$$\frac{\mathrm{d}}{\mathrm{d}t}\big[f_1(t) * f_2(t)\big] = f_1(t) * \frac{\mathrm{d}f_2(t)}{\mathrm{d}t} = \frac{\mathrm{d}f_1(t)}{\mathrm{d}t} * f_2(t) \tag{5.64}$$

证明

$$\begin{aligned}
\frac{\mathrm{d}}{\mathrm{d}t}\big[f_1(t) * f_2(t)\big] &= \frac{\mathrm{d}}{\mathrm{d}t}\int_{-\infty}^{\infty} f_1(\tau) f_2(t-\tau)\mathrm{d}\tau \\
&= \int_{-\infty}^{\infty} f_1(\tau)\frac{\mathrm{d}f_2(t)}{\mathrm{d}t}\mathrm{d}\tau = f_1(t) * \frac{\mathrm{d}f_2(t)}{\mathrm{d}t}
\end{aligned}$$

同理，可证明

$$\frac{\mathrm{d}}{\mathrm{d}t}\big[f_2(t) * f_1(t)\big] = f_2(t) * \frac{\mathrm{d}f_1(t)}{\mathrm{d}t}$$

显然，$f_1(t) * f_2(t)$ 也就是 $f_2(t) * f_1(t)$，故式(5.64)成立。

2) 卷积的积分

两函数相卷积后的积分等于其中一函数之积分与另一函数之卷积，其表示式为

$$\begin{aligned}
\int_{-\infty}^{t}\big[f_1(\lambda) * f_2(\lambda)\big]\mathrm{d}\lambda &= f_1(t) * \int_{-\infty}^{t} f_2(\lambda)\mathrm{d}\lambda \\
&= f_2(t) * \int_{-\infty}^{t} f_1(\lambda)\mathrm{d}\lambda
\end{aligned} \tag{5.65}$$

证明

$$\begin{aligned}
\int_{-\infty}^{t}\big[f_1(\lambda) * f_2(\lambda)\big]\mathrm{d}\lambda &= \int_{-\infty}^{t}\left[\int_{-\infty}^{\infty} f_1(\tau) f_2(\lambda-\tau)\mathrm{d}\tau\right]\mathrm{d}\lambda \\
&= \int_{-\infty}^{\infty} f_1(\tau)\left[\int_{-\infty}^{t} f_2(\lambda-\tau)\mathrm{d}\lambda\right]\mathrm{d}\tau \\
&= f_1(t) * \int_{-\infty}^{t} f_2(\lambda)\mathrm{d}\lambda
\end{aligned}$$

借助卷积交换律同样可求得 $f_2(t)$ 与 $f_1(t)$ 之积分相卷积的形式，于是式(5.65)全部得到证明。

应用类似的推演可以导出卷积的高阶导数或重积分之运算规律。

设

$$S(t) = \big[f_1(t) * f_2(t)\big]$$

则有

$$S^{(i)}(t) = \left[f_1^{(j)}(t) * f_2^{(i-j)}(t) \right] \tag{5.66}$$

此处，当 i、j 取正整数时为导数的阶次，取负整数为重积分的次数，一个重要的推论是

$$f_1(t) * f_2(t) = \frac{\mathrm{d}f_1(t)}{\mathrm{d}t} * \int_{-\infty}^{t} f_2(\lambda)\mathrm{d}\lambda \tag{5.67}$$

3. 与冲击函数或阶跃函数的卷积

函数 $f(t)$ 与单位冲击函数 $\delta(t)$ 的卷积就是函数 $f(t)$ 本身，即

$$f(t) * \delta(t) = f(t) \tag{5.68}$$

证明

$$f(t)\delta * (t) = \int_{-\infty}^{\infty} f(\tau)\delta(t-\tau)\mathrm{d}\tau$$

$$= \int_{-\infty}^{\infty} \delta(t)f(t-\tau)\mathrm{d}\tau = f(t)$$

此性质在系统分析中获得了广泛应用，进一步推广可得

$$f(t) * \delta(t-t_0) = \int_{-\infty}^{\infty} f(\tau)\delta(t-t_0-\tau)\mathrm{d}\tau = f(t-t_0) \tag{5.69}$$

这表明，函数 $f(t)$ 与 $\delta(t-t_0)$ 信号相卷积的结果，相当于把函数本身延迟 t_0。

对于单位阶跃函数 $U(t)$，可以求得

$$f(t) * U(t) = \int_{-\infty}^{t} f(\tau)\mathrm{d}\tau \tag{5.70}$$

一些常用的函数卷积积分的结果如表 5-4 所示，供使用参考。

表 5-4 卷积积分表

序号	$f_1(t)$	$f_2(t)$	$f_1(t) * f_2(t) = f_2(t) * f_1(t)$
1	$f(t)$	$\delta(t)$	$f(t)$
2	$U(t)$	$U(t)$	$tU(t)$
3	$tU(t)$	$U(t)$	$\frac{1}{2}t^2U(t)$
4	$e^{-at}U(t)$	$U(t)$	$\frac{1}{a}(1-e^{-at})U(t)$
5	$e^{-a_1t}U(t)$	$e^{-a_2t}U(t)$	$\frac{1}{a_2-a_1}(e^{-a_1t}-e^{-a_2t})U(t)(a_1 \neq a_2)$
6	$e^{-at}U(t)$	$e^{-at}U(t)$	$te^{-at}U(t)$
7	$tU(t)$	$e^{-at}U(t)$	$\frac{at-1}{a^2}U(t) + \frac{1}{a^2}e^{-at}U(t)$
8	$te^{-a_1t}U(t)$	$e^{-a_2t}U(t)$	$\frac{(a_2-a_1)t-1}{(a_2-a_1)^2}e^{-a_1t}U(t) + \frac{1}{(a_2-a_1)^2}e^{-a_2t}U(t)(a_1 \neq a_2)$
9	$te^{-at}U(t)$	$te^{-at}U(t)$	$\frac{1}{2}t^2e^{-at}U(t)$
10	$e^{-a_1t}\cos(\beta t+\theta)U(t)$	$e^{-a_2t}U(t)$	$\frac{e^{-a_1t}\cos(\beta t+\theta-\varphi)}{\sqrt{(a_2-a_1)^2+\beta^2}}U(t) - \frac{e^{-a_2t}\cos(\theta-\varphi)}{\sqrt{(a_2-a_1)^2+\beta^2}}U(t),\ \varphi=\arctan\frac{\beta}{a_2-a_1}$

例 5.17　已知某 LTI 电路系统如图 5-30 所示，其中各子系统的单位冲击响应为 $h_1(t) = U(t-2) - U(t-6)$ ， $h_2(t) = \delta(t+2)$ ， $h_3(t) = \delta(t-8)$ ，若输入激励信号 $f(t) = U(t) - U(t-4)$ ，试求出该电路系统的零状态响应 $y_{zs}(t)$ 。

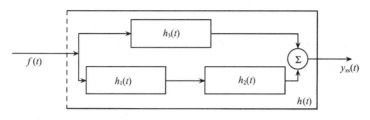

图 5-30　例 5.17 图

解　（1）求电路的冲击响应。

根据卷积的分配律和结合律，可得

$$h(t) = h_1(t) * h_2(t) + h_3(t)$$

所以

$$\begin{aligned} h(t) &= [U(t-2) - U(t-6)] * \delta(t+2) + \delta(t-8) \\ &= U(t) - U(t-4) + \delta(t-8) \end{aligned}$$

（2）求电路 $y_{zs}(t)$ 。

因为卷积定理可知

$$y_{zs}(t) = f(t) * h(t)$$

所以

$$\begin{aligned} y_{zs}(t) &= [U(t) - U(t-4)] * [U(t) - U(t-4) + \delta(t-8)] \\ &= [U(t) - U(t-4)] * [U(t) - U(t-4)] + [U(t) - U(t-4)] * \delta(t-8) \\ &= \frac{\mathrm{d}}{\mathrm{d}t}[U(t) - U(t-4)] * \left(\int_0^t \mathrm{d}\tau - \int_4^t \mathrm{d}\tau \right) + U(t-8) - U(t-12) \\ &= [\delta(t) - \delta(t-4)] * [tU(t) - (t-4)U(t-4)] + U(t-8) - U(t-12) \\ &= [tU(t) - 2(t-4)U(t-4)] + (t-8)U(t-8) + U(t-8) - U(t-12) \end{aligned}$$

5.5　卷积积分应用

对于任意的 LTI 电路系统，利用卷积积分求得零状态响应后，再与其输入响应叠加，即得系统完全响应的一般表达式（设系统特征根互异）

$$\begin{aligned} y(t) &= y_{zp}(t) + y_{zs}(t) \\ &= \sum_{t=1}^{n} A_{zpi} \mathrm{e}^{\lambda_i t} + \int_0^t f(\tau) h(t-\tau) \mathrm{d}\tau \end{aligned} \tag{5.71}$$

同理，如果利用杜阿美尔积分求得系统的零状态响应后，再与零输入响应相加即得完全响应，其表达式为

$$y(t) = \underbrace{\sum_{i=1}^{n} A_i \mathrm{e}^{\lambda_i t}}_{\text{零输入响应}} + \underbrace{\int_{0_-}^{t} f^{(1)}(\tau) g(t-\tau) \mathrm{d}\tau}_{\text{零状态响应}} \tag{5.72}$$

这里假设了特征根 λ_i 互异(即无重根)。

在以上讨论中,把卷积积分的应用限于线性时不变系统,对于非线性系统,由于违反叠加原理,因而不能应用;而对于线性时变系统,仍可借助卷积求零状态响应。但应注意,由于系统的时变特性,冲击响应是两个变量的函数,这两个变量是冲击加入时刻 τ 和响应观测时刻 t 与冲击响应的表示式为 $h(t,\tau)$ 时,求零状态响应的卷积积分,即

$$y(t) = \int_{0_-}^{t} h(t,\tau) f(\tau) \mathrm{d}\tau \tag{5.73}$$

前面研究的时不变系统仅仅是时变系统的一个特例,对时不变系统,冲击响应由观测时刻与激励接入时刻的差值决定,于是公式(5.73)中的 $h(t,\tau)$ 简称为 $h(t)$,这就是公式(5.59)的结果。

卷积积分在电路、信号与系统理论中占有非常重要的地位,随着理论研究的深入及计算机技术的迅速发展,卷积方法得到更广泛的应用。

应用卷积积分求解 LTI 电路完全响应的方法步骤如下:

(1)求出 LTI 电路的冲击响应 $h(t)$。

(2)应用卷积定理求出 LTI 电路的零状态响应 $y_{zs}(t) = f(t) * h(t)$。

(3)求出电路的零输入响应 $y_{zp}(t)$

(4)叠加: $y(t) = y_{zp}(t) + y_{zs}(t)$。

例 5.18 已知电路如图 5-31 所示,$t=0$ 前,电路处于稳态,$i_L(0_-) = 5\mathrm{A}$,$t=0$ 时开关闭合,接通激励信号 $u_s(t) = 20(1-t)\left[U(t) - U(t-2)\right]$,试求电路中电流 $i_L(t)$ ($t \geqslant 0$)。

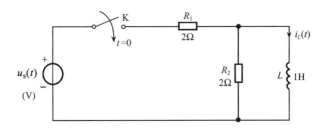

图 5-31 例 5.18 图

解 (1)求零输入响应 $i_{Lzp}(t)$。

用三要素法,因为

$$i_L(0_-) = i_L(0_+) = 5\mathrm{A}$$

而

$$R_0 = R_1 // R_2 = 1\Omega$$

$$\tau = \frac{L}{R_0} = \frac{1}{1} = 1 \,(\mathrm{s})$$

所以

$$i_{Lzp}(t) = i_L(0_+)e^{-\frac{t}{\tau}} = 5e^{-t}U(t)$$

（2）求电路冲击响应。

对 $t \geqslant 0$ 电路，令 $U_s(t) = \delta(t)$ 　　　　（根据冲击响应定义）

$$i_L(0_+) = i_L(0_-) + \frac{1}{L}\int_{0_-}^{0} u_L(\tau)\mathrm{d}\tau = 0 + \frac{1}{L}\int_{0_-}^{0}\frac{1}{2}\delta(\tau)\mathrm{d}\tau = \frac{1}{2}\mathrm{A}$$

注：根据零状态响应定义，$i_L(0_-)$ 此处应为零，而已知给出的 $i_L(0_-) = 5\mathrm{A}$，已在求 $y_{zp}(t)$ 中考虑了。

根据三要素分析法，同理可得

$$h(t) = 0.5e^{-t}U(t)$$

（3）求电路的零状态响应。

因为

$$i_{Lzs}(t) = f(t) * h(t)$$

所以

$$\begin{aligned}
i_{Lzs}(t) &= \left\{20(1-t)\left[U(t) - U(t-2)\right]\right\} * 0.5e^{-t}U(t) \\
&= -10(2e^{-t} + t - 2)U(t) + 10(t-2)U(t-2)
\end{aligned}$$

（4）求电路的完全响应。

因为

$$i_L(t) = i_{Lzp}(t) + i_{Lzs}(t)$$

所以

$$\begin{aligned}
i_L(t) &= 5e^{-t}U(t) - 10(2e^{-t} + t - 2)U(t) + 10(t-2)U(t) \\
&= (-15e^{-t} - 10t + 20)U(t) + 10(t-2)U(t)
\end{aligned}$$

例 5.19　某线性时不变一阶电路系统，已知：（1）电路系统的单位阶跃响应为 $g(t) = (1 - e^{-2t})U(t)$；（2）当初始状态 $y(0_-) = 2$，输入 $f_1(t) = e^{-t}U(t)$ 时，其全响应为 $y_1(t) = 2e^{-t}U(t)$。试求当初始状态 $y(0_-) = 6$，输入 $f_2(t) = \delta^{(1)}(t)$ 时电路的全响应 $y_2(t)$。

解　（1）求系统的 $h(t)$。

因为

$$h(t) = \frac{\mathrm{d}}{\mathrm{d}t}\left[g(t)\right]$$

所以

$$h(t) = \frac{\mathrm{d}}{\mathrm{d}t}\left[(1 - e^{-2t})U(t)\right] = 2e^{-2t}U(t)$$

（2）求 $f_2(t)$ 激励时的零状态响应 $y_{zs2}(t)$。

$$\begin{aligned}
y_{zs2}(t) = f_2(t) * h(t) &= \int_{0_-}^{t}\delta^{(1)}(\tau)2e^{-2(t-\tau)}\mathrm{d}\tau \\
&= 2\delta(t) - 4e^{-2t}U(t)
\end{aligned}$$

注：简便的计算技巧是应用卷积性质计算。

$$y_{zs2}(t) = f_2(t) * h(t) = \left[\int_{0_-}^{t} f_2(\tau)\mathrm{d}\tau \right] * \frac{\mathrm{d}h(t)}{\mathrm{d}t}$$

$$= \left[\int_{0_-}^{t} \delta^{(1)}(\tau)\mathrm{d}\tau \right] * \frac{\mathrm{d}}{\mathrm{d}t}\left[2\mathrm{e}^{-2t}U(t) \right]$$

$$= \delta(t) * \left[2\delta(t) - 4\mathrm{e}^{-2t}U(t) \right]$$

$$= 2\delta(t) - 4\mathrm{e}^{-2t}U(t)$$

(3)求零输入响应 $y_{zs2}(t)$。

根据零输入线性

$$y_{zp2}(t) = \frac{6}{2}y_{zp1}(t) = 3y_{zp1}(t)$$

而

$$y_{zp1}(t) = y_1(t) - y_{zs1}(t) = y_1(t) - f_1(t) * h(t)$$

$$y_{zp1}(t) = 2\mathrm{e}^{-t}U(t) - \int_{0_-}^{t} \mathrm{e}^{-t}2\mathrm{e}^{-2(t-2)}\mathrm{d}\tau$$

$$= \left[2\mathrm{e}^{-t} - (2\mathrm{e}^{-t} - 2\mathrm{e}^{-2t}) \right]U(t) = 2\mathrm{e}^{-2t}U(t)$$

(4)求全响应 $y_2(t)$

$$y_2(t) = y_{zp2}(t) + y_{zs2}(t) = 3y_{zp1}(t) + 2\delta(t) - 4\mathrm{e}^{-2t}U(t)$$

$$= 2\mathrm{e}^{-2t}U(t) + 2\delta(t)$$

注意：该题中不满足零状态线性，只能用卷积法求零状态响应。

5.6 总结与思考

5.6.1 总结

LTI 动态电路的输入-输出 (I/O) 时域分析，是电路分析的核心内容，它既揭示出了电路发生过渡过程的物理实质，又为变换域分析奠定了重要的基础。本章的重点是电路时域分析的基本概念、一阶电路的三要素分析法、电路的冲击响应、LTI 电路的基本性质、卷积积分。其次，要求熟悉电路微分方程的建立和求解方法。

1)基本概念

(1)零输入响应与零状态响应。

(2)自由响应与强迫响应。

(3)暂态响应与稳态响应。

(4)冲击响应与阶跃响应。

(5)时间常数与固有频率。

2)LTI 电路的基本性质

①线性性；②微分性；③延时不变性；④因果性。

3)一阶有损电路的三要素分析法

$$y(t) = y_{zp}(t) + y_{zs}(t) = y(0_+)e^{-\frac{t}{\tau}} + y(\infty)\left(1 - e^{-\frac{t}{\tau}}\right), \quad t \geqslant 0$$

或

$$y(t) = y_h(t) + y_p(t) = \left[y(0_+) - y(\infty)\right]e^{-\frac{t}{\tau}} + y(\infty), \quad t \geqslant 0$$

4) 冲击响应 $h(t)$ 的求解方法

(1) 等效初始条件法。求初始条件 $h(0_+)$，$h^{(1)}(0_+),\cdots$ 和电路固有频率 λ，然后代入等效零输入响应公式：$h(t) = \sum k_i e^{\lambda_i t} U(t)$。

(2) 比较系数法。求出 $h(t)$，$h^{(1)}(t),\cdots$ 然后代入电路微分方程，比较系数求得 k_1，再代入 $h(t)$ 公式。

(3) 微分法。$h(t) = \dfrac{\mathrm{d}g(t)}{\mathrm{d}t}$。

5) 卷积积分求电路响应

$$y(t) = y_{zp}(t) + y_{zs}(t)$$
$$= \sum k_i e^{\lambda_i t} + f(t) * h(t)$$

(1) 卷积 $f(t) * h(t) = \displaystyle\int_{0_-}^{t} f(\tau)h(t-\tau)\mathrm{d}\tau$。

(2) 常用性质：①
$$f(t) * h(t) = \left[\int_{0_-}^{t} f(\tau)\mathrm{d}\tau\right] * \frac{\mathrm{d}h(t)}{\mathrm{d}t}$$
$$= \frac{\mathrm{d}h(t)}{\mathrm{d}t} * \int_{0_-}^{t} h(\tau)\mathrm{d}\tau。$$

② $f(t) * \delta(t - t_0) = f(t - t_0)$。

6) 电路微分方程的建立和求解

(1) 建立电路微分方程的方法 $\begin{cases} \text{①列电路KCL、AKVL或节点方程、A回路方程} \\ \text{②列支路VCR} \\ \text{③将②代入①应用微分算符，求得电路微分方程} \end{cases}$

(2) 电路初始条件的求法。

(3) 求解电路微分方程的两种方法及其区别。

5.6.2 思考

(1) 动态电路产生过渡过程的物理解释。

(2) 为什么零输入响应与零状态响应满足叠加定理，而自由响应与强迫响应不满足叠加定理？

(3) 电路满足换路定律的条件是什么？当电路不满足换路定律时，应如何求取电路的初始条件？

(4) LTI 电路的完全响应满足线性性、微分性、延时不变性吗？为什么？

(5) 为什么电路的冲击响应只决定于电路的结构和元件参数，而与电路激励的大小无关？

(6)电路的固有频率 λ 是如何求得的，用它描述电路的完全响应是否是完备的？一阶电路时间常数与固有频率的关系为 $\lambda = -\dfrac{1}{\tau}$，对于高阶电路(大于等于 2 阶)还成立吗？高阶电路还可用时间常数 τ 描述吗？

(7)卷积的性质给卷积积分计算带来了方便吗？为什么？

(8)微分算符 P 是一个变量吗？ $H(P)$ 是一个函数吗？使用微分算符应注意什么？

习 题 5

5.1　单项选择题(从每小题给定的四个答案中，选择出一个正确答案，将其编号填入括号中)。

(1)已知图 5-32 所示电路， $t=0$ 前电路处于稳态， $t=0$ 时开关 K 打开，则此时电路储能 $W(0_+)$ 为(　　)J。

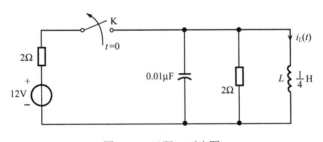

图 5-32　习题 5.1(1)图

A. 4.5；　　　　　B. 1.44；　　　　　C. 9；　　　　　D. ∞

(2)已知图 5-33 所示电路 $u_C(0_-)=0$ ， $t=0$ 时，开关 K 闭合，则 $u_C(0_+)$ 为(　　)V。

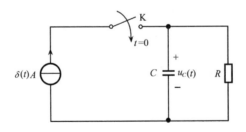

图 5-33　习题 5.1(2)图

A. 0；　　　　　B. $R\delta(t)$；　　　　　C. $\dfrac{1}{C}$；　　　　　D. RC

(3)已知一阶 RC 电路的完全响应为 $u_C(t)=2+8(1-e^{-5t})(t\geqslant0)$ ，则其零输入响应为(　　)。

A. 2；　　　　　B. $-8e^{-5t}$；　　　　　C. $8(1-e^{-5t})$　　　　　D. $2e^{-5t}$

(4)若 LTI 电路的微分方程为 $y^{(2)}(t)+6y^{(1)}(t)+5y(t)=4\delta(t)$ ，则电路的固有频率 λ 是(　　)。

A. 1，5；　　　　　B. −1，−5；　　　　　C. 6，5；　　　　　D. 1，4

(5)若 $f(t)=e^{-t}U(t)*tU(t)*\delta^{(2)}(t)$ ，则可计算得 $f(t)$ 等于(　　)。

A. $tU(t)$；　　　　B. $e^{-t}U(t)$；　　　　C. $\delta(t)$；　　　　D. $te^{-t}U(t)$

(6) 若 LTI 电路的零输入响应为 $e^{-t}U(t)$，在激励信号 $f(t)$ 的作用下的零状态响应是 $0.5\cos tU(t)$，则初始条件增大 3 倍，激励 $2f(t)$ 时电路的全响应是（　　）。

A. $3e^{-t}U(t)$；　　　B. $\cos tU(t)$；　　　C. $(3e^{-t}+\cos t)U(t)$；　D. 不变

(7) LTI 的 RC 电路，在满足换路定律时，一定存在（　　）。

A. $i_C(0_+)=i_C(0_-)$；　　　　　　　　B. $u_C(0_+)=u_C(0_-)$；

C. $u_R(0_+)=u_R(0_-)$；　　　　　　　　D. $i_R(0_+)=i_R(0_-)$

(8) 已知某 LTI 电路的节点方程为 $\begin{bmatrix} 2 & -1 \\ -k & k-1 \end{bmatrix}\begin{bmatrix} U_{n1} \\ U_{n2} \end{bmatrix}=\begin{bmatrix} 4 \\ 1 \end{bmatrix}$，则该节点方程解存在唯一的条件是 k 不等于（　　）。

A. 2；　　　　　B. -1；　　　　　C. 1；　　　　　D. 4

5.2　简答题

(1) 已知一阶有损 RL 电路的完全响应为 $i_L(t)=4+9(1-e^{-3t})(\text{A})(t\geqslant 0)$，试求：① $i_L(0_+)$；②电路的自由响应和强迫响应；③电路的零输入响应与零状态响应。

(2) 已知电路如图 5-34 所示，$t<0$ 时，电路处于稳态，$t=0$ 时，开关由 a 打向 b，试求：$i_L(0_+)$、$u_C(0_+)$。

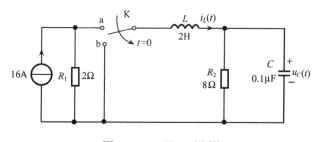

图 5-34　习题 5.2(2)图

(3) 试证明在 LTI 动态电路中，若流过电容的电流 $i_C(t)$ 为有限时，则一定存在换路定律 $u_C(0_+)=u_C(0_-)$。若电感两端电压 $u_L(t)$ 为有限值时，则一定存在换路定律 $i_L(0_+)=i_L(0_-)$。

(4) 已知电路如图 5-35 所示，且 $u_C(0_-)=10\text{V}$，开关 K 在 $t=0$ 时闭合，试求：$t\geqslant 0$ 时 $u_C(t)$。

(5) 已知 LTI 电路系统如图 5-36 所示，试求出复合系统 N 的冲击响应 $h(t)$。

5.3　已知电路如图 5-37 所示，$t=0$ 前电路处于稳态，$t=0$ 时电路换路，开关 K 由 a 打向 b，试求 $t\geqslant 0$ 时，$u_C(t)$，并指出其中零输入响应、零状态响应、自由响应及强迫响应。

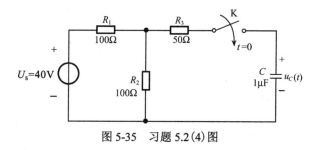

图 5-35　习题 5.2(4)图

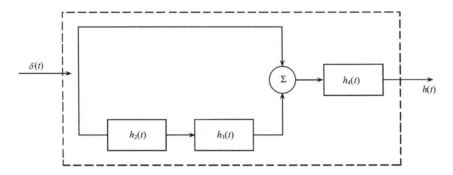

图 5-36　习题 5.2(5)图

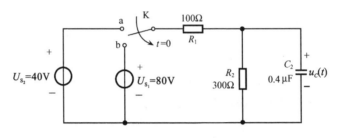

图 5-37　习题 5.3 图

5.4　已知电路如图 5-38 所示，且 $u_{C1}(0_-)=0$ ，$u_{C2}(0_-)=10\text{V}$ ，$t=0$ 时，开关 K 闭合，试求 $t \geqslant 0$ 时 $u_{C2}(t)$ 。

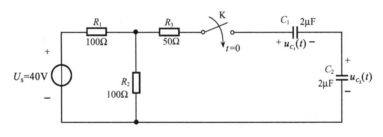

图 5-38　习题 5.4 图

5.5　已知电路及输入激励信号如图 5-39 所示，设二极管正向导通电压 $u_\text{D}=0.7\text{V}$ ，试求当输出电压 $u_C(t)$ 达到 3V 所需时间。

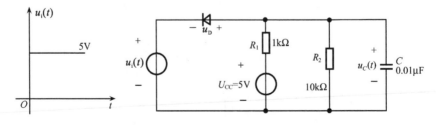

图 5-39　习题 5.5 图

5.6　已知电路如图 5-40 所示，$u_C(0_-)=1\text{V}$，试求其响应 $u_C(t)$。

5.7　已知网络 N 只含 LTI 正电阻（见图 5-41），但不知道电路的初始状态，当 $u_\text{s}(t)=2\cos tU(t)$ 时，电路响应为

$$i_L(t)=1-3\text{e}^{-t}+\sqrt{2}\cos\left(t-\frac{\pi}{4}\right)(\text{A}),\quad t>0$$

其中，$U(t)$ 为单位阶跃信号。

(1) 求同样初始状态下，当 $u_\text{s}(t)=0$ 时的 $i_L(t)$。

(2) 求在同样初始状态下，当电源均为零值时的 $i_L(t)$。

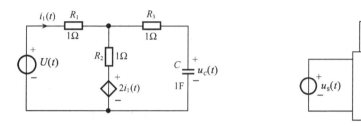

图 5-40　习题 5.6 图　　　　　　　　　　图 5-41　习题 5.7 图

5.8　已知 RLC 串联二阶电路如图 5-42 所示，且 $i_L(0_-)=I_0$，$u_C(0_-)=U_0$，$t=0$ 时开关 K 闭合，试求：(1) $t\geqslant 0$ 时 $u_C(t)$ 和 $i_L(t)$ 的变化规律；(2) 对电路的动态性质(过阻尼、临界阻尼、欠阻尼、等幅振荡)进行物理解释，并求出电路过阻尼、临界阻尼、欠阻尼、等幅振荡的条件。

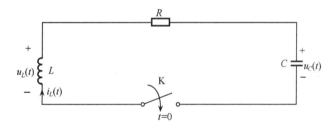

图 5-42　习题 5.8 图

5.9　已知 RLC 并联二阶电路如图 5-43 所示，且 $i_L(0_-)=0$，$u_C(0_-)=0$，激励电流源 $i_\text{s}(t)=\delta(t)$，试求：(1) 电路的单位冲击 $h(t)=u_C(t)$。

(2) 解释电路的动态性质，并求出电路过阻尼、临界阻尼、欠阻尼和无阻尼的条件。

5.10　电路如图 5-44 所示，写出 $u_{C_2}(t)$ 的微分方程。

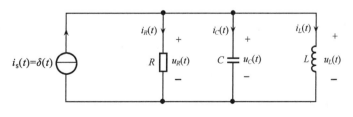

图 5-43　习题 5.9 图

5.11 给定系统 I/O 微分方程为 $\dfrac{\mathrm{d}^2 y(t)}{\mathrm{d}t^2} + 2\dfrac{\mathrm{d}y(t)}{\mathrm{d}t} + y(t) = \dfrac{\mathrm{d}f(t)}{\mathrm{d}t}$ 而且,(1) $f(t)=U(t)$,$y(0_-)=1$,$y^{(1)}(0_-)=2$;(2) $f(t)=\mathrm{e}^{-t}U(t)$,$y(0_-)=1$,$y^{(1)}(0_-)=2$。试分别求系统的完全响应,并指出其零输入响应、零状态响应、自由响应、强迫响应各分量。

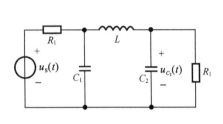 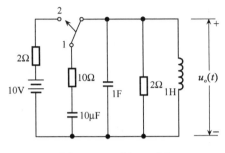

图 5-44 习题 5.10 图   图 5-45 习题 5.12 图

5.12 电路如图 5-45 所示,$t=0$ 以前开关位于"1",已进入稳态;$t=0$,开关自"1"转至"2",求 $u_o(t)$ 的完全响应,并指出其各分量。

5.13 已知图 5-46 所示电路中互感 $M=\dfrac{1}{\sqrt{2}}\mathrm{H}$,电路的起始状态为零,试求 $t>0$ 开关 K 闭合后的电流 $i_1(t)$。

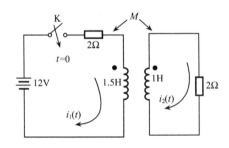

图 5-46 习题 5.13 图

5.14 若激励为 $e(t)$、响应为 $y(t)$ 的系统的微分方程由下式描述,分别求以下两种情况的冲击响应与跃阶响应。

(1) $\dfrac{\mathrm{d}^2 y(t)}{\mathrm{d}t^2} + \dfrac{\mathrm{d}y(t)}{\mathrm{d}t} + y(t) = \dfrac{\mathrm{d}e(t)}{\mathrm{d}t} + e(t)$;

(2) $\dfrac{\mathrm{d}y(t)}{\mathrm{d}t} + 2y(t) = \dfrac{\mathrm{d}^2 e(t)}{\mathrm{d}t^2} + 3\dfrac{\mathrm{d}e(t)}{\mathrm{d}t} + 3e(t)$。

5.15 (1) 若网络的输入信号 $u_i(t)=U(t)$ 的输出响应为 $u_o(t)=\begin{cases}\dfrac{1}{2}(1+\mathrm{e}^{-2t})-\mathrm{e}^{-t}, & t\geqslant 0 \\ 0, & t<0\end{cases}$,求 $h(t)$。

(2) 若 $u_i(t)=\begin{cases}\mathrm{e}^{-3t}, & t\geqslant 0 \\ 0, & t<0\end{cases}$,求输出响应 $u_o(t)$。

5.16 $f_1(t)$、$f_2(t)$ 如图 5-47 所示,计算卷积积分 $f_1(t)*f_2(t)$。

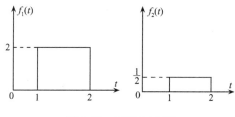

图 5-47　习题 5.16 图

5.17　图 5-48 所示系统是由几个"子系统"组合而成，各个"子系统"的冲击响应分别为 $h_1(t) = \delta(t-1)$，$h_2(t) = \delta(t-2)$，$h_4(t) = U(t) - U(t-3)$，若激励信号 $f(t) = U(t) - U(t-2)$，试求总系统的零状态响应 $y(t)$，并画出 $y(t)$ 的波形图。

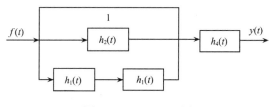

图 5-48　习题 5.17 图

5.18　已知 LTI 系统 N 由 A、B、C 三个子系统组成，如图 5-49(a) 所示，其中系统 A 的冲击响应 $h_A(t) = \frac{1}{2} e^{-4t} U(t)$，系统 B、C 的阶跃响应分别为 $g_B(t) = (1 - e^{-t}) U(t)$，$g_C(t) = 2e^{-3t} U(t)$。

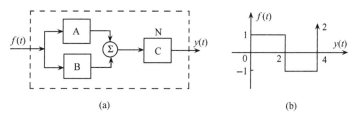

图 5-49　习题 5.18 图

试求：(1) 系统 N 的阶跃响应 $g(t)$；(2) 图 5-49(b) 所示的信号输入时，系统 N 的零状态响应。

5.19　计算下列卷积积分：

(1) $f(t) = e^{-t} U(t) * t^n U(t) * \left[\delta^{(2)}(t) + 3\delta^{(1)}(t) + 2\delta(t) \right] * e^{-2t} U(t)$；

(2) $f(t) = \left[\delta(t) + e^{-t} U(t) * t U(t) \right] * \delta(t-1)$。

5.20　某 LTIS，在相同初始状态下，输入为 $f(t)$ 时，响应为 $y_1(t) = (2e^{-3t} + \sin 2t) U(t)$；输入为 $2f(t)$ 时，响应为 $y_2(t) = (e^{-3t} + 2\sin 2t) U(t)$，试求：

(1) 初始状态增大一倍，输入为 $4f(t)$ 时的系统响应。

(2) 初始状态不变，输入为 $f(t-t_0)$ 时的系统响应。

(3) 初始状态不变，输入为 $\dfrac{\mathrm{d}f(t)}{\mathrm{d}t}$ 时的系统响应。

5.21　某 LTI 电路，在相同初始状态下，当输入激励 $u_S(t) = 0$ 时，电路的全响应 $u_{01}(t) =$

$-\mathrm{e}^{-10t}(\mathrm{V})(t{\geqslant}0)$；当输入激励 $u_\mathrm{S}(t)=12U(t)$ 时，电路的全响应 $u_{02}(t)=6-3\mathrm{e}^{-10t}(\mathrm{V})\ (t{\geqslant}0)$。试求当输入激励 $u_\mathrm{S}(t)=6\mathrm{e}^{-5t}U(t)$ 时，电路的全响应 $u_{03}(t)$。

　　5.22　某 LTIS 如图 5-50(a)所示，在以下三种激励下，其初始状态均相同，当激励为 $f(t)=\delta(t)$ 时，其全响应 $y_1(t)=\delta(t)+\mathrm{e}^{-t}U(t)$；当激励为 $f_2(t)=U(t)$ 时，其全响应为 $y_2(t)=3\mathrm{e}^{-t}U(t)$。试求当激励为图 5-50(b)所示的 $f_3(t)$ 时，系统的全响应 $y_3(t)$。

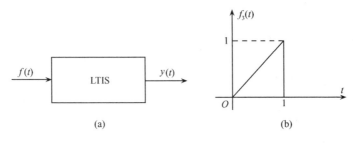

(a)　　　　　　　　　　　　　　(b)

图 5-50　习题 5.22 图

第6章 正弦电路的稳态分析

内 容 提 要

本章从正弦量的基本概念着手，引入正弦量的相量、阻抗和导纳的定义，着重讨论了相量分析法和正弦信号的功率；利用傅里叶分析理论，对非正弦周期信号激励下电路的稳态分析做了详细的讨论；本章还对各种谐振电路进行了分析。

6.1 正弦稳态分析基础

6.1.1 正弦信号的基本概念

全世界电力系统都是以正弦电压和电流形式来发电和输电的，且科学研究和工程技术中所有实际产生的各种激励(如语音、通信信号、计算机信号、控制信号、地震波、心电图等)都可以分解为正弦信号线性组合，因此研究正弦电压(电流)信号及其稳态响应具有重要的意义。

按正弦规律变化的电压、电流是周期信号，可用正弦或余弦函数表示为

$$\left.\begin{array}{l} i(t) = I_{\mathrm{m}}\cos(\omega t + \varphi_i) \\ u(t) = U_{\mathrm{m}}\sin(\omega t + \varphi_u) \end{array}\right\} \tag{6.1}$$

其波形如图 6-1 所示。这里 I_{m}、U_{m} 为正弦电流、电压的振幅(幅度)，ω 为角频率，φ_i、φ_u 为正弦电流、电压的初始相位，即 $t=0$ 时的相位角 $\omega t + \varphi_u(\omega t + \varphi_i)$ 的值。如果用余弦函数表示的正弦量的正的最大值发生在时间起点之前，则初相位为正值，如图 6-1 中 $\varphi_i > 0$；反之，初相位为负值，如图 6-1 中 $\varphi_u < 0$。必须注意，这里说的正的最大值是指最靠近时间起点者而言，因此初相位绝对值小于或等于 $\pi(180°)$。对于用正弦函数表示的正弦量是指该量由负到正的变化，过零点发生在时间起点之前，初相为正，反之为负。本书正弦量均采用余弦函数来表示。

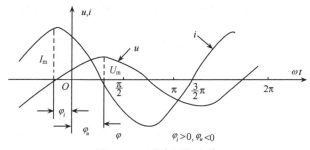

图 6-1 正弦电压与电流

幅度、初相、角频率是正弦量的三个要素。在已知三个要素后，即可写出任一时刻正弦量的瞬时值，画出正弦量的波形。

在工程应用中经常涉及正弦交流信号的有效值，它和正弦信号平均做功能力密切相关，正弦周期电流 $i(t)$ 流过电阻 R 时在一周期 T 内消耗的电能为

$$W_1 = \int_0^T p(t)\mathrm{d}t = \int_0^T i^2(t)R\mathrm{d}t = R\int_0^T i^2(t)\mathrm{d}t \tag{6.2}$$

将此耗能与直流电流 I 流过相同电阻 R 在同样时间内消耗的电能 $W_2 = RI^2T$ 相比较，若它们相等，那么就其平均做功能力来说这两个电流是等效的，因而该直流电流 I 的数值可用来表征周期电流 $i(t)$ 的大小。人们把这一特定的数值称为周期电流的有效值（或均方值，RMS 值）。

因为

$$RI^2T = R\int_o^T i^2(t)\mathrm{d}t \tag{6.3}$$

故有效值表示为

$$I = \sqrt{\frac{1}{T}\int_0^T i^2(t)\mathrm{d}t} \tag{6.4}$$

类似地，周期电压 $u(t)$ 的有效值

$$U = \sqrt{\frac{1}{T}\int_0^T u^2(t)\mathrm{d}t} \tag{6.5}$$

对于正弦量有

$$T = \frac{1}{f} = \frac{2\pi}{\omega}$$

将式(6.1)代入式(6.4)和式(6.5)即得

$$I = \frac{1}{\sqrt{2}}I_\mathrm{m}, \quad U = \frac{1}{\sqrt{2}}U_\mathrm{m} \tag{6.6}$$

有效值可代替幅值作为正弦量的一个要素，用于测量交流电流、电压的电表的读数都是有效值，日常生活中的交流市电 220V、380V 均指有效值。引用有效值后，正弦信号可表示为

$$\left.\begin{array}{l} i(t) = I_\mathrm{m}\cos(\omega t + \varphi_i) = \sqrt{2}I\cos(\omega t + \varphi_i) \\ u(t) = U_\mathrm{m}\cos(\omega t + \varphi_u) = \sqrt{2}U\cos(\omega t + \varphi_u) \end{array}\right\} \tag{6.7}$$

6.1.2　线性时不变电路的正弦稳态响应和正弦量的相量

任意一个线性时不变电路，假设输入激励为单一频率正弦信号 $f(t) = A_\mathrm{m}\cos(\omega_0 t + \varphi)$，则该电路可以用如下常微分方程来描述

$$\left.\begin{array}{l} a_n y^{(n)}(t) + a_{n-1}y^{(n-1)}(t) + \cdots + a_1 y^{(1)}(t) + a_0 y(t) = A_\mathrm{m}\cos(\omega_0 t + \varphi) \\ \left\{y(0_-), y^{(1)}(0_-), \cdots, y^{(n-1)}(0_-)\right\} \end{array}\right\} \tag{6.8}$$

根据第 5 章 LTI 电路微分方程的求解方法，则电路的完全响应可以表示为

$$y(t) = y_h(t) + y_p(t)$$

若假设电路微分方程的特征根互异，则电路的完全响应为

$$y(t) = \sum_{i=1}^{n} A_i e^{\lambda_i t} + F_m \cos(\omega_0 t + \theta), \quad t \geqslant 0 \tag{6.9}$$

因为电路的固有频率（即微分方程的特征根）$\lambda_i = \alpha_i + j\omega_i$，如果固有频率 λ_i 具有严格的负实部，且正弦信号 $f(t)$ 的频率 ω_0 不等于固有频率 λ_i 中的振荡角频率 ω_i，则当时间 t 趋于无穷时，电路的自由响应将趋于零，于是电路的完全响应为

$$y(t) = y_{ss}(t) = F_m \cos(\omega_0 t + \theta), \quad t \geqslant 0 \tag{6.10}$$

人们称此响应为 LTI 电路的正弦稳态响应，用 $y_{ss}(t)$ 表示。将电路的正弦稳态响应 $y_{ss}(t)$ 与激励信号 $f(t)$ 相比较，不难看出：它们具有相同的函数形式（即波形相同）和相同的角频率，而仅仅是振幅和相位不同，因此 LTI 电路正弦稳态响应的求解，其实可以简化为求振幅 F_m 和相位 φ。

为了方便求振幅 F_m 和相位 φ，德国工程师斯坦梅茨（Charles Proteus Steinmetz）提出了相量的概念，下面详细介绍正弦信号的相量及其性质。

根据欧拉公式

$$e^{j\theta} = \cos\theta + j\sin\theta$$

因此正弦信号可表示为一个复数的实部或虚部，即

$$\cos\theta = \text{Re}(e^{j\theta}), \quad \sin\theta = \text{Im}(e^{j\theta})$$

一般地，一个复数 $\dot{A}$ 可以表示为指数型、极坐标型、三角函数型及代数型

$$\dot{A} = A e^{j\theta} = A\angle\theta = A\cos\theta + jA\sin\theta = a_1 + ja_2$$

其中，模 $A = \sqrt{a_1^2 + a_2^2}$；相角 $\theta = \arctan\dfrac{a_2}{a_1}$。

因此，一个实数范围的正弦时间函数可以用一个复数范围的复指数函数来表示，则式（6.1）的电流、电压可表示为

$$\left.\begin{array}{l} i(t) = \text{Re}\left[\sqrt{2}I e^{j(\omega t + \varphi_i)}\right] = \text{Re}\left[\sqrt{2}I e^{j\omega t} e^{j\varphi_i}\right] \\ u(t) = \text{Re}\left[\sqrt{2}U e^{j(\omega t + \varphi_u)}\right] = \text{Re}\left[\sqrt{2}U e^{j\omega t} e^{j\varphi_u}\right] \end{array}\right\} \tag{6.11}$$

方括号中的复指数函数包含了正弦波的三个要素，而其复常数部分则把正弦波的有效值和初相结合成一个复数表示出来，人们把这个复数称为正弦量的相量，并用下列记法

$$\left.\begin{array}{l} \dot{I} = I e^{j\varphi_i} = I\angle\varphi_i = I\cos\varphi_i + jI\sin\varphi_i \\ \dot{U} = U e^{j\varphi_u} = U\angle\varphi_u = U\cos\varphi_u + jU\sin\varphi_u \end{array}\right\} \tag{6.12}$$

$\dot{I}$，$\dot{U}$ 称为有效值相量，其模为正弦量的有效值，其幅角为正弦量的初相。类似地，$\dot{I}_m$、$\dot{U}_m$ 称为幅值相量，记为

$$\left.\begin{array}{l} \dot{I}_m = I_m e^{j\varphi_i} = I_m\angle\varphi_i = I_m\cos\varphi_i + jI_m\sin\varphi_i \\ \dot{U}_m = U_m e^{j\varphi_u} = U_m\angle\varphi_u = U_m\cos\varphi_u + jU_m\sin\varphi_u \end{array}\right\} \tag{6.13}$$

有效值相量和幅值相量之间的关系为

$$\left.\begin{array}{l} \dot{I}_m = \sqrt{2}\dot{I} \\ \dot{U}_m = \sqrt{2}\dot{U} \end{array}\right\} \tag{6.14}$$

相量是正弦量的大小和相位的复数表示，因此可以在复平面上用有向线段来表示。有向线段的长度可表示幅值或有效值的大小，有向线段与正实轴的夹角代表正弦量的初相，逆时针方向为正初相，顺时针方向为负初相。图 6-2(a)中的有向线段是按幅值绘制的，称为幅值相量图。本书其余各相量图按有效值大小绘制有向线段，这种相量图称为有效值相量图。

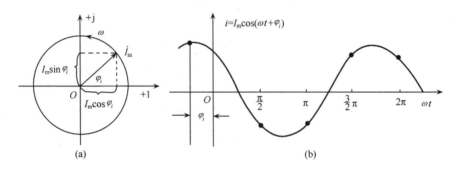

图 6-2　旋转相量与由余弦表示的正弦量

式(6.11)中复指数函数的另一部分 $e^{j\omega t}$ 是时间 t 的复函数，它相当于一个旋转因子。因为随时间的推移，这个模值为 1 的旋转因子，在复平面上将以原点 O 为中心，以角速度 ω 逆时针方向而旋转。这样式(6.11)中的复指数函数就等于相量 $\dot{I}_m = I_m e^{j\varphi_i}$ 或 $\dot{U}_m = U_m e^{j\varphi_u}$ 乘以旋转因子 $e^{j\omega t}$ 而变为所谓旋转相量 $\dot{I}_m e^{j\omega t}$ 或 $\dot{U}_m e^{j\omega t}$，图 6-2(a)中表示的就是旋转向量 $\dot{I}_m e^{j\omega t}$。引入旋转相量概念以后，一个用余弦函数表示的正弦量(或以正弦函数表示的正弦量)在任何时刻的瞬时值，等于对应于幅值旋转相量同一时刻在实轴(或虚轴)上的投影。

应当指出，在相同角频率的正弦电源激励线性时不变电路时，各电流、电压稳态响应均为同频率的正弦量，即其角频 ω 相同，仅幅值(或有效值)和初相不同。虽然它们的相量均以角频率 ω 逆时针方向在复平面上旋转，但其相对位置是固定不变的(相位差保持定值)，与 $t=0$ 时刻的相对位置一样。因此在相量图中，在已知 ω 的前提下，无须考虑其瞬时相位 $\omega t + \varphi_i$，只需考察各正弦量之间的相位差即可。或者换句话说，我们认为复平面坐标是以角频率 ω 顺时针方向旋转的，因而在这种旋转坐标中各正弦量是固定不动的。

具有相同角频率的相量具有以下几个性质：

(1)唯一性。对所有时刻 t，若 $\mathrm{Re}\left[\dot{A}_1 e^{j\omega t}\right] = \mathrm{Re}\left[\dot{A}_2 e^{j\omega t}\right]$，则

$$\dot{A}_1 = \dot{A}_2$$

即两个同频率的正弦量若具有相同的相量，它们则是相等的。

(2)线性性。若 $\dot{A}_1$ 和 $\dot{A}_2$ 为任意相量，a 为任意实数，则

$$\mathrm{Re}\left[\dot{A}_1 + \dot{A}_2\right] = \mathrm{Re}\left[\dot{A}_1\right] + \mathrm{Re}\left[\dot{A}_2\right]$$

$$\mathrm{Re}\left[a_1\dot{A}_1 + a_2\dot{A}_2\right] = a_1\,\mathrm{Re}\left[\dot{A}_1\right] + a_2\,\mathrm{Re}\left[\dot{A}_2\right]$$

(3) 微分性。若相量 $\dot{A}$ 为给定正弦量 $A_\mathrm{m}\cos(\omega t + \theta)$ 的相量，则 $\mathrm{j}\omega\dot{A}$ 为该正弦量导数的相量，$\dfrac{1}{\mathrm{j}\omega}\dot{A}$ 为该正弦量积分的相量，即

$$\frac{\mathrm{d}}{\mathrm{d}t}\mathrm{Re}\left[\dot{A}\,\mathrm{e}^{\mathrm{j}\omega t}\right] = \mathrm{Re}\left[\frac{\mathrm{d}}{\mathrm{d}t}\dot{A}\mathrm{e}^{\mathrm{j}\omega t}\right] = \mathrm{Re}\left[\mathrm{j}\omega\dot{A}\,\mathrm{e}^{\mathrm{j}\omega t}\right]$$

$$\int_{-\infty}^{t}\mathrm{Re}\left[\dot{A}\,\mathrm{e}^{\mathrm{j}\omega t}\right]\mathrm{d}t = \mathrm{Re}\left[\int_{-\infty}^{t}\dot{A}\mathrm{e}^{\mathrm{j}\omega t}\mathrm{d}t\right] = \mathrm{Re}\left[\frac{1}{\mathrm{j}\omega}\dot{A}\mathrm{e}^{\mathrm{j}\omega t}\right]$$

以上性质奠定了相量分析法的基础。应用这些性质，也可以简化正弦交流电路微分方程特解的求解。

6.1.3　基尔霍夫定律的相量形式

KCL 的相量形式：根据 KCL，在任何时刻流出电路节点的电流的代数和为零，即

$$\sum_{k=1}^{n}i_k(t) = 0$$

显然，其中的 $i_k(t)$ 为相同时刻的各电流 $(k = 0,2,\cdots,n)$ 的瞬时值。线性时不变电路单一频率的正弦信号激励下，电路进入稳态后各电流、电压为同频率的正弦量，因此所有时刻对任一节点均有

$$\sum_{k=1}^{n}\mathrm{Re}(\dot{I}_{k\mathrm{m}}\mathrm{e}^{\mathrm{j}\omega t}) = 0$$

但

$$\sum_{k=1}^{n}\mathrm{Re}(\dot{I}_{k\mathrm{m}}\mathrm{e}^{\mathrm{j}\omega t}) = \mathrm{Re}\left[\sum_{k=1}^{n}(\dot{I}_{k\mathrm{m}}\mathrm{e}^{\mathrm{j}\omega t})\right] = \mathrm{Re}\left[\mathrm{e}^{\mathrm{j}\omega t}\sum_{k=1}^{n}(\dot{I}_{k\mathrm{m}})\right]$$

故有

$$\left.\begin{aligned}\sum_{k=1}^{n}\dot{I}_{k\mathrm{m}} &= 0 \\ \sum_{k=1}^{n}\dot{I}_{k} &= 0\end{aligned}\right\} \tag{6.15}$$

KVL 的相量形式与 KCL 类似，有

$$\left.\begin{aligned}\sum_{k=1}^{n}\dot{U}_{k\mathrm{m}} &= 0 \\ \sum_{k=1}^{n}\dot{U}_{k} &= 0\end{aligned}\right\} \tag{6.16}$$

即沿任一闭合回路各支路电压降相量和为零。

例 6.1　图 6-3(a) 所示电路中的一个节点，$i_1(t) = 10\sqrt{2}\cos(\omega t + 60°)\mathrm{A}$，$i_2(t) =$

$5\sqrt{2}\sin(\omega t)\mathrm{A}$ ，求：$i_3(t)$、$\dot{I}_3$，画电流波形和相量图。

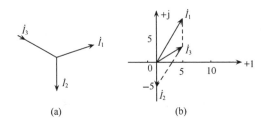

(a)　　　　　　　(b)

图 6-3　相量图

解　用相量表示 $i_1(t)$，$i_2(t)$

$$\dot{I}_1 = 10\angle 60^\circ\ \mathrm{A}$$
$$i_2(t) = 5\sqrt{2}\cos(\omega t - 90^\circ)\mathrm{A}$$
$$\dot{I}_2 = 5\angle -90^\circ\mathrm{A}$$

设 $i_3(t)$ 电流的相量为 $\dot{I}_3$，则由 KCL 有

$$\dot{I}_3 = \dot{I}_1 + \dot{I}_2 = 10\angle 60^\circ + 5\angle -90^\circ$$
$$= 10\cos 60^\circ + \mathrm{j}10\sin 60^\circ + 5\cos(-90^\circ) + \mathrm{j}5\sin(-90^\circ)$$
$$= 5 + \mathrm{j}8.66 - \mathrm{j}5 = 5 + \mathrm{j}3.66 = 6.2\angle 36.2^\circ(\mathrm{A})$$

三个电流的有效值相量图如图 6-3(b) 所示，由图可见 $\dot{I}_3$ 是 $\dot{I}_1$、$\dot{I}_2$ 的合成相量，可由平行四边形法则求得 $\dot{I}_3$（四边形的对角线）。波形如图 6-4 所示。

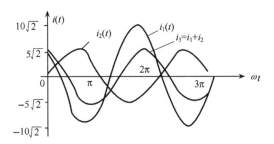

图 6-4　波形

例 6.2　已知 $u_{\mathrm{ab}} = -10\cos(\omega t + 60^\circ)\mathrm{V}$，$u_{\mathrm{bc}} = 8\sin(\omega t + 120^\circ)\mathrm{V}$，求 u_{ac}，画出相量图。

解
$$u_{\mathrm{ab}} = 10\cos\left[180^\circ - (\omega t + 60^\circ)\right]$$
$$= 10\cos(120^\circ - \omega t)$$
$$= 10\cos(-120^\circ\ \omega t)(\mathrm{V})$$
$$u_{\mathrm{bc}} = 8\cos\left[90^\circ - (\omega t + 120^\circ)\right]$$
$$= 8\cos\left[\omega t + 30^\circ\right](\mathrm{V})$$
$$\dot{U}_{\mathrm{ab}} = \frac{10}{\sqrt{2}}\angle -120^\circ$$

$$\dot{U}_{bc} = \frac{8}{\sqrt{2}} \angle 30°$$

$$\dot{U}_{ac} = \dot{U}_{ab} + \dot{U}_{bc}$$

$$= \frac{10}{\sqrt{2}} \angle -120° + \frac{8}{\sqrt{2}} \angle 30°$$

$$= \frac{5.05}{\sqrt{2}} \angle -67.4° (V)$$

因此

$$u_{ac} = 5.05\cos(\omega t - 67.4°)(V)$$

相量图如图 6-5 所示。

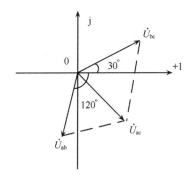

图 6-5 相量图

6.2 阻抗、导纳和相量模型

6.2.1 二端电路元件 VCR 的相量形式

在关联参考方向前提下，二端电路元件线性时不变电阻、电容和电感的 VCR 分别为

$$u(t) = Ri(t)$$

$$i(t) = C\frac{\mathrm{d}u(t)}{\mathrm{d}t}$$

$$u(t) = L\frac{\mathrm{d}i(t)}{\mathrm{d}t} \tag{6.17}$$

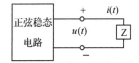

图 6-6 接负载的正弦稳态电路

在正弦稳态电路中，这些元件的电压、电流都是同频率的正弦量。设二端电路元件接在一正弦稳态电路中，如图 6-6 所示，则电压、电流可表示为

$$i(t) = I_{\mathrm{m}} \cos(\omega t + \varphi_i) = \mathrm{Re}\left[\sqrt{2}\dot{I}\, \mathrm{e}^{\mathrm{j}\omega t}\right]$$

$$u(t) = U_{\mathrm{m}} \cos(\omega t + \varphi_u) = \mathrm{Re}\left[\sqrt{2}\dot{U}\, \mathrm{e}^{\mathrm{j}\omega t}\right]$$

其中，相量：$\dot{U} = U\angle\varphi_u$，$\dot{I} = I\angle\varphi_i$，于是可以导出三种元件 VCR 的相量形式。

1. 电阻

由式(6.17)可得

$$U_{\mathrm{m}}\cos(\omega t + \varphi_u) = R I_{\mathrm{m}} \cos(\omega t + \varphi_i) \tag{6.18a}$$

改写为相量形式

$$\mathrm{Re}\left[\sqrt{2}\dot{U}\mathrm{e}^{\mathrm{j}\omega t}\right] = R\cdot\mathrm{Re}\left[\sqrt{2}\dot{I}\,\mathrm{e}^{\mathrm{j}\omega t}\right]$$

因 R 为实常数，有

$$\mathrm{Re}\left[\sqrt{2}\dot{U}\,\mathrm{e}^{\mathrm{j}\omega t}\right] = \mathrm{Re}\left[\sqrt{2}R\dot{I}\,\mathrm{e}^{\mathrm{j}\omega t}\right]$$

根据唯一性对任何 t 有

$$\sqrt{2}\dot{U} = \sqrt{2}R\dot{I}$$

即

$$\dot{U} = R\dot{I} \quad \text{或} \quad \dot{U}_{\mathrm{m}} = R\dot{I}_{\mathrm{m}} \tag{6.18b}$$

式(6.18b)是所求的电阻的 VCR 的相量形式，亦即欧姆定律的相量形式，它表明电阻两端的电压和电流的相位是相同的，即 $\varphi_i = \varphi_u$，电压幅值或有效值等于电流幅值或有效值乘以电阻 R，即 $U_{\mathrm{m}} = R I_{\mathrm{m}}$，$U = RI$，显然，电压、电流的幅值或有效值也是符合欧姆定律的。图 6-7 表示出了线性时不变电阻的正弦稳态特性。

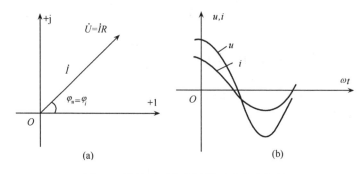

图 6-7 线性时不变电阻的正弦稳态特性

2. 电容

由式(6.17)可得

$$\mathrm{Re}\left[\sqrt{2}\dot{I}\,\mathrm{e}^{\mathrm{j}\omega t}\right] = C\frac{\mathrm{d}}{\mathrm{d}t}\mathrm{Re}\left[\sqrt{2}\dot{U}\,\mathrm{e}^{\mathrm{j}\omega t}\right] = \mathrm{Re}\left[\mathrm{j}\omega C\sqrt{2}\dot{U}\,\mathrm{e}^{\mathrm{j}\omega t}\right]$$

所以

$$\sqrt{2}\dot{I}\,\mathrm{e}^{\mathrm{j}\omega t} = \mathrm{j}\omega C\sqrt{2}\dot{U}\,\mathrm{e}^{\mathrm{j}\omega t}$$

即

$$\sqrt{2}\,\dot{I} = j\omega C\,\sqrt{2}\dot{U}$$

可得

$$\dot{I} = j\omega C\dot{U} \quad \text{或} \quad \dot{U} = \frac{1}{j\omega C}\dot{I}$$

$$\dot{I}_{\mathrm{m}} = j\omega C\dot{U}_{\mathrm{m}} \quad \text{或} \quad \dot{U}_{\mathrm{m}} = \frac{1}{j\omega C}\dot{I}_{\mathrm{m}}$$

代入 $\dot{I} = I\angle\varphi_i$，$\dot{U} = U\angle\varphi_u$，$j = e^{j90^\circ} = 1\angle 90^\circ$，则有

$$\left.\begin{array}{r} I\angle\varphi_i = \omega CU\angle(\varphi_u + 90^\circ) \\[2mm] U\angle\varphi_u = \dfrac{I}{\omega C}\angle(\varphi_i - 90^\circ) \end{array}\right\} \tag{6.19a}$$

$$\left.\begin{array}{r} I_{\mathrm{m}}\angle\varphi_i = \omega CU_{\mathrm{m}}\angle(\varphi_u + 90^\circ) \\[2mm] U_{\mathrm{m}}\angle\varphi_u = \dfrac{I_{\mathrm{m}}}{\omega C}\angle(\varphi_i - 90^\circ) \end{array}\right\} \tag{6.19b}$$

式 (6.19) 表示，正弦稳态电路中的电容的电压、电流有效值或幅值之间满足

$$\left.\begin{array}{l} I = \omega CU \\[2mm] U = \dfrac{I}{\omega C} \\[2mm] I_{\mathrm{m}} = \omega CU_{\mathrm{m}} \\[2mm] U_{\mathrm{m}} = \dfrac{I_{\mathrm{m}}}{\omega C} \end{array}\right\} \tag{6.19c}$$

相位之间满足

$$\varphi_i = \varphi_u + 90^\circ \tag{6.19d}$$

可见，当 C 值一定时，对一定的 U 来说，ω 越高，I 越大，即电流越易通过；ω 越低，I 值越小，电流越难通过。当 $\omega = 0$ 时（相当于直流激励），则 $I = 0$，电容相当于开路，这正是直流稳态时电容应有的特性。在相位上，电流超前电压相角为 90°。由此可得电容、电压和电流的瞬时值，即若

$$u(t) = \sqrt{2}U\cos(\omega t + \varphi_u)$$

则

$$i(t) = \sqrt{2}\omega CU\cos(\omega t + \varphi_u + 90^\circ) \tag{6.19e}$$

则图 6-8 表示出了电容的正弦稳态特性。

3. 电感

由于电感的 VCR $\left[u(t) = L\dfrac{\mathrm{d}i(t)}{\mathrm{d}t}\right]$ 与电容的 VCR $\left[i(t) = C\dfrac{\mathrm{d}u(t)}{\mathrm{d}t}\right]$ 存在对偶关系，所以根据已求得的电容的 VCR 的相量形式，将其中的 $\dot{U}(\dot{U}_{\mathrm{m}})$ 换为 $\dot{I}(\dot{I}_{\mathrm{m}})$，$\dot{I}(\dot{I}_{\mathrm{m}})$ 换为 $\dot{U}(\dot{U}_{\mathrm{m}})$，$C$ 换为 L，即可得到电感 VCR 的相量形式如下

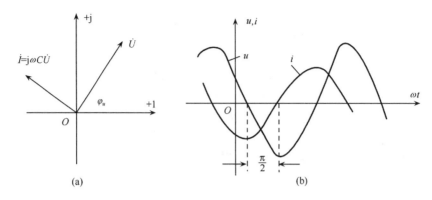

图 6-8　电容的正弦稳态特性

$$\left.\begin{array}{ll} \dot{U} = j\omega L\dot{I}, & \dot{U}_m = j\omega L\dot{I}_m \\[2mm] \dot{I} = \dfrac{1}{j\omega L}\dot{U}, & \dot{I}_m = \dfrac{1}{j\omega L}\dot{U}_m \end{array}\right\} \tag{6.20a}$$

$$U = \omega LI, \qquad \varphi_u = \varphi_i + 90° \tag{6.20b}$$

可见，当 L 值一定时，对一定的 I 来说，ω 越高，则 U 越大；ω 越低，则 U 越小。当 $\omega = 0$（相当于直流激励）时，$U = 0$，电感相当于短路，电感电流滞后电感电压 90° 的相位角，其瞬时值之间的关系为
若

$$i(t) = \sqrt{2}I\cos(\omega t + \varphi_i) \tag{6.20c}$$

则

$$u(t) = \sqrt{2}\omega LI\cos(\omega t + \varphi_i + 90°) \tag{6.20d}$$

图 6-9 表示出了电感的正弦稳态特性。

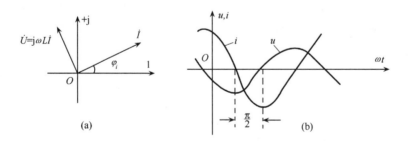

图 6-9　电感的正弦稳态特性

例 6.3　电路如图 6-10（a）所示，已知 $u(t) = 100\sqrt{2}\cos(1000t + 90°)\mathrm{V}$，$R = 30\Omega$，$L = 60\mathrm{mH}$，$C = 10\mu\mathrm{F}$，求 $i(t)$、$u_R(t)$、$u_L(t)$、$u_C(t)$，并画相量图。

解　各电压、电流方向如图 6-10（a）所示，用相量关系求解

$$\dot{U} = 100\angle 90°$$

令

$$\dot{I} = I\angle\varphi_i$$

由 KVL 和 R、L、C 的 VCR 相量形式有

$$\dot{U} = \dot{U}_R + \dot{U}_L + \dot{U}_C = R\dot{I} + j\omega L\dot{I} + \frac{1}{j\omega C}\dot{I} = \left(R + j\omega L + \frac{1}{j\omega C}\right)\dot{I}$$

$$\dot{I} = \frac{\dot{U}}{\left(R + j\omega L + \dfrac{1}{j\omega C}\right)} = \frac{\dot{U}}{R + j\left(\omega L - \dfrac{1}{\omega C}\right)}$$

$$= \frac{100\angle 90^{\circ}}{30 + \left(1000 \times 60 \times 10^{-3} - \dfrac{1}{1000 \times 10 \times 10^{-6}}\right)}$$

$$= 2\angle 143.13^{\circ}(\text{A})$$

$$\dot{U}_R = R\dot{I} = 60\angle 143.13(\text{V})$$

$$\dot{U}_L = j\omega L\dot{I} = 1000 \times 60 \times 10^{-3} \times 2\angle 143.13^{\circ} = 120\angle 233.13^{\circ}(\text{V})$$

余弦函数周期为 360°，所以

$$\dot{U}_L = 120\angle(233.13^{\circ} - 360^{\circ}) = 120\angle -126.87^{\circ}(\text{V})$$

$$\dot{U}_C = \frac{\dot{I}}{j\omega C} = \frac{2\angle 143.13^{\circ}}{1000 \times 10^{-5}\angle 90^{\circ}} = 200\angle 53.13^{\circ}(\text{V})$$

$$i(t) = 2\sqrt{2}\cos(1000t + 143.13^{\circ})(\text{A})$$

$$u_R(t) = 60\sqrt{2}\cos(1000t + 143.13^{\circ})(\text{V})$$

$$u_L(t) = 120\sqrt{2}\cos(1000t - 126.87^{\circ})(\text{V})$$

$$u_C(t) = 200\sqrt{2}\cos(1000t + 53.13^{\circ})(\text{V})$$

各电流、电压相量图如图 6-10(b) 所示，电流超前电压相角 53.13°。

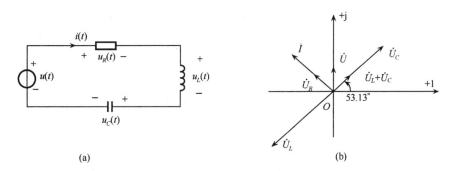

图 6-10　例 6.3 图

6.2.2　多端电路元件 VCR 的相量形式

根据多端元件 VCR，并利用 6.1 节所介绍的相量基本性质，可以推导出各种多端电路元件 VCR 的相量形式，现将其常用多端元件 VCR 相量形式概括为表 6-1。

表 6-1 常用多端元件 VCR 相量形式

元件名称		时域形式	相量形式
受控源	VCVS	$\begin{cases} i_1(t) = 0 \\ u_2(t) = \mu u_1(t) \end{cases}$	$\begin{cases} \dot{I}_1 = 0 \\ \dot{U}_2 = \mu \dot{U}_1 \end{cases}$
	VCCS	$\begin{cases} i_1(t) = 0 \\ i_2(t) = g_m u_1(t) \end{cases}$	$\begin{cases} \dot{I}_1 = 0 \\ \dot{I}_2 = g_m \dot{U}_1 \end{cases}$
	CCCS	$\begin{cases} u_1(t) = 0 \\ i_2(t) = \alpha i_1(t) \end{cases}$	$\begin{cases} \dot{U}_1 = 0 \\ \dot{I}_2 = \alpha \dot{I}_1 \end{cases}$
	CCVS	$\begin{cases} u_1(t) = 0 \\ u_2(t) = \gamma_m i_1(t) \end{cases}$	$\begin{cases} \dot{U}_1 = 0 \\ \dot{U}_2 = \gamma_m \dot{I}_1 \end{cases}$
运算放大器		$u_o(t) = \pm A u_d(t)$	$\dot{U}_o = \pm A \dot{U}_d$
回转器		$\begin{cases} u_1(t) = -\gamma i_2(t) \\ u_2(t) = \gamma i_1(t) \end{cases}$	$\begin{cases} \dot{U}_1 = -\gamma \dot{I}_2 \\ \dot{U}_2 = \gamma \dot{I}_1 \end{cases}$
理想变压器		$\begin{cases} u_1(t) = n u_2(t) \\ i_2(t) = -n i_1(t) \end{cases}$	$\begin{cases} \dot{U}_1 = n \dot{U}_2 \\ \dot{I}_2 = -n \dot{I}_1 \end{cases}$
耦合电器		$\begin{cases} u_1(t) = L_1 \dfrac{di_1(t)}{dt} \pm M \dfrac{di_2(t)}{dt} \\ u_2(t) = \pm M \dfrac{di_1(t)}{dt} + L_2 \dfrac{di_2(t)}{dt} \end{cases}$	$\begin{cases} \dot{U}_1 = j\omega L_1 \dot{I}_1 \pm j\omega M \dot{I}_2 \\ \dot{U}_2 = \pm j\omega M \dot{I}_1 + j\omega L_2 \dot{I}_2 \end{cases}$

6.2.3 阻抗和导纳

从上节的讨论中可知，在正弦稳态条件下，LTI 二端元件的电压和电流都是正弦量，可以用相量表示，因此将元件在正弦稳态时电压相量和电流相量之比定义为该元件的阻抗，记为 $Z(j\omega)$，即

$$Z(j\omega) = \frac{\dot{U}}{\dot{I}} = \frac{\dot{U}_m}{\dot{I}_m} \tag{6.21a}$$

则所有二端元件的 VCR 可以统一表示为

$$\dot{U} = Z\dot{I} \quad \text{或} \quad \dot{U}_m = Z\dot{I}_m \tag{6.21b}$$

由此电阻、电容、电感的阻抗分别为

$$\left. \begin{aligned} Z_R &= R \\ Z_C &= \frac{1}{j\omega C} \\ Z_L &= j\omega L \end{aligned} \right\} \tag{6.21c}$$

如果将阻抗 $Z(j\omega)$ 的倒数定义为导纳 $Y(j\omega)$，即

$$Y(j\omega) = \frac{1}{Z(j\omega)} = \frac{\dot{I}}{\dot{U}} = \frac{\dot{I}_m}{\dot{U}_m} \tag{6.22a}$$

则所有二端元件的 VCR 也可以统一表示为

$$\dot{I} = Y(\mathrm{j}\omega)\dot{U} \quad 或 \quad \dot{I}_\mathrm{m} = Y(\mathrm{j}\omega)\dot{U}_\mathrm{m} \qquad (6.22\mathrm{b})$$

电阻、电容、电感的导纳分别为

$$\left.\begin{array}{l} Y_R = G \\ Y_C = \mathrm{j}\omega C \\ Y_L = \dfrac{1}{\mathrm{j}\omega L} \end{array}\right\} \qquad (6.22\mathrm{c})$$

通常人们将式(6.21b)和式(6.22b)称为相量形式的欧姆定律，或广义欧姆定律。阻抗和导纳的概念可以推广到由 LTI 元件组成的二端网络，如图 6-11 所示。

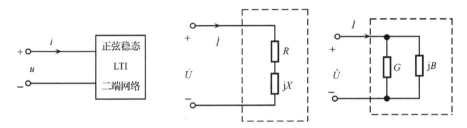

图 6-11　LTI 二端网络的阻抗和导纳

对于阻抗 $Z(\mathrm{j}\omega)$，根据需要可以将其表示为多种形式

$$Z(\mathrm{j}\omega) = \frac{\dot{U}}{\dot{I}} = \frac{\dot{U}_\mathrm{m}}{\dot{I}_\mathrm{m}} = \left|Z(\mathrm{j}\omega)\right| \angle \theta_Z = R + \mathrm{j}X \qquad (6.23)$$

其中

模
$$\left|Z(\mathrm{j}\omega)\right| = \frac{U}{I} = \frac{U_\mathrm{m}}{I_\mathrm{m}} = \sqrt{R^2 + X^2}$$

相角
$$\theta_Z = \varphi_u - \varphi_i = \arctan\frac{X}{R}$$

电阻
$$R = \mathrm{Re}\left[Z(\mathrm{j}\omega)\right]$$

电抗
$$X = \mathrm{Im}\left[Z(\mathrm{j}\omega)\right]$$

一般地说 X 的取值范围，决定了电抗的性质，即

$X > 0$，电抗 X 是感性；

$X < 0$，电抗 X 呈容性；

$X = 0$，阻抗 $Z(\mathrm{j}\omega)$ 为纯电阻。

同理，导纳 $Y(\mathrm{j}\omega)$ 定义为

$$Y(\mathrm{j}\omega) = \frac{1}{Z(\mathrm{j}\omega)} = \frac{\dot{I}}{\dot{U}} = \frac{\dot{I}_\mathrm{m}}{\dot{U}_\mathrm{m}} = \left|Y(\mathrm{j}\omega)\right| \angle \theta_Y = G + \mathrm{j}B \qquad (6.24)$$

其中

模
$$\left|Y(\mathrm{j}\omega)\right| = \frac{I}{U} = \frac{I_\mathrm{m}}{U_\mathrm{m}} = \sqrt{G^2 + B^2}$$

相角
$$\theta_Y = \varphi_i - \varphi_u = \arctan\frac{B}{G}$$

电阻 $G = \mathrm{Re}\big[Y(\mathrm{j}\omega)\big]$

电抗 $B = \mathrm{Im}\big[Y(\mathrm{j}\omega)\big]$

显然

$B < 0$，电纳 B 呈感性；

$B > 0$，电纳 B 呈容性；

$B = 0$，导纳 $Y(\mathrm{j}\omega)$ 为纯电导。

引入阻抗和导纳的概念之后，即可对二端网络进行等效变换，其方法仅仅是电阻网络变换方法的推广，下面具体介绍。

若二端网络由 n 个元件串联，则其输入阻抗可用串联公式求得

$$Z(\mathrm{j}\omega) = \sum_{k=1}^{n} Z_k(\mathrm{j}\omega) = \sum_{k=1}^{n} R_k + \mathrm{j}\sum_{k=1}^{n} X_k \tag{6.25}$$

若二端网络由 n 个元件并联，则其输入导纳可用并联公式求得

$$Y(\mathrm{j}\omega) = \sum_{k=1}^{n} Y_k(\mathrm{j}\omega) = \sum_{k=1}^{n} G_k + \mathrm{j}\sum_{k=1}^{n} B_k \tag{6.26}$$

同样，也可以将分压公式和分流公式进行推广如下

分压公式

$$\dot{U}_i = \frac{Z_i \dot{U}}{\sum_{k=1}^{n} Z_k} \tag{6.27}$$

分流公式

$$\dot{I}_i = \frac{Y_i \dot{I}}{\sum_{k=1}^{n} Y_k} \tag{6.28}$$

应用上述公式，可以很容易推导出耦合电感的串、并联等效公式。

若耦合电感采用如图 6-12(a) 所示顺连式串联（即异名端相连），由图 6-12(a) 有

$$\dot{U}_L = \dot{U}_{L1} + \dot{U}_{L2}$$
$$= (\mathrm{j}\omega L_1 \dot{I} + \mathrm{j}\omega M \dot{I}) + (\mathrm{j}\omega M \dot{I} + \mathrm{j}\omega L_2 \dot{I})$$
$$= \mathrm{j}\omega(L_1 + L_2 + 2M)\dot{I}$$

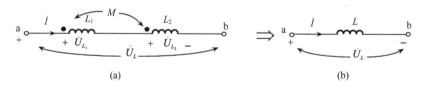

(a)   (b)

图 6-12　耦合电感顺连式串联及等效电路

由图 6-12(a) 有

$$\dot{U}_L = \mathrm{j}\omega L \dot{I}$$

所以

$$L = L_1 + L_2 + 2M \tag{6.29}$$

若耦合电感采用如图 6-13(a)所示反连式串联(即同名端相连)，同理可得

$$L = L_1 + L_2 - 2M \tag{6.30}$$

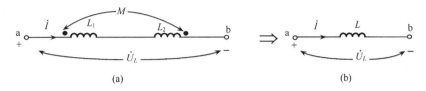

(a)　　　　　　　　　　　　　　　　　　(b)

图 6-13　耦合电感反连式串联及等效电路

若耦合电感采用如图 6-14 所示同名端相连式并联，可推导得

$$L = \frac{L_1 L_2 - M^2}{L_1 + L_2 - 2M} \tag{6.31}$$

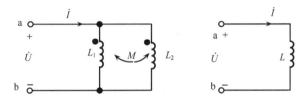

图 6-14　耦合电感同名端相连式并联及等效电路

若耦合电感采用如图 6-15 所示异名端相连式并联，可推导得

$$L = \frac{L_1 L_2 - M^2}{L_1 + L_2 + 2M} \tag{6.32}$$

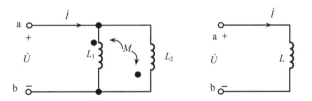

图 6-15　耦合电感异名端相连式并联及等效电路

　　实际工作中遇到的电路多数是混连电路，这时需要首先作出电路的相量模型，从而将电阻电路的处理原则、定理和方法推广应用来求解正弦稳态电路。所谓电路的相量模型就是在正弦稳态条件下，将电路时域模型中所有的电路元件和信号源都用相量表示后所得的电路模型，它与时域模型具有相同的拓扑结构。但是必须注意，电路的相量模型是一个零状态模型，要求电路中动态元件中的初储能为零；另一方面，因为元件阻抗 $Z(j\omega)$ 和导纳 $Y(j\omega)$ 均是频率 ω 的函数，当激励信号源(必须是同频率)的频率 ω 改变时，$Z(j\omega)$ 将随之改变，电路相量模型也将随之改变。

　　例 6.4　已知电路如图 6-16(a)所示，其中：$R = 2\Omega$，$L = 2\text{H}$，$C = 0.25\text{F}$，试求：

（1）$u_S(t) = 10\sqrt{2}\cos 2t(\text{V})$ 时的电路模型和输入阻抗 Z_{i_1}；（2）$u_S(t) = 10\sqrt{2}\cos 10t(\text{V})$ 时的电路模型和输入阻抗 Z_{i_2}。

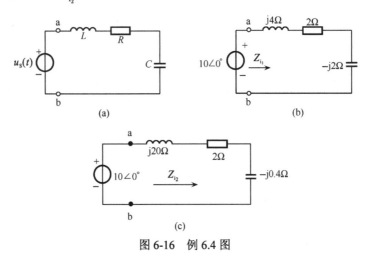

图 6-16　例 6.4 图

解　（1）$u_S(t) = 10\sqrt{2}\cos 2t(\text{V})$，$\dot{U}_S = 10\angle 0°$。因为

$$\omega = 2\text{rad/s}$$

所以

$$Z_L = \text{j}\omega L = \text{j} \times 2 \times 2 = \text{j}4(\Omega)$$

$$Z_R = 2\Omega$$

$$Z_C = \frac{1}{\text{j}\omega C} = -\text{j}\frac{1}{2 \times 0.25} = -\text{j}2(\Omega)$$

于是得电路相量模型如图 6-16(b) 所示，则

$$Z_{i_1}(\text{j}2) = Z_L + Z_R + Z_C = \text{j}4 + 2 + (-\text{j}2) = 2 + \text{j}2(\Omega)$$

（2）$u_S(t) = 10\sqrt{2}\cos 10t(\text{V})$，$\dot{U}_S = 10\angle 0°$。因为

$$\omega = 10\text{rad/s}$$

所以

$$Z_L = \text{j}\omega L = \text{j} \times 10 \times 2 = \text{j}20(\Omega)$$

$$Z_R = 2\Omega$$

$$Z_C = \frac{1}{\text{j}\omega C} = -\text{j}\frac{1}{10 \times 0.25} = -\text{j}0.4(\Omega)$$

于是得电路相量模型如图 6-16(c) 所示，所以

$$Z_{i_2}(\text{j}10) = Z_L + Z_R + Z_C = \text{j}20 + 2 + (-\text{j}0.4) = 2 + \text{j}19.6(\Omega)$$

6.3　相量分析法

应用相量分析法来求解电路系统的正弦稳态响应，通常有三条途径。其一，等效变

换分析法；其二，电路方程(直接用相量代数方程)求解法；其三，电路定理应用求解法。显然这是与电阻电路求解方法类似的，下面举例说明。

6.3.1　等效变换分析法

等效变换分析法的方法步骤如下：

(1)做出电路的相量模型。

(2)对无源网络应用串、并联公式或 T-Ⅱ变换公式进行求解。

(3)对有源网络不断地做戴维南电路与诺顿电路的等效化简，直至求出结果为止。

例 6.5　已知具有回转器的电路如图 6-17(a)所示，试求电路 1—1′端的等效电路。

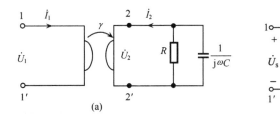

图 6-17　例 6.5 图

解　根据回转器的 VCR，可得

$$\begin{cases} \dot{U}_1 = -\gamma \dot{I}_2 \\ \dot{U}_2 = \gamma \dot{I}_1 \end{cases}$$

而由电路可知

$$\dot{I}_2 = \frac{-\dot{U}_2}{Z_2} = \frac{-\gamma \dot{I}_1}{Z_2}$$

其中

$$Z_2 = \frac{R\dfrac{1}{j\omega C}}{R+\dfrac{1}{j\omega C}}$$

所以

$$\dot{U}_1 = -\gamma \dot{I}_2 = -\gamma \frac{-\gamma \dot{I}_1}{Z_2} = \frac{\gamma^2 \dot{I}_1}{Z_2}$$

根据输入阻抗的定义，1—1′端的输入阻抗 Z_i 为

$$Z_i = \frac{\dot{U}_1}{\dot{I}_1} = \frac{\gamma^2 \dfrac{\dot{I}_1}{Z_2}}{\dot{I}_1} = \frac{\gamma^2}{Z_2} = \frac{\gamma^2}{R} + j\omega\gamma^2 C = R_i + j\omega L_i$$

其中

$$\begin{cases} R_{\mathrm{i}} = \mathrm{Re}[Z_{\mathrm{i}}] = \dfrac{\gamma^2}{R} \\ L_{\mathrm{i}} = \mathrm{Im}[Z_{\mathrm{i}}] = \gamma^2 C \end{cases}$$

于是得 1—1′等效电路如图 6-17(b)所示。

6.3.2　相代数方程描述电路法

从上节的分析可以知道，在相量域中 KCL 和 KVL 同样成立，且通过定义阻抗使元件电压和电流的关系与欧姆定理所反映的数学关系一致，因此第 3 章针对电阻网络所介绍节点分析法和网孔分析法在相量分析中同样适用。采用相代数方程来描述电路，是相量分析法中最广泛采用的一般方法，其方法步骤如下：

(1)作出电路的相量模型。

(2)列出电路的相代数方程组。

采用节点分析法时

$$\boldsymbol{Y}\dot{\boldsymbol{U}}_n = \dot{\boldsymbol{I}}_{\mathrm{S}} \tag{6.33}$$

其中，导纳矩阵 $\boldsymbol{Y}$ 由自导纳 $y_{kk}(\mathrm{j}\omega)$ 和互导纳 $y_{kj}(\mathrm{j}\omega)$ 构成，其求解方法与电阻电路类同，即自导纳 $y_{kk}(\mathrm{j}\omega)$ 等于连接在第 k 个节点上的所有支路导纳和，取"正"；互导纳 $y_{kj}(\mathrm{j}\omega)$ 等于连接在节点 k 和节点 j 之间的所有公共支路导纳之和，取"负"；激励电流源相量 $\dot{\boldsymbol{I}}_{Skk}$ 加等于流入节点 k 的所有激励电流源相量的代数和写在方程右边，流入为"正"，流出为"负"。

采用网孔分析法时

$$\boldsymbol{Z}\dot{\boldsymbol{i}}_{\mathrm{m}} = \dot{\boldsymbol{U}}_{\mathrm{S}} \tag{6.34}$$

其中，阻抗矩阵 $\boldsymbol{Z}$ 由自阻抗 $Z_{kk}(\mathrm{j}\omega)$ 和互阻抗 $Z_{kj}(\mathrm{j}\omega)$ 构成，其求解方法与电阻电路类同，不再重述；激励电压源相量 $\dot{U}_{Skk}$ 列写方法也类同于电阻电路。

例 6.6　在图 6-18(a) 所示电路中，已知 $u_{\mathrm{S}}(t) = 10\sqrt{2}\cos(t+30^\circ)\mathrm{V}$ 、 $R_1 = R_2 = R_3 = 1\Omega$ ， $C_1 = C_2 = 1\mathrm{F}$ ，试求电路的正弦稳态响应 $u_{\mathrm{o}}(t)$ 。

解　(1)作出电路的相量模型如图 6-18(b)所示，图中

$$\frac{\dot{U}_{\mathrm{S}}}{R_1} = 10\angle 30^\circ\mathrm{V}, \quad G_1 = G_2 = G_3 = 1\mathrm{S}, \quad \mathrm{j}\omega C_1 = \mathrm{j}\omega C_2 = \mathrm{j}\mathrm{S}$$

(2)列电路的节点方程，选 n_4 为参考点

$$\begin{cases} G_1\dot{U}_{n_1} - G_1\dot{U}_{n_3} = \dfrac{\dot{U}_{\mathrm{S}}}{R_1} \\ (\mathrm{j}\omega C_1 + \mathrm{j}\omega C_2)\dot{U}_{n_2} - \mathrm{j}\omega C_2\dot{U}_{n_3} = -g\dot{U}_1 \\ -G_1\dot{U}_{n_1} - \mathrm{j}\omega C_2\dot{U}_{n_2} + (G_1 + G_3 + \mathrm{j}\omega C_2)\dot{U}_{n_3} = -\dfrac{\dot{U}_{\mathrm{S}}}{R_1} \end{cases}$$

代入数据，并注意 $\dot{U}_1 = \dot{U}_{n_1}$ ， $\dot{U}_{\mathrm{o}} = \dot{U}_{n_3}$ ，于是得

$$\begin{cases} \dot{U}_{n_1} - \dot{U}_{o} = 10\angle 30° \\ g\dot{U}_{n_1} + 2j\dot{U}_{n_2} - j\dot{U}_{o} = 0 \\ -\dot{U}_{n_1} - j\dot{U}_{n_2} + (2+j)\dot{U}_{o} = -10\angle 30° \end{cases}$$

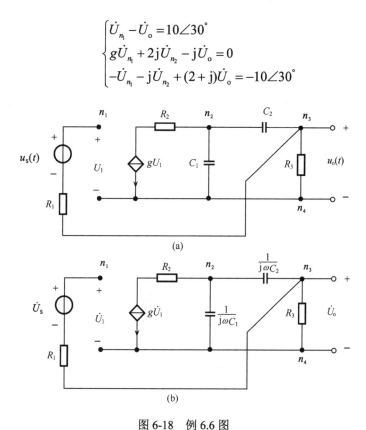

图 6-18　例 6.6 图

（3）求解。根据克拉默法则

$$\dot{U}_{o} = \cfrac{\begin{vmatrix} 1 & 0 & 10\angle 30° \\ g & 2j & 0 \\ -1 & -j & -10\angle 30° \end{vmatrix}}{\begin{vmatrix} 1 & 0 & -1 \\ g & 2j & -j \\ -1 & -j & 2+j \end{vmatrix}}$$

$$= \frac{10g\angle 120°}{(2+g)+j}$$

所以

$$u_{o}(t) = \frac{10\sqrt{2}g}{\sqrt{1+(2+g)^2}}\cos(t+120°-\varphi) \quad (\text{V})$$

其中，$\varphi = \arctan\dfrac{1}{2+g}$ 。

例 6.7　已知空芯变压器如图 6-19(a)所示，试求其 1—1′ 的等效电路(即初级等效电路)。(注：变压器是电工和电子技术中常用部件，若变压器两个耦合绕组的磁通的通路是由铁磁物质构成的，则称为铁芯变压器；若通路是空气构成的，则称为空芯变压器。前者耦合系数 k 接近 1，后者 k 较小。）

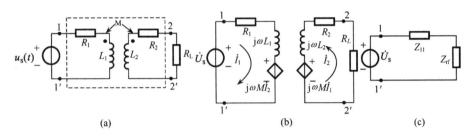

图 6-19　例 6.7 图

解　(1)作出电路的相量模型如图 6-19(b)所示。

(2)列电路的网孔方程

$$\begin{cases} (R_1 + j\omega L_1)\dot{I}_1 + j\omega M\dot{I}_2 = \dot{U}_S \\ j\omega M\dot{I}_1 + (R_2 + R_L + j\omega L_2)\dot{I}_2 = 0 \end{cases}$$

即

$$\begin{bmatrix} Z_{11} & Z_{12} \\ Z_{21} & Z_{22} \end{bmatrix}\begin{bmatrix} \dot{I}_1 \\ \dot{I}_2 \end{bmatrix} = \begin{bmatrix} \dot{U}_S \\ 0 \end{bmatrix}$$

其中

自阻抗

$$\begin{cases} Z_{11} = R_1 + j\omega L_1 \\ Z_{22} = R_2 + j\omega L_2 + R_L \end{cases}$$

互阻抗

$$Z_{12} = Z_{21} = j\omega M$$

(3)求解

$$\dot{I}_1 = \frac{\Delta_1}{\Delta} = \frac{Z_{22}\dot{U}_S}{Z_{11}Z_{22} - Z_{12}Z_{21}}$$

根据输入阻抗定义

$$Z_i = \frac{\dot{U}_1}{\dot{I}_1} = \frac{\dot{U}_S}{\dot{I}_1} = \frac{\dot{U}_S}{\dfrac{Z_{22}\dot{U}_S}{Z_{11}Z_{22} - Z_{12}Z_{21}}}$$

$$= \frac{Z_{11}Z_{22} - (j\omega M)(j\omega M)}{Z_{22}} = Z_{11} + \frac{\omega^2 M^2}{Z_{22}}$$

令 $Z_{rf} = \dfrac{\omega^2 M^2}{Z_{22}}$，称为次级在初级回路中的反映阻抗，则

$$Z_i = Z_{11} + Z_{rf}$$

于是得 1—1′端口等效电路如图 6-19(c)所示。

对于处于正弦稳态下的线性时不变网络，只要将同频率的激励信号 $u_s(t)$、$i_s(t)$ 改为相量表示 $\dot{U}_s$、$\dot{I}_s$，电路元件全部用阻抗或导纳表示，则第 3 章中介绍的网络定理均可扩展到正弦稳态网络，应用扩展后的网络定理，也可以方便地求解电路，下面举例说明。

例 6.8 已知晶体管 H 型等效电路如图 6-20(a)所示，试求输出端 2—2′端的等效电路。

解 (1)作出电路的相量模型，如图 6-20(b)所示，其中 $G_1 = G_{bb} + G_{be}$，$\dot{I}_s = G_{bb}\dot{U}_s$。

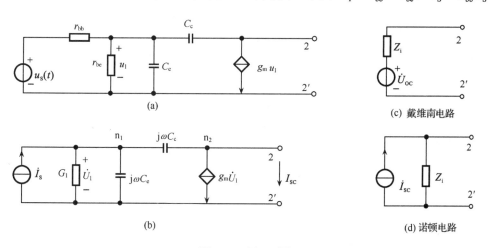

图 6-20 例 6.8 图

(2)应用戴维南定理求解。

①求开路电压 $\dot{U}_{OC}$。

列节点方程

$$\begin{bmatrix} G_1 + j\omega(C_c + C_e) & -j\omega C_c \\ g_m - j\omega C_c & j\omega C_c \end{bmatrix} \begin{bmatrix} \dot{U}_{n_1} \\ \dot{U}_{n_2} \end{bmatrix} = \begin{bmatrix} \dot{I}_s \\ 0 \end{bmatrix}$$

所以

$$\dot{U}_{OC} = \dot{U}_{n_2} = \frac{\Delta_2}{\Delta} = \frac{(j\omega C_c - g_m)\dot{I}_s}{-\omega^2 C_c C_e + j\omega c_c(g_m + G_1)}$$

②求戴维南等效阻抗 Z_i。

令 2—2′短路，则

$$Z_i = \frac{\dot{U}_{OC}}{\dot{I}_{SC}}$$

因为

$$\dot{I}_{SC} = j\omega C_c \dot{U}_1 - g_m \dot{U}_1 = (j\omega C_c - g_m)\dot{U}_1$$

而

$$\dot{U}_1 = \frac{\dot{I}_s}{G_1 + j\omega(C_c + C_e)}$$

所以

$$\dot{I}_{SC} = \frac{\dot{I}_S(j\omega C_c - g_m)}{G_1 + j\omega(C_c + C_e)}$$

故

$$Z_i = \frac{\dot{U}_{OC}}{\dot{I}_{SC}} = \frac{j\omega(C_c + C_e) + G_1}{-\omega^2 C_c C_e + j\omega c_c(g_m + G_1)}$$

③作出等效电路模型。

例 6.9 已知电路如图 6-21(a) 所示，$R_1 = R_2 = 1\Omega$，$C_1 = C_2 = 0.01\text{F}$，$L = 1\text{H}$，$u_{S_1}(t) = \sqrt{2}\cos100t(\text{V})$，$u_{S_2}(t) = 20\sqrt{2}\cos1000t(\text{V})$，试求其输出响应 $u_o(t)$。

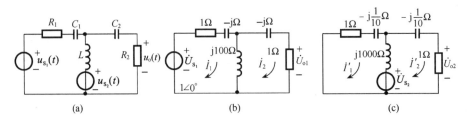

图 6-21 例 6.9 图

解 因为激励信号 $u_{S_1}(t)$ 和 $u_{S_2}(t)$ 不是同频率信号，不能直接用相量法求解。虽然在频域也不能用叠加定理求解，但是在时域能用叠加定理求解。

(1) $u_{S_1}(t) = \sqrt{2}\cos100t(\text{V})$ 单独作用产生响应 $u_{o1}(t)$，此时 $\omega = 100\text{rad/s}$，于是得电路模型如图 6-21(b) 所示。

列网孔方程

$$\begin{bmatrix} 1+j99 & -j100 \\ -j100 & 1+j99 \end{bmatrix}\begin{bmatrix} \dot{I}_1 \\ \dot{I}_2 \end{bmatrix} = \begin{bmatrix} 1\angle0° \\ 0 \end{bmatrix}$$

所以

$$\dot{I}_2 = \frac{\Delta_2}{\Delta} = \frac{j100}{200 + j198} = 0.355\angle45°$$

$$\dot{U}_{o1} = R_2\dot{I}_2 = 1 \times 0.355\angle45° = 0.355\angle45°$$

故

$$u_{o1}(t) = 0.355\sqrt{2}\cos(100t + 45°)(\text{V})$$

(2) $u_{S_2}(t) = 20\sqrt{2}\cos1000t(\text{V})$，单独作用，产生响应 $u_{o2}(t)$，因为此时 $\omega = 1000\text{rad/s}$，于是得电路模型如图 6-21(c) 所示。

列网孔方程

$$\begin{bmatrix} 1+j(1000-0.1) & -j1000 \\ -j1000 & 1+j(1000-0.1) \end{bmatrix}\begin{bmatrix} \dot{I}'_1 \\ \dot{I}'_2 \end{bmatrix} = \begin{bmatrix} -20\angle0° \\ 20\angle0° \end{bmatrix}$$

解得

$$\dot{I}'_2 = \frac{\Delta_2}{\Delta} = 0.01\angle -84.3^\circ$$

$$\dot{U}_{o2} = R_2\dot{I}'_2 = 0.01\angle -84.3^\circ$$

所以

$$u_{o2}(t) = 0.01\sqrt{2}\cos(1000t - 83.4^\circ)(\text{V})$$

(3) 在时域使用叠加定理。

$$\begin{aligned} u_o(t) &= u_{o1}(t) + u_{o2}(t) \\ &= 0.355\sqrt{2}\cos(100t + 45^\circ) + 0.01\sqrt{2}\cos(1000t - 84.3^\circ)\,(\text{V}) \end{aligned}$$

6.4　正弦电路的功率

6.4.1　二端网络的功率

对于任意一个 LTI 二端网络如图 6-22 所示, 若端口电压电流为 $u(t) = \sqrt{2}U\cos(\omega t + \varphi_u)$, $i(t) = \sqrt{2}I\cos(\omega t + \varphi_i)$, 在正弦稳态时, $\dot{I} = I\angle\varphi_i$, $\dot{U} = U\angle\varphi_u$, $\dot{I}$ 和 $\dot{U}$ 的相位差为 $\varphi = \varphi_u - \varphi_i$。则输入该二端网络的瞬时功率为

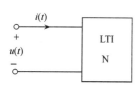

图 6-22　LTI 二端网络

$$\begin{aligned} p(t) &= u(t)i(t) = \sqrt{2}U\cos(\omega t + \varphi_u)\sqrt{2}I\cos(\omega t + \varphi_i) \\ &= UI\left[\cos(2\omega t + \varphi_u + \varphi_i) + \cos(\varphi_u - \varphi_i)\right] \\ &= UI\cos(2\omega t + \varphi_u + \varphi_i) + UI\cos\varphi \\ &= \frac{1}{2}U_m I_m\left[\cos(2\omega t + \varphi_u + \varphi_i) + \cos\varphi\right] \end{aligned} \qquad (6.35)$$

可见瞬时功率包含恒定分量 $UI\cos\varphi$ 及正弦分量 $UI\cos(2\omega t + \varphi_u + \varphi_i)$, 其波形如图 6-23 所示。当 i、u 实际方向相同时, $p(t) > 0$, 表示二端网络吸收能量; 当 i、u 方向相反时, $p(t) < 0$, 表示二端网络将能量送回电源, 这是由于二端网络的动态元件把储能送回电源的缘故; 当 $i = 0$ 或 $u = 0$ 时, $p(t) = 0$。

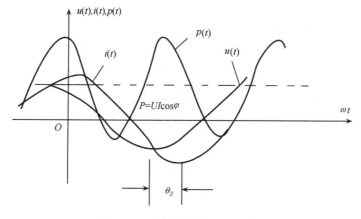

图 6-23　二端网络的 u、i、p 波形

瞬时功率的实用意义不大，通常说的正弦电路的功率是指一个周期 $(T = 2\pi\omega)$ 内的平均功率，又称为有功功率，用 P 表示，单位是瓦 (W)：

$$P = \frac{1}{T}\int_0^T p(t)\mathrm{d}t = \frac{1}{T}\int_0^T u(t)i(t)\mathrm{d}t = UI\cos\varphi \tag{6.36}$$

此即瞬时功率中的恒定分量有功功率代表电路实际消耗的功率，它不仅与电压、电流有效值的乘积有关，而且正比于它们之间相位差的余弦 $\cos\varphi$。$\cos\varphi$ 称为二端网络的功率因数，φ 称为功率因数角。如果二端网络含有独立源，在利用功率公式 $P = UI\cos\varphi$ 计算功率时，φ 应为端钮电压与电流的相位差，因而 P 可能为正，也可能为负。

若二端网络无源，且输入阻抗 $Z = \frac{\dot{U}}{\dot{I}} = |Z|\angle\theta_Z$，则 $\cos\varphi = \cos\theta_Z$，$\varphi = \theta_Z$。由于 $\cos\varphi = \cos(-\varphi)$。功率因数只与阻抗角 θ_Z 的绝对值有关，与阻抗是感性或是容性无关，因此在表明功率因数 $\cos\varphi$ 时应说明阻抗的性质。规定在感性阻抗的 $\cos\varphi$ 之后加上"滞后"字样，表明电流 $\dot{I}$ 滞后电压 $\dot{U}$；而对容性阻抗在 $\cos\varphi$ 之后加上"超前"字样，表明电流 $\dot{I}$ 超前电压 $\dot{U}$。

有功功率 P 实质上是二端网络中各电阻消耗的平均功率的总和。

为简化起见，现设以电流 $\dot{I}$ 为参考相量，即令 $\dot{I} = I\angle 0$，则 $\varphi_u = \varphi$，且 $p(t) = UI[\cos(2\omega t + \varphi_u + \varphi_i) + \cos\varphi]$，下面来讨论三种情况的功率：

(1) 当 $\varphi = 0$ 时，无源二端网络等效为纯电阻，此时

$$\left.\begin{aligned} p(t) &= UI(1 + \cos 2\omega t) \geqslant 0 \\ P_R &= UI = RI^2 = GU^2 \end{aligned}\right\} \tag{6.37}$$

这和单个电阻所吸收的瞬时功率和平均功率的表达式相同。可见电阻始终消耗功率，故 $p(t) \geqslant 0$。

(2) 当 $\varphi = +\pi/2$ 时，无源二端网络相当于纯电感，此时瞬时功率表达式变为单个电感元件瞬时功率表达式，即

$$p_L(t) = UI\cos\left(2\omega t + \frac{\pi}{2}\right) = -UI\sin 2\omega t \tag{6.38}$$

显然，电感中的瞬时功率在一周期内变化两次，而平均功率 $P_L = UI\cos\frac{\pi}{2} = 0$。

对于电感，其储存的磁能为

$$\begin{aligned} W_L(t) &= \frac{1}{2}Li^2(t) = \frac{1}{2}L(\sqrt{2}I\cos\omega t)^2 \\ &= \frac{1}{2}LI^2(1 + \cos 2\omega t) \end{aligned}$$

从上式可以看出，能量以 2ω 的频率在其平均值 $W_{Lav}\left(W_{Lav} = \frac{1}{2}LI^2\right)$ 上下波动，但在任何时刻 $W_L(t) \geqslant 0$。当 $p_L(t)$ 为正时，能量流入电感，电感储能增加；当 $p_L(t)$ 为负值时，能量自电感流出，储能减小，因此在正弦稳态时，外电路(电源)与电感之间存在着能量不断往返现象。

　　(3)当 $\varphi = -\pi/2$ 时，无源二端网络相当于纯电容元件，瞬时功率表达式变为单个电容元件的瞬时功率表达式，即

$$p_C(t) = UI\cos\left(2\omega t - \frac{\pi}{2}\right) = UI\sin 2\omega t \tag{6.39}$$

平均功率

$$P_C = UI\cos\left(-\frac{\pi}{2}\right) = 0$$

　　电容瞬时功率在一周期中也变化两次，而吸收的平均功率 P_C 为零，电容储存的电能为

$$\begin{aligned}
W_C(t) &= \frac{1}{2}Cu^2(t) = \frac{1}{2}C\left[\sqrt{2}U\cos\left(\omega t - \frac{\pi}{2}\right)\right]^2 \\
&= \frac{1}{2}CU^2(1 - \cos 2\omega t)
\end{aligned}$$

显然，能量以 2ω 的频率在其平均值 $W_{Cav}\left(W_{Cav} = \dfrac{1}{2}CU^2\right)$ 上下波动，且在任何时候 $W_C(t) \geqslant 0$。当 $p_C(t)$ 为正值时，能量流入电容，电路储能增加；当 $p_C(t)$ 为负值时，能量电容流出，储能减小。因此在正弦稳态下，外电路(电源)与电容之间存在着能量不断往返现象。

　　在工程中引用无功功率以表明动态元件与外电路之间能量往返交换的规模，无功功率用大写字母 Q 表示，定义为

$$Q = UI\sin\varphi \tag{6.40}$$

量纲与有功功率不同，单位用乏(var)。当 $\varphi > 0$ (感性电路)时，$Q > 0$；当 $\varphi < 0$ (容性电路)时，$Q < 0$；即无功功率有正负之分。对单个电感或等效电感来说，$\varphi = +\pi/2$，有

$$Q = UI\sin\frac{\pi}{2} = UI > 0 \tag{6.41}$$

对单个电容或等效电容来说，$\varphi = -\pi/2$，有

$$Q = UI\sin\left(-\frac{\pi}{2}\right) = -UI < 0 \tag{6.42}$$

因此，习惯上把电感看作"消耗"无功功率，把电容看作"产生"无功功率。

　　下面介绍电感、电容的无功功率与其储存的能量的关系，因为电感、电容储存的磁能、电场能的最大值分别为

$$W_{Lmax} = \frac{1}{2}LI_m^2 = LI^2 \tag{6.43}$$

$$W_{Cmax} = \frac{1}{2}CU_m^2 = CU^2 \tag{6.44}$$

所以

$$Q_L = UI = \omega LI^2 = \omega W_{Lmax} = \frac{U^2}{\omega L} \tag{6.45}$$

$$Q_C = -UI = -\omega CU^2 = -\omega W_{C\max} = -\frac{I^2}{\omega C} \tag{6.46}$$

在 R、L、C 串联电路中，由于 $U = |Z|I$、$R = |Z|\cos\theta_Z$、$X = |Z|\sin\theta_Z$、$\theta_Z = \varphi$，故

$$P = UI\cos\varphi$$
$$= |Z|I^2\cos\varphi = RI^2$$
$$Q = UI\sin\varphi = |Z|I^2\sin\varphi$$
$$= XI^2 = (X_L + X_C)I^2$$
$$= \omega(W_{L\max} - W_{C\max})$$

在电工技术中各种电机、电器设备的容量是由它们的额定电压、电流(有效值)的乘积来决定的，为此引进视在功率的概念。视在功率用字母 S 来表示，定义为

$$S = UI = \frac{1}{2}U_m I_m \tag{6.47}$$

其量纲与有功功率不同，单位为伏·安(V·A)、千伏·安(kV·A)，视在功率、有功功率和无功功率的关系为

$$S^2 = P^2 + Q^2 \tag{6.48}$$

或

$$S = \sqrt{P^2 + Q^2} \tag{6.49}$$

功率因数角与 S、P、Q 的关系为

$$\left.\begin{array}{l}\cos\varphi = \dfrac{P}{S} \\[2mm] \tan\varphi = \dfrac{Q}{S}\end{array}\right\} \tag{6.50}$$

电源在额定容量下，向负载输送多少有功功率，要由负载的阻抗角 θ_Z，即功率因数角 φ 决定，为充分利用电源设备容量，总是要求尽量提高功率因数 $\cos\varphi$。此外，提高功率因数 $\cos\varphi$ 还能减少线路损失，从而提高输电效率，因为当负载的有功功率 P 和电压 U 一定时，提高 $\cos\varphi$ 可使线路中的电流 I 减少，使消耗于线路电阻中的功率减小。另外无功功率随 $\cos\varphi$ 提高而减小，可以减少电源与负载间徒劳往返的能量交换。因此，提高功率因数有重要的经济意义。

要提高功率因数必须减小阻抗角，这就需根据负载阻抗特性和实际需要采取相应措施。工业企业中广泛使用具有感性特性的三相感应电动机，为提高 $\cos\varphi$，可在负载输入端口上并联合适的电容器，其电容量的计算见例 6.10。

例 6.10　如图 6-24，设有一个 220V、50Hz、50kW 的感应电动机，功率因数为 $\cos\varphi_1 = 0.5$。试求

(1)在使用时，电源供给的电流有效值 I_L 是多少？无功功率是多少？ (2)如果并联电容器使功率因数达到 $\cos\varphi_2 = 1$，所需并联电容值是多少？电源此时供给的电流有效值 I 是多少？

解　(1)

$$P_L = UI_L \cos\varphi_1$$

$$I_L = \frac{P_L}{U\cos\varphi_1} = 455\,\text{A}$$

$$Q_L = UI_L \sin\varphi_1 = UI_L\sqrt{1-\cos^2\varphi_1} = 86.7\,\text{kV}\cdot\text{A}$$

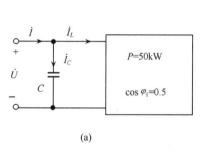 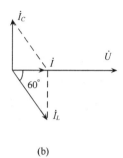

(a)　　　　　　　　　　　　　(b)

图 6-24　例 6.10 图

(2)加并联补偿电容 C 后，由于电动机端电压有效值不变，其工作状态也不受影响。电容器不消耗有功功率，因而电源提供的平均功率(有功功率)也不变，但提供的无功功率 $Q = Q_L + Q_C$，所以

$$Q_C = Q - Q_L = UI\sin\varphi_2 - UI_L\sin\varphi_1$$

而

$$P = UI\cos\varphi_2 = UI\sin\varphi_2\,\text{ctan}\,\varphi_2$$

所以

$$UI\sin\varphi_2 = P\tan\varphi_2 = P_L\tan\varphi_2 \quad (因为\,P=P_L)$$

同理

$$UI_L\sin\varphi_1 = P_L\tan\varphi_1$$

代入前式中有

$$Q_C = P_L\tan\varphi_2 - P_L\tan\varphi_1$$

又

$$Q_C = -\omega CU^2$$

由此得

$$C = \frac{-Q_C}{\omega U^2} = \frac{P_L\tan\varphi_1 - P_L\tan\varphi_2}{2\pi f U^2}$$

$$= \frac{86.7\times10^3}{100\pi\times220^2} = 5702(\mu\text{F})$$

$$I = \frac{P_L}{U\cos\varphi_2} = \frac{50\times10^3}{220\times1} = 227(\text{A})$$

利用相量图，也可说明并联电容对感性负载所起的作用，如图 6-24(b)所示，电动机电流 $\dot{I}_L$ 滞后电压 $\dot{U}$ 的相角为 $\varphi_1 = \varphi_u - \varphi_i = \arccos 0.5 = 60^\circ$，并联电容后 $\dot{I}_C$ 超前 $\dot{U}$ 相角为

90°，显然，如选择 C 合适可使 $\dot{I}$ 与 $\dot{U}$ 同相，即使功率因数角 $\varphi_2=0$、$\cos\varphi_2=1$。由图可见，电源此时提供的电流大为降低。在实际使用时，$\cos\varphi$ 通常提到 0.9 左右，以减少电容设备的投资。

平均功率、无功功率也可以根据电压相量和电流相量来计算。若二端网络的电压相量和电流相量分别为 $\dot{U}=U\angle\varphi_u$ 和 $\dot{I}=I\angle\varphi_i$，$\dot{I}^*=I\angle-\varphi_i$ 为电流相量的共轭复数，则

$$\begin{aligned}\dot{U}\dot{I}^*&=UI\angle(\varphi_u-\varphi_i)=UI\angle\varphi\\&=UI(\cos\varphi+\mathrm{j}\sin\varphi)=P+\mathrm{j}Q\end{aligned}\tag{6.51}$$

人们把复数 $\dot{U}\dot{I}^*$ 称为复功率，以 $\tilde{S}$ 表示，即

$$\tilde{S}=\dot{U}\,\dot{I}^*=P+\mathrm{j}Q\tag{6.52}$$

显然，复功率的模即视在功率 S

$$S=\sqrt{P^2+Q^2}$$

应注意，虽然 $P=\sum P_k$，$Q=\sum Q_k$，但 $S\neq\sum S_k$，$S=\sqrt{\left(\sum P_k\right)^2+\left(\sum Q_k\right)^2}$。在式(6.52)中，$P$ 应为网络中各电阻元件消耗功率的总和，虚部应为网络中各动态元件无功功率的代数和，这一关系称为复功率守恒。

6.4.2 正弦稳态的最大功率传输条件

在第 3 章已经讨论了线性含源二端电阻电路最大功率传输条件，在正弦稳态时要使负载最大功率传输的条件要复杂一些，下面作具体分析。设电路如图 6-25 所示，交流电源的电压为 $\dot{U}_S$，其内阻抗为 $Z_S=R_S+\mathrm{j}X_S$，负载阻抗为 $Z_L=R_L+\mathrm{j}X_L$，设给定电源内阻抗 Z_S，分两种情况讨论。

(1) 负载电阻、电抗均可独立变化。

由图 6-25 可知

$$\dot{I}=\frac{\dot{U}_S}{Z_S+Z_L}=\frac{\dot{U}_S}{(R_S+R_L)+\mathrm{j}(X_S+X_L)}$$

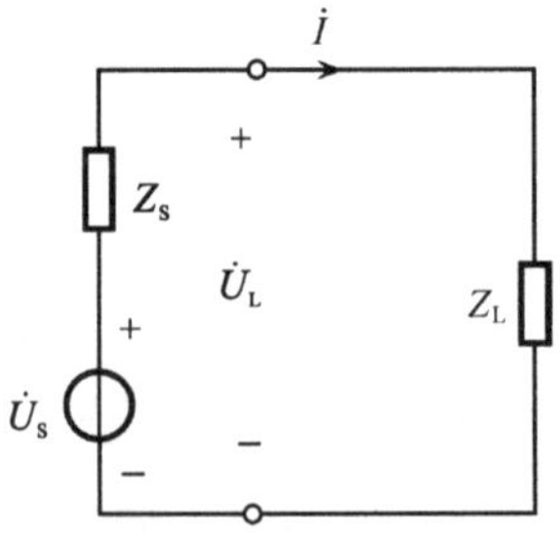

图 6-25 接负载 Z_L 的正弦稳态电路

故电流有效值为

$$I=\frac{U_S}{\sqrt{(R_S+R_L)^2+(X_S+X_L)^2}}$$

所以负载获得的平均功率为

$$P_{\mathrm{L}} = I^2 R_{\mathrm{L}} = \frac{U_{\mathrm{S}}^2 R_{\mathrm{L}}}{(R_{\mathrm{S}} + R_{\mathrm{L}})^2 + (X_{\mathrm{S}} + X_{\mathrm{L}})^2}$$

当 $X_{\mathrm{L}} = -X_{\mathrm{S}}$ 时，分母最小，此即获得最大 P_{L} 的 X_{L} 值，此时

$$P_{\mathrm{L}} = \frac{U_{\mathrm{S}}^2 R_{\mathrm{L}}}{(R_{\mathrm{S}} + R_{\mathrm{L}})^2}$$

再求上式极值，即令 $\dfrac{\mathrm{d}P_{\mathrm{L}}}{\mathrm{d}R_{\mathrm{L}}} = 0$，得 $R_{\mathrm{L}} = R_{\mathrm{S}}$，故获得最大功率传输条件为

$$R_{\mathrm{L}} = R_{\mathrm{S}}, \quad X_{\mathrm{L}} = -X_{\mathrm{S}}$$

即

$$Z_{\mathrm{L}} = Z_{\mathrm{S}}^{*} \tag{6.53}$$

这种匹配称为共轭匹配，这时负载获得的最大功率

$$P_{\mathrm{Lmax}} = \frac{U_{\mathrm{S}}^2}{4R_{\mathrm{S}}} \tag{6.54}$$

(2) 负载阻抗角固定而模可改变。

设负载阻抗为

$$Z_{\mathrm{L}} = |Z| \angle \theta_Z = |Z_{\mathrm{L}}| \cos\theta_Z + \mathrm{j}|Z_{\mathrm{L}}| \sin\theta_Z$$

则

$$\dot{I} = \frac{\dot{U}_{\mathrm{S}}}{R_{\mathrm{S}} + |Z_{\mathrm{L}}|\cos\theta_Z + \mathrm{j}(X_{\mathrm{S}} + |Z_{\mathrm{L}}|\sin\theta_Z)}$$

负载获得的功率为

$$P_{\mathrm{L}} = \frac{U_{\mathrm{S}}^2 |Z_{\mathrm{L}}| \cos\theta_Z}{(R_{\mathrm{S}} + |Z_{\mathrm{L}}|\cos\theta_Z)^2 + (X_{\mathrm{S}} + |Z_{\mathrm{L}}|\sin\theta_Z)^2} \tag{6.55}$$

令 $\dfrac{\mathrm{d}P_{\mathrm{L}}}{\mathrm{d}|Z_{\mathrm{L}}|} = 0$，则

$$|Z_{\mathrm{L}}|^2 = R_{\mathrm{S}}^2 + X_{\mathrm{S}}^2$$
$$|Z_{\mathrm{L}}| = \sqrt{R_{\mathrm{S}}^2 + X_{\mathrm{S}}^2} = |Z_{\mathrm{S}}| \tag{6.56}$$

即负载阻抗的模应与电源内阻抗的模相等，注意此时所得功率并非为可能获得的最大功率，若 θ_{L} 尚可调节，则能使负载得到更大的功率。

6.5　非正弦周期信号激励下电路的稳态分析

在工程实践中，电路信号除了正弦信号之外，非正弦的周期信号也广泛的出现，因此必须研究非正弦周期信号激励下的电路稳态分析。

因为任意给定的周期信号 $f(t) = f(t + nT)\left(\text{周期 } T = \dfrac{2\pi}{\omega}\right)$，若满足狄利克雷条件，则可以展开成收敛的三角级数，即傅里叶级数

$$f(t) = A_0 + \sum_{k=1}^{\infty} (A_m \cos k\omega t + B_m \sin k\omega t) \tag{6.57a}$$

或

$$f(t) = C_0 + \sum_{k=1}^{\infty} C_{km} \cos(k\omega t + \varphi_k) \tag{6.57b}$$

傅里叶系数可由下述公式求出

$$\left.\begin{aligned} A_0 &= \frac{1}{T}\int_0^T f(t)\mathrm{d}t \\ A_{km} &= \frac{2}{T}\int_0^T f(t)\cos k\omega\omega t\mathrm{d}, \quad k \neq 0 \\ B_{km} &= \frac{2}{T}\int_0^T f(t)\sin k\omega\omega t\mathrm{d}, \quad k \neq 0 \end{aligned}\right\} \tag{6.57c}$$

$$\left.\begin{aligned} C_0 &= A_0 \\ C_{km} &= \sqrt{A_{km}^2 + B_{km}^2} \\ \varphi_k &= \arctan\frac{B_{km}}{A_{km}} \end{aligned}\right\} \tag{6.57d}$$

显然，只要满足狄利克雷条件，任意一个非正弦周期信号均可以展开为傅里叶级数，而利用周期信号的性质，就可以简洁地求出其中的傅里叶系数。

在电路理论中，把傅里叶级数中的常数项称为直流分量，把各正弦和余弦项称为谐波分量。

6.5.1　电子技术中的非正弦周期信号

1）方波

如图 6-26 所示，其表达式为

$$f(t) = \frac{4A}{\pi}\left(\sin\omega t + \frac{1}{3}\sin 3\omega t + \frac{1}{5}\sin 5\omega t + \cdots\right)$$

2）等腰三角波

如图 6-27 所示，其表达式为

$$f(t) = \frac{8A}{\pi^2}\left(\sin\omega t - \frac{1}{9}\sin 3\omega t + \frac{1}{25}\sin 5\omega t + \cdots\right)$$

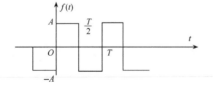

图 6-26　方波

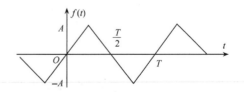

图 6-27　等腰三角波

3) 锯齿波

如图 6-28 所示，其表达式为

$$f(t) = \frac{A}{2} + \frac{A}{\pi}\left(\sin\omega t + \frac{1}{2}\sin 2\omega t + \frac{1}{3}\sin 3\omega t + \cdots\right)$$

4) 正弦整流全波

如图 6-29 所示，其表达式为

$$f(t) = \frac{4A}{\pi}\left(\frac{1}{2} - \frac{1}{3}\cos 2\omega t - \frac{1}{15}\cos 4\omega t - \frac{1}{35}\cos 6\omega t - \cdots\right)$$

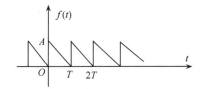　　　　　　　　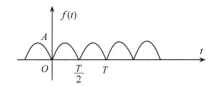

图 6-28　锯齿波　　　　　　　　　　　图 6-29　正弦整流全波

与正弦信号的有效值定义相同，定义非正弦周期信号的有效值为

$$F = \sqrt{\frac{1}{T}\int_0^T f^2(t)\mathrm{d}t}$$

其中，F 可以是电压或电流。

若非正弦周期电压信号展开为傅里叶级数

$$u(t) = U_0 + \sum_{k=1}^{\infty} U_{km}\cos(k\omega t + \varphi_k)$$

则其有效值为

$$U = \sqrt{\frac{1}{T}\int_0^T\left[U_0 + \sum_{k=1}^{\infty} U_{km}\cos(k\omega t + \varphi_k)\right]^2\mathrm{d}t}$$

利用正弦函数的正交性，不难求得非正弦周期电压的有效值为

$$\begin{aligned}U &= \sqrt{U_0^2 + U_1^2 + U_2^2 + \cdots + U_k^2 + \cdots}\\ &= \sqrt{\sum_{k=0}^{\infty} U_k^2}\end{aligned} \tag{6.58}$$

其中，U_0 为直流分量；U_k 为第 k 次谐波的有效值。

同理，非正弦周期电流的有效值为

$$I = \sqrt{\sum_{k=0}^{\infty} I_k^2} \tag{6.59}$$

公式 (6.58) 和式 (6.59) 表明，周期信号的方均值等于其各个谐波的方均值之和，这就是帕塞瓦尔 (Parseval) 定理。

与正弦信号一样，非正弦周期信号的有效值可以直接用仪表进行测量。

6.5.2 非正弦周期信号的正弦稳态响应

由于非正弦周期信号可以根据公式 (6.57) 或式 (6.58) 分解为各次谐波分量之和，所以非正弦周期信号对 LTI 电路的作用，等价于各次谐波分量对电路作用之和，根据叠加定理，可以分别求出各次谐波信号对电路的正弦稳态响应，叠加起来，即得到电路对非正弦周期信号的正弦稳态响应，其方法步骤如下：

(1) 将激励信号 $u_i(t)$ 的各项展开为傅里叶级数。

(2) 求出 LTI 电路的频率特性

$$H(\mathrm{j}\omega) = \frac{\dot{U}_\mathrm{o}}{\dot{U}_\mathrm{i}}$$

(3) 用相量法计算电路对每个谐波分量 (包括直流分量) 的稳态响应相量

$$\dot{U}_{ok} = H(\mathrm{j}\omega)\dot{U}_{ik}$$

(4) 将求得的各响应相量 $\dot{U}_{ok}$ 表示为正弦函数 $u_{ok}(t)$，在时间域使用叠加定理，即求得总的稳态响应 $u_\mathrm{o}(t)$。

例 6.11   经全波整流后的电压源 $u_i(t)$ 如图 6-29 所示，将电压源 $u_i(t)$ 经 LC 滤波电路后供给负载 R 如图 6-30 所示，其中 $A = 314\mathrm{V}$、$\omega = 314\mathrm{rad/s}$，试求稳态响应 $u_\mathrm{o}(t)$。

解   (1) 将 $u_i(t)$ 各项展开为傅里叶级数

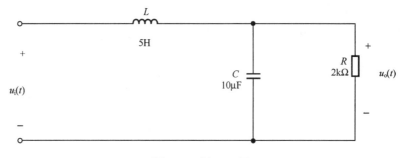

图 6-30   例 6.11 图

$$f(t) = \frac{4A}{\pi}\left(\frac{1}{2} - \frac{1}{3}\cos 2\omega t - \frac{1}{15}\cos 4\omega t - \frac{1}{35}\cos 6\omega t - \cdots\right)$$

$$= \frac{4 \times 314}{\pi}\left(\frac{1}{2} - \frac{1}{3}\cos 628t - \frac{1}{15}\cos 1256t - \frac{1}{35}\cos 1884t - \cdots\right)$$

$$\approx 200 - \frac{400}{3}\cos 628t - \frac{400}{15}\cos 1256t - \cdots$$

(2) 求出 LC 滤波电路的 $H(\mathrm{j}\omega)$。

$$H(\mathrm{j}\omega) = \frac{\dot{U}_{\mathrm{om}}}{\dot{U}_{\mathrm{im}}} = \frac{R}{R(1 - \omega^2 LC) + \mathrm{j}\omega L}$$

(3) 求各次谐波分量的稳态响应相量。

$$\dot{U}_{\mathrm{o0m}} = 200 \times H(\mathrm{j}\omega) = 200 \times \frac{R}{R} = 200(\mathrm{V})$$

$$\dot{U}_{\text{o2m}} = \frac{400}{3} \angle 180^\circ \times H(\text{j}628)$$

$$= \frac{400}{3} \angle 180^\circ \times \frac{2000}{2000(1 - 628^2 \times 5 \times 10 \times 10^{-6}) + \text{j}628 \times 5}$$

$$= 7.06 \angle 4.8^\circ (\text{V})$$

$$\dot{U}_{\text{o4m}} = \frac{400}{15} \angle 180^\circ \times H(\text{j}628)$$

$$= \frac{400}{3} \angle 180^\circ \times \frac{2000}{2000(1 - 1256^2 \times 5 \times 10 \times 10^{-6}) + \text{j}1256 \times 5}$$

$$= 0.34 \angle 2.4^\circ (\text{V})$$

(4) 时间叠加，求 $u_{\text{o}}(t)$。

$$u_{\text{o0}}(t) = 200\text{V}$$

$$u_{\text{o2}}(t) = 7.06 \cos(628t + 4.8^\circ)(\text{V})$$

$$u_{\text{o4}}(t) = 0.34 \cos(1256t + 2.4^\circ)(\text{V})$$

所以

$$u_{\text{o}}(t) = u_{\text{o0}}(t) + u_{\text{o2}}(t) + u_{\text{o4}}(t) + \cdots$$

因为一般从满足工程计算需要来说，只要取至五次谐波就可以了，所以此处只取了前三项，这时四次谐波的幅值仅为直流分量的 0.17%，故后面各次谐波可忽略，即

$$u_{\text{o}}(t) = 200 + 7.06 \cos(628t + 4.8^\circ) + 0.34 \cos(1256t + 2.4^\circ)(\text{V})$$

6.5.3　非正弦周期信号的功率

设任一支路的端电压 $u(t)$ 和支路电流 $i(t)$ 取关联一致参考方向，它们都是时间 t 的非正弦周期函数

$$u(t) = U_0 + \sum_{k=1}^{\infty} U_{km} \cos(k\omega t + \varphi_{uk})$$

$$i(t) = I_0 + \sum_{k=1}^{\infty} I_{km} \cos(k\omega t + \varphi_{ik})$$

则任一支路的瞬时功率为

$$\begin{aligned} p(t) &= u(t)i(t) \\ &= \left[U_0 + \sum_{k=1}^{\infty} U_{km} \cos(k\omega t + \varphi_{uk}) \right] \left[I_0 + \sum_{k=1}^{\infty} I_{km} \cos(k\omega t + \varphi_{ik}) \right] \end{aligned} \tag{6.60}$$

因为平均功率 P 为

$$P = \frac{1}{T} \int_0^T p(t)\text{d}t$$

将式 (6.60) 代入上式，则

$$\begin{aligned} P &= U_0 I_0 + U_1 I_1 \cos\varphi_1 + U_2 I_2 \cos\varphi_2 + \cdots \\ &= U_0 I_0 + \sum_{k=1}^{\infty} U_k I_k \cos\varphi_k \end{aligned} \tag{6.61}$$

其中，阻抗角 $\varphi_k = \varphi_{uk} - \varphi_{ik}$。

公式(6.61)表明，非正弦周期电路中的平均功率等于直流分量的功率与各次谐波的平均功率之和，这就是帕塞瓦尔定理的另一种表述形式。

同理，可以定义视在功率 S、无功功率 Q 和功率因数 $\cos\varphi$ 为

$$S = UI = \sqrt{\sum_{k=0}^{\infty} U_k^2} \cdot \sqrt{\sum_{k=0}^{\infty} I_k^2} \tag{6.62}$$

$$Q = \sum_{k=1}^{\infty} U_k I_k \sin\varphi_k \tag{6.63}$$

$$\cos\varphi = \frac{P}{S} = \frac{\sum_{k=0}^{\infty} U_k I_k \cos\varphi_k}{UI} \tag{6.64}$$

最后指出，视在功率一般是大于平均功率 P 和无功功率 Q 平方和的平方根，这与正弦稳态功率是有区别的，即

$$S > \sqrt{P^2 + Q^2}$$

这是因为电压和电流为非正弦，两者波形有差别，因而有畸变功率 T 存在，此时

$$S^2 = P^2 + Q^2 + T^2 \tag{6.65}$$

6.6 谐 振 电 路

谐振是电路中可能发生的一种特殊现象，它在电工和无线技术中得到广泛应用。本节主要分析串联谐振和并联谐振电路及其主要特性，扼要介绍耦合谐振回路。

6.6.1 串联谐振电路

图 6-31(a)为 RLC 串联电路，先来讨论在正弦电压作用下输入阻抗 Z 随频率变化特性

$$Z = R + j\left(\omega L - \frac{1}{\omega C}\right) = R + j(X_L + X_C) = R + jX = |Z| \angle \theta_Z$$

阻抗模 $|Z|$，幅角 θ_Z 随频率变化特性如图 6-31(b)、6-31(c)所示。由图可见，当 ω 从 0 向 ∞ 变化时，由于 X_L 和 X_C 随频率变化特性不同，使总电抗 X 从$-\infty$向$+\infty$变化，电抗由容性变为感性。当角频率 $\omega = \omega_0$ 时 $X = X_L + X_C = 0$，即

$$\omega_0 L - \frac{1}{\omega_0 C} = 0$$

则

$$\omega_0 = \frac{1}{\sqrt{LC}}$$

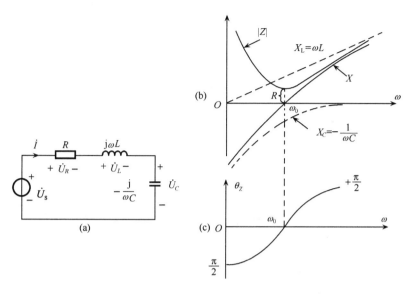

图 6-31　串联谐振电路及输入阻抗频率特性

此时 $|Z|$ 最小，电路呈现纯电阻特性，即 $Z = R$，这种工作状况称为谐振，$\omega_0 = \dfrac{1}{\sqrt{LC}}$ 称为串联谐振角频率，由于 $\omega_0 = 2\pi f_0$ 得

$$f_0 = \frac{1}{2\pi\sqrt{LC}} \tag{6.66}$$

称为谐振频率。

现在讨论串联谐振电路的电流、电压特性。设 $\dot{U}_s = U_s\angle 0^\circ$，则

$$\dot{I} = \frac{\dot{U}_s}{Z} = \frac{\dot{U}_s}{R + jX} = \frac{\dot{U}_s}{R} \times \frac{1}{1 + j\dfrac{X}{R}} \tag{6.67}$$

$$\left.\begin{aligned}
\dot{U}_R &= R\dot{I} \\
\dot{U}_L &= j\omega L\dot{I} \\
\dot{U}_C &= \frac{1}{j\omega C}\dot{I}
\end{aligned}\right\} \tag{6.68}$$

在谐振时，$\omega = \omega_0$、$X = 0$、$\dot{I} = \dfrac{\dot{U}_s}{R} = \dot{I}_0$，电流 I 最大，且与 $\dot{U}_s$ 同相；这时对于电阻有

$$\dot{U}_R = R\dot{I} = R\dot{I}_0 = \dot{U}_s$$

即电阻两端等于电源电压。

而对于电感

$$\dot{U}_L = j\omega_0 L\dot{I}_0 = j\frac{\omega_0 L}{R}\dot{U}_s$$

令 $Q = \dfrac{\omega_0 L}{R}$，即 $\dot{U}_L = jQ\dot{U}_s$，电感电压有效值为电源电压有效值的 Q 倍，电感电压相位

较 $\dot{U}_s$ 超前 $\dfrac{\pi}{2}$。

对于电容

$$\dot{U}_C = -\mathrm{j}\frac{1}{\omega_0 C}\dot{I}_0 = -\mathrm{j}\frac{1}{\omega_0 CR}\dot{U}_s$$

因 $\dfrac{1}{\omega_0 C} = \omega_0 L$，故

$$Q = \frac{\omega_0 L}{R} = \frac{1}{\omega_0 CR}, \quad \dot{U}_C = -\mathrm{j}Q\dot{U}_s$$

即电容电压有效值也为电源电压有效值的 Q 倍，电容电压相位较 $\dot{U}_s$ 滞后 $\dfrac{\pi}{2}$。

由于 $U_L = U_C = QU_s$，串联谐振也叫电压谐振，Q 称为串联谐振电路的品质因数，由定义有

$$Q = \frac{\omega_0 L}{R} = \frac{1}{\omega_0 CR} = \frac{1}{R}\sqrt{\frac{L}{C}} = \frac{\rho}{R} \tag{6.69}$$

其中，$\rho = \omega_0 L = \dfrac{1}{\omega_0 C} = \sqrt{\dfrac{L}{C}}$ 为串联谐振回路特性阻抗，下面将看到品质因数实质上是衡量回路储能与耗能相对大小的一个重要参数。若 $Q \gg 1$，利用电压谐振现象，在无线电技术中使微弱信号输入到串联谐振回路，则可在电感或电容两端得到比输入信号大许多倍的电压。

因为回路总储能

$$W = W_L + W_C = \frac{1}{2}Li_L^2 + \frac{1}{2}Cu_C^2$$
$$= \frac{1}{2}LI_{Lm}^2\cos^2\omega_0 t + \frac{1}{2}CU_{Cm}^2\cos^2\left(\omega_0 t - \frac{\pi}{2}\right)$$
$$= \frac{1}{2}LI_{Lm}^2\cos^2\omega_0 t + \frac{1}{2}CU_{Cm}^2\sin^2\omega_0 t$$

谐振时

$$U_{Cm} = \frac{1}{\omega_0 C}I_{Lm} = \sqrt{\frac{L}{C}}I_{Lm}$$

并且

$$\frac{1}{2}CU_{Cm}^2 = \frac{1}{2}LI_{Lm}^2$$

所以

$$W = \frac{1}{2}LI_{Lm}^2 = \frac{1}{2}CU_{Cm}^2$$

品质因数

$$Q = \frac{\omega_0 L}{R} = \omega_0 \frac{\frac{1}{2}LI_{Lm}^2}{\frac{1}{2}RI_{Lm}^2} = 2\pi \frac{\frac{1}{2}LI_{Lm}^2}{\frac{1}{2}RI_{Lm}^2 T_0}, \quad T_0 = \frac{2\pi}{\omega_0}$$

即

$$Q = \omega_0 \frac{\text{谐振时电路总储能}}{\text{电路消耗的平均功率}} = 2\pi \frac{\text{谐振时电路总储能}}{\text{电路一个周期内消耗的能量}} \tag{6.70}$$

　　串联谐振电路采用电容、电感线圈组成时，由于电容器的损耗远小于电感的损耗，回路的空载品质因数主要由线圈品质因数决定，即

$$Q_0 = Q_{\text{线圈}} = \frac{\omega_0 L}{r} \tag{6.71}$$

其中，r 为电感的损耗，所谓空载即回路仅含 r；若回路中还有反映负载耗能的电阻 R，则回路的品质因数

$$Q = \frac{\omega_0 L}{R + r} < Q_0 \tag{6.72}$$

　　当外施电压有效值 U_S 不变而频率 ω 变化，回路电流为

$$\dot{I} = \frac{\dot{U}_S}{R\left(1 + j\dfrac{X}{R}\right)} = \frac{\dot{U}_S}{R} \times \frac{1}{1 + j\zeta} = I_0 \frac{1}{\sqrt{1 + \zeta^2}} \angle -\theta_Z \tag{6.73}$$

其中，$\zeta = \dfrac{X}{R}$，$\theta_Z = \arctan\dfrac{X}{R} = \arctan\zeta$，这时电流的大小及相角将随 ω 变化，即

$$\varphi_i(\omega) = -\theta_Z = -\arctan\frac{X}{R} = -\arctan\zeta \tag{6.74}$$

$$I(\omega) = \frac{I_0}{\sqrt{1 + \zeta^2}} \tag{6.75}$$

　　由式(6.75)可得

$$\alpha(\omega) = \frac{I(\omega)}{I_0} = \frac{1}{\sqrt{1 + \zeta^2}} \tag{6.76}$$

其中，$\alpha(\omega)$ 值称为相对抑制比，它表明频率偏离谐振频率(失谐)时电流下降的陡度，即电流角频率偏离 ω_0 时电路对电流的抑制能力。因此串联谐振电路有选择最近于谐振角频率电流、抑制偏谐振角频率电流的性能，这种性能称为选择性。$\alpha(\omega)$ 曲线即描述这种选择性的曲线，常称为串联谐振电路的通用谐振曲线，如图 6-32(a)所示。

　　$\varphi_i(\omega)$ 曲线为谐振电路的相位特性曲线，如图 6-32(b)所示。当 $\omega < \omega_0$ 时，$\varphi_i > 0$，谐振电路呈容性；当 $\omega > \omega_0$ 时，$\varphi_i < 0$，电路呈感性。

　　$\zeta = \dfrac{X}{R}$ 称为广义失谐，它表明失谐量的大小，当 $\zeta = 0$ 时，$X = 0$，$\omega = \omega_0$ 为谐振点；当 $\zeta \neq 0$ 时，$X \neq 0$，$\omega \neq \omega_0$，电路处于失谐状态，且随 $|\zeta|$ 增大，频率远离谐振点。ζ 与品质因数有关，实际上

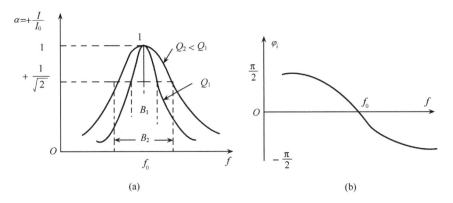

图 6-32   不同 Q 值的谐振曲线

$$\zeta = \frac{X}{R} = \frac{\omega L - \dfrac{1}{\omega C}}{R} = \frac{\omega_0 L}{R}\left(\frac{\omega}{\omega_0} - \frac{1}{\omega_0 L C \omega}\right)$$

$$= \frac{\omega_0 L}{R}\left(\frac{\omega}{\omega_0} - \frac{\omega_0}{\omega}\right) = Q\frac{(\omega + \omega_0)(\omega - \omega_0)}{\omega_0 \omega}$$

在谐振频率附近，有 $\omega \approx \omega_0$，因此 $\omega + \omega_0 \approx 2\omega$，而 $\omega - \omega_0 = \Delta\omega$（即 $f - f_0 = \Delta f$），则上式变为

$$\zeta = 2Q\frac{\Delta\omega}{\omega_0} = 2Q\frac{\Delta f}{f_0} \tag{6.77}$$

图 6-32(a) 中画出了不同 Q 值下的两条谐振曲线，由图可见，Q 越高曲线越尖锐，选择性越好，即 Q 值是反映谐振电路选择性好坏的一个重要参数。

在实际工程中还用到通频带 B 的概念，一般规定以通用谐振曲线上 $\alpha = \dfrac{1}{\sqrt{2}} = 0.707$ 的点所对应的两个频率之间的宽度作为通频带 B，由于电流在电阻中消耗的功率与电流平方成正比，因此 $\alpha = \dfrac{I(\omega)}{I_0} = 0.707$ 的点称为半功率点，相应的通频带称为半功率带宽。

B 与 f_0、Q 有关，令 $\alpha(\omega) = \dfrac{1}{\sqrt{1 + \zeta^2}} = \dfrac{1}{\sqrt{2}}$，得

$$\zeta_{0.7} = 2Q\frac{\Delta f_{0.7}}{f_0} = 1$$

$$B = 2\Delta f_{0.7} = \frac{f_0}{Q} \tag{6.78}$$

如图 6-32(a) 所示，对于高 Q 谐振电路，通频带较窄（$Q_1 > Q_2$，$B_1 < B_2$），欲增加 B，可降低 Q 值。

6.6.2   并联谐振电路

由 G、C、L 并联构成的并联谐振电路[见图 6-33(a)]在电流源 i_s 作用下的特性，可

由对偶原理从 RLC 串联电路特性推导得出。

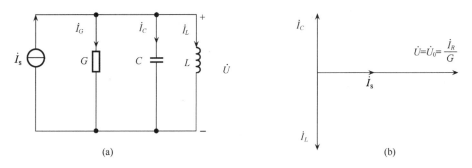

图 6-33　并联谐振电路

(1) 输入导纳。

$$Y = G + \mathrm{j}B = |Y| \angle \theta_Y \tag{6.79}$$

则

$$|Y| = \sqrt{G^2 + B^2}$$

$$\theta_Y = \arctan \frac{B}{G} = \arctan \frac{\omega C - \dfrac{1}{\omega L}}{G}$$

当 $\omega = \omega_0 = \dfrac{1}{\sqrt{LC}}$ 时，$B = \omega C - \dfrac{1}{\omega L} = 0$、$|Y| = G$、$\theta_Y = 0$，即回路呈纯电阻性，回路的 $|Y|$ 最小，或回路两端等效电阻 $R = \dfrac{1}{G}$ 最大。

(2) 谐振时电压、电流特性。

设 $\dot{I}_s = I_s \angle 0°$，谐振时端电压 $\dot{U} = \dfrac{\dot{I}_s}{Y} = \dfrac{I_s}{G} \angle 0° = U_0 \angle 0°$，即端电压 $\dot{U}$ 与 $\dot{I}_s$ 相同，且 $\dot{U}$ 最大，各电流为

$$\left. \begin{aligned} \dot{I}_G &= G\dot{U} = I_s \\ \dot{I}_C &= \mathrm{j}\omega_0 C\dot{U} = \mathrm{j}Q\dot{I}_s \\ \dot{I}_L &= -\mathrm{j}\frac{1}{\omega_0 L}\dot{U} = -\mathrm{j}Q\dot{I}_s \end{aligned} \right\} \tag{6.80}$$

即 $\dot{I}_G$ 等于 $\dot{I}_s$，电容电流 $\dot{I}_C$ 较 $\dot{I}_s$ 超前 $\dfrac{\pi}{2}$，且当 $Q \gg 1$ 时，有效值 $I_L = I_C = QI_s$ 将远大于电源电流 I_0，故发生并联谐振时，又叫电流谐振，各电流电压相位关系如图 6-33(b) 所示。

在式 (6.80) 中

$$Q = \frac{\omega_0 C}{G} = \frac{1}{\omega_0 LG} = \frac{R}{\rho}$$

$$\rho = \sqrt{\frac{L}{C}} = \omega_0 L = \frac{1}{\omega_0 C}$$

分别为谐振电路品质因数和特性阻抗。Q 的物理意义与串联谐振电路 Q 值相同。

(3) 选择性(谐振曲线和通频带)。

在失谐($\omega \neq \omega_0$)时可得

$$\dot{U} = \frac{\dot{U}_0}{\left(1+\mathrm{j}\dfrac{B}{G}\right)} = \frac{\dot{U}_0}{(1+\mathrm{j}\zeta)} = \frac{U_0 \angle -\theta_Y}{\sqrt{(1+\zeta^2)}} \tag{6.81}$$

相对抑制比

$$\alpha(\omega) = \frac{U(\omega)}{U_0} = \frac{1}{\sqrt{(1+\zeta^2)}} \tag{6.82}$$

其中

$$\zeta = \frac{B}{G} = \frac{\omega C - \dfrac{1}{\omega L}}{G} = \frac{\omega_0 C}{G}\left(\frac{\omega}{\omega_0} - \frac{1}{\omega_0 \omega C L}\right) = 2Q\frac{\Delta\omega}{\omega_0} = 2Q\frac{\Delta f}{f_0} \tag{6.83}$$

显然，当 $U(\omega)$ 失谐且当 $\omega > \omega_0$ 时，$\theta_Y > 0$ 回路呈容性，$\dot{I}_\mathrm{s}$ 超前 $\dot{U}$；当 $\omega < \omega_0$ 时，$\theta_Y < 0$ 回路呈感性，$\dot{I}_\mathrm{s}$ 滞后 $\dot{U}$。通用谐振曲线如图 6-34 所示，它与串联谐振曲线相同。

通频带 B 由下式决定，即

$$B = 2\Delta f_{0.7} = \frac{f_0}{Q} \tag{6.84}$$

品质因数 Q 越高选择性越好，但通频带变窄；Q 值越小，选择性越差，但通频带变宽。

(4) 谐振回路由电容和电感(有损耗电阻 r)并联。

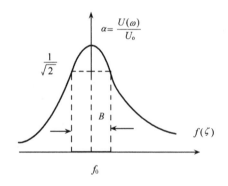

图 6-34　并联谐振曲线

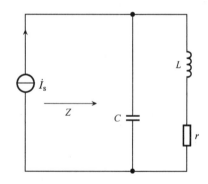

图 6-35　有损耗的并联谐振回路

如图 6-35 所示，若回路品质因数 $Q = \dfrac{\omega_0 L}{r} \gg 1$ 时，可求得谐振回路两端等效阻抗为

$$Z = \frac{\dfrac{(r+\mathrm{j}\omega L)}{\mathrm{j}\omega C}}{r+\mathrm{j}\omega L+\dfrac{1}{\mathrm{j}\omega C}} \approx \frac{\dfrac{\mathrm{j}\omega L}{\mathrm{j}\omega C}}{r+\mathrm{j}\left(\omega L-\dfrac{1}{\omega C}\right)} = \frac{L}{rC} \times \frac{1}{1+\mathrm{j}\dfrac{X}{r}}$$

其中

$$X = \omega L - \frac{1}{\omega C}$$

当 $X = 0$ 时，电路处于谐振，即 $\omega = \omega_0 = \dfrac{1}{\sqrt{LC}}$ ，电路两端谐振电阻

$$R = \frac{L}{rC} = \frac{\rho^2}{r} = \rho Q$$

若回路品质因数不太高时，考虑到 r 的影响，谐振频率的精确公式为

$$\omega_0 = \frac{1}{\sqrt{LC}}\sqrt{1 - \frac{Cr^2}{L}} = \frac{1}{\sqrt{LC}}\sqrt{1 - \frac{1}{Q^2}} \tag{6.85}$$

6.6.3　耦合谐振电路

　　为了展宽谐振回路的通频带同时获得更好的选择性，广泛采用耦合谐振回路。两个单谐振回路通过耦合元件可以形成常用的双回路耦合谐振回路。如果耦合元件由互感 M 形成，则为互感耦合(变压器耦合)谐振回路；若两个单谐振回路是采用串联(并联)谐振回路，则称为串联型(并联型)耦合回路。本节以串联型互感耦合双谐振回路为例，对这类谐振回路主要特性作一简要介绍，其他类型的耦合回路读者可作类似分析。

　　如图 6-36(a)为串联型互感耦合双谐振回路，其中接入信号 u_S 的回路称为初级回路，次级回路与负载相连，电阻 R_2 可当作负载电阻。图中共有 7 个电路参数，要进行一般分析是相当繁复的，实际上最典型的用法是使 $R_1 = R_2 = R$ ，$L_1 = L_2 = L$ ，$C_1 = C_2 = C$ ，这样两回路的谐振率及品质因数也必然相等，人们把这种情况称为"等振等 Q"情况，如图 6-36(b)所示。下面分析这种情况的主要特性。

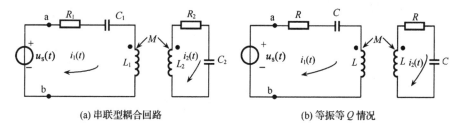

(a) 串联型耦合回路　　　　　　　　　　　　(b) 等振等 Q 情况

图 6-36　串联型耦合回路及等振等 Q 情况

　　由反映阻抗的概念可以得初级输入端 ab 间的输入阻抗为

$$Z_{ab} = R + jX + \frac{\omega^2 M^2}{R + jX}$$

$$= R + \frac{\omega^2 M^2}{R^2 + X^2}R + j\left(X - \frac{\omega^2 M^2}{R^2 + X^2}X\right)$$

其中，$X = \omega L - \dfrac{1}{\omega C}$ ，从 ab 向右看，整个回路发生谐振的条件是

$$X - \frac{\omega^2 M^2}{R^2 + X^2}X = 0 \tag{6.86}$$

上列方程的解有三个，一个解是 $X = \omega L - \dfrac{1}{\omega C} = 0$，即

$$\omega = \omega_0 = \frac{1}{\sqrt{LC}} \tag{6.87}$$

ω_0 称为全谐振角频率，在 $\omega = \omega_0$ 时不仅整个电路处于谐振状态，就初级、次级而言也同时发生串联谐振，这种状态称为全谐振状态。方程式(6.86)的另外两个解由下式决定

$$1 - \frac{\omega^2 M^2}{R^2 + X^2} = 0$$

即

$$\frac{\omega^2 M^2}{R^2} = 1 + \left(\frac{X}{R}\right)^2 = 1 + \zeta^2$$

其中，$\zeta = \dfrac{X}{R} = 2Q\dfrac{\Delta\omega}{\omega_0} = 2Q\dfrac{\Delta f}{f_0}$ 为广义失谐，而

$$\frac{\omega^2 M^2}{R^2} = \left(\frac{\omega_0 L}{R} \times \frac{M}{L} \times \frac{\omega}{\omega_0}\right)^2_{\omega \approx \omega_0} = (QK)^2 = \eta^2$$

（$\omega \approx \omega_0$）是考虑在 ω_0 附近的特性，其中 K 为耦合电感的耦合系数，$\eta = QK$ 称为耦合因数，由此可得另外两个解(用 ζ 代替 X)为

$$\zeta = \pm\sqrt{\eta^2 - 1}, \quad \eta > 1 \tag{6.88}$$

这种谐振状态称为部分谐振，即初级、次级回路本身不谐振($\zeta \neq 0$，$X \neq 0$)，而考虑到反映电抗后初级总电抗为零达到初级部分谐振。

现在来求次级回路电流 $\dot{I}_2$，根据耦合回路特性有

$$\dot{I}_2 = \frac{j\omega M \dot{I}_1}{R + jX} = \frac{j\omega M}{R + jX} \cdot \frac{\dot{U}_s}{R + jX + \dfrac{\omega^2 M^2}{R + jX}}$$

$$= \frac{j\omega M \dot{U}_s}{R^2 + 2jRX - X^2 + (\omega M)^2}$$

$$= \frac{j\left(\dfrac{\omega M}{R}\right)\dot{U}_s}{R\left[1 + \left(\dfrac{\omega M}{R}\right)^2 - \left(\dfrac{X}{R}\right)^2 + 2j\dfrac{X}{R}\right]}$$

代入 $\zeta = \dfrac{X}{R}$，$\eta = QK = \dfrac{\omega M}{R}$，有

$$\dot{I}_2 = \frac{j\eta \dot{U}_s}{R(1 + \eta^2 - \zeta^2 + 2j\zeta)} \tag{6.89}$$

则

$$I_2 = \frac{2\left(\eta\dfrac{U_s}{2R}\right)}{\sqrt{(1 + \eta^2 - \zeta^2)^2 + 4\zeta^2}} \tag{6.90}$$

根据式(6.90)，在图 6-37 中，画出了 $\eta = 1$ (临界耦合)、$\eta > 1$ (强耦合) 和 $\eta < 1$ (弱耦合) 三种情况下的 $I_2(\zeta)$ 曲线 $(\eta = KQ)$，即谐振曲线。

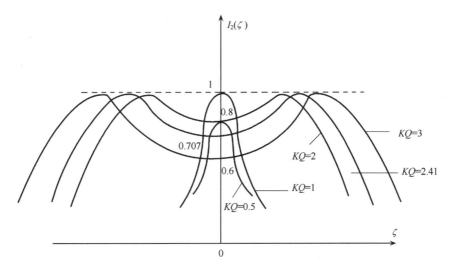

图 6-37　耦合谐振回路的谐振曲线

当 $\eta = KQ = 1$ 时，$I_2(\zeta)$ 曲线为单峰曲线，顶部较平坦，其峰点为 $\zeta = 0$，它对应于全谐振状态，由通频带概念可计算出 $\eta = 1$ 时通带的单谐振回路带宽为

$$B = \sqrt{2}\frac{f_0}{Q} \tag{6.91}$$

当 $\eta > 1$ 时，$I_2(\zeta)$ 曲线在 $\zeta = \pm\sqrt{\eta^2 - 1}$ 处出现峰点，即双峰；谷点处于 $\zeta = 0$，曲线为马鞍形峰，有三处对于初级部分谐振状态，当 $\eta > 1 + \sqrt{2}$ 时谷点降到峰值 $\frac{1}{\sqrt{2}}$ 以下，因而常选择 $\eta < 1 + \sqrt{2}$，以获得完整的通频带。

当 $\eta < 1$ 时 $I_2(\zeta)$ 曲线为单峰，带宽较 $\eta = 1$ 时，选择较差，因而很少采用这种耦合状态。

由于双回路耦合谐振回路的通频带比单谐振回路宽，因此作为信号处理网络通常要比单谐振回路优越得多。双回路耦合谐振回路还常采用并联耦合回路，这里不再讨论，读者可参考裴留庆《电路理论基础》等相关书籍。

6.7　总结与思考

6.7.1　总结

(1)正弦量是以正弦或余弦函数形式表示的信号，其一般形式为
$$u(t) = U_m\cos(\omega t + \varphi)$$
其中，U_m —— 幅度(或振幅)；

　　$(\omega t + \varphi)$ —— 幅角，$\omega = 2\pi f$ 是频率；

φ——相位。

(2) 相量是一个复数量,它表示一个正弦量的大小和相位。对于给定正弦量 $u(t) = U_m \cos(\omega t + \varphi)$,其相量 $\dot{U}$ 是

$$\dot{U} = U_m \angle \varphi$$

(3) 相量具有唯一性、线性性和微分性等性质,这些性质奠定了相量分析法的基础。

(4) 电路的基本定律(欧姆定律和基尔霍夫定律)也适用于交流电路,其形式与直流电路中的基本定律一样,即

$$\dot{U} = Z\dot{I}$$
$$\sum \dot{I}_k = 0 \quad \text{(KCL)}$$
$$\sum \dot{U}_k = 0 \quad \text{(KCL)}$$

(5) 电路的阻抗 Z 是电路两端的电压相量与流过它的电流相量之比,即

$$Z = \frac{\dot{U}}{\dot{I}} = R(\omega) + jX(\omega)$$

导纳 Y 是阻抗的倒数,即

$$Y = \frac{1}{Z} = G(\omega) + jB(\omega)$$

阻抗的串联和并联与电阻的串、并联方法相同,即串联时阻抗相加,并联时导纳相加。

(6) 电阻的阻抗 $Z = R$,电感的阻抗 $Z = jX = j\omega L$,电容的阻抗 $Z = -jX = 1/j\omega C$ 。

(7) 直流电路电压/电流的分压/分流、阻抗/导纳的串联/并联、电路的简化和 Y-△的转换等技术都适用于交流电路的分析。

(8) 由于 KCL 和 KVL 适用于电路的相量形式,所以可以用节点电压法和网孔电流法等方法来分析交流电路。

(9) 求解交流稳态响应时,若电路含有不同频率的多个独立源时,必须对每一个独立源分开考虑。分析这类电路最根本的方法是叠加原理。对每一个频率下的相量电路分析求解,再将结果转换为时域中的响应,电路的总响应是各个相量电路解得的时域响应之和。

(10) 电源间相互转换的思想和方法仍然适用于相量域中。

(11) 交流电路的戴维南等效电路,由等效电压源 $\dot{U}_{Th}$ 和与之串接的戴维南阻抗 Z_{Th} 所构成。

(12) 交流电路的诺顿等效电路由电流源 $\dot{I}_{Th}$ 和与之并联的诺顿阻抗 Z_N 所构成 $(Z_N = Z_{Th})$ 。

(13) 一个元件所吸收的瞬时功率是元件两端的电压和流过该元件的电流的乘积,即 $p(t) = u(t)i(t)$ 。

(14) 平均功率或有功功率 $P(W)$ 是瞬时功率 $p(t)$ 的平均值

$$P = \frac{1}{T} \int_0^T p(t)dt$$

若 $u(t) = U_m \cos(\omega t + \varphi_u)$ 和 $i(t) = I_m \cos(\omega t + \varphi_i)$,则 $U = U_m / \sqrt{2}$,且

$$P = \frac{1}{2} U_m I_m \cos(\varphi_u - \varphi_i) = UI \cos(\varphi_u - \varphi_i)$$

电感和电容不吸收平均功率，电阻吸收的平均功率是 I^2R 。

(15)当负载阻抗等于从负载端点看过去的戴维南阻抗的共轭复数（ $Z_L = Z_S^*$ ）时，有最大的平均功率 $P_{L\max} = \dfrac{U_S^2}{4R_S}$ 传送到负载中去。

(16)周期信号 $f(t)$ 的有效值是它的均方根值

$$F = \sqrt{\frac{1}{T}\int_0^T f^2(t)\mathrm{d}t}$$

非正弦周期电压的有效值为

$$U = \sqrt{U_0^2 + U_1^2 + U_2^2 + \cdots + U_k^2 + \cdots}$$
$$= \sqrt{\sum_{k=0}^{\infty} U_k^2}$$

其中， U_0 ——直流分量；

　　U_k ——第 k 次谐波的有效值。

非正弦周期电流的有效值为

$$I = \sqrt{\sum_{k=0}^{\infty} I_k^2}$$

(17)功率因数是电压和电流相位差的余弦函数

$$p_{\mathrm{f}} = \cos(\varphi_u - \varphi_i) = \cos\varphi$$

功率因数也是负载阻抗角的余弦函数，或者是有功功率与无功功率之比，若电流滞后于电压（电感性负载），则 p_{f} 是滞后的；若电流超前于电压（电容性负载），则 p_{f} 是超前的。

(18)视在功率 S(VA) 是电压和电流有效值的乘积

$$S = UI = \sqrt{P^2 + Q^2}$$

其中， Q 是无功功率。

(19)无功功率 Q(VAR) 为

$$Q = UI\sin(\varphi_u - \varphi_i) = UI\sin\varphi$$

(20)复功率 $\tilde{S}$(VA) 是电压相量有效值和电流相量有效值的共轭复数的乘积，它也是有功功率 P 和无功功率 Q 的复数和，即

$$\tilde{S} = U\dot{I}^* = UI\angle\,\varphi_u - \varphi_i = P + \mathrm{j}Q$$

(21)从经济原因考虑，功率因数的提高是必需的。改善负载功率因数也就是降低了总的无功功率。

6.7.2　思考

(1)用相量作为正弦稳态电路分析的基本数学工具，其理论根据是什么？

(2)相量分析方法的优点在何处？它与时域分析方法的区别在哪里？

(3)正弦稳态电路的功率和能量特性与直流电路比较有何区别和联系？

(4)如何理解有功功率、无功功率和视在功率所包含的物理内容？

(5)功率因数的概念反映了正弦稳态电路的什么性质？

(6)谐振电路的品质因数 Q 和谐振频率 ω_0 ，为什么只决定于电路的结构和元件参数？它们与电源的频率或性质有无联系？

(7)在谐振电路中，品质因数 Q 的物理意义如何理解？

习 题 6

6.1 若 $u_1(t) = 30\sin(\omega t + 10^\circ)$ 和 $u_2(t) = 20\sin(\omega t + 50^\circ)$ ，下述哪些是正确的（   ）。

A. $u_1(t)$ 超前 $u_2(t)$ ；   B. $u_2(t)$ 超前 $u_1(t)$ ；   C. $u_2(t)$ 滞后 $u_1(t)$ ；   D. $u_1(t)$ 滞后 $u_2(t)$ ；

E. $u_1(t)$ 和 $u_2(t)$ 同相

6.2 电感两端的电压超前于流过它的电流 90° ，对否（   ）。

A. 是；   B. 非

6.3 阻抗的虚部称作（   ）。

A. 电阻；   B. 导纳；   C. 电纳；   D. 电导   E.电抗

6.4 电容器的阻抗随着频率的增加而增加，对否（   ）。

A. 是；   B. 非

6.5 一个串联 RLC 电路，其 $R = 30\Omega$ ， $X_C = -50\Omega$ ， $X_L = 90\Omega$ ，该电路的阻抗是（   ）。

A. $30 + \text{j}140\Omega$ ；   B. $30 + \text{j}40\Omega$ ；   C. $30 - \text{j}40\Omega$ ；   D. $-30 - \text{j}40\Omega$ ；

E. $-30 + \text{j}40\Omega$

6.6 电感所吸收的平均功率是零，对否（   ）。

A. 是；   B. 非

6.7 一个网络，从负载两端看过去的戴维南阻抗是 $80 + \text{j}55\Omega$ ，要得到最大的功率传输，其负载阻抗是（   ）。

A. $-80 + \text{j}55\Omega$ ；   B. $-80 - \text{j}55\Omega$ ；   C. $80 - \text{j}55\Omega$ ；   D. $80 + \text{j}55\Omega$

6.8 家中电源插座上的 120V，60Hz 电源的幅度是（   ）。

A. 110V；   B. 120V；   C. 170V；   D. 210V

6.9 若负载阻抗是 20-j20，功率因数是（   ）。

A. $\angle -45^\circ$ ；   B. 0；   C. 1；   D. 0.7071；   E. 哪个都不是

6.10 包含给定负载所有功率信息的量是（   ）。

A. 功率因数；   B. 视在功率；   C. 平均功率；   D. 无功功率；   E.复功率

6.11 无功功率的度量单位是（   ）。

A. 瓦特；   B. V·A；   C. VAR；   D. 哪个都不是

6.12 一个电源接有三个并联的负载 Z_1 、 Z_2 和 Z_3 ，下列哪个是错误的（   ）。

A. $P = P_1 + P_2 + P_3$ ；   B. $Q = Q_1 + Q_2 + Q_3$ ；   C. $S = S_1 + S_2 + S_3$ ；   D. $\tilde{S} = \tilde{S}_1 + \tilde{S}_2 + \tilde{S}_3$

6.13 已知图 6-38 中 $i_1(t) = 2\sqrt{2}\cos\omega t\,\text{A}$ ，若：（1） $i_2(t) = 2\sqrt{2}\cos(\omega t + 60^\circ)\text{A}$ ；（2） $i_2(t) = 1\text{A}$ ；

（3） $i_2(t) = 2\sqrt{2}\cos(3\omega t + 60^\circ)\text{A}$ 。试求 $i(t)$ 的瞬时值和有效值。

6.14　已知电路如图 6-39 所示，$\omega = \omega_0$，求使 $Z_{ab} = 2R$ 时的 L 和 C。

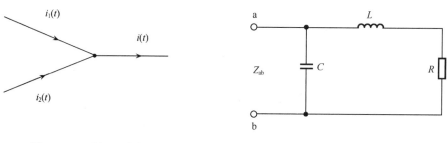

图 6-38　习题 6.13 图　　　　　　　　图 6-39　习题 6.14 图

6.15　已知图 6-40 所示电路处于正弦稳态工作，激励 $u_1(t) = 2\cos 2t\,\text{V}$，转移电阻 $r = 5\Omega$。(1)求出 ab 端戴维南等效电路；(2)求出电流 $i_2(t)$。

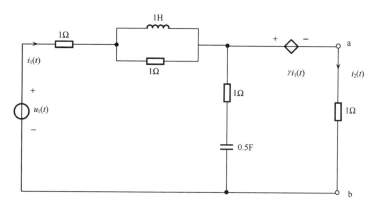

图 6-40　习题 6.15 图

6.16　已知图 6-41 示电路处于稳态工作，$i_1(t) = 4\cos 2t\,\text{A}$，$i_2(t) = \sin 2t\,\text{A}$，试求 $u_1(t)$。

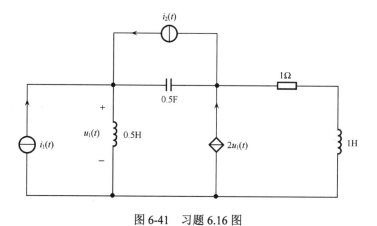

图 6-41　习题 6.16 图

6.17 已知电路如图 6-42 所示，$u_s(t)=10\cos 5t\text{V}$，$i(t)=2\cos 4t\text{A}$ 求电流 $i_o(t)$。

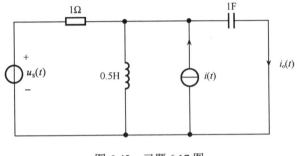

图 6-42 习题 6.17 图

6.18 试求图 6-43 所示电路的输入阻抗 Z_{ab}。

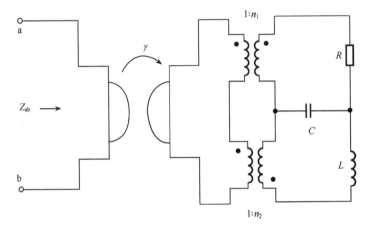

图 6-43 习题 6.18 图

6.19 已知图 6-44 所示电路中，A 为理想运放，激励 $u_s(t)=\cos t(\text{V})$，试用节点分析法求出输出响应 $u_o(t)$。

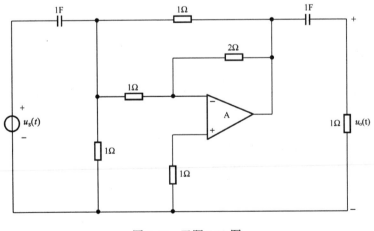

图 6-44 习题 6.19 图

6.20　已知电路如图 6-45 所示，求：(1) $\dot{I}$；(2)求整个电路吸收的平均功率 P、无功功率 Q、视在功率 S 和功率因数 p_f。

6.21　为使图 6-46 所示电路获得最大功率，Z_L 应为多少？此时 $P_{Lmax} = ?$

6.22　已知 RLC 并联电路如图 6-47 所示，试求：

(1) $Z(j\omega)$；　　　　　(2) ω_0；　　　　　(3) B；　　　　　(4) Q

6.23　已知图 6-48(a)所示幅度为 200V，周期为 1ms 的方波作用在图 6-48(b)所示 RL 电路上，且 $R = 50\Omega$，$L = 25\text{mH}$，试求稳态时电感电压 $u_L(t)$。

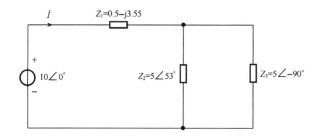

图 6-45　习题 6.20 图

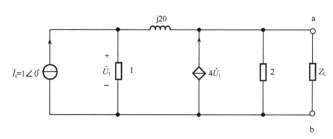

图 6-46　习题 6.21 图

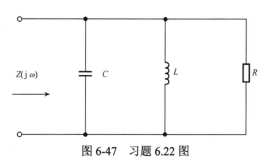

图 6-47　习题 6.22 图

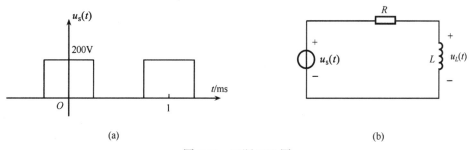

(a)　　　　　　　　　　　　　　　　　　(b)

图 6-48　习题 6.23 图

6.24 已知一个二端网络的端口电压和端口电流分别为

$$u(t)=10\sqrt{2}\sin\left(\omega t-\frac{\pi}{4}\right)+6\sqrt{2}\sin 2\omega t+4\sqrt{2}\sin\left(3\omega t+\frac{\pi}{4}\right)$$

$$i(t)=10+4\sqrt{2}\sin\left(\omega t+\frac{\pi}{4}\right)+5\sqrt{2}\sin\left(3\omega t+\frac{\pi}{4}\right)$$

试求网络的平均功率、无功功率、视在功率、畸变功率和功率因数。

6.25 已知图 6-49 所示电路，其中 $u_s(t)=(10+3\cos t)\text{V}$ ，$L=2\text{H}$ ，$C=1\text{F}$ ，$R=1\Omega$ ，试求电路的端口所能提供的最大功率。

6.26 试求图 6-50 所示电路中流过理想变压器初、次级的电流。图中 $\dot U_S=12\angle 0^\circ\text{mV}$ ，$Z_C=-\text{j}10\Omega$ ，$R=10\Omega$ ，$n_1:n_2=1:2.5$ 。

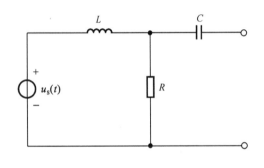   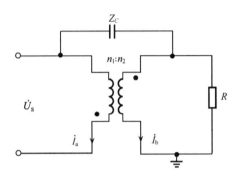

图 6-49 习题 6.25 图   图 6-50 习题 6.26 图

6.27 图 6-51 所示电路在谐振频率下工作，$f=\dfrac{1}{2\pi\sqrt{LC}}$ ，试证明各支路电流与 R_1 无关，又设 $\dot U_{S_1}$ 和 $\dot U_{S_2}$ （有效值相量）大小相等，相位差 $\dfrac{\pi}{2}$ ，则当 $R_2=\sqrt{\dfrac{L}{C}}$ 时，试证明只有一个网孔有电流。

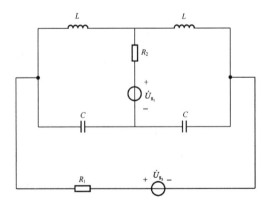

图 6-51 习题 6.27 图

第7章 电路的复频域分析方法

内 容 提 要

本章在详细介绍了拉普拉斯变换的基础上建立了 LTI 电路的复频域分析方法。它是经典电路理论的核心内容之一，是分析较复杂的、高阶电路与系统的重要手段。在复频域分析的基础上，本章重点介绍了 LTI 电路的另一种 I/O 模型——系统函数。首先讨论系统函数的概念、性质和求解方法；然后详细介绍了系统函数零、极点分析法；最后讨论了网络的瞬态响应、频率响应和稳定性问题。理解 s 域零、极点分析方法是从电路、网络向系统概念过渡的一个重要台阶，因此本章是现代电路系统理论的重要内容。

7.1 拉普拉斯变换的定义

在前面的章节中，已经介绍了电路的时域分析方法。在时域分析时，首先必须建立电路与系统的微分方程、确定系统的初始条件，再使用经典法或叠加法求解系统的全响应。这样的解法对于较为简单的一阶和二阶系统是可行的，但是对于更为复杂的、更高阶的系统，这样的方法就显得较为烦琐。本章介绍的复频域分析方法，通过拉普拉斯变换，将时域的微分方程变换为复频域的代数方程，再在复频域中求解，最后再作反变换求得时域的表达式。这种方法具有广泛的适用性，是求解高阶复杂电路的重要方法。

一个定义在$[0, \infty)$区间的函数$f(t)$，其拉普拉斯变换用$F(s)$表示，定义为

$$F(s) = \int_{0_-}^{\infty} f(t) \mathrm{e}^{-st} \mathrm{d}t \tag{7.1}$$

其中，$s = \sigma + \mathrm{j}\omega$，为复数；$F(s)$称为$f(t)$的象函数；$f(t)$称为$F(s)$的原函数。拉普拉斯变换简称为拉氏变换。

从式(7.1)中可以看出：函数$f(t)$通过拉氏变换后成为了复变量s的函数，因此，拉氏变换是将时域的函数$f(t)$变换到s域的复变量函数$F(s)$。其中，变量s称为复频率，应用拉氏变换进行的电路分析称为电路的复频域分析，又称为s域分析。注意，并非所有的函数都存在拉氏变换。保证拉氏变换在$\mathrm{Re}\{s\} > \sigma_0$时绝对收敛的充分条件如下：

(1)函数$f(t)$在每一个有限区间$t_1 < t < t_2$内可积，其中$0 \leqslant t_1 < t_2 < \infty$。

(2)对于某些σ_0，极限$\lim\limits_{t \to \infty} \mathrm{e}^{-\sigma_0 t} |f(t)|$存在。

在电路分析中，绝大多数函数均满足以上两个条件。因此，在以后的分析中，假设所涉及的函数均满足以上两个条件。

同样的，定义了拉氏反变换

$$f(t) = \frac{1}{2\pi j} \int_{\sigma-j\omega}^{\sigma+j\omega} F(s) e^{st}\, ds \tag{7.2}$$

通常，人们用 $L[f(t)]$ 表示对时域函数 $f(t)$ 作拉氏变换，用 $L^{-1}[F(t)]$ 表示对复变函数 $F(s)$ 作拉氏反变换。

例 7.1   求下列函数的拉氏变换
(1) 单位冲击函数 $\delta(t)$。
(2) 单位阶跃函数 $u(t)$。
(3) 单边指数函数 $e^{-\alpha t}u(t)$。

解   (1) 单位冲击函数的拉氏变换：

$$F(s) = \int_{0_-}^{\infty} \delta(t) e^{-st}\, dt = \int_{0_-}^{0_+} \delta(t) e^{-st}\, dt = e^{-s\cdot 0} = 1$$

(2) 单位阶跃函数的拉氏变换

$$F(s) = \int_{0_-}^{\infty} u(t) e^{-st}\, dt = \int_{0_-}^{\infty} e^{-st}\, dt = -\frac{1}{s} e^{-st} \bigg|_{0}^{\infty} = \frac{1}{s}$$

(3) 单边指数函数的拉氏变换

$$F(s) = \int_{0_-}^{\infty} e^{-\alpha t} u(t) e^{-st}\, dt = \int_{0}^{\infty} e^{-(\alpha+s)t}\, dt = \frac{1}{s+\alpha}$$

由以上的例子可以看出，由于拉氏变换的定义包含了 $t=0_-$ 时刻，因此单位冲击函数和单位阶跃函数的拉氏变换形式都较为简单，这样的性质会给以后的电路分析带来方便。

7.2   拉普拉斯变换的基本性质

拉普拉斯变换有许多重要的性质，了解和掌握这些性质有助于更好地理解和掌握拉普拉斯变换。

1. 线性性质

若 $F_1(s)$ 和 $F_2(s)$ 分别是 $f_1(t)$ 和 $f_2(t)$ 的拉普拉斯变换，则

$$L[\alpha_1 f_1(t) + \alpha_2 f_2(t)] = \alpha_1 F_1(s) + \alpha_2 F_2(s) \tag{7.3}$$

其中，α_1 和 α_2 是常数。

证明

$$L[\alpha_1 f_1(t) + \alpha_2 f_2(t)] = \int_{0_-}^{\infty} [\alpha_1 f_1(t) + \alpha_2 f_2(t)] e^{-st}\, dt$$

$$= \alpha_1 \int_{0_-}^{\infty} f_1(t) e^{-st}\, dt + \alpha_2 \int_{0_-}^{\infty} f_2(t) e^{-st}\, dt$$

$$= \alpha_1 F_1(s) + \alpha_2 F_2(s)$$

例 7.2   求解 $f(t) = \sin(\omega t)u(t)$ 和 $f(t) = \cos(\omega t)u(t)$ 的拉氏变换。

解   (1) $f(t) = \sin(\omega t)u(t) = \dfrac{1}{2j}(e^{j\omega t} - e^{-j\omega t})$

$$F(s) = \frac{1}{2j}\left[L(e^{j\omega t}) - L(e^{-j\omega t})\right]$$

$$= \frac{1}{2j}\left(\frac{1}{s - j\omega} - \frac{1}{s + j\omega}\right)$$

$$= \frac{\omega}{s^2 + \omega^2}$$

(2) $f(t) = \cos(\omega t)u(t) = \frac{1}{2}(e^{j\omega t} + e^{-j\omega t})$

$$F(s) = \frac{1}{2}\left[L(e^{j\omega t}) + L(e^{-j\omega t})\right]$$

$$= \frac{1}{2}\left(\frac{1}{s - j\omega} + \frac{1}{s + j\omega}\right)$$

$$= \frac{s}{s^2 + \omega^2}$$

2. 比例性质

若 $f(t)$ 的拉普拉斯变换为 $F(s)$，则

$$L[f(at)] = \frac{1}{a}F\left(\frac{s}{a}\right), \qquad a > 0 \tag{7.4}$$

证明

$$L[f(at)] = \int_{0_-}^{\infty} f(at)e^{-st}dt$$

令 $\tau = at$，则上式变为

$$L[f(at)] = \int_{0_-}^{\infty} f(\tau)e^{-\left(\frac{s}{a}\right)\tau}d\left(\frac{\tau}{a}\right) = \frac{1}{a}\int_{0_-}^{\infty} f(\tau)e^{-\left(\frac{s}{a}\right)\tau}dt = \frac{1}{a}F\left(\frac{s}{a}\right)$$

例 7.3　求 $f(t) = \sin(2\omega t)$ 的拉氏变换。

解　已知

$$L[\sin(\omega t)] = \frac{\omega}{s^2 + \omega^2}$$

则由上述性质，有

$$L[\sin(2\omega t)] = \frac{1}{2} \times \frac{\omega}{\left(\frac{s}{2}\right)^2 + \omega^2} = \frac{2\omega}{s^2 + 4\omega^2}$$

3. 时域平移性质

若 $f(t)$ 的拉普拉斯变换为 $F(s)$，则

$$L[f(t-a)u(t-a)] = e^{-as}F(s) \tag{7.5}$$

证明

$$L[f(t-a)u(t-a)] = \int_{0_-}^{\infty} f(t-a)u(t-a)e^{-st}dt = \int_{a}^{\infty} f(t-a)e^{-st}dt$$

令 $\tau = t - a$ 代入得

$$L[f(t-a)u(t-a)] = \int_{0_-}^{\infty} f(\tau)e^{-sa}e^{-st}d\tau = e^{-sa}F(s)$$

例 7.4 求图 7-1 中矩形脉冲的拉氏变换。

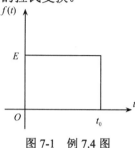

图 7-1　例 7.4 图

解

$$f(t) = E[u(t) - u(t-t_0)]$$

$$F(s) = E\{L[u(t)] - L[u(t-t_0)]\}$$

$$= E\left(\frac{1}{s} - e^{-t_0 s} \cdot \frac{1}{s}\right)$$

$$= \frac{E}{s}(1 - e^{-t_0 s})$$

4. s 域的平移性质

若 $f(t)$ 的拉普拉斯变换为 $F(s)$，则

$$L[e^{-at}f(t)] = F(s+a) \tag{7.6}$$

证明

$$L[e^{-at}f(t)] = \int_0^{\infty} e^{-at}f(t)e^{-st}dt = \int_0^{\infty} f(t)e^{-(s+a)t}dt = F(s+a)$$

例 7.5 求 $f(t) = e^{-at}\sin(\omega t)$ 的拉氏变换。

解 已知 $L[\sin(\omega t)] = \dfrac{\omega}{s^2 + \omega^2}$ 则由上述性质，有

$$L[e^{-at}\sin(\omega t)] = \frac{\omega}{(s+a)^2 + \omega^2}$$

5. 原函数微分性质

若 $f(t)$ 的拉普拉斯变换为 $F(s)$，则

$$L\left[\frac{df(t)}{dt}\right] = sF(s) - f(0_-) \tag{7.7}$$

证明

$$L\left[\frac{df(t)}{dt}\right] = \int_{0_-}^{\infty} \frac{df(t)}{dt}e^{-st}dt$$

用分部积分法，则有

$$L\left[\frac{\mathrm{d}f(t)}{\mathrm{d}t}\right] = f(t)\mathrm{e}^{-st}\Big|_{0_-}^{\infty} - \int_{0_-}^{\infty} f(t)(-s\mathrm{e}^{-st})\mathrm{d}t$$

$$= 0 - f(0_-) + s\int_{0_-}^{\infty} f(t)\mathrm{e}^{-st}\mathrm{d}t$$

$$= sF(s) - f(0_-)$$

例 7.6　利用原函数微分性质求 $f(t) = \delta(t)$ 的拉氏变换。

解　已知

$$f(t) = \delta(t) = \frac{\mathrm{d}u(t)}{\mathrm{d}t}, \quad L[u(t)] = \frac{1}{s}$$

则有

$$L[f(t)] = L\left[\frac{\mathrm{d}u(t)}{\mathrm{d}t}\right] = s\cdot\frac{1}{s} - u(0_-) = 1$$

6. 原函数积分性质

若 $f(t)$ 的拉普拉斯变换为 $F(s)$，则

$$L\left[\int_{0_-}^{t} f(\xi)\mathrm{d}\xi\right] = \frac{F(s)}{s} \tag{7.8}$$

证明：令 $u = \int f(t)\mathrm{d}t$，$\mathrm{d}v = \mathrm{e}^{-st}\mathrm{d}t$，则

$$\mathrm{d}u = f(t)\mathrm{d}t, \quad v = -\frac{\mathrm{e}^{-st}}{s}$$

利用分部积分法，有

$$L\left[\int_{0_-}^{t} f(\xi)\mathrm{d}\xi\right] = \int_{0_-}^{\infty}\left[\int_{0_-}^{t} f(\xi)\mathrm{d}\xi\right]\mathrm{e}^{-st}\mathrm{d}t$$

$$= \left(\int_{0_-}^{t} f(\xi)\mathrm{d}\xi\right)\frac{\mathrm{e}^{-st}}{-s}\Big|_{0_-}^{\infty} - \int_{0_-}^{\infty} f(t)\left(-\frac{\mathrm{e}^{-st}}{s}\right)\mathrm{d}t$$

只要 s 的实部 σ 足够大，当 $t\to\infty$ 和 $t=0_-$ 时，等式右边第一项都为零，所以有

$$L\left[\int_{0_-}^{\infty} f(\xi)\mathrm{d}\xi\right] = \frac{F(s)}{s}$$

例 7.7　利用原函数积分性质求函数 $f(t) = t$ 的拉氏变换。

解　已知

$$f(t) = t = \int_0^t u(t)\mathrm{d}t$$

则有

$$L[f(t)] = \frac{1}{s}\times\frac{1}{s} = \frac{1}{s^2}$$

7. 卷积性质

若 $F_1(s)$ 和 $F_2(s)$ 分别是 $f_1(t)$ 和 $f_2(t)$ 的拉普拉斯变换，则

$$L[f_1(t) * f_2(t)] = F_1(s)F_2(s) \tag{7.9}$$

证明

$$L[f_1(t) * f_2(t)] = \int_{0_-}^{\infty} \int_{0_-}^{\infty} f_1(\tau)u(\tau)f_2(t-\tau)u(t-\tau)\mathrm{d}\tau \mathrm{e}^{-st}\mathrm{d}t$$

交换积分次序并令 $x = t - \tau$，则有

$$L[f_1(t)f_2(t)] = \int_{0_-}^{\infty} f_1(\tau)\left[\int_{0_-}^{\infty} f_2(t-\tau)u(t-\tau)\mathrm{e}^{-st}\mathrm{d}t\right]\mathrm{d}\tau$$

$$= \int_{0_-}^{\infty} f_1(\tau)\left[\mathrm{e}^{-s\tau}\int_{0_-}^{\infty} f_2(x)\mathrm{e}^{-sx}\mathrm{d}x\right]\mathrm{d}\tau$$

$$= F_1(s)F_2(s)$$

该式称为时域卷积定理，同理可以得到 s 域卷积定理

$$L[f_1(t)f_2(t)] = \frac{1}{2\pi\mathrm{j}}[F_1(s) * F_2(s)]$$

到此为止，介绍了拉普拉斯变换的一些基本性质。另外，拉氏变换还具有其他一些重要的性质，在此不进行一一介绍，读者可参阅相关书籍。

一些常用函数的拉氏变换请参考本书附录。

7.3   拉普拉斯反变换

在完成线性电路的 s 域求解后，要通过拉氏反变换求解其时域的表示式。由拉氏反变换的定义式可知，可由定义式(7.2)进行复变函数的积分求得。通常情况下，计算复变函数的积分比较麻烦，在实际上，人们往往可以借助一些代数运算，将象函数 $F(s)$ 分解为若干较简单的、可从常用变换表中查到的项，然后查出各项对应的原函数，求出它们的和，即为所求函数。这就是下面将要讲到的部分分式展开法。

假设 $F(s)$ 的一般形式为有理分式

$$F(s) = \frac{N(s)}{D(s)} = \frac{b_m s^m + b_{m-1}s^{m-1} + \cdots + b_1 s + b_0}{a_n s^n + a_{n-1}s^{n-1} + \cdots + a_1 s + a_0} \tag{7.10}$$

其中，系数 a_i 和 b_i 都为实数；m 和 n 为整数；$N(s)$ 是分子多项式，$D(s)$ 是分母多项式。$N(s) = 0$ 的根称为 $F(s)$ 的零点，而 $D(s) = 0$ 的根称为 $F(s)$ 的极点。

通常求解 $F(s)$ 的拉氏反变换包括以下两个步骤：

(1) 用有理分式法展开，将 $F(s)$ 分解为若干简单项。

(2) 求出各项的拉氏反变换，并求和。

下面按照 $D(s) = 0$ 的根是单根、共轭复根和重根几种情况分别进行讨论：

(1) 如果 $D(s) = 0$ 有 n 个单根，分别为 $p_1, p_2, \cdots, p_n$，且互不相等。则 $F(s)$ 可分解为

$$F(s) = \frac{k_1}{s - p_1} + \frac{k_2}{s - p_2} + \cdots + \frac{k_n}{s - p_n}$$

其中，系数 $k_1, k_2, \cdots, k_n$ 又称为 $F(s)$ 的留数。下面就用留数法进行求解。

以 $(s - p_1)$ 乘以等式的两边，得到

$$(s - p_1)F(s) = k_1 + \frac{(s - p_1)k_2}{s - p_2} + \cdots + \frac{(s - p_1)k_n}{s - p_n}$$

令 $s = p_1$，则有

$$(s - p_1)F(s)\big|_{s = p_1} = k_1$$

同理，可以求得

$$k_i = (s - p_i)F(s)\big|_{s = p_i} \tag{7.11}$$

求得系数 k_i 后，就可以求出原函数

$$f(t) = (k_1 e^{p_1 t} + k_2 e^{p_2 t} + \cdots + k_n e^{p_n t})$$

例 7.8　求 $F(s) = \dfrac{s^2 + 7s + 10}{s^3 + 4s^2 + 3s}$ 的拉普拉斯反变换。

解

$$F(s) = \frac{s^2 + 7s + 10}{s^3 + 4s^2 + 3s} = \frac{(s+2)(s+5)}{s(s+1)(s+3)}$$

将 $F(s)$ 写成部分分式展开形式

$$F(s) = \frac{k_1}{s} + \frac{k_2}{s+1} + \frac{k_3}{s+3}$$

分别求得系数 k_1、k_2、k_3，得

$$k_1 = sF(s)\big|_{s=0} = \frac{2 \times 5}{1 \times 3} = \frac{10}{3}$$

$$k_2 = (s+1)F(s)\big|_{s=-1} = \frac{1 \times 4}{(-1) \times 2} = -2$$

$$k_3 = (s+3)F(s)\big|_{s=-3} = \frac{(-1) \times 2}{(-3) \times (-2)} = -\frac{1}{3}$$

则

$$F(s) = \frac{10}{3s} - \frac{2}{s+1} - \frac{1}{3(s+3)}$$

故

$$f(t) = \frac{10}{3} - 2e^{-t} - \frac{1}{3}e^{-3t}$$

(2) 如果 $D(s) = 0$ 具有共轭复根，则 $F(s)$ 可以分解为

$$F(s) = \frac{A_1 s + A_2}{s^2 + as + b} + F_1(s)$$

其中，$F_1(s)$ 是 $F(s)$ 的余部，它不含有共轭复极点。令

$$s^2 + as + b = s^2 + 2as + a^2 + \beta^2 = (s+a)^2 + \beta^2$$

配成完全平方，则令

$$A_1 s + A_2 = A_1(s + \alpha) + B_1 \beta$$

故

$$F(s) = \frac{A_1(s + \alpha)}{(s + \alpha)^2 + \beta^2} + \frac{B_1 \beta}{(s + \alpha)^2 + \beta^2} + F_1(s)$$

再由常用的拉氏变换对可以查出其反变换为

$$f(t) = A_1 e^{-\alpha t} \cos(\beta t) + B_1 e^{-\alpha t} \sin(\beta t) + f_1(t) \tag{7.12}$$

例 7.9　求 $F(s) = \dfrac{s+3}{s^2 + 2s + 5}$ 的拉普拉斯反变换。

解　已知 $D(s) = 0$ 的根 $p_1 = -1 + j2$, $p_2 = -1 - j2$ 为共轭复根，则

$$A_1(s+1) + B_1\beta = s+3$$

解得

$$A_1 = 1, \quad B_1 = 1$$

则有

$$f(t) = \frac{s+1}{(s+1)^2 + 2^2} + \frac{1}{(s+1)^2 + 2^2} = e^{-t}\cos 2t + e^{-t}\sin 2t$$

(3) 如果 $D(s) = 0$ 具有重根，其中 $s = -p$ 处有 n 个重极点，则 $F(s)$ 可写为

$$F(s) = \frac{k_n}{(s+p)^n} + \frac{k_{n-1}}{(s+p)^{n-1}} + \cdots + \frac{k_1}{(s+p)} + F_1(s)$$

其中，$F_1(s)$ 是 $F(s)$ 的余部，它在 $s = -p$ 处无极点，上式中展开系数的方法与前述一样

$$k_n = (s+p)^n F(s)\big|_{s=-p}$$

对式子两边同乘 $(s+p)^n$，并对 s 求导，计算其在 $s = -p$ 时的值，即可得到

$$k_{n-1} = \frac{\mathrm{d}}{\mathrm{d}s}[(s+p)^n F(s)]\big|_{s=-p}$$

同理有

$$k_{n-m} = \frac{1}{m!}\frac{\mathrm{d}^m}{\mathrm{d}s^m}[(s+p)^n F(s)]\big|_{s=-p}$$

再由公式

$$L^{-1}\left[\frac{1}{(s+a)^n}\right] = \frac{t^{n-1}e^{-at}}{(n-1)!}$$

有

$$f(t) = k_1 e^{-pt} + k_2 t e^{-pt} + \frac{k_3}{2!}t^2 e^{-pt} + \cdots + \frac{k_n}{(n-1)!}t^{n-1}e^{-pt} + f_1(t) \tag{7.13}$$

例 7.10　求 $F(s) = \dfrac{s-2}{s(s+1)^3}$ 的拉氏反变换。

解　将 $F(s)$ 分解，得

$$F(s) = \frac{k_{11}}{(s+1)^3} + \frac{k_{12}}{(s+1)^2} + \frac{k_{13}}{(s+1)} + \frac{k_2}{s}$$

易知

$$k_2 = sF(s)\big|_{s=0} = -2$$

$$k_{11} = (s+1)^3 F(s)\big|_{s=-1} = \frac{s-2}{s}\bigg|_{s=-1} = 3$$

$$k_{12} = \frac{\mathrm{d}}{\mathrm{d}s}[(s+1)^3 F(s)]\big|_{s=-1} = 2$$

$$k_{13} = \frac{1}{2}\frac{d^2}{ds^2}[(s+1)^3 F(s)]\big|_{s=-1} = 2$$

则有

$$F(s) = \frac{3}{(s+1)^3} + \frac{2}{(s+1)^2} + \frac{2}{s+1} - \frac{2}{s}$$

因此，其反变换为

$$f(t) = \frac{3}{2}t^2 e^{-t} + 2te^{-t} + 2e^{-t} - 2, \quad t \geqslant 0$$

7.4 复频域电路分析方法

本节是本章的重点章节，在本节中，首先推导出基尔霍夫定律的复频域运算形式，从而导出基本电路元件的复频域模型，再运用前面章节中介绍的等效分析法、节点分析法和网孔分析法列写电路的复频域方程，进行求解。

7.4.1 基本电路元件的复频域模型

基尔霍夫定律的时域表示为
对于任一节点

$$\sum i(t) = 0$$

对于任一回路

$$\sum u(t) = 0$$

根据拉氏变换的线性性质得出基尔霍夫定律的运算形式为
对于任一节点

$$\sum I(s) = 0$$

对于任一回路

$$\sum U(s) = 0$$

下面根据基本电路元件在时域的电压、电流关系来推导其在复频域的电路模型。
1）电阻
电阻的电压与电流的关系的时域表示为

$$u_R(t) = Ri_R(t)$$

两边同时取拉氏变换，得

$$U_R(s) = RI_R(s) \tag{7.14}$$

2）电感
电感的电压与电流的关系的时域表示为

$$u_L(t) = L\frac{di_L(t)}{dt}$$

两边同时取拉氏变换，利用拉氏变换的微分性质，得

$$U_L(s) = sLI_L(s) - Li_L(0_-) \tag{7.15}$$

$$I_L(s) = \frac{1}{sL}U_L(s) + \frac{i_L(0_-)}{s} \tag{7.16}$$

其中，sL——电感的复频域等效阻抗；

$\dfrac{1}{sL}$——电感的复频域等效导纳；

$\dfrac{i_L(0_-)}{s}$——附加电流源的电流。

3）电容

电容的电压与电流的关系的时域表示为

$$i_C(t) = C\frac{\mathrm{d}u_C(t)}{\mathrm{d}t}$$

两边同时取拉氏变换，利用拉氏变换的微分性质，得

$$U_C(s) = \frac{1}{sC}I_C(s) + \frac{u_C(0_-)}{s} \tag{7.17}$$

$$I_C(s) = sCU_C(s) - Cu_C(0_-) \tag{7.18}$$

其中，$\dfrac{1}{sC}$——电容的复频域等效阻抗；

sC——电容的复频域等效导纳；

$\dfrac{u_C(0_-)}{s}$——附加电压源的电压。

图 7-2 给出了基本电路元件在时域和复频域的模型。

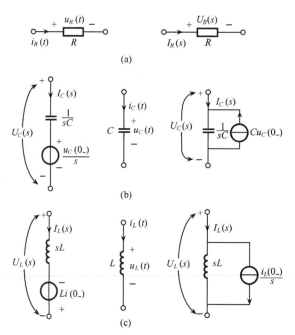

图 7-2　基本电路元件的时域和复频域模型

下面就来看看更为复杂的情况：LTI 双口耦合电感，如图 7-3 所示。

其电流和电压的时域关系为

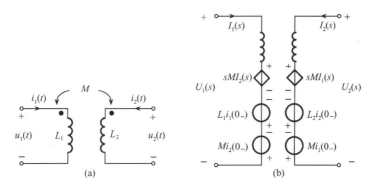

图 7-3 双口耦合电感电路

$$\begin{cases} u_1(t) = L_1 \dfrac{\mathrm{d}i_1(t)}{\mathrm{d}t} + M \dfrac{\mathrm{d}i_2(t)}{\mathrm{d}t} \\ u_2(t) = L_2 \dfrac{\mathrm{d}i_2(t)}{\mathrm{d}t} + M \dfrac{\mathrm{d}i_1(t)}{\mathrm{d}t} \end{cases}$$

对上式两边分别取拉氏变换，有

$$\begin{cases} U_1(s) = sL_1 I_1(s) - L_1 i_1(0_-) + sM I_2(s) - M i_2(0_-) \\ U_2(s) = sL_2 I_2(s) - L_2 i_2(0_-) + sM I_1(s) - M i_1(0_-) \end{cases} \tag{7.19}$$

其中，sM ——互感的复频域等效阻抗；

$i_1(0_-)$ 和 $i_2(0_-)$ ——两个电感中的初始电流。

7.4.2 复频域电路分析方法

在本小节中，将利用已建立的基本电路元件的复频域模型，并结合前面章节中讲述的时域分析方法，完成电路的复频域分析。

下面给出复频域电路分析的一般方法：

(1) 做出电路的复频域模型。

(2) 列写电路的复频域方程。

(3) 求解电路的复频域方程，得到电路的响应 $Y(s)$。

(4) 对响应 $Y(s)$ 作拉氏反变换，求得电路响应的时域表示形式：$y(t) = L^{-1}[Y(s)]$。

下面将以例子的形式分别说明如何在复频域中利用等效分析法、节点分析法和网孔分析法求得电路的响应。

例 7.11 如图 7-4 所示的电路中，已知 $R_1 = 3\Omega$，$R_2 = 2\Omega$，$L_1 = 0.3\mathrm{H}$，$L_2 = 0.5\mathrm{H}$，$M = 0.1\mathrm{H}$，$C = 1\mathrm{F}$，$u_\mathrm{S}(t) = U(t)\mathrm{V}$。求 $t > 0$ 时的电流 $i(t)$。

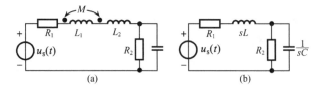

图 7-4   例 7.11 图

解   (1) 先对含互感的串联电感电路进行等效，得 $L = L_1 + L_2 + 2M = 1\text{H}$。然后做出该电路的 s 域电路模型如图 7-4(b) 所示。

(2) 计算出通过 R_1 看过去的电路的复频域等效输入阻抗。

$$Z_{\text{in}} = Z_L + Z_{R_2} \mathbin{/\!/} Z_C = \frac{2s^2 + s + 2}{2s + 1}$$

列写电路方程，得

$$U_S(s) = (R_1 + Z_{\text{in}})I(s)$$

即

$$\frac{1}{s} = \left(3 + \frac{2s^2 + s + 2}{2s + 1}\right)I(s)$$

(3) 求解得

$$I(s) = \frac{2s + 1}{2s^3 + 7s^2 + 5s}$$

(4) 对 $I(s)$ 作拉氏反变换得

$$i(t) = \left(\frac{1}{5} + \frac{2}{15}\text{e}^{-2.5t} - \frac{1}{3}\text{e}^{-t}\right)U(t)$$

例 7.12   已知有源高通滤波器如图 7-5(a) 所示。A 为运放增益，且设运算放大器输入阻抗为无穷大，输出阻抗为零，电容中无初始储能。试求输出的零状态响应 $U_2(s)$。

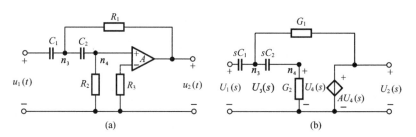

图 7-5   例 7.12 图

解   (1) 作出滤波器的 s 域电路模型，如图 7-5(b) 所示。

(2) 对图 7-5(b) 列 n_3，n_4 的节点方程

$$\begin{cases} (sC_1 + sC_2 + G_1)U_3(s) - sC_2U_4(s) - G_1U_2(s) = sC_1U_1(s) \\ -sC_2U_3(s) + (sC_2 + G_2)U_4(s) = 0 \end{cases}$$

根据运放性质：$U_2(s) = AU_4(s)$ 代入上式得

$$\begin{cases} (sC_1 + sC_2 + G_1)U_3(s) - \left(\dfrac{1}{A}sC_2 + G_1\right)U_2(s) = sC_1U_1(s) \\ -sC_2U_3(s) + \dfrac{1}{A}(sC_2 + G_2)U_2(s) = 0 \end{cases}$$

(3) 用克莱姆法则求解

$$U_2(s) = \frac{\Delta_2}{\Delta} = \frac{As^2U_1(s)}{s^2 + K_1 s + K_2}$$

其中

$$\begin{cases} K_1 = \dfrac{G_2(C_1 + C_2) + G_2 C_2 (1 - A)}{C_1 C_2} \\ K_2 = \dfrac{G_1 G_2}{C_1 C_2} = \dfrac{1}{R_1 R_2 C_1 C_2} \end{cases}$$

例 7.13　已知图 7-6(a) 所示电路，$t = 0$ 以前开关闭合，电路已进入稳态；$t = 0$ 时开关断开，试求电流 $i_1(t)$ 和开关两端的电压 $u_K(t)$。

解　(1) 作出电路的 s 域模型，如图 7-6(b) 所示。

(2) 确定动态元件上的起始状态。

因为 $t < 0$ 时，电路处于稳态，L_1、L_2 短路，由图 7-6(a) 可得

$$i(0_-) = \frac{100}{4 + 1} = 20(\text{A})$$

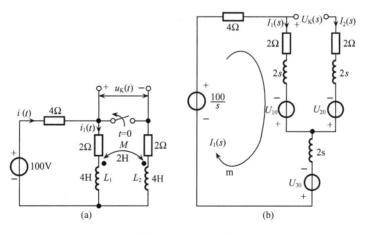

图 7-6　例 7.13 图

故

$$i_1(0_-) = i_2(0_-) = \frac{1}{2}i(0_-) = 10\text{A}$$

由此可计算出图 7-6(b) 中 U_{10}、U_{20}、U_{30}。

$$U_{10} = (L_1 - M)i_1(0_-) = 20\text{V}$$

$$U_{20} = (L_2 - M)i_2(0_-) = 20\text{V}$$

$$U_{30} = M[i_1(0_-) + i_2(0_-)] = 40\text{V}$$

（3）求 $i_1(t)(t > 0)$ 。

列网孔 m 的网孔方程，因 $I_2(s) = 0$ ，故 $I_1(s)$ 即为网孔 m 的电流

$$(4 + 2 + 2s + 2s)I_1(s) = U_{10} + U_{30} + \frac{100}{s}$$

$$I_1(s) = \frac{\left(20 + 40 + \dfrac{100}{s}\right)}{6 + 4s} = \frac{50}{3} \times \frac{1}{s} - \frac{\dfrac{5}{3}}{s + \dfrac{3}{2}}$$

故

$$i_1(t) = L^{-1}\{I_1(s)\} = \left(\frac{50}{3} - \frac{5}{3}\mathrm{e}^{-\frac{3}{2}t}\right)U(t)$$

（4）求 $u_K(t)$ 。

$$U_K(s) = 2I_1(s) + 2sI_1(s) - U_{10} + U_{20} - 2sI_2(s) - 2I_2(s)$$

$$= 2I_1(s) + 2sI_1(s) - 20 + 20 - 0 - 0$$

$$= 30 + \frac{100}{3} \times \frac{1}{s} + \frac{5}{3} \times \frac{1}{s + \dfrac{3}{2}}$$

故

$$u_K(t) = L^{-1}\{U_K(s)\} = 30\delta(t) + \left(\frac{100}{3} + \frac{5}{3}\mathrm{e}^{-\frac{3}{2}t}\right)U(t)(\text{V})$$

7.5　网络函数的定义

　　在本章以前，曾经系统地讨论了电路与系统的建模和求解的普遍方法，利用这些方法可以对任何由线性时不变元件及电源组成的电路与系统进行分析。但在很多实际应用中所研究的网络是多端口网络，在这种多端网络中，电源可以作为电网络的输入激励，而其响应则为某些端口上的端电压或电流。此时常用另一种 I/O 数学模型——网络（系统）函数，来描述激励与响应之间的关系，一旦知道网络函数，则无须用前面的普遍分析方法就可以得到网络对一组激励的响应。实际上这是一个捷径，在许多情况下，可以大大节省精力和时间。在本节中先定义网络函数，然后再给出网络函数的求解方法。

　　众所周知，任何线性时不变网络，其完全响应等于它的零输入响应与零状态响应之和。根据拉氏变换的性质，其完全响应的拉氏变换等于零输入响应的拉氏变换与零状态响应的拉氏变换之和。

　　若某线性时不变网络在单输入 $f(t)$ 激励时，相应的响应为 $y(t)$ ，那么，用微分方程表示响应和激励的关系为

$$y^{(n)}(t) + a_{n-1}y^{(n-1)}(t) + \cdots + a_1 y^{(1)}(t) + a_0 y(t) \tag{7.20}$$
$$= b_M f^{(M)}(t) + b_{M-1}f^{(M-1)}(t) + \cdots + b_1 f(t) + b_0 f(t)$$

假定 $y(t) = y_{zp} + y_{zs}$，其中 y_{zp} 为零输入响应，y_{zs} 为零状态响应，则式 (7.20) 可变成

$$[y_{zp}^{(n)}(t) + a_{n-1}y_{zp}^{(n-1)}(t) + \cdots + a_1 y_{zp}^1(t) + a_0 y_{zp}(t)]$$
$$+ [y_{zs}^{(n)}(t) + a_{n-1}y_{zs}^{(n-1)}(t) + \cdots + a_1 y_{zs}^1(t) + a_0 y_{zs}(t)] \tag{7.21}$$
$$= b_M f^{(M)}(t) + b_{M-1}f^{(M-1)}(t) + \cdots + b_1 f(t) + b_0 f(t)$$

由于电路的零输入响应只与电路的元件参数和初始条件有关，与输入激励无关；而零状态响应只与电路元件参数和输入激励有关，与初始条件无关，所以由式 (7.21) 可得

$$y_{zp}^{(n)}(t) + a_{n-1}y_{zp}^{(n-1)}(t) + \cdots + a_1 y_{zp}^1(t) + a_0 y_{zp}(t) = 0 \tag{7.22}$$

$$y_{zs}^{(n)}(t) + a_{n-1}y_{zs}^{(n-1)}(t) + \cdots + a_1 y_{zs}^1(t) + a_0 y_{zs}(t) \tag{7.23}$$
$$= b_M f^M(t) + b_{M-1}f^{(M-1)}(t) + \cdots + b_1 f(t) + b_0 f(t)$$

对于式 (7.22)、式 (7.23) 两边取拉氏变换则得

$$(s^n + a_{n-1}s^{n-1} + \cdots + a_1 s + a_0)y_{zp}(s) = 0 \tag{7.24}$$

$$(s^n + a_{n-1}s^{n-1} + \cdots + a_1 s + a_0)y_{zs}(s) \tag{7.25}$$
$$= (b_M s^m - b_{M-1}s^{m-1} + \cdots + b_1 s + b_0)F(s)$$

式 (7.24) 描述了电路的零输入响应，式 (7.25) 描述了电路的零状态响应。据此，可以做出网络函数的一般性定义。

若一个线性时不变网络，它具有一个单一的独立电压源或独立电流源激励下，相应的零状态响应为 $y(t)$，而且该激励 $f(t)$ 可以是任意信号；与该激励相应的零状态响应为 $y(t)$，则联系该输入激励和零状态响应的网络函数为

$$H(s) = \frac{\text{网络零状态的拉氏变换}}{\text{输入激励的拉氏变换}} = \frac{Y(s)}{F(s)} \tag{7.26}$$

显然，网络函数 $H(s)$ 是复频率 $s = \sigma + j\omega$ 的函数，它的定义域为复平面 s，它把任意输入激励和零状态响应联系起来了。

在网络分析中，由于激励与响应既可以是电压，也可以是电流，因此网络函数可以是阻抗 (电压比电流) 或导纳 (电流比电压)，也可以是数值比 (电流比电流或电压比电压)。此外，若激励与响应在同一端，则网络函数叫作策动点函数 (或驱动点函数)，若激励与响应不在同一端口，则网络函数叫作转移函数 (或传递函数)。在一般的电路与系统分析中，对于这些名称往往不加区别，统称为网络 (系统) 函数或传递函数 (表 7-1)。

表 7-1　网络函数的名称

激励与响应的位置	激励	响应	网络函数名称
在同一端口 (策动点函数)	电流	电压	策动点阻抗
	电压	电流	策动点导纳
分别在各自的端口 (传递函数)	电流	电压	转移阻抗
	电压	电流	转移导纳
	电压	电压	转换电压比 (电压传递函数)
	电流	电流	转换电流比 (电流传递函数)

下面讨论网络函数和单位冲击响应的关系。

根据网络函数的定义，有

$$Y(s) = H(s)F(s) \tag{7.27}$$

如果激励信号为 $f(t) = \delta(t)$，则因为 $F(s) = L\{\delta(t)\} = 1$，于是得

$$Y(s) = H(s) \cdot 1 = H(s) \tag{7.28}$$

对于式 (7.28) 两边同时取拉氏反变换，则得

$$Y(t) = L^{-1}[H(s)]$$

这就是说网络函数就其物理本质来说，它就是电路的冲击响应的拉氏变换。

下面就利用 s 域分析方法进行网络函数的求解。

例 7.14 已知有源 RC 低通网络，如图 7-7 所示，试求其网络函数。

解 对节点 3、4 列节点方程如下，即

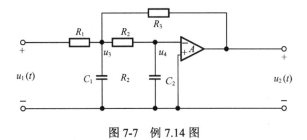

图 7-7　例 7.14 图

$$\begin{cases} \left(\dfrac{1}{R_1} + \dfrac{1}{R_2} + \dfrac{1}{R_3} + sC_1 \right) U_3(s) - \dfrac{1}{R_3} U_2(s) - \dfrac{1}{R_2} U_4(s) = \dfrac{1}{R_1} U_1(s) \\[3mm] \left(\dfrac{1}{R_2} + sC_2 \right) U_4(s) - \dfrac{1}{R_2} U_3(s) = 0 \end{cases}$$

对于运算放大器，有

$$U_2(s) = -AU_4(s)$$

联立上述三式，即可求得网络函数 $H(s)$ 为

$$H(s) = \frac{U_2(s)}{U_1(s)} = \frac{-\dfrac{A}{R_1 R_2 C_1 C_2}}{s^2 + \left(\dfrac{1}{R_1 C_1} + \dfrac{1}{R_2 C_1} + \dfrac{1}{R_3 C_1} + \dfrac{1}{R_2 C_2} \right) s + \dfrac{R_3 + (1+A)R_1}{R_1 R_2 R_3 C_1 C_2}}$$

7.6　网络函数的零点和极点

网络函数的一般形式可以表示为

$$H(s) = \frac{b_m s^m + b_{m-1} s^{m-1} + \cdots + b_1 s + b_0}{a_n s^n + a_{n-1} s^{n-1} + \cdots + a_1 s + a_0} = \frac{N(s)}{D(s)} \tag{7.29}$$

其中，系数 a_i 和 b_i 都为实数；m 和 n 为整数。

因为网络的电路方程在 s 域中都是实系数的线性代数方程,所以 $H(s)$ 是 s 的有理函数,式 (7.29) 中 $N(s)$、$D(s)$ 均是实系数多项式,其系数 b_i 和 a_i 都是实数。既然 $N(s)$ 和 $D(s)$ 都是 s 的多项式,就能求得该多项式的根。其中,使 $N(s)=0$ 的根 $z_1,z_2,\cdots,z_m$ 称为网络函数 $H(s)$ 的零点;使 $D(s)=0$ 的根 $p_1,p_2,\cdots,p_n$ 称为网络函数 $H(s)$ 的极点,或者说使 $H(s)=0$ 的根 $z_1,z_2,\cdots,z_m$ 称为零点,使 $H(s)=\infty$ 的根 $p_1,p_2,\cdots,p_n$ 称为极点。由于 $N(s)$ 和 $D(s)$ 多项式的系数均为实数,所以网络函数零、极点必然是或者为实数,或者以共轭复数对称形式出现。这就是说,如果 $p_1=\sigma_1+\mathrm{j}\omega_1$ 为极点,则 $p_1^*=\sigma_1+\mathrm{j}\omega_1$ 也必然是极点;同理,如果 $z_1=\sigma_2+\mathrm{j}\omega_2$ 是零点,则 $z_1^*=\sigma_2+\mathrm{j}\omega_2$ 也是零点。

应用部分分式分解方法,可以把式 (7.29) 表示为

$$H(s)=k\frac{(s-z_1)(s-z_2)\cdots(s-z_m)}{(s-p_1)(s-p_2)\cdots(s-p_n)}=k\frac{\displaystyle\prod_{j=1}^{m}(s-z_j)}{\displaystyle\prod_{i=1}^{n}(s-p_i)} \tag{7.30}$$

其中,$k=\dfrac{b_m}{a_n}$,称为实数标度因子。

公式 (7.30) 表明,一个网络函数,只要用标度因子 k 和它的极点(n 个)及零点(m 个)就能完整地进行描述,所以零点和极点的概念在电路理论中非常重要。$H(s)$ 的零、极点不仅可以预言电路系统的时域特性,便于划分系统响应的各个分量(自由响应分量与强迫响应分量),而且也可以用来求电路系统的正弦稳态响应特性,以统一的观点来阐明系统各方面的性能;它还可以用来研究系统的稳定性,这就是在以后几节将要讨论的内容。

为了一目了然,人们常常将网络函数的零点与极点的位置标在 s 平面上。零点用"○"表示,极点用"×"表示,这样便构成了描述网络函数 $H(s)$ 的零点与极点图,简称零极点图。图 7-8 表示一网络函数的零极点图,显然,它有 3 个零点,分别在 z_1、z_2、z_2^* 处,有 5 个极点,分别在 p_1、p_2、p_2^*、p_3、p_3^* 处。

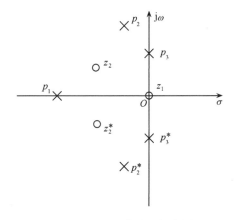

图 7-8 　网络函数的零极点图

根据图 7-8，可写出网络函数 $H(s)$，假设 $k=1$

$$H(s) = \frac{(s-z_1)(s-z_2)(s-z_3)}{(s-p_1)(s-p_2)(s-p_2^*)(s-p_3)(s-p_3^*)}$$

同样，如果已知一个网络函数 $H(s)$，也可以做出它的零极点分布图。

网络函数零点与极点的位置可在 s 平面的有限处，也可在原点或无穷远处，由式 (7.30) 可以看出：

(1) 当 $m>n$ 时，在 $s=\infty$ 处是 $m-n$ 阶极点。

(2) 当 $m<n$ 时，在 $s=\infty$ 处是 $n-m$ 阶零点。

(3) 当 $m=n$ 时，在 $s=\infty$ 处既无零点也无极点。

所以对任何有理网络函数，假若将在 0 及 ∞ 处的零、极点也计算在内，则零点的总数等于极点的总数。

例如，某网络函数为

$$H(s) = \frac{(s+1)(s+2+j)(s+2-j)}{s^3(s+3)(s+5)}$$

零点为 $z_1=-1$，$z_2=-2+j$，$z_3=-2-j$，$z_4=z_5=\infty$；

极点为 $p_1=p_2=p_3=0$，$p_4=-3$，$p_5=-5$。

该网络函数的零极点图如图 7-9 所示，其中原点处为 3 阶极点，而无穷远处为 2 阶零点。

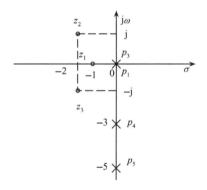

图 7-9　网络函数的零极点图

7.7　网络函数的瞬态响应

网络的瞬态响应是指网络从初始状态到达最终状态，也就是从过渡过程开始到终了的响应过程，对于各种非周期性信号作用于电路时的过渡过程的产生，其物理原因是动态系统的初始储能状态和激励信号的突然加入。因此电路的瞬态分析，应讨论两个方面的问题：①电路在初始瞬间的状态是怎样的；②在过渡过程中响应的变化规律是怎样的，其实质上就是求解网络方程的全解和研究其物理规律。在前面章节中已经作过详细讨论。本节将从 s 平面上的零、极点分布来进一步深入讨论这一问题，并且着重讨论响应的物理规律问题。

7.7.1　极点与自由响应和强迫响应

大家知道，拉氏变换是联系网络的 s 域分析与时域分析的桥梁。拉氏变换将时域变换到 s 域，而拉氏反变换则将 s 域变换到时域。

在 s 域中研究网络的特性即是研究网络函数 $H(s)$ 及其零极点图；研究网络的响应即网络响应函数 $Y(s)$ 及其零极点图。因此可以从 $Y(s)$ 的典型形式透视出 $y(t)$ 的内在性质，从 $Y(s)$ 的零点、极点分布情况确定 $y(t)$ 的时域性质。

人们知道，在 s 域中，网络响应 $Y(s)$ 与激励信号 $F(s)$ 和网络函数 $H(s)$ 之间满足

$$Y(s) = H(s)F(s) \tag{7.31}$$

应用部分分式，式(7.31)可展开为

$$Y(s) = \sum_{i=1}^{n} \frac{k_i}{s - p_i} + \sum_{k=1}^{n} \frac{k_k}{s - p_k} \tag{7.32}$$

式(7.32)中 n 是 $H(s)$ 的极点数，m 是 $F(s)$ 的极点数；其中第一项代表 $H(s)$ 的极点的分式，而第二项代表 $F(s)$ 的极点构成的分式。为讨论方便，假定 $Y(s)$ 函数式中不含重极点，而且 $H(s)$ 和 $F(s)$ 没有相同的极点。

从式(7.32)不难看出，响应 $Y(s)$ 的极点来自两方面，一是网络函数的极点 p_i，另一是激励函数的极点 p_k；对 $Y(s)$ 取拉氏反变换，于是得到响应函数的时域表示式为

$$y(t) = \sum_{i=1}^{n} k_i \mathrm{e}^{p_i t} + \sum_{k=1}^{m} k_k \mathrm{e}^{p_k t} \tag{7.33}$$

由式(7.33)可知，响应函数 $y(t)$ 由两部分组成，前面一部分是由网络函数 $H(s)$ 的极点所形成，称自由响应；后一部分则由激励函数 $F(s)$ 的极点所形成，叫作强迫响应。而自由响应中的极点 p_i 只由网络本身的特性所决定，与激励函数的形式无关，然而系数 k_i 则与 $H(s)$ 和 $F(s)$ 都有关系，同样，系数 k_k 也不仅由 $F(s)$ 决定，还与 $H(s)$ 有关，也就是说，自由响应时间函数的形式仅由 $H(s)$ 决定，但它的幅度和相位却受 $H(s)$ 和 $F(s)$ 两方面的影响；同样，强迫响应时间函数的形式只取决于激励函数 $F(s)$，而其幅度与相位却与 $F(s)$ 和 $H(s)$ 都有关系。同理，对于有多重极点的情况可以得到与此类似的结果。

为了便于表示网络系统的特性，可以定义网络系统特征方程的根为网络系统的固有频率(或称自由频率、自然频率)。显然，$H(s)$ 的极点 p_i 都是系统的固有频率，于是，可以说，自由响应的函数形式由网络系统的固有频率决定。必须注意：$H(s)$ 可能出现极点与零点相同的情况，这时极点与零点相消，被消去的固有频率在 $H(s)$ 极点中将不再出现，所以固有频率不一定是极点，这一现象再次说明网络函数 $H(s)$ 只能用于研究系统的零状态响应，$H(s)$ 包含了系统为零状态响应提供的全部信息。但是它不包含零输入响应的全部信息，这是因为当 $H(s)$ 的零、极点相消时，某些固有频率要丢失，而在零输入响应中要求表现出全部固有频率的作用。

与自由响应分量和强迫响应分量有着密切关系而且又容易发生混淆的另一对名词是

暂态响应分量与稳态响应分量。

暂态响应是指激励信号接入以后一段时间内，完全响应中暂时出现的有关成分，随着时间 t 增大，它将消失。由完全响应中减去暂态响应分量即得稳态响应分量。

一般情况下，对于稳定系统，$H(s)$ 极点的实部都小于零，即 $\mathrm{Re}[p_i]<0$（极点在 s 左半平面），这时自由响应函数呈衰减形式，在此情况下，自由响应就是暂态响应。若 $F(s)$ 极点的实部大于或等于零，即 $\mathrm{Re}[p_k]\geqslant 0$，则强迫响应就是稳态响应。

如果激励信号本身为衰减函数，即 $\mathrm{Re}[p_k]<0$，如 e^{-at}、$\mathrm{e}^{-at}\sin(\omega t)$ 等，在时间 t 趋于无限大以后，强迫响应也等于零，这时强迫响应与自由响应一起组成暂态响应，而网络的稳态响应等于零。

如果 $H(s)$ 的极点的实部等于零，即 $\mathrm{Re}[p_i]=0$ 时，其自由响应就是无休止的等幅振荡（如无损 LC 谐振电路）。于是自由响应也成为稳态响应。若 $\mathrm{Re}[p_i]>0$，则自由振荡是增幅振荡，这属于不稳态系统。还有一种值得说明的情况，这就是 $H(s)$ 的零点与 $F(s)$ 的极点相同，即 $p_k=z_j$，此时对应因子相消，p_k 相应的稳态响应不复存在。

7.7.2 零、极点与冲击响应

由于网络函数 $H(s)$ 与网络的冲击响应 $h(t)$ 是一对拉氏变换式，因此，只要知道 $H(s)$ 在 s 平面中零、极点的分布情况，就可以预言该网络在时域 $h(t)$ 波形的特性。

对于任何集总参数线性时不变网络，其网络函数 $H(s)$ 可以表示为两个多项式之比，即

$$H(s)=k\frac{\prod\limits_{j=1}^{m}(s-z_j)}{\prod\limits_{i=1}^{n}(s-p_i)} \tag{7.34}$$

其中，z_j——第 j 个零点的位置；

p_i——第 i 个极点的位置；

m——零点数；

n——极点数；

k——标度因子。

如果把 $H(s)$ 展开为部分分式，那么，$H(s)$ 每个极点将决定一项对应的时间函数。具有一阶极点 $p_1,p_2,\cdots,p_n$ 的网络函数其冲击响应形式如下

$$h(t)=L^{-1}[H(s)]=L^{-1}\left[\sum_{i=1}^{n}\frac{k_i}{s-p_i}\right]$$
$$=L^{-1}\left\{\sum_{i=1}^{n}H_i(s)\right\}=\sum_{i=1}^{n}h_i(t)=\sum_{i=1}^{n}k_i\mathrm{e}^{p_it}$$

这里 p_i 可以是实数，但一般情况下，p_i 以成对的共轭复数形式出现。各项相应的幅度由 k_i 决定，而 k_i 则与零点分布情况有关。

1. $H(s)$ 无重极点的情况

(1)若极点位于 s 平面坐标原点，即 $H_i(s) = \dfrac{1}{s}$，那么其冲击响应为阶跃函数 $U(t)$。

(2)若极点位于 s 平面的实轴上，则冲击响应具有指数函数形式，如果 $H_i(s) = \dfrac{1}{s+a}$，则 $h_i(t) = \mathrm{e}^{-at}$，此时极点为负实数 $(p = -a < 0)$，冲击响应是指数衰减形式。如果 $H_i(s) = \dfrac{1}{s-a}$，则 $h_i(t) = \mathrm{e}^{at}$，这时极点是正实数 $(p = a > 0)$，对应的冲击响应是指数增长形式。

(3)虚轴上的共轭极点给出等幅振荡，显然，$L^{-1}\left[\dfrac{\omega}{s^2 + \omega^2}\right] = \sin\omega t$，它的两个极点位于：$p_1 = +\mathrm{j}\omega$，$p_2 = -\mathrm{j}\omega$。

(4)落于 s 左半平面内的共轭极点对应于衰减振荡。例如，$L^{-1}\left[\dfrac{\omega}{(s-a)^2 + \omega^2}\right]$ 等于 $\mathrm{e}^{-at}\sin(\omega t)$，它的两个极点位于：$p_1 = -\sigma + \mathrm{j}\omega$，$p_2 = -\sigma - \mathrm{j}\omega$。这里，$-\sigma < 0$，与此相反，落于 s 右半平面内的共轭极点对应于增幅振荡。例如

$$L^{-1}\left[\frac{\omega}{(s-a)^2 + \omega^2}\right] = \mathrm{e}^{+at}\sin(\omega t)$$

它的极点是：$p_1 = a + \mathrm{j}\omega$，$p_2 = a - \mathrm{j}\omega$，这里 $a > 0$。

以上结论可以用图 7-10 表示。

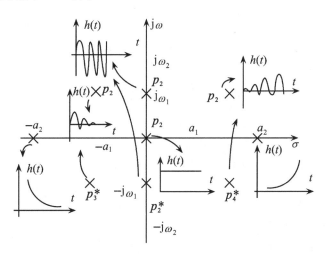

图 7-10 单重极点位置与冲击响应关系

2. $H(s)$ 具有多重极点的情况

此时部分分式展开式各项所对应的时间函数可能具有 $t_1, t_2, t_3, \cdots$ 与指数相乘的形式，t 的幂次由极点阶次决定，几种典型的情况如下：

(1)位于 s 平面坐标原点的二阶或三阶极点分别给出时间函数为 t 或 $\dfrac{1}{2}t^2$。

(2) 实轴上的二阶极点给出 t 与指数函数的乘积，如 $L^{-1}\left[\dfrac{1}{(s+a)^2}\right]=te^{at}$ 。

(3) 对于虚轴上的二阶共轭极点情况，如 $L^{-1}\left[\dfrac{2\omega s}{(s^2+\omega^2)^2}\right]=t\sin\omega t$ 。这是幅度按线性增长的正弦振荡。

以上结论，可用图 7-11 表示。

由图 7-10 和图 7-11 可以看出，若 $H(s)$ 极点落于左半平面，则 $h(t)$ 波形为衰减形式；若 $H(s)$ 极点落在右半平面，则 $h(t)$ 波形为增长形式；若 $H(s)$ 极点落于虚轴上且为一阶极点(单极点)对应的 $h(t)$ 呈等幅振荡形式。在系统理论研究中，按照 $h(t)$ 呈现衰减或增长的两种情况将系统划分为稳定系统与非稳定系统两大类型。显然，根据 $H(s)$ 极点出现于左半平面或右半平面即可判定系统是否稳定。

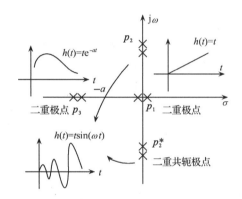

图 7-11　多重极点位置与冲击响应关系

7.8　网络的稳定性分析

所谓动态系统的稳定性是指系统在输入激励或外部干扰去除以后，能否恢复到原来的状态的性能。若能恢复到原来的状态，则系统是渐近稳定的，否则就是不稳定的，因此稳定性是系统自身的性质之一。系统是否稳定与激励(或干扰)信号的情况无关。

系统的冲击响应 $h(t)$ 或系统传递函数 $H(s)$ 集中表征了系统的本质特性，当然它们也反映了系统是否稳定。判定系统是否稳定，可从时域和 s 域两方面进行。观察时间 t 趋于无限大时，$h(t)$ 是增长，还是趋于有限值或者消失，这样可以确定系统的稳定性。研究 $H(s)$ 在 s 平面中极点分布的位置，也可以很方便地给出有关稳定性的结论。从稳定性考虑，系统可以划分为如下 3 种情况：

(1) 稳定系统。如果 $H(s)$ 全部极点落于 s 左半平面(不包括虚轴)即 $\text{Re}[p_i]<0$ ，则可满足

$$\lim_{t\to\infty}[h(t)]=0 \tag{7.35}$$

则 LTI 系统渐近稳定。

（2）不稳定系统。如果 $H(s)$ 极点落于 s 右半平面，或在虚轴上具有二阶以上的极点，则在足够长时间以后，$h(t)$ 仍继续增长，系统是不稳定的。

（3）临界稳定系统。如果 $H(s)$ 的极点落于 s 平面虚轴上，且只有一阶，则在足够长时间以后，$h(t)$ 趋于一个非零的数值或形成一个等幅振荡。显然它是介于前两种情况的边界情况，所以称临界稳定系统。

上述结论从前面网络瞬态响应和稳态响应的讨论过程中已经清楚地看出来了。依据上述的定义可以判定系统的稳定性。但是在大多数情况下，要将传递函数 $H(s)$ 进行部分分式展开，求出系统的极点，这不是很容易的事，劳斯(Routh)-赫尔维茨(Hurwitz)判据提供了这种判别方法。

系统的输入-输出微分方程与输入-输出传递函数都完全描述了系统的性质，就其本质来说是完全一致的，所以只需研究系统的传递函数就可以了，根据公式(7.29)，传递函数表示式为

$$H(s) = \frac{b_m s^m + b_{m-1} s^{m-1} + \cdots + b_1 s + b_0}{a_n s^n + a_{n-1} s^{n-1} + \cdots + a_1 s + a_0} = \frac{N(s)}{D(s)} \tag{7.36}$$

人们称 $H(s)$ 的分母多项式 $D(s)$ 为系统的特征多项式，显然这个特征方程的根正是系统函数 $H(s)$ 的极点

$$D(s) = a_n s^n + a_{n-1} s^{n-1} + \cdots + a_1 s + a_0 \tag{7.37}$$

这是一个 s 的代数方程，根据数学中学过的代数方程根与系数的关系，可以知道以下几点：

（1）对于实系数方程，复数根或纯虚数根必须以共轭对形式出现，因此，若其中存在一个根为 $p_i = \sigma_i + j\omega_i$，则必须另一个为 $p_i = \sigma_i - j\omega_i$。

（2）所有的根具有负实部的必要条件(但非充分条件)是方程的所有系数具有相同的符号。

（3）所有的根具有负实部的第二个必要条件(但非充分条件)是方程的系数均不为零。即是说对于一个 n 次方程，必须有 $n+1$ 项。

上述结论提供了系统稳定性的必要条件，系统特征方程的所有系数均不为零，并且具有相同的符号，即

$$a_i > 0 \quad 或 \quad a_i < 0, \quad i = 0,1,2,\cdots,n \tag{7.38}$$

当然，满足条件(7.38)的系统未必是稳定的，下面就来举例说明

$$D(s) = 3s^3 + 7s + 9$$

因为 $D(s)$ 中 $a_2 = 0$，故系统仍是不稳定系统。

$$D(s) = 3s^3 + s^2 + 2s + 8$$

虽然它满足条件(7.38)，但它仍然代表不稳定系统，因为它可以因式分解为

$$D(s) = (s^2 - s + 2)(3s + 4)$$

显然，$s^2 - s + 2$ 这一项表示了位于 s 右半面的极点。

但是容易证明，对于一、二阶系统，条件(7.38)既是必要，又是充分的条件，只要满足它的系统就是渐近稳定的。而一般情况下，除了满足必要条件，还要满足充分条件，系统才是稳定的。

例如， $D(s)=s+2$ ； $D(s)=s^2+2s+3$ 所对应的系统均是渐近稳定的。

对于一般情况，为了保证系统的特征根具有负实部，劳斯和赫尔维茨先后提出了类同的一个充分条件，由此得出的稳定性判别方法称为劳斯-赫尔维茨判据。

下面就来介绍劳斯判据。劳斯判据可以用如下定理来表述。

劳斯(Routh)判据定理   若 LTI 系统的特征方程为

$$D(s)=a_n s^n + a_{n-1}s^{n-1}+\cdots+a_1 s+a_0=0$$

(1) 系统渐近稳定的充分必要条件是：①特征方程的所有系数 a_i 都是正值；无缺项。②劳斯阵列中第一列的所有元素符号相同，或者说都具有正号。

(2) 系统特征根具有正实部时，系统不稳定，此时特征方程具有正实部根的个数等于劳斯阵列中第一列的系数符号改变的次数。

所谓劳斯阵列排写规则如下

第一行	a_n	a_{n-2}	a_{n-4}	$\cdots$
第二行	a_{n-1}	a_{n-3}	a_{n-5}	$\cdots$
第三行	c_{n-1}	c_{n-3}	c_{n-5}	$\cdots$
第四行	d_{n-1}	d_{n-3}	d_{n-5}	$\cdots$
第五行	e_{n-1}	e_{n-3}	e_{n-5}	$\cdots$

……

阵列中，前 2 行数字直接由 $D(s)$ 特征多项式的系数构成，第一行自最高次幂系数 a_n 按递减二阶逐次取系数而得；其余系数排成第 2 行。第 3 行以后的系数按以下规律计算。

$$c_{n-1}=-\frac{1}{a_{n-1}}\begin{vmatrix} a_n & a_{n-2} \\ a_{n-1} & a_{n-3} \end{vmatrix} \tag{7.39}$$

$$c_{n-3}=-\frac{1}{a_{n-1}}\begin{vmatrix} a_n & a_{n-4} \\ a_{n-1} & a_{n-5} \end{vmatrix} \tag{7.40}$$

$$d_{n-1}=-\frac{1}{c_{n-1}}\begin{vmatrix} a_{n-1} & a_{n-3} \\ c_{n-1} & c_{n-3} \end{vmatrix} \tag{7.41}$$

$$d_{n-3}=-\frac{1}{c_{n-1}}\begin{vmatrix} a_{n-1} & a_{n-5} \\ c_{n-1} & c_{n-5} \end{vmatrix} \tag{7.42}$$

依次递推，直至最后一行中只留有一项，共得 $n+1$ 行。

例 7.15   已知某电路系统特征多项式为(式中系数 a_i 为正实数)

为使系统稳定，系数 a_i 应满足什么条件？ $D(s)=a_3 s^3+a_2 s^2+a_1 s+a_0$

解   根据劳斯判据。

(1) a_3,a_2,a_1,a_0 均应大于零。

(2) 由劳斯阵列

$$\begin{array}{ccc} s^3 & a_3 & a_1 \\ s^2 & a_2 & a_0 \\ s^1 & \dfrac{a_1 a_2 - a_0 a_3}{a_2} & 0 \\ s^0 & a_0 & 0 \end{array}$$

$$\frac{a_1 a_2 - a_0 a_3}{a_2} > 0 \ ,$$

即

$$a_1 a_2 > a_0 a_3$$

下面给出劳斯判据的推论：

(1) 二阶系统渐近稳定的充分必要条件是：特征方程所有系数全为正，且不缺项即 $a_i > 0$。

(2) 三阶系统渐近稳定的充分必要条件是：① $a_i > 0$，② $a_1 a_2 > a_0 a_3$。

(3) 四阶系统渐近稳定的充分必要条件是：① $a_i > 0$，② $a_1 a_2 a_3 > a_0 a_3^2 + a_1^2 a_4$。

例 7.16　已知考毕兹三点式振荡器电路原理如图 7-12 所示，试分析它的起振条件。

解　(1) 做出电路的 s 域模型，其中 R 为晶体管内阻，列网孔方程为

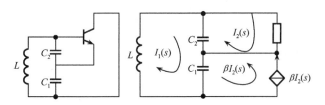

图 7-12　例 7.16 图

$$\begin{bmatrix} Ls + \dfrac{C_1 C_2}{C_1 C_2 s} & -\dfrac{1}{C_2 s} + \dfrac{\beta}{C_1 s} \\ -\dfrac{1}{C_2 s} & R + \dfrac{1}{C_2 s} \end{bmatrix} \begin{bmatrix} I_1(s) \\ I_2(s) \end{bmatrix} = \begin{bmatrix} 0 \\ 0 \end{bmatrix}$$

(2) 求特征多项式：

因为

$$\begin{aligned} \Delta(s) &= \left(Ls + \frac{C_1 + C_2}{C_1 C_2 s} \right) \left(R + \frac{1}{C_2 s} \right) + \frac{1}{C_2 s} \left(-\frac{1}{C_2 s} + \frac{\beta}{C_1 s} \right) \\ &= \frac{LC_1 C_2 R s^3 + LC_1 s^2 + R(C_1 + C_2)s + (\beta + 1)}{C_1 C_2 s^2} \end{aligned}$$

所以系统特征多项式为

$$D(s) = LC_1 C_2 R s^3 + LC_1 s^2 + R(C_1 + C_2)s + (\beta + 1)$$

引用劳斯判据，首先列出劳斯阵列

$$
\begin{array}{lll}
s^3 & LC_1C_2 & R(C_1+C_2) \\
s^2 & LC_1 & \beta+1 \\
s^1 & R(C_1-C_2\beta) & 0 \\
s^0 & \beta+1 & 0
\end{array}
$$

为使其根落于 s 右半平面，以产生振荡，必须使第一行符号发生改变，因为 R、L、C_1、C_2 和 β 均为正，所以只有第三行元素才可能为负，故振荡的条件为

$$C_1-C_2\beta<0$$

$$\beta>\frac{C_1}{C_2} \tag{7.43}$$

若 $\beta<\dfrac{C_1}{C_2}$，则系统是稳定系统，不能自激，对于临界情况 $\beta=\dfrac{C_1}{C_2}$，这时有一对位于虚轴的共轭根。在实际应用中，应选足够大的 β，使条件(7.43)满足，起初，系统因有频率位于 s 右半平面，产生增幅振荡，而 β 随之减小。极点位置由右半 s 平面移到 $\mathrm{j}\omega$ 上，获得一个等幅振荡。

(3)求出振荡频率。

由劳斯阵列第三行(s^2 行)，构成辅助多项式

$$LC_1s^2+(\beta+1)=0$$

将 $\beta=\dfrac{C_1}{C_2}$ 代入上式，即可求得

$$s=\pm\mathrm{j}\sqrt{\frac{C_1+C_2}{LC_1C_2}}$$

令 $s=\mathrm{j}\omega$，即得其振荡频率(只取正)

$$\omega=\sqrt{\frac{C_1+C_2}{LC_1C_2}}$$

例 7.17 对下列方程排出劳斯阵列，判别其根的性质

$$s^4+s^3+2s^2+2s+3=0$$

解 劳斯阵列如下：

第 1 行	s^4	1	2	3
第 2 行	s^3	1	2	
第 3 行	s^2	ε	3	
第 4 行	s^1	2	$-\dfrac{3}{\varepsilon}$	
第 5 行	s^0	3		

在此阵列中，第 3 行第 1 列的元素等于零，以致使阵列不能继续排写，为解决此问题，人们以无穷小量 ε 代替零值，仍然可以排完全部阵列值。如果 ε 正值趋于零，则第 4

行第一列元素为负，导致同样的结论。

在排写劳斯阵列时，还可能遇到这样的特殊情况：某一行的元素全部为零。当前两行元素若对应项有相同的比例因数时，行列式运算相减得零，就会出现这种现象，此时，不必再排阵，可以断言，在虚轴或右半 s 平面将出现方程的根，系统不稳定，详细的讨论可参阅有关参考书。

7.9　总结与思考

7.9.1　总结

LTI 电路的复频域分析方法是经典电路理论的核心内容之一，是分析较复杂的、高阶电路与系统的重要手段。本章的重点是：拉普拉斯变换的基本定义和运算方法、复频域电路的分析方法、网络函数的定义和应用、零极点分析方法、网络的稳定性判定。

1）基本概念

（1）拉普拉斯变换和拉普拉斯反变换。

（2）复频域电路模型。

（3）网络函数。

（4）零点和极点。

2）拉普拉斯变换和拉普拉斯反变换

$$F(s) = \int_{0_-}^{\infty} f(t) e^{-st} dt$$

$$f(t) = \frac{1}{2\pi j} \int_{\sigma - j\omega}^{\sigma + j\omega} F(s) e^{st} ds$$

3）复频域电路的分析的基本步骤

（1）做出电路的复频域模型。

（2）列写电路的复频域方程。

（3）求解电路的复频域方程，得到电路的响应 $Y(s)$ 。

（4）对响应 $Y(s)$ 作拉氏反变换，求得电路响应的时域表示形式：$y(t) = L^{-1}[Y(s)]$ 。

4）网络函数

若一个线性时不变网络，它具有一个单一的独立电压源或独立电流源激励下，相应的零状态响应为 $y(t)$ ，而且该激励 $f(t)$ 可以是任意信号；与该激励相应的零状态响应为 $y(t)$ ，则联系该输入激励和零状态响应的网络函数为

$$H(s) = \frac{\text{网络零状态的拉氏变换}}{\text{输入激励的拉氏变换}} = \frac{Y(s)}{F(s)}$$

5）网络函数的零点与极点

$$H(s) = k\frac{(s-z_1)(s-z_2)\cdots(s-z_m)}{(s-p_1)(s-p_2)\cdots(s-p_n)} = k\frac{\prod\limits_{j=1}^{m}(s-z_j)}{\prod\limits_{i=1}^{n}(s-p_i)}$$

6)网络的稳定性判定

应用劳斯(Routh)判据定理对网络的稳定性进行分析。

7.9.2 思考

(1)为什么要引入拉普拉斯变换对电路进行分析。

(2)网络函数和单位冲击响应的关系。

(3)自由响应与强迫响应、暂态响应与稳态响应之间的联系和区别。

(4)时域分析方法、正弦稳态分析和复频域分析方法之间的联系。

习 题 7

7.1 单项选择题(从每小题给定的四个答案中，选择出一个正确答案，将其编号填入括号中)

(1)函数 $f(t) = t^2$ 的象函数是(   )。

A. $\dfrac{2}{s^3}$;   B. $\dfrac{2}{s^2}$ C. $\dfrac{1}{s^3}$;   D. $\dfrac{1}{s^2}$

(2)函数 $f(t) = t + 2 + 3\delta(t)$ 的象函数是(   )。

A. $\dfrac{3s^2+2s+1}{s}$;   B. $\dfrac{3s^2+2s+1}{s^2}$;   C. $\dfrac{1}{s^3}+\dfrac{1}{s}+3$;   D. $\dfrac{1}{s^3}+\dfrac{2}{s}+3$

(3)函数 $F(s) = \dfrac{3s+1}{s^2+s}$ 的原函数是(   )。

A.$(1+3\mathrm{e}^{-t})U(t)$;   B. $(1+2\mathrm{e}^{-t})U(t)$;   C.$1+2\mathrm{e}^{-t}$;   D.$1+2\mathrm{e}^{-t}$

(4)函数 $F(s) = \dfrac{2s^2+9s+9}{s^2+3s+2}$ 的原函数是(   )。

A.$\dfrac{1}{8}(3+2\mathrm{e}^{-2t}+3\mathrm{e}^{-4t})U(t)$;   B.$\dfrac{1}{4}(3+2\mathrm{e}^{2t}+3\mathrm{e}^{-4t})U(t)$;

C.$\dfrac{1}{8}(3+2\mathrm{e}^{-t}+3\mathrm{e}^{-3t})U(t)$;   D.$\dfrac{1}{4}(3+2\mathrm{e}^{-t}+3\mathrm{e}^{-3t})U(t)$

(5)如图 7-13 所示的 RL 电路中，开关长期处于位置 1 使电路达到稳定状态，当 $t=0$ 时刻，开关转到位置 2，则产生的电流为(   )。

A.$i(t) = 4 - 6\mathrm{e}^{-2500t}(\mathrm{A})$;   B.$i(t) = 4 - 6\mathrm{e}^{-2000t}(\mathrm{A})$;

C.$i(t) = 2 - 3\mathrm{e}^{-2500t}(\mathrm{A})$;   D.$i(t) = 2 - 3\mathrm{e}^{-2000t}(\mathrm{A})$

(6)如图 7-13 所示的电路中，开关 S 闭合前电路已处于稳定状态，电容初始储能为零，在 $t=0$ 时闭合开关S，则 $t>0$ 时电流为(   )。

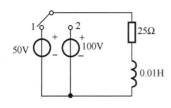

图 7-13　习题 7.1(5)图

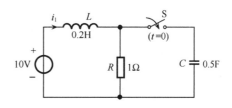

图 7-14　习题 7.1(6)图

A. $i_1(t)=10+\dfrac{20}{3}e^{-t}\sin 3t(\mathrm{A})$；　　　　B. $i_1(t)=10+\dfrac{50}{3}e^{-t}\sin 3t(\mathrm{A})$；

C. $i_1(t)=10+\dfrac{20}{3}e^{-2t}\sin 3t(\mathrm{A})$；　　　D. $i_1(t)=10+\dfrac{50}{3}e^{-2t}\sin 3t(\mathrm{A})$

7.2 求下列各函数的象函数。

(1) $f(t)=1-e^{-at}$；　　　　　　　　　(2) $f(t)=\sin(\omega t+\varphi)$；

(3) $f(t)=t\cos(at)$；　　　　　　　　(4) $f(t)=e^{-at}+at-1$

7.3 求下列各函数的原函数。

(1) $F(s)=\dfrac{1}{s+1}+\dfrac{2}{s+2}$；　　　　　(2) $F(s)=\dfrac{12}{(s+2)^2(s+4)}$；

(3) $F(s)=\dfrac{10s}{(s+1)(s+2)(s+3)}$；　　(4) $F(s)=\dfrac{2s^2+4s+1}{(s+1)(s+2)}$

7.4　已知电路如图 7-15 所示，$t=0$ 时刻开关合上，求电流 i_L。

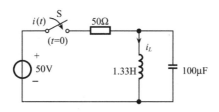

图 7-15　习题 7.4 图

7.5　已知桥 T 型有源网络如图 7-16 所示。

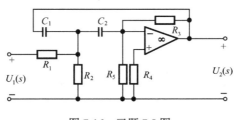

图 7-16　习题 7.5 图

(1)求出网络函数 $H(s)=\dfrac{U_2(s)}{U_1(s)}$。

(2)求出单位阶跃响应 $g(t)$ (只写出公式即可)。

(3) 指出其滤波特性。

7.6　已知一含理想回转器的滤波器如图 7-17 所示。

(1) 求出网络函数 $H(s) = \dfrac{U_2(s)}{U_1(s)}$ 。

(2) 指出该网络的滤波特性。

7.7　已知如图 7-18 所示电路的网络函数为

$$H(s) = \frac{U_2(s)}{U_1(s)} = \frac{as}{s^2 + bs + c}$$

其中 a、b、c 为常数，试确定各个常数的值。

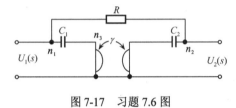 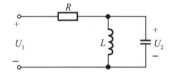

图 7-17　习题 7.6 图　　　　　　　图 7-18　习题 7.7 图

7.8　一个回转器装置用来模拟电路中的电感器，回转器装置的基本电路如图 7-19 所示，求出网络函数 $H(s) = \dfrac{U_i(s)}{I_o(s)}$ ，并证明该回转器所产生的电感量为 $L = CR^2$ 。

7.9　已知一个系统的网络函数为

$$H(s) = \frac{s^2}{3s + 1}$$

求当输入为 $4e^{-t/3}U(t)$ 时的输出。

7.10　已知一电路的网络函数为

$$H(s) = \frac{s + 3}{s^2 + 4s + 5}$$

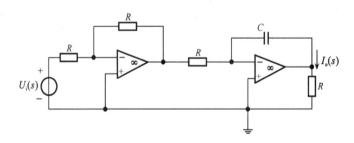

图 7-19　习题 7.8 图

求下列情况下的输出：

(1) 输入是单位阶跃函数。

(2) 输入是 $6te^{-2t}U(t)$ 。

7.11　分别画出下列各网络函数的零、极点分布及冲击响应波形。

(1) $H(s) = \dfrac{s}{(s+1)^2 + 4}$。

(2) $H(s) = \dfrac{a - \mathrm{e}^{-\tau s}}{s}$。

7.12　已知系统的网络函数 $H(s)$ 的零、极点如图 7-20 所示，且 $H(\infty) = 1$。

(1)试写出 $H(s)$ 的表达式，并粗略地画出系统幅频特性曲线和相频特性曲线。

(2)求出其单位阶跃响应 $g(t)$。

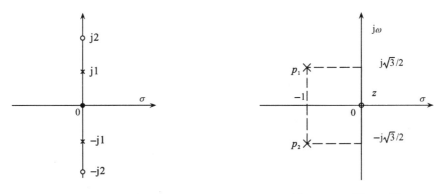

图 7-20　习题 7.12 图　　　　　　　　　图 7-21　习题 7.13 图

7.13　已知某系统的网络函数的零、极点分布如图 7-21 所示，若冲击响应的初值 $h(0_-) = 2$，激励 $x(t) = \sin\dfrac{\sqrt{3}}{2} tU(t)$，试求出系统的正弦稳态响应 $g_{zz}(t)$。

7.14　在图 7-22 所示电路中，已知 $u_s(t) = 100\sin(\omega t)$，$\omega = 10^3\,\mathrm{rad/s}$，$E = 100\mathrm{V}$，$C_0 = C = 2\mu\mathrm{F}$，$R = 500\Omega$，开关 K 在 $t = 0$ 时刻从 a 切换到 b。换路前电路已处于稳定状态，$U_{C0}(0_-) = 0$，试求换路后 $u_C(t)$ 的变化规律。

7.15　已知某雷达角跟踪系统闭合传递函数为

$$T(s) = \dfrac{k}{T_1 T_2 s^3 + (T_1 + T_2)s^2 + s + k}$$

若 $T_1 = 0.08\mathrm{s}$，$T_2 = 1.2\mathrm{s}$，试求系统稳定的 k 值范围。

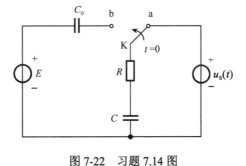

图 7-22　习题 7.14 图

7.16　已知晶体管哈特莱(Hartley)振荡器如图 7-23 所示，试求其振荡条件及振荡频率。

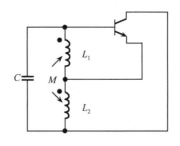

图 7-23　习题 7.16 图

7.17 已知一个电路系统如图 7-24 所示，运算放大器输入阻抗为无限大，输出阻抗为无限小，试求：

(1)运算放大器增益 k 在什么范围内变化，能保证电路稳定工作。

(2)在临界稳定时，电路的冲击响应 $h(t)$ 。

(3)若 $k=1$ ， $R_1=R_2=4$ ， $C_1=C_2=C$ ，试粗略画出电路的幅频特性曲线，并注明 3dB 带宽的频率点，若输入改为开环(即断开 C_1)，则 3dB 带宽的频率点有何变化。

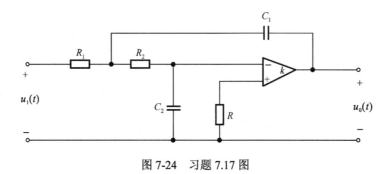

图 7-24　习题 7.17 图

第8章 双口网络

内容提要

本章首先重点介绍用于描述双口网络的特殊类型的网络函数——双口网络参数，以及这些参数之间的相互转换关系，双口网络的等效电路和双口网络的连接方式等问题；双口网络理论是电路系统理论的一个重要组成部分，它为后续课程——模拟电子技术奠定了分析的基础。

8.1 双口网络的参数

在电路与系统中，双口网络是一种常见的网络，许多电路器件都可以用双口网络来模拟，如晶体三极管、变压器、运算放大器、滤波器等。

双口网络常用图 8-1 表示，端口 1—1′一般称为入口，端口 2—2′一般称为出口。在标定的参考方向下，双口网络可以用四个外部变量来描述。

电压 $U_1(s)$、$U_2(s)$ 和电流 $I_1(s)$、$I_2(s)$。通常用 $U_1(s)$、$I_1(s)$ 作为输入端口 1—1′ 处的变量，$U_2(s)$、$I_2(s)$ 作为输出端口 2—2′ 处的变量。

图 8-1 双口网络

双口网络的外特性就是由这四个变量之间的独立约束方程来描述的，由于双口网络端口数为 2，因此仅需两个约束方程，即

$$\begin{cases} f_1[U_1(s),U_2(s),I_1(s),I_2(s)] = 0 \\ f_2[U_1(s),U_2(s),I_1(s),I_2(s)] = 0 \end{cases}$$

在这四个变量中，任意选择两个变量作为独立变量，其余两个则是非独立变量，于是有六种选择方式，由此可以得到六种网络方程和网络参数。

8.1.1 短路导纳参数（y 参数）

选择端口电压 $U_1(s)$、$U_2(s)$ 作为独立变量，这相当于双口网络由两个独立电压源

$U_1(s)$和$U_2(s)$共同激励，如图 8-2 所示。

图 8-2　短路导纳参数

由此得到 y 参数双口网络方程为

$$I_1(s) = y_{11}U_1(s) + y_{12}U_2(s) \tag{8.1}$$

$$I_2(s) = y_{21}U_1(s) + y_{22}U_2(s) \tag{8.2}$$

或写成矩阵形式为

$$\begin{bmatrix} I_1(s) \\ I_2(s) \end{bmatrix} = \begin{bmatrix} y_{11} & y_{12} \\ y_{21} & y_{22} \end{bmatrix} \begin{bmatrix} U_1(s) \\ U_2(s) \end{bmatrix} = \boldsymbol{Y} \begin{bmatrix} U_1(s) \\ U_2(s) \end{bmatrix} \tag{8.3}$$

其中，矩阵 $\boldsymbol{Y}$ 的 4 个元素各有其自己的名称和物理意义，根据电流、电压的关系，4 个元素分别定义为

入端导纳

$$y_{11} = \left. \frac{I_1(s)}{U_1(s)} \right|_{U_2(s)=0}$$

反向转移导纳

$$y_{12} = \left. \frac{I_1(s)}{U_2(s)} \right|_{U_1(s)=0}$$

正向转移导纳

$$y_{21} = \left. \frac{I_2(s)}{U_1(s)} \right|_{U_2(s)=0}$$

出端导纳

$$y_{22} = \left. \frac{I_2(s)}{U_2(s)} \right|_{U_1(s)=0}$$

这 4 个参数有一个共同点，都是以 $U_1(s)=0$ 或 $U_2(s)=0$ 来定义的，即以端口短路来定义。因此，这些参数称为短路导纳参数，$\boldsymbol{Y}$ 称为短路导纳矩阵。如果所研究的网络是互易网络，则 $y_{12}=y_{21}$，即转移导纳是对称的。

例 8.1　求图 8-3 所示二端口网络的 y 参数矩阵。

解　方法 1：

对图 8-3 所示电路，标出端口电压 $\dot{U}_1$、$\dot{U}_2$ 和电流 $\dot{I}_1$、$\dot{I}_2$ 及参考方向，由 KVL、KCL 和元件 VCR，得

$$\dot{I}_1 = \frac{1}{\mathrm{j}\omega L}(\dot{U}_1 - \dot{U}_2) = -\mathrm{j}\frac{1}{\omega L}\dot{U}_1 + \mathrm{j}\frac{1}{\omega L}\dot{U}_2$$

$$\dot{I}_2 = -\frac{1}{\mathrm{j}\omega L}(\dot{U}_1 - \dot{U}_2) + \mathrm{j}\omega C\dot{U}_2 = \mathrm{j}\frac{1}{\omega L}\dot{U}_1 + \mathrm{j}\left(\omega C - \frac{1}{\omega L}\right)\dot{U}_2$$

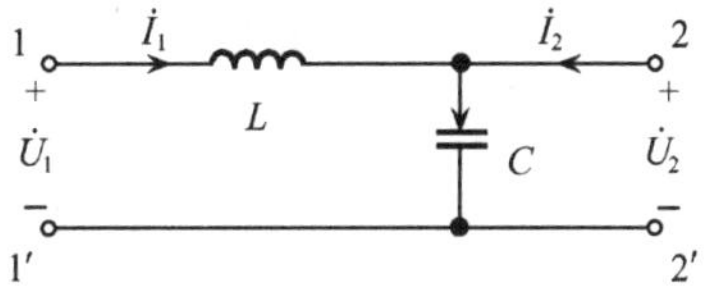

图 8-3   例 8.1 图

所以 y 参数矩阵为

$$Y = \begin{bmatrix} \dfrac{-\mathrm{j}}{\omega L} & \dfrac{\mathrm{j}}{\omega L} \\ \dfrac{\mathrm{j}}{\omega L} & \mathrm{j}\left(\omega C - \dfrac{1}{\omega L}\right) \end{bmatrix}$$

方法 2：采用定义求解。

（1）为求 y_{11} 和 y_{21}，在 1—1′处接上一个电源 $\dot{I}_1$，并短接 2—2′，如图 8-4(a)所示。由 KVL、KCL 和元件 VCR 得

$$\dot{U}_1 = \mathrm{j}\omega L\dot{I}_1$$

所以

$$y_{11} = \left.\frac{\dot{I}_1}{\dot{U}_1}\right|_{\dot{U}_2=0} = \frac{1}{\mathrm{j}\omega L} = -\frac{\mathrm{j}}{\omega L}$$

因为

$$\dot{I}_2 = -\dot{I}_1$$

$$y_{21} = \left.\frac{\dot{I}_2}{\dot{U}_1}\right|_{\dot{U}_2=0} = \frac{-\dot{I}_1}{\dot{U}_1} = \frac{\mathrm{j}}{\omega L}$$

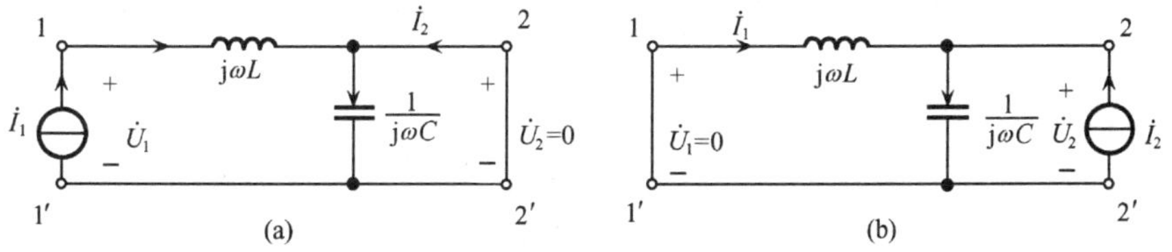

图 8-4   例 8.1 解图

（2）为求 y_{22} 和 y_{12}，在 2—2′处接上电源 $\dot{I}_2$，短接 1—1′如图 8-4(b)所示，电容和电感并联，由 KVL、KCL 和元件 VCR 得

$$\dot{I}_2 = \left(j\omega C + \frac{1}{j\omega L} \right)\dot{U}_2$$

$$y_{22} = \frac{\dot{I}_2}{\dot{U}_2}\Bigg|_{\dot{U}_1=0} = j\omega C + \frac{1}{j\omega L} = j\omega C - \frac{j}{\omega L}$$

由于 $\dot{U}_2$ 和 $\dot{I}_1$ 是反关联方向，所以 $\dot{U}_2 = -j\omega L\,\dot{I}_1$。有

$$y_{12} = \frac{\dot{I}_1}{\dot{U}_2}\Bigg|_{\dot{U}_1=0} = \frac{\dot{I}_1}{-j\omega L\dot{I}_1} = \frac{j}{\omega L}$$

可见与方法一的结果一致。

8.1.2　开路阻抗参数（z 参数）

如果选端口电流 $I_1(s)$、$I_2(s)$ 作为独立变量，将图 8-5 中 1—1′端口和 2—2′端口的激励电压源换为激励电流源，如图 8-5 所示。

图 8-5　开路阻抗参数

则可得到双口网络的 z 参数方程为

$$U_1(s) = z_{11}I_1(s) + z_{12}I_2(s) \tag{8.4}$$

$$U_2(s) = z_{21}I_1(s) + z_{22}I_2(s) \tag{8.5}$$

或写成矩阵形式为

$$\begin{bmatrix} U_1(s) \\ U_2(s) \end{bmatrix} = \begin{bmatrix} z_{11} & z_{12} \\ z_{21} & z_{22} \end{bmatrix} \begin{bmatrix} I_1(s) \\ I_2(s) \end{bmatrix} = \boldsymbol{Z} \begin{bmatrix} I_1(s) \\ I_2(s) \end{bmatrix} \tag{8.6}$$

其中，矩阵 $\boldsymbol{Z}$ 的 4 个元素各有其确定的名称和物理意义，根据电压、电流的关系，4 个元素分别定义为

入端阻抗

$$z_{11} = \frac{U_1(s)}{I_1(s)}\Bigg|_{I_2(s)=0}$$

反向转移阻抗

$$z_{12} = \frac{U_1(s)}{I_2(s)}\Bigg|_{I_1(s)=0}$$

正向转移阻抗

$$z_{21} = \frac{U_2(s)}{I_1(s)}\bigg|_{I_2(s)=0}$$

出端阻抗

$$z_{22} = \frac{U_2(s)}{I_2(s)}\bigg|_{I_1(s)=0}$$

以上 4 个参数有一个共同特点，都是以端口开路[即 $I_1(s)=0$ 或 $I_2(s)=0$]来定义的。因此，这些参数为开路阻抗参数，$\boldsymbol{Z}$ 称为开路阻抗矩阵。其中，z_{11}、z_{22} 称为端口策动点阻抗参数。z_{12}、z_{21} 称为端口之间的转移阻抗参数。对于互易网络有 $z_{12}=z_{21}$，即转移阻抗是对称的。

例 8.2　求图 8-3 所示二端口网络的 z 参数矩阵。

解　由例 8.1 方法，同理可得

$$\dot{U}_1 = \mathrm{j}\omega L \dot{I}_1 + \frac{1}{\mathrm{j}\omega C}(\dot{I}_1 + \dot{I}_2)$$

$$= \mathrm{j}\left(\omega L - \frac{1}{\omega C}\right)\dot{I}_1 + \frac{1}{\mathrm{j}\omega C}\dot{I}_2$$

$$\dot{U}_2 = \frac{1}{\mathrm{j}\omega C}(\dot{I}_1 + \dot{I}_2) = \frac{1}{\mathrm{j}\omega C}\dot{I}_1 + \frac{1}{\mathrm{j}\omega C}\dot{I}_2$$

所以

$$\boldsymbol{Z} = \begin{bmatrix} \mathrm{j}\left(\omega L - \dfrac{1}{\omega C}\right) & \dfrac{1}{\mathrm{j}\omega C} \\[3mm] \dfrac{1}{\mathrm{j}\omega C} & \dfrac{1}{\mathrm{j}\omega C} \end{bmatrix}$$

由例 8.1 和例 8.2 可知：$\boldsymbol{Z} = \boldsymbol{Y}^{-1}$，$\boldsymbol{Y} = \boldsymbol{Z}^{-1}$。

8.1.3　混合参数

1. 第一类混合参数(h 参数)

如果选端口电流 $I_1(s)$ 和 $U_2(s)$ 作为独立变量，此时的情况相当于双口网络的端口 1—1′ 受到独立电流源 $I_1(s)$ 作用，端口 2—2′ 受到独立电压源 $U_2(s)$ 作用(见图 8-6)。

图 8-6　h 参数

由此得出双口网络的 h 参数方程为

$$U_1(s) = h_{11}I_1(s) + h_{12}U_2(s) \tag{8.7}$$

$$I_2(s) = h_{21}I_1(s) + h_{22}U_2(s) \qquad (8.8)$$

或写成矩阵形式

$$\begin{bmatrix} U_1(s) \\ I_2(s) \end{bmatrix} = \begin{bmatrix} h_{11} & h_{12} \\ h_{21} & h_{22} \end{bmatrix} \begin{bmatrix} I_1(s) \\ U_2(s) \end{bmatrix} = \boldsymbol{H} \begin{bmatrix} I_1(s) \\ U_2(s) \end{bmatrix} \qquad (8.9)$$

其中，矩阵 $\boldsymbol{H}$ 称为 h 参数矩阵，或第一类混合参数矩阵。根据 $I_1(s)=0$ 或 $U_2(s)=0$ ， h 参数可定义为

短路输入阻抗

$$h_{11} = \left.\frac{U_1(s)}{I_1(s)}\right|_{U_2(s)=0}$$

开路反向电压增益

$$h_{12} = \left.\frac{U_1(s)}{U_2(s)}\right|_{I_1(s)=0}$$

开路输出导纳

$$h_{22} = \left.\frac{I_2(s)}{U_2(s)}\right|_{I_1(s)=0}$$

短路电流增益

$$h_{21} = \left.\frac{I_2(s)}{I_1(s)}\right|_{U_2(s)=0}$$

由于这些参数具有不同的量纲，故称为混合参数。

例 8.3 求图 8-7 所示二端口网络的 h 参数矩阵。

解 采用定义求。

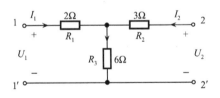

图 8-7 例 8.3 图

(1) 为求 h_{11} 和 h_{21} ，在 1—1′ 处接上一个电源 I_1 ，并短接 2—2′，如图 8-8(a)所示。

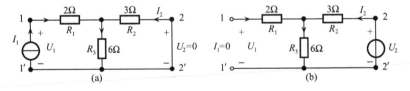

图 8-8 例 8.3 解图

由 KVL、KCL 和元件 VCR 得

$$U_1 = (2 + 3 /\!/ 6)I_1 = 4I_1$$

所以

$$h_{11} = \left.\frac{U_1}{I_1}\right|_{U_2=0} = 4\Omega$$

$$-I_2 = \frac{6}{3+6}I_1 = \frac{2}{3}I_1$$

$$h_{21} = \left.\frac{I_2}{I_1}\right|_{U_2=0} = -\frac{2}{3}$$

(2)为求 h_{12} 和 h_{22}，在 2—2′处接上一个电源 U_2，并开路 1—1′，如图 8-8(b)所示。由 KVL、KCL 和元件 VCR 得

$$U_1 = \frac{6}{3+6}U_2 = \frac{2}{3}U_2$$

$$h_{12} = \left.\frac{U_1}{U_2}\right|_{I_1=0} = \frac{2}{3}$$

所以

$$U_2 = (3+6)I_2 = 9I_2$$

$$h_{22} = \left.\frac{I_2}{U_2}\right|_{I_1=0} = \frac{1}{9}\text{S}$$

(3)所求的 h 参数矩阵为

$$\boldsymbol{H} = \begin{bmatrix} 4 & \dfrac{2}{3} \\ -\dfrac{2}{3} & \dfrac{1}{9} \end{bmatrix}$$

2. 第二类混合参数(g 参数)

如果将 1—1′端口换为电压源激励，2—2′端口换为电流源激励，由此得出双口网络的另一类网络方程，即 g 参数方程为

$$I_1(s) = g_{11}U_1(s) + g_{12}I_2(s) \tag{8.10}$$

$$U_2(s) = g_{21}U_1(s) + g_{22}I_2(s) \tag{8.11}$$

或写成矩阵形式为

$$\begin{bmatrix} I_1(s) \\ U_2(s) \end{bmatrix} = \begin{bmatrix} g_{11} & g_{12} \\ g_{21} & g_{22} \end{bmatrix}\begin{bmatrix} U_1(s) \\ I_2(s) \end{bmatrix} = \boldsymbol{G}\begin{bmatrix} U_1(s) \\ I_2(s) \end{bmatrix} \tag{8.12}$$

其中，矩阵 G 称为 g 参数矩阵，或逆混合参数矩阵，也可称为 H' 参数矩阵，各参数的定义为

开路入端策动点导纳

$$g_{11} = \left.\frac{I_1(s)}{U_1(s)}\right|_{I_2(s)=0}$$

短路反向电流传输比

$$g_{12} = \frac{I_1(s)}{I_2(s)}\bigg|_{U_1(s)=0}$$

开路正向电压传输比

$$g_{21} = \frac{U_2(s)}{U_1(s)}\bigg|_{I_2(s)=0}$$

短路出端策动点导纳

$$g_{22} = \frac{U_2(s)}{I_2(s)}\bigg|_{U_1(s)=0}$$

由于 g 参数也具有不同的量纲，故称为第二类混合参数或 H' 参数。

8.1.4　传输参数

1. 第一类传输参数(T参数)

如果以 $U_2(s)$、$I_2(s)$ 作为独立变量，如图 8-9 所示。

图 8-9　定义 A、B、C、D 所用的端点变量

得到第 3 种描述方程，即传输参数网络方程为

$$U_1(s) = AU_2(s) + B[-I_2(s)] \tag{8.13}$$

$$I_1(s) = CU_2(s) + D[-I_2(s)] \tag{8.14}$$

或写成矩阵形式，即

$$\begin{bmatrix} U_1(s) \\ I_1(s) \end{bmatrix} = \begin{bmatrix} A & B \\ C & D \end{bmatrix} \begin{bmatrix} U_2(s) \\ -I_2(s) \end{bmatrix} = \boldsymbol{T} \begin{bmatrix} U_2(s) \\ -I_2(s) \end{bmatrix} \tag{8.15}$$

其中，T 称为传输矩阵，电流 $I_2(s)$ 前面的负号是一种习惯，这有助于分析级联电路。根据网络参数方程，各参数的物理含义为

$$A = \frac{U_1(s)}{U_2(s)}\bigg|_{I_2(s)=0} = \frac{1}{g_{21}}$$

$$B = \frac{U_1(s)}{-I_2(s)}\bigg|_{U_2(s)=0} = -\frac{1}{y_{21}}$$

$$C = \frac{I_1(s)}{U_2(s)}\bigg|_{I_2(s)=0} = \frac{1}{z_{21}}$$

$$D = \frac{I_1(s)}{-I_2(s)}\bigg|_{U_2(s)=0} = -\frac{1}{h_{21}}$$

A、B、C、D 统称为第一类传输参数，式(8.15)称为含第一类传输参数的网络参数方程。

2. 第二类传输参数(T' 参数)

如果选 $U_1(s)$ 和 $I_1(s)$ 为独立变量，得到双口网络的描述方程为

$$U_2(s) = A'U_1(s) + B'I_1(s) \tag{8.16}$$

$$-I_2(s) = C'U_1(s) + D'I_1(s) \tag{8.17}$$

或写成矩阵形式，即

$$\begin{bmatrix} U_2(s) \\ -I_2(s) \end{bmatrix} = \begin{bmatrix} A' & B' \\ C' & D' \end{bmatrix} \begin{bmatrix} U_1(s) \\ I_1(s) \end{bmatrix} = \boldsymbol{T'} \begin{bmatrix} U_1(s) \\ I_1(s) \end{bmatrix} \tag{8.18}$$

其中，A'、B'、C'、D' 4 个参数称为第二类传输参数，其构成的参数矩阵称为 $\boldsymbol{T'}$ 参数矩阵，其物理含义可根据方程(8.18)来确定，它们和 A、B、C、D 参数有大体相同的性质。

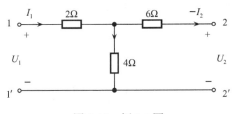

图 8-10 例 8.4 图

例 8.4 求图 8-10 所示二端口网络的 $\boldsymbol{T}$ 参数矩阵。

解 由定义有

$$A = \frac{U_1}{U_2}\bigg|_{I_2=0} = \frac{(2+4)I_1}{4I_1} = 1.5$$

$$B = \frac{U_1}{-I_2}\bigg|_{U_2=0} = \frac{(4 /\!/ 6 + 2) \times I_1}{\dfrac{4}{4+6} \times I_1} = 11(\Omega)$$

$$C = \frac{I_1}{U_2}\bigg|_{I_2=0} = \frac{I_1}{4 \times I_1} = 0.25(\text{S})$$

$$D = \frac{I_1}{-I_2}\bigg|_{U_2=0} = \frac{10}{4} = 2.5$$

所以

$$\boldsymbol{T} = \begin{bmatrix} 1.5 & 11\Omega \\ 0.25\text{S} & 2.5 \end{bmatrix}$$

8.1.5 双口网络参数之间的关系

在前面导出的 6 组参数中，对每个参数组都作了准确的定义，而且这些参数之间是可以相互转换的，即只要知道了其中一种参数组，则可转换为其他的参数组。现将所有的转换关系列入表 8-1 中，供读者查阅，表中行、列相交而成的方块代表用某种参数表达的参数矩阵。例如，由 Z 行与 Y 列相交而成的方块代表用 y 参数表达的 Z 矩阵，由 T 行与 Y 列相交而成的方块代表用 y 参数表达的 T 矩阵……6 种参数的换算是由位于表中非对角线上的矩阵的元素来体现的，因此参数之间的换算关系不难求出。现以 h 参数换算出其他参数为例来说明其求法。

表 8-1　网络参数间转换关系

	Z	Y	T	T'	H	G
Z	$\begin{matrix} z_{11} & z_{12} \\ z_{21} & z_{22} \end{matrix}$	$\begin{matrix} \dfrac{y_{22}}{\Delta_y} & -\dfrac{y_{12}}{\Delta_y} \\[6pt] -\dfrac{y_{21}}{\Delta_y} & \dfrac{y_{11}}{\Delta_y} \end{matrix}$	$\begin{matrix} \dfrac{A}{C} & \dfrac{\Delta_T}{C} \\[6pt] \dfrac{1}{C} & \dfrac{D}{C} \end{matrix}$	$\begin{matrix} \dfrac{D'}{C'} & \dfrac{1}{C'} \\[6pt] \dfrac{\Delta_{T'}}{C'} & \dfrac{A'}{C'} \end{matrix}$	$\begin{matrix} \dfrac{\Delta_h}{h_{22}} & \dfrac{h_{12}}{h_{22}} \\[6pt] -\dfrac{h_{21}}{h_{22}} & \dfrac{1}{h_{22}} \end{matrix}$	$\begin{matrix} \dfrac{1}{g_{11}} & -\dfrac{g_{12}}{g_{11}} \\[6pt] \dfrac{g_{21}}{g_{11}} & \dfrac{\Delta_g}{g_{11}} \end{matrix}$
Y	$\begin{matrix} \dfrac{z_{22}}{\Delta_z} & -\dfrac{z_{12}}{\Delta_z} \\[6pt] -\dfrac{z_{21}}{\Delta_z} & \dfrac{z_{11}}{\Delta_z} \end{matrix}$	$\begin{matrix} y_{11} & y_{12} \\ y_{21} & y_{22} \end{matrix}$	$\begin{matrix} \dfrac{D}{B} & -\dfrac{\Delta_T}{B} \\[6pt] -\dfrac{1}{B} & \dfrac{A}{B} \end{matrix}$	$\begin{matrix} \dfrac{A'}{B'} & -\dfrac{1}{B'} \\[6pt] -\dfrac{\Delta_{T'}}{B'} & \dfrac{D'}{B'} \end{matrix}$	$\begin{matrix} \dfrac{1}{h_{11}} & -\dfrac{h_{12}}{h_{11}} \\[6pt] \dfrac{h_{21}}{h_{11}} & \dfrac{\Delta_h}{h_{11}} \end{matrix}$	$\begin{matrix} \dfrac{\Delta_g}{g_{22}} & \dfrac{g_{12}}{g_{22}} \\[6pt] -\dfrac{g_{21}}{g_{22}} & \dfrac{1}{g_{22}} \end{matrix}$
T	$\begin{matrix} \dfrac{z_{11}}{z_{21}} & \dfrac{\Delta_z}{z_{21}} \\[6pt] \dfrac{1}{z_{21}} & \dfrac{z_{22}}{z_{21}} \end{matrix}$	$\begin{matrix} -\dfrac{y_{22}}{y_{21}} & -\dfrac{1}{y_{21}} \\[6pt] -\dfrac{\Delta_y}{y_{21}} & -\dfrac{y_{11}}{y_{21}} \end{matrix}$	$\begin{matrix} A & B \\ C & D \end{matrix}$	$\begin{matrix} \dfrac{D'}{\Delta_{T'}} & \dfrac{B'}{\Delta_{T'}} \\[6pt] \dfrac{C'}{\Delta_{T'}} & \dfrac{A'}{\Delta_{T'}} \end{matrix}$	$\begin{matrix} -\dfrac{\Delta_h}{h_{21}} & -\dfrac{h_{11}}{h_{21}} \\[6pt] -\dfrac{h_{22}}{h_{21}} & -\dfrac{1}{h_{21}} \end{matrix}$	$\begin{matrix} \dfrac{1}{g_{21}} & \dfrac{g_{22}}{g_{21}} \\[6pt] \dfrac{g_{11}}{g_{21}} & \dfrac{\Delta_g}{g_{21}} \end{matrix}$
T'	$\begin{matrix} \dfrac{z_{22}}{z_{12}} & \dfrac{\Delta_z}{z_{12}} \\[6pt] \dfrac{1}{z_{12}} & \dfrac{z_{11}}{z_{12}} \end{matrix}$	$\begin{matrix} -\dfrac{y_{11}}{y_{12}} & -\dfrac{1}{y_{12}} \\[6pt] -\dfrac{\Delta_y}{y_{12}} & -\dfrac{y_{22}}{y_{12}} \end{matrix}$	$\begin{matrix} \dfrac{D}{\Delta_T} & \dfrac{B}{\Delta_T} \\[6pt] \dfrac{C}{\Delta_T} & \dfrac{A}{\Delta_T} \end{matrix}$	$\begin{matrix} A' & B' \\ C' & D' \end{matrix}$	$\begin{matrix} \dfrac{1}{h_{12}} & \dfrac{h_{11}}{h_{12}} \\[6pt] \dfrac{h_{22}}{h_{12}} & \dfrac{\Delta_h}{h_{12}} \end{matrix}$	$\begin{matrix} -\dfrac{\Delta_g}{g_{12}} & -\dfrac{g_{22}}{g_{12}} \\[6pt] -\dfrac{g_{11}}{g_{12}} & -\dfrac{1}{g_{12}} \end{matrix}$
H	$\begin{matrix} \dfrac{\Delta_z}{z_{22}} & \dfrac{z_{12}}{z_{22}} \\[6pt] -\dfrac{z_{21}}{z_{22}} & \dfrac{1}{z_{22}} \end{matrix}$	$\begin{matrix} \dfrac{1}{y_{11}} & -\dfrac{y_{12}}{y_{11}} \\[6pt] \dfrac{y_{21}}{y_{11}} & \dfrac{\Delta_y}{y_{11}} \end{matrix}$	$\begin{matrix} \dfrac{B}{D} & \dfrac{\Delta_T}{D} \\[6pt] -\dfrac{1}{D} & \dfrac{C}{D} \end{matrix}$	$\begin{matrix} \dfrac{B'}{A'} & \dfrac{1}{A'} \\[6pt] -\dfrac{\Delta_{T'}}{A'} & \dfrac{C'}{A'} \end{matrix}$	$\begin{matrix} h_{11} & h_{12} \\ h_{21} & h_{22} \end{matrix}$	$\begin{matrix} \dfrac{g_{22}}{\Delta_g} & -\dfrac{g_{12}}{\Delta_g} \\[6pt] -\dfrac{g_{21}}{\Delta_g} & \dfrac{g_{11}}{\Delta_g} \end{matrix}$
G	$\begin{matrix} \dfrac{1}{z_{11}} & -\dfrac{z_{12}}{z_{11}} \\[6pt] \dfrac{z_{21}}{z_{11}} & \dfrac{\Delta_z}{z_{11}} \end{matrix}$	$\begin{matrix} \dfrac{\Delta_y}{y_{22}} & \dfrac{y_{12}}{y_{22}} \\[6pt] -\dfrac{y_{21}}{y_{22}} & \dfrac{1}{y_{22}} \end{matrix}$	$\begin{matrix} \dfrac{C}{A} & -\dfrac{\Delta_T}{A} \\[6pt] \dfrac{1}{A} & \dfrac{B}{A} \end{matrix}$	$\begin{matrix} \dfrac{C'}{D'} & -\dfrac{1}{D'} \\[6pt] \dfrac{\Delta_{T'}}{D'} & \dfrac{B'}{D'} \end{matrix}$	$\begin{matrix} \dfrac{h_{22}}{\Delta_h} & -\dfrac{h_{12}}{\Delta_h} \\[6pt] -\dfrac{h_{21}}{\Delta_h} & \dfrac{h_{11}}{\Delta_h} \end{matrix}$	$\begin{matrix} g_{11} & g_{12} \\ g_{21} & g_{22} \end{matrix}$

$$\Delta_z = z_{11}z_{22} - z_{12}z_{21} \qquad \Delta_h = h_{11}h_{22} - h_{12}h_{21} \qquad \Delta_T = AD - BC$$

$$\Delta_y = y_{11}y_{22} - y_{12}y_{21} \qquad \Delta_g = g_{11}g_{22} - g_{12}g_{21} \qquad \Delta_{T'} = A'D' - B'C'$$

例 8.5　试求图 8-11 所示双口网络的 6 种参数矩阵。

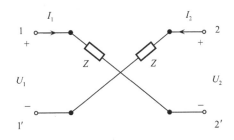

图 8-11　例 8.5 图

解　根据图 8-11 可写出：$U_1 = 2ZI_1 - U_2, I_2 = I_1$，改写成矩阵形式有

$$\begin{bmatrix} U_1 \\ I_2 \end{bmatrix} = \begin{bmatrix} 2Z & -1 \\ 1 & 0 \end{bmatrix} \begin{bmatrix} I_1 \\ U_2 \end{bmatrix}$$

由上式可知，h 参数为

$$\boldsymbol{H} = \begin{bmatrix} 2Z & -1 \\ 1 & 0 \end{bmatrix}$$

再根据表 8-1 中的第五列可求出

$$\boldsymbol{Y} = \begin{bmatrix} \dfrac{1}{2Z} & \dfrac{1}{2Z} \\ \dfrac{1}{2Z} & \dfrac{1}{2Z} \end{bmatrix}, \quad \boldsymbol{G} = \begin{bmatrix} 0 & 1 \\ -1 & 2Z \end{bmatrix}, \quad \boldsymbol{T} = \begin{bmatrix} -1 & -2Z \\ 0 & -1 \end{bmatrix}, \quad \boldsymbol{T'} = \begin{bmatrix} -1 & 2Z \\ 0 & -1 \end{bmatrix}$$

注意：$\boldsymbol{Z}$ 矩阵不存在，因为其元素为无穷大。

从例 8.5 可以看出，并非任何一个双口网络都具有 6 种网络参数，为了说明这一点，现列出了几种双口网络的参数矩阵，如表 8-2 所示。

表 8-2　双口网络参数矩阵

双口网络的电路	$\boldsymbol{Z}$ 矩阵	$\boldsymbol{Y}$ 矩阵	$\boldsymbol{H}$ 矩阵	$\boldsymbol{H'}$ 矩阵	$\boldsymbol{T}$ 矩阵	$\boldsymbol{T'}$ 矩阵
○——————○ ○——————○			$\begin{bmatrix} 0 & 1 \\ -1 & 1 \end{bmatrix}$	$\begin{bmatrix} 0 & -1 \\ 1 & 0 \end{bmatrix}$	$\begin{bmatrix} 1 & 0 \\ 0 & 1 \end{bmatrix}$	$\begin{bmatrix} 1 & 0 \\ 0 & 1 \end{bmatrix}$
○—　—○ ○—　—○			$\begin{bmatrix} 0 & -1 \\ 1 & 1 \end{bmatrix}$	$\begin{bmatrix} 0 & 1 \\ -1 & 0 \end{bmatrix}$	$\begin{bmatrix} -1 & 0 \\ 0 & -1 \end{bmatrix}$	$\begin{bmatrix} -1 & 0 \\ 0 & -1 \end{bmatrix}$
○—▭—○ z ○———○	$\begin{bmatrix} \dfrac{1}{Z} & -\dfrac{1}{Z} \\ -\dfrac{1}{Z} & \dfrac{1}{Z} \end{bmatrix}$		$\begin{bmatrix} Z & 1 \\ -1 & 0 \end{bmatrix}$	$\begin{bmatrix} 0 & -1 \\ 1 & Z \end{bmatrix}$	$\begin{bmatrix} 1 & Z \\ 0 & 1 \end{bmatrix}$	$\begin{bmatrix} 1 & -Z \\ 0 & 1 \end{bmatrix}$
○——▭——○ z ○———○	$\begin{bmatrix} Z & Z \\ Z & Z \end{bmatrix}$		$\begin{bmatrix} 0 & 1 \\ -1 & \dfrac{1}{Z} \end{bmatrix}$	$\begin{bmatrix} \dfrac{1}{Z} & -1 \\ 1 & 0 \end{bmatrix}$	$\begin{bmatrix} 1 & 0 \\ \dfrac{1}{Z} & 1 \end{bmatrix}$	$\begin{bmatrix} 1 & 0 \\ -\dfrac{1}{Z} & 1 \end{bmatrix}$

续表

双口网络的电路	Z 矩阵	Y 矩阵	H 矩阵	H' 矩阵	T 矩阵	T' 矩阵
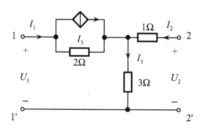 变压器 n_1 n_2			$\begin{bmatrix} 0 & n \\ -n & 0 \end{bmatrix}$	$\begin{bmatrix} 0 & -\dfrac{1}{n} \\ \dfrac{1}{n} & 0 \end{bmatrix}$	$\begin{bmatrix} n & 0 \\ 0 & \dfrac{1}{n} \end{bmatrix}$	$\begin{bmatrix} \dfrac{1}{n} & 0 \\ 0 & n \end{bmatrix}$
	$\begin{bmatrix} 0 & 0 \\ 0 & 0 \end{bmatrix}$					
		$\begin{bmatrix} 0 & 0 \\ 0 & 0 \end{bmatrix}$				
Z_1 Z_2	$\begin{bmatrix} Z_1 & 0 \\ 0 & Z_2 \end{bmatrix}$	$\begin{bmatrix} \dfrac{1}{Z_1} & 0 \\ 0 & \dfrac{1}{Z_2} \end{bmatrix}$	$\begin{bmatrix} Z_1 & 0 \\ 0 & \dfrac{1}{Z_2} \end{bmatrix}$	$\begin{bmatrix} \dfrac{1}{Z_1} & 0 \\ 0 & Z_2 \end{bmatrix}$		

　　双口网络有互易与非互易之分，一个双口网络是否互易可利用互易性判据来判定，根据互易定理可以导出这些判据。

　　例 8.6　求图 8-12 双口网络的各种参数矩阵。

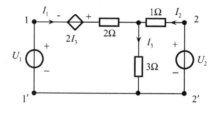

图 8-12　例 8.6 图

　　解　在端口上施加电压 U_1 和 U_2，并作电路的等效变换，如图 8-13 所示。

图 8-13　例 8.6 解图

　　有

$$U_1 = -2I_3 + 2 \times I_1 + 3 \times I_3 = I_3 + 2I_1$$
$$I_3 = I_2 + I_1$$

所以

$$U_1 = 3I_1 + I_2$$
$$U_2 = 1 \times I_2 + 3 \times I_3 = I_2 + 3(I_2 + I_1) = 3I_1 + 4I_2$$

所以 z 参数矩阵为

$$\boldsymbol{Z} = \begin{bmatrix} 3 & 1 \\ 3 & 4 \end{bmatrix}$$

可见，含受控源的线性双口网络不满足 $z_{12} = z_{21}$。

$$\boldsymbol{Y} = \boldsymbol{Z}^{-1} = \frac{1}{9}\begin{bmatrix} 4 & -3 \\ -1 & 3 \end{bmatrix}$$

$$\boldsymbol{H} = \begin{bmatrix} \dfrac{\Delta_z}{z_{22}} & \dfrac{z_{12}}{z_{22}} \\[2mm] -\dfrac{z_{21}}{z_{22}} & \dfrac{1}{z_{22}} \end{bmatrix} = \begin{bmatrix} \dfrac{9}{4} & \dfrac{1}{4} \\[2mm] -\dfrac{3}{4} & \dfrac{1}{4} \end{bmatrix}$$

$$\boldsymbol{T} = \begin{bmatrix} \dfrac{z_{11}}{z_{21}} & \dfrac{\Delta_z}{z_{21}} \\[2mm] \dfrac{1}{z_{21}} & \dfrac{z_{22}}{z_{21}} \end{bmatrix} = \begin{bmatrix} 1 & 3 \\[2mm] \dfrac{1}{3} & \dfrac{4}{3} \end{bmatrix}$$

$$\boldsymbol{G} = \begin{bmatrix} \dfrac{1}{z_{11}} & -\dfrac{z_{12}}{z_{11}} \\[2mm] \dfrac{z_{21}}{z_{11}} & \dfrac{\Delta_z}{z_{11}} \end{bmatrix} = \begin{bmatrix} \dfrac{1}{3} & -\dfrac{1}{3} \\[2mm] 1 & 3 \end{bmatrix}$$

例 8.7　已知图 8-14(a) 互易双口电路的 z 参数： $\boldsymbol{Z} = \begin{bmatrix} 5 & 3 \\ 3 & 7 \end{bmatrix}$，试求 I_1 和 U_2。

解　用 T 形网络等效如图 8-14(b) 所示。

$$R_1 = z_{11} - z_{12} = 5 - 3 = 2\Omega$$
$$R_2 = z_{22} - z_{12} = 7 - 3 = 4\Omega$$

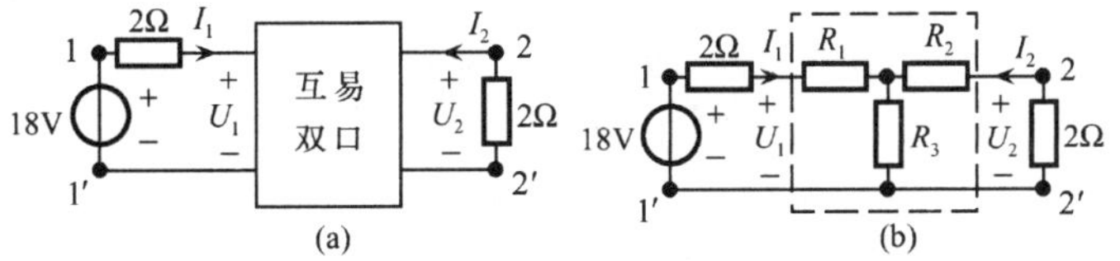

图 8-14　例 8.7 图

$$R_3 = z_{12} = 3\Omega$$

$$I_1 = \frac{18\text{V}}{R_1 + 2\Omega + R_3 \mathbin{/\!/} (R_2 + 2\Omega)} = 3\text{A}$$

$$U_2 = \frac{R_3 \mathbin{/\!/} (R_2 + 2\Omega)}{R_2 + 2\Omega} I_1 \times 2\Omega = 2\text{V}$$

例 8.8　已知图 8-15 电路的 h 参数矩阵：$\boldsymbol{H} = \begin{bmatrix} 8 & 5 \\ 10 & 1 \end{bmatrix}$，试求系统函数 $H(s) = U_2(s)/U_s(s)$。

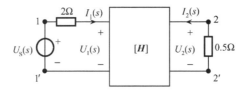

图 8-15　例 8.8 图

解　由已知的 $\boldsymbol{h}$ 参数矩阵写出对应的方程式

$$U_1(s) = 8I_1(s) + 5U_2(s) \tag{1}$$

$$I_2(s) = 10I_1(s) + U_2(s) \tag{2}$$

端口所接外电路方程满足

$$U_1(s) = -2I_1(s) + U_s(s) \tag{3}$$

$$I_2(s) = -\frac{1}{0.5}U_2(s) \tag{4}$$

将式(3)和式(4)分别代入式(1)和式(2)中，整理后得

$$10I_1(s) + 5U_2(s) = U_s(s)$$

$$10I_1(s) + 3U_2(s) = 0$$

在上式中消去 $I_1(s)$，得 $H(s)$，即

$$H(s) = \frac{U_2(s)}{U_s(s)} = \frac{1}{2} = 0.5$$

例 8.9　已知图 8-16 电路的 $\boldsymbol{T}$ 参数矩阵：$\boldsymbol{T} = \begin{bmatrix} 4 & 20\Omega \\ 0.1\text{S} & 2 \end{bmatrix}$，输出端口接上一个可变负载以得到最大的功率输送，求 R_L 和输送的最大功率。

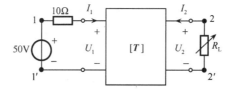

图 8-16　例 8.9 图

解　本题要求输出端口的戴维南等效参数 U_{OC}、R_O，等效电路如图 8-17(a)所示。

(1)由已知的 $\boldsymbol{T}$ 参数矩阵写出对应的方程式

$$U_1 = 4U_2 - 20I_2 \tag{1}$$

$$I_1 = 0.1U_2 - 2I_2 \tag{2}$$

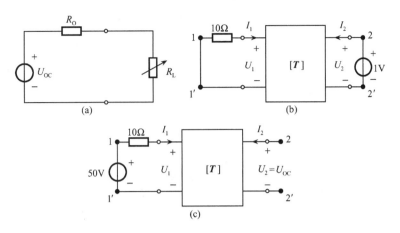

图 8-17　例 8.9 图

(2) 由图 8-17(b) 求 R_O。

在输入端口有 $U_1 = -10I_1$，代入式 (1) 有

$$-10I_1 = 4U_2 - 20I_2 \quad \text{或} \quad I_1 = -0.4U_2 + 2I_2 \tag{3}$$

令式 (2)、(3) 左边相等，得 $0.1U_2 - 2I_2 = -0.4U_2 + 2I_2$，推出：$0.5U_2 = 4I_2$

所以

$$R_O = \frac{U_2}{I_2} = \frac{4}{0.5} = 8\Omega$$

(3) 由图 8-17(c) 求 U_{OC}。

在输出端口有 $I_2 = 0$，而在输入端口有 $U_1 = 50 - 10I_1$，代入式 (1)、(2) 有

$$50 - 10I_1 = 4U_2 \tag{4}$$

$$I_1 = 0.1U_2 \tag{5}$$

式 (5) 代入式 (4) 有 $U_2 = 10$V，所以 $U_{OC} = U_2 = 10$V。

(4) 求最大功率。

当 $R_L = R_O = 8\Omega$ 时，获得最大功率，为

$$P = \frac{U_{OC}^2}{4R_O} = \frac{100}{4 \times 8} = 3.125(\text{W})$$

双口网络的 y 参数方程

$$I_1(s) = y_{11}U_1(s) + y_{12}U_2(s) \tag{8.19}$$

$$I_2(s) = y_{21}U_1(s) + y_{22}U_2(s) \tag{8.20}$$

对式 (8.19) 来说，当端口 1—1′短路时，有 $I_1(s) = y_{12}U_2(s)$；对式 (8.20) 来说，当端口 2—2′短路时，有 $I_2(s) = y_{21}U_1(s)$。根据互易定理的陈述 1 可知若要网络互易，则当 $U_1(s) = U_2(s)$ 时，应有 $-I_1(s) = -I_2(s)$（取负号是因为现时的方向与互易定理所设的方向相反）。于是，双口互易时其 y 参数中应保持的条件为

$$y_{12} = y_{21}$$

同理，根据互易定理的陈述 2 和陈述 3 可分别得出在双口互易时，其 z 参数和 h 参

数有

$$z_{12} = z_{21}$$
$$h_{12} = -h_{21}$$

根据上面三个关系，利用表 8-1 网络参数之间的转换公式，则可以导出

$$g_{12} = -g_{21}$$
$$AD - BC = 1$$
$$A'D' - B'C' = 1$$

利用上面 6 个判据中的任何一个即可判断该网络是否互易，根据这些判据还可得出一个结论：互易双口网络的每种参数中只有 3 个是独立的。

现将双口网络互易与对称的条件列表 8-3 所示。

表 8-3　对于无源、互易网络某些参数的简化

参数	无源网络的互易条件	电路对称的条件
z	$z_{12} = z_{21}$	$z_{11} = z_{22}$
y	$y_{12} = y_{21}$	$y_{11} = y_{22}$
A、B、C、D	$AD - BC = 1$	$A = D$
A'、B'、C'、D'	$A'D - B'C = 1$	$A' = D'$
h	$h_{12} = -h_{21}$	$\Delta_h = 1$
g	$g_{12} = -g_{21}$	$\Delta_g = 1$

8.2　双口网络的等效电路

在电路理论中，为了分析含有双口网络的复杂网络，往往用不同的电路来代替双口网络，作为原来双口网络的等效电路。当然，这种代替必须保证双口网络的外部特性不变，即端口特性约束方程不变。这样一来，对每个双口网络就可能建立 6 种等效电路。下面仅介绍在电子技术中最常用的 y 参数、z 参数、h 参数等效电路。

首先来建立 y 参数等效电路，y 参数方程为

$$\left. \begin{aligned} I_1(s) &= y_{11}U_1(s) + y_{12}U_2(s) \\ I_2(s) &= y_{21}U_1(s) + y_{22}U_2(s) \end{aligned} \right\} \tag{8.21}$$

这是一个节点电压方程，根据这一方程即可得到图 8-18(a) 所示的 y 参数等效电路，由于电路中含有两个受控源，所以又叫双源 y 参数等效电路。

方程式 (8.21) 也可以写成如下形式，即

$$\left. \begin{aligned} I_1(s) &= (y_{11} + y_{12})U_1(s) - y_{12}[U_1(s) - U_2(s)] \\ I_2(s) &= (y_{22} + y_{12})U_2(s) - y_{12}[U_2(s) - U_1(s)] + (y_{21} - y_{12})U_1(s) \end{aligned} \right\} \tag{8.22}$$

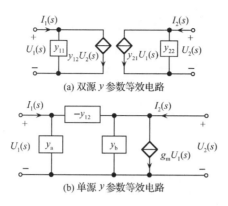

(a) 双源 y 参数等效电路

(b) 单源 y 参数等效电路

图 8-18　节点电压方程的等效电路

根据方程式(8.22)即可得到图 8-18(b)所示的单源等效电路。该电路中有

$$\begin{cases} y_a = y_{11} + y_{12} \\ y_b = y_{22} + y_{12} \\ g_m = y_{21} - y_{12} \end{cases}$$

如果双口网络具有互易性，即 $y_{12} = y_{21}$，则 $g_m = 0$，这时图 8-18(b)所示电路将成为一个典型的 II 型等效电路。这就是说，对于具有互易性的双口网络可用不含受控源的 II 型等效电路表示。

同样，由于双口网络 z 参数的端口特性方程实质是一组 KVL 方程，即

$$\left.\begin{array}{l} U_1(s) = z_{11}I_1(s) + z_{12}I_2(s) \\ U_2(s) = z_{21}I_1(s) + z_{22}I_2(s) \end{array}\right\} \tag{8.23}$$

根据这组 KVL 方程就可得到一个双源 z 参数等效电路，如图 8-19(a)所示。

若方程式(8.23)作适当变换，则得

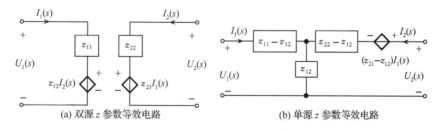

(a) 双源 z 参数等效电路　　　　　　　　(b) 单源 z 参数等效电路

图 8-19　一个典型的 II 型等效电路

$$\left.\begin{array}{l} U_1(s) = (z_{11} - z_{12})I_1(s) + z_{12}[I_1(s) + I_2(s)] \\ U_2(s) = (z_{22} - z_{12})I_2(s) + z_{12}[I_1(s) + I_2(s)] + (z_{21} - z_{12})I_1(s) \end{array}\right\} \tag{8.24}$$

根据式(8.24)即可得到图 8-19(b)所示的单源 z 参数等效电路，若双口网络满足互易条件 $z_{12} = z_{21}$，则图 8-19(b)就成为不含受控源的 T 形电路。

用类似的方法，根据 h 参数方程

$$U_1(s) = h_{11}I_1(s) + h_{12}U_2(s) \atop I_2(s) = h_{21}I_1(s) + h_{22}U_2(s)$$

（8.25）

即可得双口网络的 h 参数等效电路，如图 8-20（a）所示。

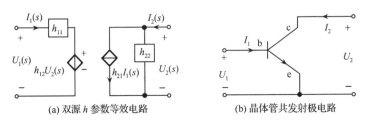

(a) 双源 h 参数等效电路   (b) 晶体管共发射极电路

图 8-20 双口网络的 h 参数等效电路

在电子线路中，最广泛使用的晶体管共发射极电路[见图 8-20（b）]就是用这种双口 h 参数等效电路来描述的。这时，各 h 参数已有明确的物理意义：$h_{11} = \gamma_b + \gamma_e$ 称为晶体管的输入电阻，h_{12} 为电压反馈系数，$h_{21} = \beta$，为电流放大系数，h_{22} 为晶体管的输出电导。

8.3 双口网络的相互连接

一般说来，实际的网络总是较复杂的，但是可以把复杂网络看作是由一些简单的双口网络按一定的方式连接起来的。双口网络常用的互联方式有级联、并联和串联。当然双口网络互联必须保证每个双口网络都保持原有的端口特性，在此条件下，来讨论互联方式才有意义。

8.3.1 双口网络的串联

双口网络的串联如图 8-21 所示。

这时采用开路阻抗参数矩阵不难导出串联后所得双口网络的开路阻抗参数矩阵，它们之间的关系为

$$Z(s) = Z_1(s) + Z_2(s)$$

（8.26）

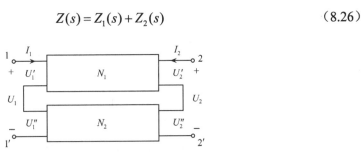

图 8-21 双口网络的串联

这就是说，串联双口网络的开路阻抗矩阵等于构成它的各个双口网络的开路阻抗矩阵之和。

例 8.10 求图 8-22(a)所示双口网络的 z 参数矩阵。

解 可看成两个网络的串联，如图 8-22(b)、(c)所示。对(b)图网络有

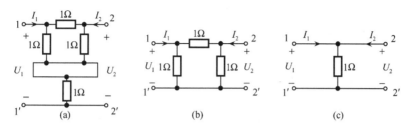

图 8-22 双口网络的 z 参数矩阵

$$z_{11} = \frac{U_1}{I_1}\bigg|_{I_2=0} = \frac{2}{3}\Omega$$

$$z_{21} = \frac{U_2}{I_1}\bigg|_{I_2=0} = \frac{1}{3}\Omega$$

$$z_{12} = z_{21} = \frac{1}{3}\Omega$$

$$z_{22} = \frac{U_2}{I_2}\bigg|_{I_1=0} = \frac{2}{3}\Omega$$

对图 8-22(c)网络查表 8-2 有

$$\boldsymbol{Z}_2 = \begin{bmatrix} 1 & 1 \\ 1 & 1 \end{bmatrix}(\Omega)$$

所以该双口网络的 z 参数矩阵为

$$\boldsymbol{Z} = \boldsymbol{Z}_1 + \boldsymbol{Z}_2 = \begin{bmatrix} \dfrac{2}{3}+1 & \dfrac{1}{3}+1 \\ \dfrac{1}{3}+1 & \dfrac{2}{3}+1 \end{bmatrix} = \begin{bmatrix} \dfrac{5}{3} & \dfrac{4}{3} \\ \dfrac{4}{3} & \dfrac{5}{3} \end{bmatrix}(\Omega)$$

8.3.2 双口网络的并联

双口网络的并联如图 8-23 所示。

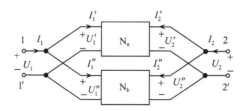

图 8-23 双口网络的并联

由并联关系知道

$$\begin{cases} I_1 = I_1' + I_1'' \\ I_2 = I_2' + I_2'' \end{cases}$$

于是根据 y 参数方程可得

$$\begin{bmatrix} I_1 \\ I_2 \end{bmatrix} = \begin{bmatrix} I_1' \\ I_2' \end{bmatrix} + \begin{bmatrix} I_1'' \\ I_2'' \end{bmatrix}$$

$$= \begin{bmatrix} y_{11}' & y_{12}' \\ y_{21}' & y_{22}' \end{bmatrix} \begin{bmatrix} U_1 \\ U_2 \end{bmatrix} + \begin{bmatrix} y_{11}'' & y_{12}'' \\ y_{21}'' & y_{22}'' \end{bmatrix} \begin{bmatrix} U_1 \\ U_2 \end{bmatrix}$$

$$= \begin{bmatrix} y_{11}' + y_{11}'' & y_{12}' + y_{12}'' \\ y_{21}' + y_{21}'' & y_{22}' + y_{22}'' \end{bmatrix} \begin{bmatrix} U_1 \\ U_2 \end{bmatrix}$$

$$= \begin{bmatrix} y_{11} & y_{12} \\ y_{21} & y_{22} \end{bmatrix} \begin{bmatrix} U_1 \\ U_2 \end{bmatrix}$$

即

$$Y(s) = Y'(s) + Y''(s) \tag{8.27}$$

这就是说，并联双口网络的短路导纳参数矩阵等于构成它的各个双口网络短路导纳参数矩阵之和。

例 8.11　求图 8-24 双 T 电路的 y 参数矩阵。

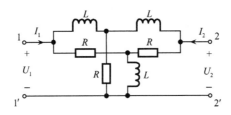

图 8-24　例 8.11 图

解　可看成两个 T 形网络的并联，如图 8-25（a）、（b）所示。

（1）由图 8-25（a），求其 Y_1。

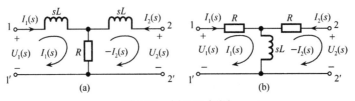

图 8-25　例 8.11 解图

由网孔方程有

$$U_1(s) = (sL + R)I_1(s) - R[-I_2(s)]$$

$$-U_2(s) = -RI_1(s) + (sL + R)[-I_2(s)]$$

$$\boldsymbol{Z}_1 = \begin{bmatrix} sL+R & R \\ R & sL+R \end{bmatrix}$$

$$\boldsymbol{Y}_1 = \boldsymbol{Z}_1^{-1} = \frac{1}{sL(sL+2R)} \begin{bmatrix} sL+R & -R \\ -R & sL+R \end{bmatrix}$$

(2) 由图 8-25(b)，求 Y_2。

由网孔方程有 $\begin{cases} U_1(s) = (sL+R)I_1(s) - sL[-I_2(s)] \\ -U_2(s) = -sL \cdot I_1(s) + (sL+R)[-I_2(s)] \end{cases}$

所以

$$\boldsymbol{Z}_2 = \begin{bmatrix} sL+R & sL \\ sL & sL+R \end{bmatrix}$$

$$\boldsymbol{Y}_2 = \boldsymbol{Z}_2^{-1} = \frac{1}{R(R+2sL)} \begin{bmatrix} sL+R & -sL \\ -sL & sL+R \end{bmatrix}$$

所以

$$\boldsymbol{Y} = \boldsymbol{Y}_1 + \boldsymbol{Y}_2 = \frac{\begin{bmatrix} sL+R & -R \\ -R & sL+R \end{bmatrix}}{sL(sL+2R)} + \frac{\begin{bmatrix} sL+R & -sL \\ -sL & sL+R \end{bmatrix}}{R(R+2sL)}$$

$$= \begin{bmatrix} \dfrac{(sL+R)}{sL(sL+2R)} + \dfrac{(sL+R)}{R(R+2sL)} & -\dfrac{R}{sL(sL+2R)} - \dfrac{sL}{R(R+2sL)} \\[4mm] -\dfrac{R}{sL(sL+2R)} - \dfrac{sL}{R(R+2sL)} & \dfrac{(sL+R)}{sL(sL+2R)} + \dfrac{(sL+R)}{R(R+2sL)} \end{bmatrix}$$

8.3.3 双口网络的级联

双口网络的级联如图 8-26 所示，这种互连也称连接。利用传输参数(即 A，B，C，D 参数)很容易计算出级联后的复杂双口网络的传输参数，通过转换也就可得到其他网络参数。

因为 N_1 和 N_2 的传输参数端口方程为

$$\begin{bmatrix} U_1 \\ I_1 \end{bmatrix} = \begin{bmatrix} A_1 & B_1 \\ C_1 & D_1 \end{bmatrix} \begin{bmatrix} U_2 \\ -I_2 \end{bmatrix}$$

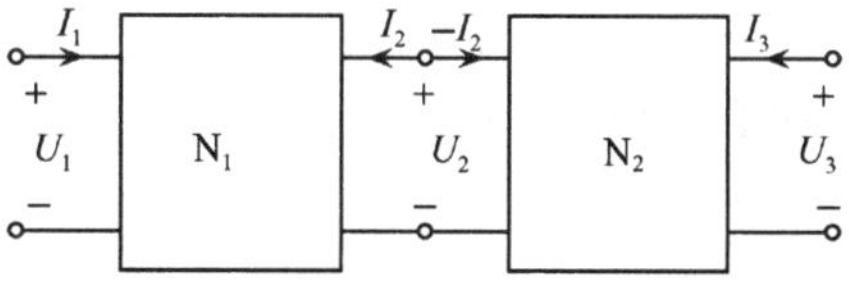

图 8-26 双口网络的级联

$$\begin{bmatrix} U_2 \\ -I_2 \end{bmatrix} = \begin{bmatrix} A_2 & B_2 \\ C_2 & D_2 \end{bmatrix} \begin{bmatrix} U_3 \\ -I_3 \end{bmatrix}$$

将 N_2 的方程代入 N_1 的方程，即得到级联后的端口方程为

$$\begin{bmatrix} U_1 \\ I_1 \end{bmatrix} = \begin{bmatrix} A_1 & B_1 \\ C_1 & D_1 \end{bmatrix} \begin{bmatrix} A_2 & B_2 \\ C_2 & D_2 \end{bmatrix} \begin{bmatrix} U_3 \\ -I_3 \end{bmatrix}$$

由上式即可得出结论：级联双口网络的传输参数矩阵等于构成它的各端口的传输参数矩阵的乘积，即

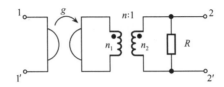

图 8-27   例 8.12 图

$$T = \begin{bmatrix} A & B \\ C & D \end{bmatrix} = T_1 T_2 = \begin{bmatrix} A_1 & B_1 \\ C_1 & D_1 \end{bmatrix} \begin{bmatrix} A_2 & B_2 \\ C_2 & D_2 \end{bmatrix} \tag{8.28}$$

例 8.12   求图 8-27 双口网络的传输矩阵 T。

解   图 8-27 可看成三个网络的级联，由表 8-2 有

$$T = T_1 \cdot T_2 \cdot T_3 = \begin{bmatrix} 0 & \dfrac{1}{g} \\ g & 0 \end{bmatrix} \begin{bmatrix} n & 0 \\ 0 & \dfrac{1}{n} \end{bmatrix} \begin{bmatrix} 1 & 0 \\ \dfrac{1}{R} & 1 \end{bmatrix} = \begin{bmatrix} \dfrac{1}{ngR} & \dfrac{1}{ng} \\ ng & 0 \end{bmatrix}$$

8.3.4   双口网络的混联

若 1—1′端串联，2—2′端并联，即采用串-并式连接，这时用 h 参数矩阵计算有

$$H = H_1 + H_2 \tag{8.29}$$

与此对应，另一种并-串式连接，这时用 g 参数矩阵计算有

$$G = G_1 + G_2 \tag{8.30}$$

在电路理论中，6 种网络参数都是对同一线性时不变双口网络(无源、零初始条件下)的完全描述，因此原则上只要采用一种就够了。但是从上面的互连计算中可以看出，不同的互联方式采用不同的网络参数给计算带来了极大的方便，这就是要定义 6 种参数来描述的主要目的。当然，另一原因是有些双口网络不能用某些参数来描述，如理想变压器就只能用混合参数描述，所以必须灵活掌握和运用。

8.4*   双口网络有效连接的判别和实现

在 8.3，曾经提到双口网络互连必须保证每个双口网络保持原有的端口特性，在此条件下，讨论总双口网络的参数矩阵与各分双口网络参数矩阵的关系才有意义，这种约定就是指双口网络的有效连接。为什么要作这样的约定呢？这可以从图 8-28 所示的网络得到说明。

图 8-28 中有两个 z_1、z_2 和 z_3 组成的 T 形电路，每个 T 形电路都是一个双口网络，将

它们进行并-串式连接后，总网络是四端网络，但是由图 8-28 可知，在上边的 T 形网络中 $I_2' \neq I_2$（当令 $I_1 = 0$ 时，很容易看出这样的结果）。这表明，连接之后其中分双口网络的特性遭到破坏，因此式(8.26)已经不再适用，这种连接称为失效连接。

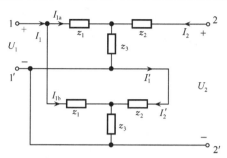

图 8-28 双口网络的有效连接

为了说明失效连接的情况，由图中的 T 形双口网络参数可知

$$\boldsymbol{G}_A = \boldsymbol{G}_B = \begin{bmatrix} \dfrac{1}{z_{11}} & -\dfrac{z_3}{z_{11}} \\ \dfrac{z_3}{z_{11}} & z_2 + \dfrac{z_1 z_3}{z_{11}} \end{bmatrix}$$

其中，$z_{11} = z_1 + z_3$。

如果根据式(8.30)可得总双口网络的 g 参数为

$$\boldsymbol{G} = \boldsymbol{G}_A + \boldsymbol{G}_B = \begin{bmatrix} \dfrac{2}{z_{11}} & -\dfrac{2z_3}{z_{11}} \\ \dfrac{2z_3}{z_{11}} & 2z_2 + \dfrac{2z_1 z_3}{z_{11}} \end{bmatrix} \tag{8.31}$$

但是，直接根据双口网络 G 参数矩阵的定义计算的结果为

$$g_{11}' = \left. \dfrac{I_1}{U_1} \right|_{I_2=0} = \dfrac{1}{z_{11}} + \dfrac{z_2 + z_3}{z_1 z_2 + z_2 z_3 + z_1 z_3}$$

上式与式(8.31)比较，可知 $g_{11}' \neq g_{11}$，仅从这一点就可以知道式(8.30)对图 8-28 所示的网络是失效的。

那么如何判断双口网络连接的有效性呢？下面介绍的 Brune 实验方法可以判断出双口网络连接的有效性。

对于双口网络的并联，可以将双口网络按图 8-29(a)和图 8-29(b)的方式分别连接起来。

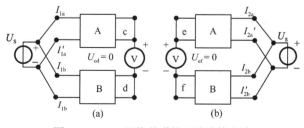

图 8-29 双口网络并联的两种连接方法

　　若 $U_S \neq 0$，而电压表的读数为零时，则在图 8-29(a) 中 $I_{1a} = I'_{1a}$，$I_{1b} = I'_{1b}$，这表明两个子双口网络的输入端口的并联是有效的；而图 8-29(b) 中则有 $I_{2a} = I'_{2a}$，$I_{2b} = I'_{2b}$，这表明输出端口的并联也是有效的，所以可以判断这时双口网络的并联是有效连接。

　　当双口网络的连接是串联时，可以将双口网络按图 8-30(a) 和图 8-30(b) 的方式分别连接起来，若 $I_S \neq 0$，而电压表的读数为零时，可以判断这时双口网络的并联是有效连接，其原理和上面分析类似。

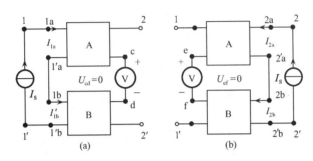

图 8-30　双口网络串联的两种连接方法

　　按照上述检验双口网络并联和串联的有效性实验方法，可以类推并-串式和串并式混联的有效性检验方法。如对于并-串式混联，可以将双口网络按图 8-31(a) 和图 8-31(b) 的方式分别连接起来，若电压表的读数均为零，则可以判断这时双口网络的并-串式混联是有效连接。

　　上述 Brune 方法只能给出判断双口网络连接是否为有效连接的标志，并没有指出实现有效连接的措施。如果在电子工程技术中要求对已给的两个双口网络进行某种连接，经过 Brune 实验发现连接却是失效的，这时可以采取光电隔离、变压器隔离等方法来解决这个问题。这里主要介绍变压器隔离法，具体措施是在不满足有效连接的端口中，插入一个 $n:1$ 的理想变压器，使被连接的两个双口网络相互隔离后，再进行所要求的连接，图 8-32 中给出了这种方法的典型应用。

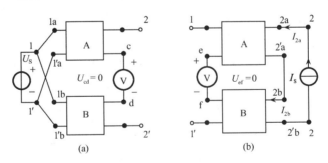

图 8-31　串-并混连的方法

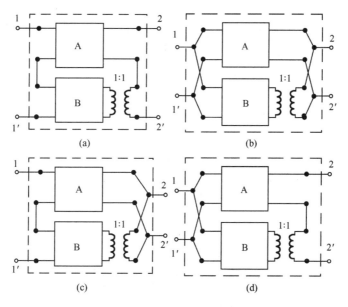

图 8-32 双口网络连接和变压器隔离方法

8.5 双口网络的黑箱分析法

对于任意一个 LTI 双口网络或多口网络，如果只需要求解其端口外部电路响应，或电路的系统函数，则可不必知道其内部结构，而只要将它看作一个黑箱，用网络参数来描述这个黑箱的端口特性，就可以求得外电路的响应或系统函数，这种分析方法叫作黑箱分析法。

黑箱分析法的步骤如下：

(1)列写电路系统外电路方程。

(2)写出黑箱的网络参数方程。

(3)对上述两组方程联立求解。

下面举例说明。

例 8.13 已知电路系统如图 8-33 所示，测得黑箱 N 的 y 参数

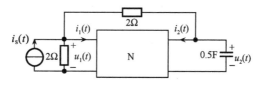

图 8-33 例 8.13 图

$$Y(s) = \begin{bmatrix} 0.5 + 0.5s & -0.5s \\ -0.5s & 1 + 0.5s \end{bmatrix}$$

电流源 $i_S(t) = 0.25\delta(t)\,\mathrm{A}$，试求系统的零状态响应 $u_2(t)$。

解 (1)做出电路 s 域模型(此处从略),由此列出节点方程

$$\begin{cases} \left(\dfrac{1}{2}+\dfrac{1}{2}\right)U_1(s)-\dfrac{1}{2}U_2(s)=0.25-I_1(s) \\ -\dfrac{1}{2}U_1(s)+\left(\dfrac{1}{2}+\dfrac{s}{2}\right)U_2(s)=-I_2(s) \end{cases}$$

其中

$$I_s(s)=L\{i_s(t)\}=0.25 \tag{A}$$

(2)写出黑箱的 y 参数方程

$$\begin{bmatrix} I_1(s) \\ I_2(s) \end{bmatrix}=\begin{bmatrix} 0.5+0.5s & -0.5s \\ -0.5s & 1+0.5s \end{bmatrix}\begin{bmatrix} U_1(s) \\ U_2(s) \end{bmatrix}$$

(3)联解上述两组方程得

$$U_2(s)=\frac{\Delta_2}{\Delta}=\frac{0.5+0.5s}{s^2+7s+8}=\frac{0.053\,4}{s+1.44}+\frac{0.553\,4}{s+5.56}$$

所以

$$u_2(t)=L^{-1}\{U_2(s)\}=0.553\,4\mathrm{e}^{-5.56t}+0.053\,4\mathrm{e}^{-1.44t}\ (\mathrm{V})$$

例 8.14 已知电路如图 8-34 所示,试用黑箱分析法求出系统函数 $H(s)=\dfrac{U_O(s)}{U_s(s)}$。

解 本题采用黑箱分析法最简便,将 X 形网络看作黑箱。

(1)求黑箱 z 参数方程:

因为 X 形网络互易对称,查表可得 z 参数

$$z_{11}=z_{22}=\frac{1}{2}\left(1+\frac{1}{s}\right),\quad z_{12}=z_{21}=\frac{1}{2}\left(1-\frac{1}{s}\right)$$

所以 z 参数方程为

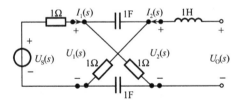

图 8-34 例 8.14 图

$$\left.\begin{aligned} U_1(s)&=\frac{1}{2}\left(1+\frac{1}{s}\right)I_1(s)+\frac{1}{2}\left(1-\frac{1}{s}\right)I_2(s) \\ U_2(s)&=\frac{1}{2}\left(1-\frac{1}{s}\right)I_1(s)+\frac{1}{2}\left(1+\frac{1}{s}\right)I_2(s) \end{aligned}\right\} \tag{a}$$

(2)对电路整体列网孔方程

$$\left.\begin{aligned} I_1(s)\times 1+U_1(s)&=U_s(s) \\ (1+s)I_2(s)+U_2(s)&=0 \end{aligned}\right\} \tag{b}$$

(3)将式(a)代入式(b),整理即得

$$\begin{cases} \left(\dfrac{3}{2}+\dfrac{1}{2s}\right)I_1(s)+\left(\dfrac{1}{2}-\dfrac{1}{2s}\right)I_2(s)=U_S(s) \\ \left(\dfrac{1}{2}-\dfrac{1}{2s}\right)I_1(s)+\left(\dfrac{3}{2}+\dfrac{1}{2s}+s\right)I_S(s)=0 \end{cases}$$

求得

$$I_2(s)=\frac{\varDelta_2}{\varDelta}=\frac{1-s}{2s^2+5s+4}U_S(s)$$

$$U_O(s)=-1\times I_2(s)=-I_2(s)$$

$$H(s)=\frac{U_O(s)}{U_S(s)}=\frac{s-1}{2s^2+5s+4}$$

8.6 总结与思考

8.6.1 总结

(1)双端口网络是有两个端口(或两对端点)的网络，两个端口是输入端口和输出端口。

(2)有 6 组参数可描述双端口的性质，阻抗[Z]、导纳[Y]、混合[H]、逆混合[G]、传输[T]和逆传输[T]。

(3)上述各参数与输入、输出端口变量的关系为 $\begin{bmatrix} U_1 \\ U_2 \end{bmatrix}=Z\begin{bmatrix} I_1 \\ I_2 \end{bmatrix}$， $\begin{bmatrix} I_1 \\ I_2 \end{bmatrix}=Y\begin{bmatrix} U_1 \\ U_2 \end{bmatrix}$，

$\begin{bmatrix} U_1 \\ I_2 \end{bmatrix}=H\begin{bmatrix} I_1 \\ U_2 \end{bmatrix}$， $\begin{bmatrix} I_1 \\ U_2 \end{bmatrix}=G\begin{bmatrix} U_1 \\ I_2 \end{bmatrix}$， $\begin{bmatrix} U_1 \\ I_1 \end{bmatrix}=T\begin{bmatrix} U_2 \\ -I_2 \end{bmatrix}$， $\begin{bmatrix} U_2 \\ I_2 \end{bmatrix}=T'\begin{bmatrix} U_1 \\ -I_1 \end{bmatrix}$。

(4)双口网络参数计算：可由短路或开路相应的输入或输出端口来求参数，也可通过列双口网络的网孔方程等得出。

(5)如 $z_{12}=z_{21}$，$y_{12}=y_{21}$，$h_{12}=-h_{21}$，$g_{12}=-g_{21}$，则双口网络是互易网络。

(6)有受控源的双口网络不是互易的。

(7)双口网络有以下连接方式：串联，z 参数相加；并联，y 参数相加；级联，T 参数相乘；混联，串并式连接有：$H=H_1+H_2$；并串式连接有：$G=G_1+G_2$。

8.6.2 思考

(1)双口网络 N 的 z 参数矩阵为 $Z=\begin{bmatrix} 2s+1/s & 2s \\ 2s & 2s+4 \end{bmatrix}$。

①求 N 的 T 等效电路。

②将网络 N 按照图 8-35 那样连接电源和负载，用 T 等效电路代替 N，求解 $i_1(t)$、$i_2(t)$、$u_1(t)$、$u_2(t)$。

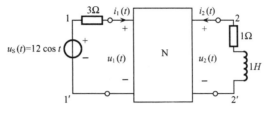

图 8-35   思考题(1)图

(2)对于小信号的双极性晶体管电路的简化模型如图 8-36 所示,求它的 h 参数矩阵。并说明存在哪些参数矩阵。

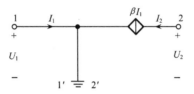

图 8-36   思考题(2)图

(3)你能推出用 h、g、T 参数矩阵表示的互易性准则吗?

习 题 8

8.1   图 8-37(a)所示双口网络的 z_{11} 是(   )。

   A. 0;   B. 5;   C. 10;   D. 20;   E.不存在

8.2   图 8-37(a)所示双口网络的 y_{11} 是(   )。

   A. 0;   B. 5;   C. 10;   D. 20;   E. 不存在

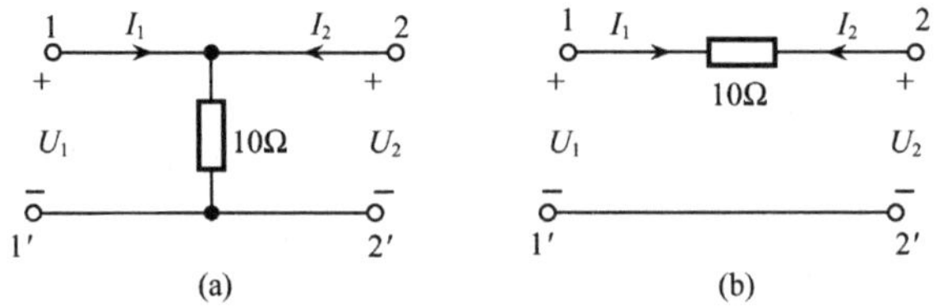

图 8-37   习题 8.1 图

8.3   图 8-37(b)所示双口网络的 h_{21} 是(   )。

   A. −0.1;   B. −1;   C. 0;   D. 10;   E. 不存在

8.4   图 8-37(a)所示双口网络的 B 是(   )。

   A. 0;   B. 5;   C. 10;   D. 20;   E. 不存在

8.5   图 8-37(b)所示双口网络的 B 是(   )。

   A. 0;   B. 5;   C. 10;   D. 20;   E. 不存在

8.6 若一个双端口电路其端口 1—1′短路，且 $I_1 = 4I_2$，$U_2 = 0.25I_2$，下面哪一个描述是正确的（   ）。

A. $y_{11} = 4$；   B. $y_{12} = 16$；   C. $y_{21} = 16$；   D. $y_{22} = 0.25$

8.7 一个双口网络方程为

$$U_1 = 50I_1 + 10I_2$$
$$U_2 = 30I_1 + 20I_2$$

下述哪一个是错误的（   ）。

A. $z_{12} = 10$；   B. $y_{12} = -0.0143$；   C. $h_{12} = 0.5$；   D. $B = 50$

8.8 若一个双端口是互易的，下面哪一个是错误的（   ）。

A. $z_{21} = z_{12}$；   B. $y_{12} = y_{21}$；   C. $h_{21} = h_{12}$；   D. $AD = BC + 1$

8.9 若图 8-37 所示的两个双口网络级联，则 D 为（   ）。

A. 0；   B. 0.1；   C. 2；   D. 10；   E. 不存在

8.10 图 8-38 所示双口网络 N 的 $\boldsymbol{H} = \begin{bmatrix} 1\text{k}\Omega & -2 \\ 3 & 2\text{mS} \end{bmatrix}$，$R = 1\text{k}\Omega$，则求 1—1′的输入电阻 R_{in}。

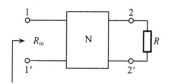

图 8-38 习题 8.10 图

8.11 若两个传输参数矩阵都为 $\boldsymbol{T} = \begin{bmatrix} 3 & 2\Omega \\ 4\text{S} & 3 \end{bmatrix}$ 的双端口网络级联，则求级联后的传输矩阵。

8.12 试求出图 8-39 所示的双口网络的 6 种矩阵。

8.13 试导出表 8-1 第四列所述的参数换算关系。

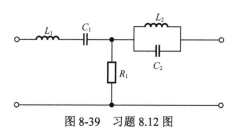

图 8-39 习题 8.12 图

8.14 试求出图 8-40 所示双口网络的 $\boldsymbol{Y}$ 矩阵和 $\boldsymbol{H}$ 矩阵。

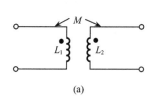

(a)

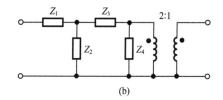

(b)

图 8-40 习题 8.14 图

8.15 已知图 8-41 所示双口网络的 z 参数矩阵为 $\mathbf{Z} = \begin{bmatrix} j3 & 6 \\ 6 & j6 \end{bmatrix}$，求开路电压 $\dot{U}_2$。

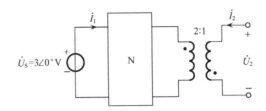

图 8-41 例题 8.15 图

8.16 已知 T 形桥网络如图 8-42 所示，试求：

(1) 网络的开路阻抗矩阵。

(2) 确定该网络开路电压传递函数 $H(j\omega) = 0$ 的条件。

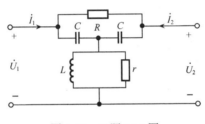

图 8-42 习题 8.16 图

8.17 试求图 8-43 所示双 T 网络的 y 参数矩阵。

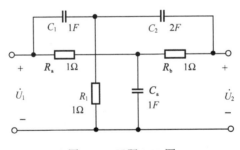

图 8-43 习题 8.17 图

8.18 试求图 8-44 所示双口网络的 $\mathbf{T}$ 参数矩阵。

8.19 图 8-45 电路为两个双口网络的串联，求 $\mathbf{T}$ 参数矩阵。

8.20 图 8-46 为一线性电阻网络，其 $\mathbf{T} = \begin{bmatrix} 2 & 30\Omega \\ 0.1S & 2 \end{bmatrix}$，将电阻 R 并联在输出端时[见图 8-46(b) 所示]，输入电阻等于将该电阻并联在输入端时[见图 8-46(c) 所示]输入端电阻的 6 倍，求 R 的值。

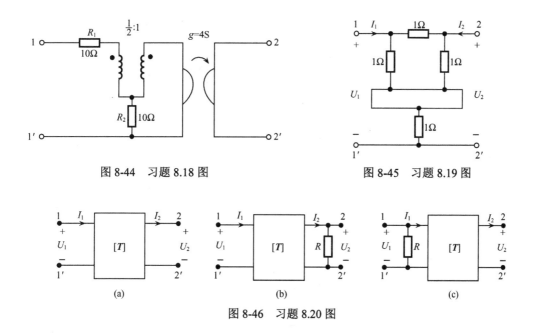

图 8-44 习题 8.18 图

图 8-45 习题 8.19 图

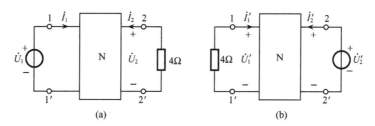

图 8-46 习题 8.20 图

8.21 图 8-47 所示的电路中，N 是互易网络，已知在图 8-47(a) 和图 8-47(b) 两种工作条件下的各电流、电压如下。

图 8-47(a) 中，$\dot{U}_1 = \text{j}10\text{V}, \dot{I}_1 = 1\text{A}, \dot{I}_2 = \text{j}2\text{A}$；

图 8-47(b) 中，$\dot{U}_2' = 5\text{V}, \dot{I}_2' = \text{j}1\text{A}$；

求网络 N 的 y 参数。

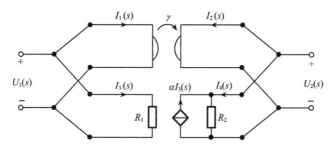

图 8-47 习题 8.21 图

8.22 已知电路由两个二端口网络并联组成，见图 8-48，试求电路的 y 参数。

图 8-48 习题 8.22 图

8.23 已知电路如图 8-49 所示，且黑箱的 y 参数为

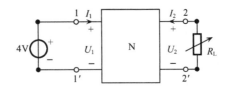

图 8-49　习题 8.23 图

$$Y(s) = \begin{bmatrix} 1 & 0.25 \\ -0.25 & 0.5 \end{bmatrix}$$

试求：(1) $R_L = ?$ 时，负载 R_L 上可获得最大功率。

(2) $R_{Lmax} = ?$

(3) 此时电源的功率为多少？

8.24 已知电路如图 8-50，且黑箱的 y 参数为 $Y(s) = \begin{bmatrix} 2s & 1 \\ 1 & -2s \end{bmatrix}$，试求其系统函数 $H(s) = \dfrac{U_2(s)}{I_s(s)}$。

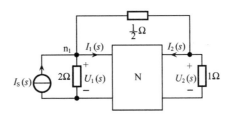

图 8-50　习题 8.24 图

8.25 已知其 LTI 双口网络 (见图 8-51)，在端口 1 处加单位阶跃电流源激励信号 $U(t)$，在下述两种情况下：(1) 端口 2 短路，(2) 端口 2 接上一个 4Ω 电阻，测得其零状态响应为

$$\begin{cases} u_{1a}(t) = \dfrac{2}{3}\left(1 - e^{-\frac{3}{2}t}\right)U(t) \\ i_{2a}(t) = \dfrac{1}{2}\left(1 - e^{-\frac{3}{2}t}\right)U(t) \end{cases}, \qquad \begin{cases} u_{1b}(t) = \dfrac{6}{7}\left(1 - e^{-\frac{7}{6}t}\right)U(t) \\ i_{1b}(t) = \dfrac{4}{14}\left(1 - e^{-\frac{7}{6}t}\right)U(t) \end{cases}$$

试求双口网络 N 的短路导纳矩阵 $Y(s)$。

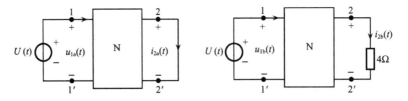

图 8-51　习题 8.25 图

8.26 在共射极模式中的晶体管参数为 $H = \begin{bmatrix} 200\Omega & 0 \\ 100 & 10^{-6}S \end{bmatrix}$，现有两个相同的晶体管级联组成一个二级音频放大器，若该放大器终端接 $4k\Omega$ 的电阻，计算其总的 A_v 和 Z_{in}。

8.27　试用黑箱分析法(网络参数法)证明图 8-52 所示的回转电路，可以模拟实现一个浮地电感。

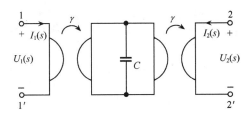

图 8-52　习题 8.27 图

第9章 图论及 LTI 电路系统的矩阵分析法

内 容 提 要

本章首先介绍了图论的基本概念、电路系统的图矩阵表示方法、支路方程和网络图矩阵之间的相互关系；然后系统地介绍了用网络拓扑建立大规模电路与系统方程的系统化方法，而这些系统化方法已广泛地应用于大规模电路的计算机辅助分析与辅助设计。

9.1 图 论 基 础

图论是近代数学的一个重要分支，它广泛应用于科学的许多领域。例如，将图论中拓扑学的观点应用于电路分析，就产生了电路网络的拓扑分析方法。

电路分析中的分析模型都是用具有特定元件特性的二端元件所组成的网络，要完整地描述这样的网络，就必须知道支路之间的连接特性、支路电压和电流的参考方向以及网络中元件的特性。而任何集中参数的电路网络都可用基尔霍夫电压和电流定律(KVL和 KCL)以及支路特性方程来描述，其中 KVL 和 KCL 是对所连支路电压和电流的一种约束条件，而与支路中的元件特性无关。因此，只要着重讨论电路中各元件之间的连接关系，而不管支路元件的性质，则每一条支路都可以用一条有向的线段(线段的方向代表支路的电压、电流参考方向)来表示。这样，就可以把一个复杂的电路抽象转换为一个由点和线段集合成的图形(拓扑图)。例如，图 9-1(a)所示的网络，就可抽象为图 9-1(b)、图 9-1(c)那样的拓扑图。以下首先介绍网络拓扑的一些基本概念。

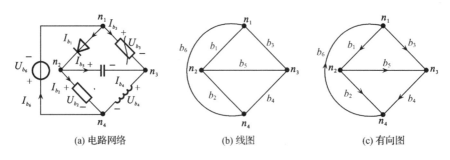

(a) 电路网络　　　　　　　(b) 线图　　　　　　　(c) 有向图

图 9-1　电路网络及其拓扑

9.1.1 图

一条线段的端点，或者一个孤立的点称之为节点。例如，图 9-1 中的 n_1、n_2、n_3、n_4

均称之为节点，通常用 n_i 表示第 i 个节点。

与两个节点 n_i，n_j 相关联的线段，称为支路。例如，图 9-1 中 b_1、b_2、b_3、b_4、b_5、b_6 均称之为支路，通常用 b_i 表示第 i 条支路。

图（graph）就是由有限个节点（节点集）和有限条支路（支路集）组成的集合。在该集合中每条支路恰好连接着两个节点，而支路仅在节点上相交，通常用 G 表示图。

在一个图里所有的支路构成支路集，用 β 表示，即 $\beta \triangleq \{b_1, b_2, \cdots, b_B\}$；而所有的节点构成节点集，用 γ 表示，$\gamma \triangleq \{n_1, n_2, \cdots, n_N\}$。这里 B 是支路数，N 是节点数，因此一个图 G 可以用 $G=(\gamma,\ \beta)$ 表示。

如果图 G 中每条支路都不指明支路方向，则称之为无向图，用 G_n 表示，如图 9-1(b) 所示；如果图 G 中每条支路都规定一定的方向，则称之为有向图，用 G_d 表示，如图 9-1(c) 所示。

如果图 $G_S=(\gamma_S,\ \beta_S)$ 的节点集 γ_S 是图 G 的节点集 γ 的子集，支路集 β_S 是支路集 β 的子集，则称图 G_S 是图 G 的子图。例如，图 9-1 中，由 $\gamma_s=\{n_1,\ n_2,\ n_3\}$ 和 $\beta_S=\{b_1,\ b_3,\ b_5\}$ 构成的图就是该图的子图。若子图仅由一个孤立的节点组成，则称蜕化子图。与一个节点相关联的支路的数目称为该节点的维数。例如，图 9-2 中，节点 n_1、n_2、n_5、n_6 都是三维的，而节点 n_3 和 n_4 是四维的。零维节点称为孤立点。

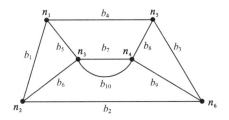

图 9-2　通路

由此通路可以作如下定义：长度为 m 的通路是 m 条不同支路与 $m+1$ 个不同节点依次连接而成的一条路径，在这条路径中除始点与终点两个节点为一维外，其余各节点都是二维的。例如，图 9-2 中，支路集 $\{b_4,\ b_8,\ b_9,\ b_2\}$ 在节点 n_1 和 n_2 之间构成通路，其相应节点为 n_1、n_5、n_4、n_6、n_2，其中 n_1 和 n_2 分别为始端节点与终端节点；而支路集 $\{b_5,\ b_7,\ b_{10},\ b_6\}$ 就不能构成 n_1 和 n_2 之间的一条通路，因为在该支路集中节点 n_3 的维数超过了二维。因此也可以通俗地说：通路就是两个节点之间一条无岔道的路径。

如果一个图，在它的任意两个节点之间，至少存在一条通路，那么这样的图称为连通图。例如，图 9-3(a) 是连通图，而图 9-3(b) 是非连通图。

最后应该指出，网络拓扑图主要考察点和线段之间的内在连接关系。例如，图 9-3 中，节点之间用直线相连与用不同弯曲程度的弧线相连都是一回事。

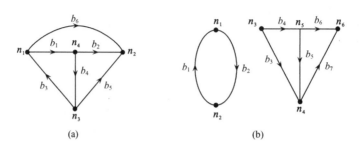

图 9-3　连通图和非连通图

9.1.2　回路

回路(loop)是一个连通图，在这个图中每个节点都是二维的，而每条支路恰好接到图中的两个节点上。或者说，长度为 m 而始端节点与终端节点相重合的通路称为长度为 m 的回路，长度为 1 的回路称为自回路。

例如，图 9-3(a)中，支路集$\{b_1，b_4，b_5，b_6\}$形成回路，显然这个回路是图 9-3(a)这个图 G 的一个子图；而支路集$\{b_1，b_2，b_3\}$不是回路，因为节点 n_2、n_3 未相连，或者说它们只是一维的。通过此例，可以通俗地认为，构成闭合路径的支路集就是回路。对于有向图给定的回路，常指定顺时针方向，或逆时针方向作为回路的参考方向。

9.1.3　树

在一个连通图 G_n 中取一个子图 G_S，当且仅当 G_S 满足下列 3 个条件时，则称子图 G_S 为 G_n 的树(tree)，记为 T，这 3 个条件如下。

(1) G_S 是连通图。

(2) G_S 包含原图 G_n 中的全部节点。

(3) G_S 中不包含任何回路。

例如，图 9-4(a)所示的图 G_n，它的树如图 9-4(b)所示，但是图 9-4(c)、图 9-4(d)和图 9-4(e)则不是它的一个树，因为图 9-4(c)不是图 G_n 的一个子图，图 9-4(d)也不是图 G_n 的一个子图，而且图中包含一个回路，而图 9-4(e)是不连通的。同一连通图 G 具有许多不同的树，树的数目计算公式将在后面给出。

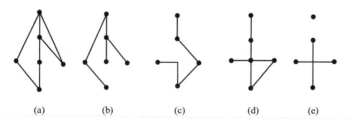

图 9-4　树

通常，人们把构成树的各条支路称为树支，图 G_n 中除去树以外的所有支路形成 G_n 的另一个子图称为反树，或叫树余，属于反树的各条支路称为连支，或称链。例如，图 9-5 中图 G_n 的树支如图 9-5(b)实线所示，而图 9-5(b)中的虚线称为连支。

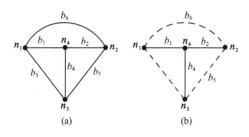

图 9-5　树支和连支

如果一个连通图具 N 个节点和 B 条支路，则树 T 作为 G 的一个连通子图，其每两个节点之间至少有一条支路方能连在一起。如果要连通 N 个节点，则要有 $N-1$ 条支路，但又由于树 T 不能包含回路，所以 N 个节点之间支路数也不可能多于 $N-1$ 条。因此，对于一个具有 N 个节点和 B 条支路的连通图，它的树 T 含有 $N-1$ 条树支和 $B-(N-1)$ 条连支。

9.1.4　割集

割集(cut-set)是连通图 G 的一个支路集合，把这些支路移去将使图 G 分离成两个部分，但是如果少移去其中一条支路，则图仍将是连通的。这就是说，割集是把一个连通图 G 分成两个分裂的子图所需割断数量最少的一组支路。通常用 c_i 表示第 i 个割集。

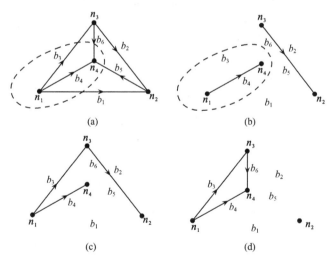

图 9-6　割集

例如，图 9-6(a)中，$\{b_1，b_5，b_6，b_3\}$ 构成一个割集，如图 9-6(b)所示，因为是使线路图分成两个分离的子图所需删除的数量最小的支路的集合；支路集 $\{b_1，b_5，b_6\}$ 不是割集，因为删去支路集 $\{b_1，b_5，b_6\}$ 并未使线路图分离为两个子图，如图 9-6(c)所示；删去 $\{b_5$，

b_1，b_2}也是使线路图分成两个分离的子图所需删除的数量最小的支路的集合，如图 9-6(d)
所示，所以{b_5，b_1，b_2}也构成一个割集。

9.1.5 基本回路与基本割集

若在选定的连通图 G 的树 T 上加入一条连支，则可得到一个且仅仅一个回路；若依
次加入所有的连支，则得到相应的各个回路 l_i。所有的这些回路称为基本回路，或者更
简单地说，基本回路就是单连支回路，例如，图 9-7(b)中，选{b_1，b_2，b_3，b_4，b_5}为树
T，l_1、l_2、l_3、l_4 就是基本回路。

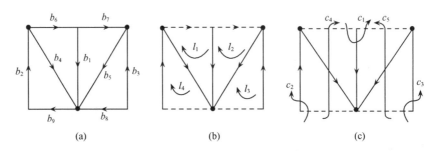

(a)   (b)   (c)

图 9-7 基本回路和基本割集

若选定连通图树 T，每次割断树 T 中一条树支和若干条连支可以得到一个且仅仅一个割
集。依此方式，割断树 T 中所有的树支，就得到相应的各个割集 c_i。所有这些割集称为基本
割集，或叫单树支割集。例如，图 9-7(c)中的 c_1、c_2、c_3、c_4、c_5 均为基本割集。

因为对应于树 T 的每一条树支有一个基本割集，对应于每一条连支有一个基本回
路。因此，一个具有 N 个节点和 B 条支路的连通图 G_n 有 $N-1$ 个基本割集、$B-(N-1)$个
基本回路。

9.2 电路系统的图矩阵表示

因为当人们要想使用计算机辅助分析或设计网络时，在计算机里储存一个矩阵比储
存一个图要容易得多。因此，本节将利用上节的定义和结论来引出图的矩阵表示，一个
图的树、回路、割集都可以用一个矩阵表示。

9.2.1 关联矩阵

关联矩阵(incidence matrix)是描述有向图 G_d 的节点-支路关联关系的一种矩阵，是为
了把 KCL 方程组表示成矩阵方程而引入的一个拓扑矩阵。下面首先定义增广关联矩阵。

一个由 N 个节点和 B 条支路组成的有向连通图 G_d，其中增广关联矩阵是一个 $N×B$
维的矩阵，用 A_a 表示，即

$$A_a = [a_{kj}]_{N \times B} \tag{9.1}$$

其中，各元素 a_{kj} 的值为

$$a_{kj} = \begin{cases} 1 & \text{当支路} b_j \text{连接节点} n_k \text{，且支路方向背离节点} n_k \text{时；} \\ -1 & \text{当支路} b_j \text{连接节点} n_k \text{，且支路方向指向节点} n_k \text{时；} \\ 0 & \text{当支路} b_j \text{与节点} n_k \text{不相连时。} \end{cases}$$

例如，图 9-8 的有向拓扑图 G_d，它的增广关联矩阵 A_a 为

$$A_a = \begin{array}{c} \\ n_1 \\ n_2 \\ n_3 \\ n_4 \\ n_5 \\ n_6 \end{array} \begin{array}{c} \begin{array}{cccccccccc} b_1 & b_2 & b_3 & b_4 & b_5 & b_6 & b_7 & b_8 & b_9 & b_{10} \end{array} \\ \left[\begin{array}{cccccccccc} -1 & 1 & 1 & 0 & 0 & 0 & 0 & 0 & 0 & 0 \\ 0 & -1 & 0 & 1 & 0 & 0 & 0 & 0 & 0 & -1 \\ 1 & 0 & 0 & 0 & 1 & 0 & 0 & 0 & -1 & 0 \\ 0 & 0 & -1 & 0 & -1 & 1 & 1 & 0 & 0 & 0 \\ 0 & 0 & 0 & -1 & 0 & -1 & 0 & 1 & 0 & 0 \\ 0 & 0 & 0 & 0 & 0 & 0 & -1 & -1 & 1 & 1 \end{array} \right] \end{array}$$

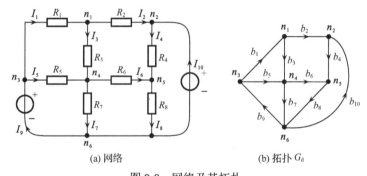

(a) 网络　　　　　　　　　　(b) 拓扑 G_d

图 9-8　网络及其拓扑

由此可见，有向图 G_d 的增广关联矩阵是反映图中各节点与支路之间相互连接关系的矩阵。它完整地把节点与支路的连接方式和支路参考方向表示出来。同时也看出在没有自回路的有向图 G_d 中，每条支路必须与两个不同节点相连。因此，A_a 的每一列向量仅有两个非零元素，一个是"1"，另一个是"-1"，其余的元素全部是零。还看出矩阵 A_a 的任一行向量等于其余各行向量之和，但符号相反。根据这些特点，任意给定一个增广关联矩阵，就可以画出它的有向拓扑图。

对于增广关联矩阵，如果将矩阵中所有的行相加到最后一行上，则得到一个元素全部为零的行，这意味着 A_a 中 N 行是线性独立的，即 A_a 的秩小于 N，A_a 是一个奇异矩阵。如果 A_a 中去掉任一行(即把这一行对应的节点视为参考点)则 A_a 中的其余 N 行是线性独立的，秩 (rank) $(A_a) = N-1$。因此，在 A_a 中删去任意行后得到一个 $(N-1)$ 行的矩阵 A，这就是关联矩阵，显然 A 是一个非奇异矩阵，称为 rank $(A) = N-1$。

关联矩阵 A 可将基尔霍夫电流定律(KCL)表示成矩阵形式。根据 KCL 定律，对于任意的集中参数的电路网络，流进(指向)和流出(背离)一个节点的所有电流的代数和为零。

这个定律的正确性并不依赖于网络元件的性质，而仅仅与网络的内部结构有关。考虑一个具有 B 条支路，N 个节点的网络，选第 N 个节点作为参考点，用箭头指示每条支路中电流的方向，并且这样来规定电流的符号：对于一个节点，当电流指向它时为负，当电流离开它时为正。若支路 b_j 中的电流用 I_j 表示，那么在第 k 个节点上应用 KCL 定律得

$$\sum_{j=1}^{n} a_{kj} I_j = 0, \quad k = 1, 2, \cdots, N-1 \tag{9.2}$$

这里 a_{kj} 和前面 $\boldsymbol{A}_a$ 中定义的相同，对于其余节点的 KCL 方程也可以用同样的方法写出。现在将式(9.2)写成矩阵形式，则为

$$\boldsymbol{A} \boldsymbol{I}_b = 0 \tag{9.3}$$

这个方程的右边是一个 $N-1$ 维列矢量，它的元素全为零，而关联矩阵 $\boldsymbol{A}$ 为

$$\boldsymbol{A} = [a_{kj}]_{(N-1) \times B} \tag{9.4}$$

$\boldsymbol{I}_b$ 是一个 B 维列矢量，即

$$\boldsymbol{I}_b = [I_1, I_2, \cdots, I_B]^T \tag{9.5}$$

方程式(9.3)就是网络的基尔霍夫电流定律，这个方程对于线性、时变网络均适用。

例如，考虑图 9-8(a)中的网络，选节点 n_6 作为参考点，根据 KCL 定律式(9.3)可得它的矩阵表示式为

$$
\begin{array}{c}
n_1 \\ n_2 \\ n_3 \\ n_4 \\ n_5
\end{array}
\begin{bmatrix}
-1 & 1 & 1 & 0 & 0 & 0 & 0 & 0 & 0 & 0 \\
0 & -1 & 0 & 1 & 0 & 0 & 0 & 0 & 0 & -1 \\
1 & 0 & 0 & 0 & 1 & 0 & 0 & 0 & -1 & 0 \\
0 & 0 & -1 & 0 & -1 & 1 & 1 & 0 & 0 & 0 \\
0 & 0 & 0 & -1 & 0 & -1 & 0 & 1 & 0 & 0
\end{bmatrix}
\begin{bmatrix}
I_1 \\ I_2 \\ I_3 \\ I_4 \\ I_5 \\ I_6 \\ I_7 \\ I_8 \\ I_9 \\ I_{10}
\end{bmatrix}
=
\begin{bmatrix}
0 \\ 0 \\ 0 \\ 0 \\ 0
\end{bmatrix}
$$

如果在有向拓扑图 G_d 中选取一个树 T，用 $\boldsymbol{A}_T$ 表示各列对应于该树的树支阵，用 $\boldsymbol{A}_L$ 表示各列对应于树余 L 的连支阵，则关联矩阵 $\boldsymbol{A}$ 还可以表示为分块形式，即

$$\boldsymbol{A} = [\boldsymbol{A}_T \mid \boldsymbol{A}_L] \tag{9.6}$$

例如，图 9-3(a)所示，其关联矩阵 $\boldsymbol{A}$ 可写为(选 b_4、b_5、b_6 为树，n_4 为参考点)

$$
\boldsymbol{A} = [\boldsymbol{A}_T \mid \boldsymbol{A}_L] =
\begin{array}{c}
\\ n_1 \\ n_2 \\ n_3
\end{array}
\begin{matrix}
b_4 & b_5 & b_6 & b_1 & b_2 & b_3 \\
\begin{bmatrix}
0 & 0 & 1 & 1 & 0 & -1 \\
0 & -1 & -1 & 0 & -1 & 0 \\
-1 & 1 & 0 & 0 & 0 & 1
\end{bmatrix}
\end{matrix}
$$

今后，当把矩阵的列(行)分块为对应于树和树余的两块时，总是把树的各列(行)写在先。利用关联矩阵 $\boldsymbol{A}$ 可以计算出任何复杂网络的树的个数，其计算公式为

$$树数 = |AA_T| \tag{9.7}$$

这就是说，任一网络连通图树的数目与矩阵 A 的不等于零的最高阶子式相等。

9.2.2　基本割集矩阵

一个割集将一连通图分成两个不相连的子图，把其中一个子图流向另一个子图的电流方向取作割集方向，用虚线上的箭头标志它，规定支路方向和割集方向一致时取正号，支路方向与割集方向相反时取负号，若有向图 G_d 的 B 条支路用 b_1，b_2，$\cdots$，b_B 表示，它的割集用 c_1，c_2，$\cdots$，c_C 表示，则有向图 G_d 的增广割集矩阵为 $C \times B$ 的矩阵，即

$$Q_a = [q_{kj}]_{C \times B} \tag{9.8}$$

其中

$$q_{kj} = \begin{cases} 1 & \text{当支路} b_j \text{在割集} c_k \text{中并与} c_k \text{同向;} \\ -1 & \text{当支路} b_j \text{在割集} c_k \text{中并与} c_k \text{反向;} \\ 0 & \text{当支路} b_j \text{不在割集} c_k \text{中。} \end{cases}$$

例如，图 9-9 的增广割集矩阵为

$$
Q_a = \begin{array}{c} \\ c_1 \\ c_2 \\ c_3 \\ c_4 \\ c_5 \\ c_6 \end{array}
\begin{array}{c} \begin{array}{ccccc} b_1 & b_2 & b_3 & b_4 & b_5 \end{array} \\
\left[\begin{array}{ccccc}
1 & -1 & 0 & 0 & 0 \\
0 & 1 & 1 & -1 & 0 \\
1 & 0 & 1 & 0 & 1 \\
0 & 0 & 0 & 1 & 1 \\
0 & 1 & 1 & 0 & 1 \\
1 & 0 & 1 & -1 & 0
\end{array} \right] \end{array}
$$

从上面的矩阵不难看出，其中有三行是线性独立的，后面的行可由前面三行的线性组合来得到。一般地说，具有 N 个节点的有向图的增广割集矩阵的秩是 $N-1$，与增广关联矩阵相比，任意地选取 $N-1$ 个线性独立的行是不可能的。但是如果在有向图中任意选定一个树 T 之后，用树 T 中的一条树支结合树余中的连支构成一个割集，且规定割集的方向与树支的方向相同，这就是前面定义过的基本割集，或单树支割集，则这时的基本割集矩阵是一个 $(N-1) \times B$ 维的矩阵。它的各行是线性独立的，称之为基本割集矩阵 Q_f，即

$$Q_f = [q_{kj}]_{(N-1) \times B} \tag{9.9}$$

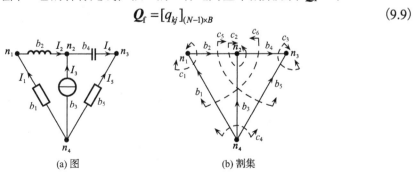

(a) 图　　　　　　　　(b) 割集

图 9-9　割集

其中，q_{kj} 写法类同式(9.8)中的 $\boldsymbol{Q}_a$ 的写法。

广义的 KCL 表明，对于任何集中参数元件所组成的网络，通过一个割集的所有支路电流的代数和应该等于零，因此用基本割集矩阵也可以将 KCL 表示成矩阵形式，即

$$\boldsymbol{Q}_f \boldsymbol{I}_b = 0 \tag{9.10}$$

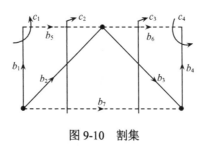

图 9-10 割集

如图 9-10 所示，选 $\{b_1,\ b_2,\ b_3,\ b_4\}$ 为树，其基本割集的 KCL 可以用矩阵表示为

$$
\begin{array}{c}
\begin{array}{ccccccc} b_1 & b_2 & b_3 & b_4 & b_5 & b_6 & b_7 \end{array} \\
\begin{array}{c} c_1 \\ c_2 \\ c_3 \\ c_4 \end{array}
\left[
\begin{array}{ccccccc}
1 & 0 & 0 & 0 & -1 & 0 & 0 \\
0 & 1 & 0 & 0 & 1 & 0 & 1 \\
0 & 0 & 1 & 0 & 0 & 1 & 1 \\
0 & 0 & 0 & 1 & 0 & 1 & 0
\end{array}
\right]
\end{array}
\begin{bmatrix} I_1 \\ I_2 \\ I_3 \\ I_4 \\ I_5 \\ I_6 \\ I_7 \end{bmatrix}
=
\begin{bmatrix} 0 \\ 0 \\ 0 \\ 0 \end{bmatrix}
$$

这里 $\boldsymbol{Q}_f$ 是一个 4×7 的基本割集矩阵。

如果对有向拓扑图 G_d 任意选定了一个树 T 之后，则基本割集矩阵 $\boldsymbol{Q}_f$ 也可以表示为分块形式

$$\boldsymbol{Q}_f = [\boldsymbol{Q}_T \mid \boldsymbol{Q}_L] = [\boldsymbol{I} \mid \boldsymbol{F}] \tag{9.11}$$

其中，$\boldsymbol{Q}_f$ 为 $(N-1) \times B$ 维；$\boldsymbol{Q}_T$ 是一个单位矩阵，由于树 T 有 $N-1$ 条树支，所以 $\boldsymbol{Q}_T$ 是一个 $(N-1) \times (N-1)$ 方阵，而 $\boldsymbol{Q}_L = \boldsymbol{F}$ 是连支的 $(N-1) \times [B-(N-1)]$ 的矩阵，由式(9.10)给出了 $N-1$ 个线性独立的方程。

9.2.3 基本回路矩阵

设一个有向拓扑图 G_d，它具有 B 条支路和 L 个回路，用 $b_1,\ b_2,\ \cdots,\ b_B$ 标记支路，用 $l_1,\ l_2,\ \cdots,\ l_L$ 标记回路，并且给每个回路任意规定一个绕行方向(顺时针方向或逆时针方向)，那么增广回路矩阵 $\boldsymbol{B}_a$，是一个 $L \times B$ 的矩阵，即

$$\boldsymbol{B}_a = [b_{kj}]_{L \times B} \tag{9.12}$$

其中，各元素的 b_{kj} 的值为

$$b_{kj} = \begin{cases} 1 & \text{当支路}b_j\text{在回路}l_k\text{中，并且与回路}l_k\text{方向相同；} \\ -1 & \text{当支路}b_j\text{在回路}l_k\text{中，并且与回路}l_k\text{方向相反；} \\ 0 & \text{当支路}b_j\text{不在回路}l_k\text{中。} \end{cases}$$

例如，图 9-11 中的有向图 G_d，其增广回路矩阵为

$$\boldsymbol{B}_\mathrm{a} = \begin{array}{c} \\ l_1 \\ l_2 \\ l_3 \end{array} \begin{array}{ccccc} b_1 & b_2 & b_3 & b_4 & b_5 \\ \begin{bmatrix} 1 & 0 & 0 & -1 & -1 \\ 0 & 1 & 1 & -1 & 0 \\ 1 & -1 & -1 & 0 & -1 \end{bmatrix} \end{array}$$

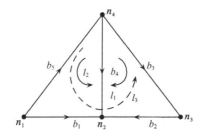

图 9-11　有向图 G_d

根据线性代数的知识，可以确定上式中 $\boldsymbol{B}_\mathrm{a}$ 的秩是 2。一般地说，若有向图 G_d 具有 N 个节点，B 条支路，那么它的增广回路矩阵 $\boldsymbol{B}_\mathrm{a}$ 的秩是 $B-(N-1)$。与增广割集矩阵一样，任意地选取 $B-(N-1)$ 个线性独立的行是不可能的，但是如果在有向拓扑图中任意选定一个树 T 后，用树余中的一条连支结合树 T 中的一组树支构成一个回路，且规定回路的方向与连支的方向相同，则这时可以得到一个 $[B-(N-1)]\times B$ 维的矩阵，它的各行均是线性独立的。这个矩阵称为基本回路矩阵即

$$\boldsymbol{B}_\mathrm{f} = [b_{kj}]_{[B-(N-1)]\times B} \tag{9.13}$$

其中，各元素 b_{kj} 与式(9.12)的写法相同。

KVL 表明，对于任一集中参数网络中的任一回路，在任一时刻，沿着该回路的所有支路电压的代数和为零。例如，图 9-12 的网络拓扑图中，选$\{b_1$，b_2，b_3，b_4，$b_5\}$为树，则其基本回路的 KVL 方程写成矩阵方程的形式为

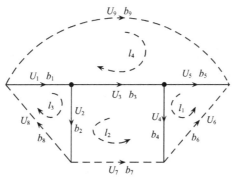

图 9-12　网络拓扑

$$\begin{array}{c} \begin{array}{ccccccccc} b_1 & b_2 & b_3 & b_4 & b_5 & b_6 & b_7 & b_8 & b_9 \end{array} \\ \begin{array}{c} l_1 \\ l_2 \\ l_3 \\ l_4 \end{array} \left[\begin{array}{ccccccccc} 0 & 0 & 0 & 1 & -1 & 1 & 0 & 0 & 0 \\ 0 & 1 & -1 & -1 & 0 & 0 & 1 & 0 & 0 \\ 1 & 1 & 0 & 0 & 0 & 0 & 0 & 1 & 0 \\ -1 & 0 & -1 & 0 & -1 & 0 & 0 & 0 & 1 \end{array}\right] \end{array} \begin{bmatrix} U_1 \\ U_2 \\ U_3 \\ U_4 \\ U_5 \\ U_6 \\ U_7 \\ U_8 \\ U_9 \end{bmatrix} = \begin{bmatrix} 0 \\ 0 \\ 0 \\ 0 \end{bmatrix}$$

于是网络的基本回路基尔霍夫电压定律 KVL 可表示为

$$B_f U_b = 0 \tag{9.14}$$

同样，从上例中也可以看出对有向拓扑图 G_d 任意选定一个树 T 之后，则其基本回路矩阵也可以表示为分块形式

$$B_f = [B_T \mid B_L] = [-F^T \mid I] \tag{9.15}$$

这里单位阵 $B_L=I$ 是一个 $[B-(N-1)]\times[B-(N-1)]$ 的方阵；$B_T=-F^T$[其中 F 与式(9.11)中相同]。

由公式(9.15)可以得到一个结论：一个具有 N 个节点和 B 条支路的有向连通图，它的基本回路矩阵的秩是 $B-(N-1)$。这也说明了基本回路矩阵 B_f 中各行是线性独立的，公式(9.14)给出了 $B-(N-1)$ 个线性独立方程。根据这个结论可以把求连通网络 π 的线性独立回路的 KVL 方程的方法归纳如下：

(1)画出网络 π 的有向线图 G，选取一个树 T。

(2)标出与树 T 连支相对应的基本回路，规定回路方向与连支方向相同。

(3)把基尔霍夫电压定律 KVL 用于每一个基本回路，并且把所得方程写成矩阵形式，或直接根据公式(9.14)写基本回路的 KVL 方程

$$B_f U_b = 0$$

若一个网络，与它相应的图可以画在一个平面上，并且任意两条支路在节点以外的地方相交，那么此网络称为平面网络；否则称为非平面网络。平面网络的图称为平面图，平面图中的一种特殊形式的回路称为网孔或窗。对网孔精确的定义为：若连通平面线路图的一个回路内部不存在任何支路，则此回路称为网孔。

可以证明：一个具有 N 个节点、B 条支路的连通的平面网络有 $B-(N-1)$ 个网孔。因此，平面网络的概念和前面所讲的回路概念是一致的，它也是能提供一组线性独立的 KVL 方程。此时网孔矩阵 M 代替了基本回路矩阵，即

$$M U_b = 0 \tag{9.16}$$

而

$$M = [m_{kj}]_{[B-(N-1)]\times B} \tag{9.17}$$

$$m_{kj} = \begin{cases} 1 & \text{当支路 } b_j \text{在网孔} m_k \text{中且取向相同;} \\ -1 & \text{当支路 } b_j \text{在网孔} m_k \text{中且取向相反;} \\ 0 & \text{当支路 } b_j \text{ 不在网孔} m_k \text{中}. \end{cases}$$

9.2.4　图矩阵间的关系

关联矩阵 $\boldsymbol{A}$、基本割集矩阵 $\boldsymbol{Q}_f$ 和基本回路矩阵 $\boldsymbol{B}_f$ 不仅适用于平面网络，而且也适用于非平面网络，其方法更具有规律性和唯一性。$\boldsymbol{A}$、$\boldsymbol{B}_f$、$\boldsymbol{Q}_f$ 之间存在如下重要关系，即

$$\left. \begin{aligned} \boldsymbol{A}\boldsymbol{B}_f^{\mathrm{T}} &= 0 \\ \boldsymbol{B}_f\boldsymbol{A}^{\mathrm{T}} &= 0 \end{aligned} \right\} \tag{9.18}$$

$$\left. \begin{aligned} \boldsymbol{B}_f\boldsymbol{Q}_f^{\mathrm{T}} &= 0 \\ \boldsymbol{Q}_f\boldsymbol{B}_f^{\mathrm{T}} &= 0 \end{aligned} \right\} \tag{9.19}$$

以及

$$\left. \begin{aligned} \boldsymbol{A}_a\boldsymbol{B}_a^{\mathrm{T}} &= 0 \\ \boldsymbol{B}_a\boldsymbol{A}_a^{\mathrm{T}} &= 0 \end{aligned} \right\} \tag{9.20}$$

关于以上这些公式的证明从略。

9.2.5　支路变量之间的基本关系

设一个连通图 $\boldsymbol{G}_d$ 具有 N 个节点、B 条支路，选定树为 T，按先树支后连支次序排列的 $\boldsymbol{A}$、$\boldsymbol{B}_f$、$\boldsymbol{Q}_f$ 阵为

$$\begin{cases} \boldsymbol{A} = [\boldsymbol{A}_T \mid \boldsymbol{A}_L] \\ \boldsymbol{B}_f = [\boldsymbol{B}_T \mid \boldsymbol{I}] = [-\boldsymbol{F}^{\mathrm{T}} \mid \boldsymbol{I}] \\ \boldsymbol{Q}_f = [\boldsymbol{I} \mid \boldsymbol{Q}_L] = [\boldsymbol{I} \mid \boldsymbol{F}] \end{cases}$$

而支路电流电压为

$$\boldsymbol{I}_b = \begin{bmatrix} \boldsymbol{I}_T \\ \text{----} \\ \boldsymbol{I}_L \end{bmatrix}, \quad \boldsymbol{U}_b = \begin{bmatrix} \boldsymbol{U}_T \\ \text{----} \\ \boldsymbol{U}_L \end{bmatrix}$$

(1) 连支电压 $\boldsymbol{U}_L$ 与树支电压 $\boldsymbol{U}_T$ 之间的基本关系如下。

根据 KVL 有

$$\boldsymbol{B}_f\boldsymbol{U}_b = 0$$

可得

$$[\boldsymbol{B}_T \mid \boldsymbol{I}] \begin{bmatrix} \boldsymbol{U}_T \\ \text{----} \\ \boldsymbol{U}_L \end{bmatrix} = \boldsymbol{B}_T\boldsymbol{U}_T + \boldsymbol{U}_L = 0$$

所以

$$\boldsymbol{U}_L = -\boldsymbol{B}_T\boldsymbol{U}_T \tag{9.21}$$

(2) 树支电流 I_T 与连支电流 I_L 之间的关系如下。

根据式 (9.10) 可得

$$Q_f I_b = [I \mid F]\begin{bmatrix} I_T \\ ---- \\ I_L \end{bmatrix} = I_T + FI_L = 0$$

所以

$$I_T = -FI_L \tag{9.22}$$

(3) 支路电压 U_b 与树支电压 U_T 之间的关系如下。

根据式 (9.1) 可得

$$U_b = \begin{bmatrix} U_T \\ ---- \\ U_L \end{bmatrix} = \begin{bmatrix} U_T \\ ---- \\ -B_T U_T \end{bmatrix} = \begin{bmatrix} I \\ ---- \\ -B_T \end{bmatrix} U_T$$

其中

$$F = -B_T^T \tag{9.23}$$
$$B_T = -F^T \tag{9.24}$$

于是可得

$$U_b = \begin{bmatrix} I \\ ---- \\ F^T \end{bmatrix} U_T = Q_f^T U_T \tag{9.25}$$

(4) 支路电流 I_b 与连支电流 I_L 之间的关系如下。

根据式 (9.22) 和式 (9.24) 可得

$$I_b = \begin{bmatrix} I_T \\ ---- \\ I_L \end{bmatrix} = \begin{bmatrix} -FI_L \\ ---- \\ I_L \end{bmatrix} = \begin{bmatrix} B_T^T \\ ---- \\ I \end{bmatrix} I_L = B_f^T I_L \tag{9.26}$$

这个公式也称为回路转移公式。

(5) 支路电压 U_b 与节点电压 U_n 之间的关系如下。

对于一个具有 N 个节点、B 条支路的连通网络，当选定参考节点后，则可以写出其余 $N\text{-}1$ 个节点与参考节点的电位差，即 $N\text{-}1$ 个节点的节点电压，用向量表示为

$$U_n = \begin{bmatrix} U_1 \\ U_2 \\ \vdots \\ U_{(N-1)} \end{bmatrix}$$

若关联矩阵 A 的 $N\text{-}1$ 行的次序与节点 1，2，…，$(N\text{-}1)$ 相对应，则可得到支路电压与节点电压的变换关系为

$$U_b = A^T U_n \tag{9.27}$$

证明如下：

对于第 k 条支路，形成此支路的方法只能是以下三种情况：第一种，从节点 i 到节点 N；第二种，从节点 N 到节点 i；第三种，由节点 i 到节点 j，或者由节点 j 到节点 i，$i{\neq}N$，$j{\neq}N$。

对于第一种情况，在 A 的第 k 列中，只有一个非零元素 $a_{ik}=1$，则式(9.27)的第 k 个方程为

$$U_{b_k}=U_i$$

对于第二种情况，以上类似，只是非零元素 $a_{ik}=-1$，则有

$$U_{b_k}=-U_i$$

对于第三种情况，在矩阵 A 的第 k 列中会有两个非零元素 $a_{ik}=1$ 和 $a_{jk}=-1$，则式(9.27)的第 k 个方程为

$$U_{b_k}=U_i-U_j$$

显然上述三种关系都是正确的，故式(9.27)正确。

上式也是 KVL 约束方程，其物理意义很明显，即支路电压等于支路所连接的两个节点电压之差，称为节点转换公式。

支路变量之间的基本关系如表 9-1 所示。

表 9-1 支路变量之间的基本关系

图矩阵	支路变量之间基本公式	
A	$AI_b=0$	(KCL)
	$U_b=A^\mathrm{T}U_n$	(KVL)
B_f	$B_f U_b=0$	(KVL)
	$U_L=-B_T U_T$	(KVL)
	$I_b=B_f^\mathrm{T}I_L$	(KVL)
Q_f	$Q_f I_b=0$	(KCL)
	$I_T=-FI_L$	(KCL)
	$U_b=Q_f^\mathrm{T}U_T$	(KVL)

9.3 支路电压电流关系——VCR 方程

电路网络与系统分析的关键是在给定其拓扑结构和元件参数的情况下，建立起描述它们的数字模型——电路与系统方程。由于现代网络与系统的规模越来越大，因此必须寻求建立这些方程的标准化、系统化的方法及其步骤，以便于编制计算机程序来进行分析和求解。

电路网络方程一般是以电压或电流作为变量。建立电路网络方程的依据是三个基本规律：基尔霍夫电流定律(KCL)、基尔霍夫电压定律(KVL)和元件定律(即支路电压电流关系—— VCR 方程)。

通过前面的讨论，已经导出了前两个规律的矩阵方程，即

$$\boldsymbol{A}\boldsymbol{I}_b = 0, \quad \boldsymbol{Q}_\mathrm{f}\boldsymbol{I}_b = 0 \quad \text{(KCL方程)}$$

$$\boldsymbol{M}\boldsymbol{U}_b = 0, \quad \boldsymbol{B}_\mathrm{f}\boldsymbol{U}_b = 0 \quad \text{（KVL方程）}$$

为此，还必须导出第三个规律 VCR 方程。这是因为 KCL 和 KVL 仅仅决定了网络的拓扑结构，而与网络中各支路元件的性质无关，因此不能全面描述一个网络的特性；还因为对于一个具有 N 个节点、B 条支路的电路，要求出其支路电流和电压，就必须要有 $2B$ 个方程，而 KCL 和 KVL 仅仅给出了 B 个线性独立的方程，其余的 B 个线性独立方程则由 VCR 方程给出。因此必须导出描述支路电压电流关系的 VCR 方程。

设一般典型支路 b_k 如图 9-13 所示。

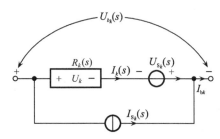

图 9-13　LTI 电路的一般典型支路

为了讨论问题的方便，将所有的初始条件包含在独立电源中，支路电流 $I_b(s)$ 是电流源 $I_{\mathrm{S}_k}(s)$ 和所有元件电流 $I_k(s)$ 之和，即 $I_{b_k}(s) = I_k(s) + I_{\mathrm{S}_k}(s)(k=1,2,\cdots,B)$ 而支路电压 $U_{b_k}(s)$ 是电压源的端电压 $U_{\mathrm{S}_k}(s)$ 和所有元件的端电压 $U_k(s)$ 之代数和，即

$$U_{b_k}(s) = U_k(s) - U_{\mathrm{S}_k}(s)$$

$$(k=1,2,\cdots,B)$$

令 $I_b(s) = [I_{b_1}(s) \quad I_{b_2}(s) \quad \cdots \quad I_{b_B}(s)]^\mathrm{T}$，

$$\boldsymbol{I}_\mathrm{S}(s) = [I_{\mathrm{S}_1}(s) \quad I_{\mathrm{S}_2}(s) \quad \cdots \quad I_{\mathrm{S}_B}(s)]^\mathrm{T}$$

$$\boldsymbol{I}(s) = [I_1(s) \quad I_2(s) \quad \cdots \quad I_B(s)]^\mathrm{T}$$

于是得

$$\boldsymbol{I}_b(s) = \boldsymbol{I}(s) + \boldsymbol{I}_\mathrm{S}(s) \tag{9.28}$$

同样令

$$\boldsymbol{U}_b(s) = [U_{b_1}(s) \quad U_{b_2}(s) \quad \cdots \quad U_{b_B}(s)]^\mathrm{T}$$

$$\boldsymbol{U}_\mathrm{S}(s) = [U_{\mathrm{S}_1}(s) \quad U_{\mathrm{S}_2}(s) \quad \cdots \quad U_{\mathrm{S}_B}(s)]^\mathrm{T}$$

$$\boldsymbol{U}(s) = [U_1(s) \quad U_2(s) \quad \cdots \quad U_B(s)]^\mathrm{T}$$

于是得

$$\boldsymbol{U}_b(s) = \boldsymbol{U}(s) - \boldsymbol{U}_\mathrm{S}(s) \tag{9.29}$$

元件上电压 $U_k(s)$ 和电流 $I_k(s)$ 之间的关系可由下列方程确定：

(1) 如果元件 b_k 仅为一个纯电阻器，其阻值为 R_k，则

$$u_k(t) = R_k i_k(t) \tag{9.30}$$

或表示为 s 域形式，即

$$U_k(s) = R_k I_k(s) \tag{9.31}$$

(2)如果 b_k 仅为一电容器，其电容量为 C_k，则

$$u_k(t) = \frac{1}{C_k} \int_{t_0}^{t} i_k(\tau) \mathrm{d}\tau \tag{9.32}$$

或表示为 s 域形式，即

$$U_s(s) = \frac{1}{sC_k} I_k(s) \tag{9.33}$$

(3)如果 b_k 仅为一电感器，其自感量为 L_k，互感量为 M_{kj}，则

$$u_k(t) = L_k \frac{\mathrm{d}}{\mathrm{d}t} i_k(t) + \sum_{\substack{j=1;\\ j \neq k}}^{B} \left[M_{kj} \frac{\mathrm{d}}{\mathrm{d}t} i_j(t) \right] \tag{9.34}$$

或表示为 s 域形式，即

$$U_k(s) = sL_k I_k(s) + \sum_{\substack{j=1;\\ j \neq k}}^{B} sM_{kj} \frac{\mathrm{d}}{\mathrm{d}t} I_j(s) \tag{9.35}$$

在正弦稳态条件满足的情况下，只要令 $s=\mathrm{j}\omega$，则可以得到电路元件的相量模型，从而可以求出电路的正弦稳态响应。由此可知，采用 s 域分析具有更普遍的意义。网络的支路电压电流关系可以用元件阻抗矩阵导出。

设一个给定网络，其元件电压 $\boldsymbol{U}(s)$ 可以写为

$$\boldsymbol{U}(s) = \boldsymbol{Z}(s)\boldsymbol{I}(s) \tag{9.36}$$

其中，$\boldsymbol{Z}(s)$ 是该网络的元件阻抗矩阵，为了方便，有时也简称为 $\boldsymbol{Z}$，通常定义元件阻抗矩阵为

$$\boldsymbol{Z}(s) = \boldsymbol{R} + \frac{1}{s}\boldsymbol{D} + s\boldsymbol{L} \tag{9.37}$$

其中，$\boldsymbol{R}$ 是一个 $B \times B$ 对角电阻方阵，这里第 k 个对角元素是 R_k；$\boldsymbol{D}$ 是 $B \times B$ 对角倒电容方阵，其对角元素 $d_k = \frac{1}{C_k}$ 是第 k 个支路的倒电容；$\boldsymbol{L}$ 是 $B \times B$ 方阵，其第 k 个对角元素是自感 L_k，而其第 j 行第 k 列个非对角元素是互感 M_{jk}。方程式(9.28)和方程式(9.29)表示网络的每个支路上的元件电压和电流关系，$\boldsymbol{Z}$ 可由各支路中已知的元件类型与数值确定，根据式(9.28)、式(9.29)、式(9.36)可以得到支路电压与电流关系(VCR 方程)，即

$$\begin{aligned} \boldsymbol{U}_b(s) &= \boldsymbol{Z}(s)\boldsymbol{I}_b(s) - \boldsymbol{U}_s(s) - \boldsymbol{Z}(s)\boldsymbol{I}_s(s) \\ &= \boldsymbol{Z}(s)\boldsymbol{I}_b(s) - [\boldsymbol{U}_s(s) + \boldsymbol{U}'_s(s)] \end{aligned} \tag{9.38}$$

其中

$$\boldsymbol{U}'_s(s) = \boldsymbol{Z}(s)\boldsymbol{I}_s(s) \tag{9.39}$$

网络的支路电压-电流关系也可以用元件导纳矩阵 $\boldsymbol{Y}(s)$ 导出，现在考虑支路 b_k，它的电压电流关系如下：

(1)若 b_k 是具有电导 G_k 的电阻器，则

$$i_k(t) = G_k u_k(t) \tag{9.40}$$

或

$$I_k(s) = G_k U_k(s) \tag{9.41}$$

(2)若 b_k 是具有电容量 C_k 的电容器，则

$$I_k(s) = sC_k U_k(s) \tag{9.42}$$

(3)为了获得电感支路的 VCR，假定电感矩阵 $\boldsymbol{L}$ 可以写为

$$\boldsymbol{L} = \begin{bmatrix} 0 & 0 \\ 0 & \boldsymbol{L'} \end{bmatrix}_{B \times B}$$

这里 $\boldsymbol{L'}$ 是 $\boldsymbol{L}$ 的一个 $m \times m$ 的子矩阵，m 是网络中电感数目，则有

$$\boldsymbol{L'} = \begin{bmatrix} L_1 & M_{12} & \cdots & M_{1m} \\ M_{21} & L_2 & \cdots & M_{2m} \\ \vdots & \vdots & & \vdots \\ M_{m1} & M_{m2} & \cdots & L_m \end{bmatrix}$$

其中，对角线上的元素 L_k 是支路 b_k 的自电感，非对角线上的元素 M_{ij} 是支路 b_i 与 b_j 之间的互电感。如果 $\boldsymbol{L}$ 是非奇异的，倒电感矩阵 $\boldsymbol{\Gamma}$ 可以定义为

$$\boldsymbol{\Gamma} = \begin{bmatrix} 0 & 0 \\ 0 & \boldsymbol{L'} \end{bmatrix}_{B \times B} \tag{9.43}$$

其中，$\boldsymbol{\Gamma}$ 是 $\boldsymbol{L'}$ 的逆矩阵，即

$$\boldsymbol{\Gamma} = \begin{bmatrix} \Gamma_1 & W_{12} & \cdots & W_{1m} \\ W_{21} & \Gamma_2 & \cdots & W_{2m} \\ \vdots & \vdots & & \vdots \\ W_{m1} & W_{m2} & \cdots & \Gamma_m \end{bmatrix} = \begin{bmatrix} L_1 & M_{12} & \cdots & M_{1m} \\ M_{21} & L_2 & \cdots & M_{2m} \\ \vdots & \vdots & & \vdots \\ M_{m1} & M_{m2} & \cdots & L_m \end{bmatrix}^{-1} \tag{9.44}$$

其中，Γ_k 为支路 b_k 的倒自感；W_{ij} 称为支路 b_i 与支路 b_j 之间的倒互感。因此，在第 k 个电感支路中的电流为

$$I_k(s) = \frac{1}{s} \left[\Gamma_k U_k(s) + \sum_{\substack{j=1; \\ j \neq k}}^{m} W_{kj} U_j(s) \right] \tag{9.45}$$

根据前述的规定，对一给定网络，可以得

$$\boldsymbol{I}(s) = \boldsymbol{Y}(s)\boldsymbol{U}(s) \tag{9.46}$$

其中，导纳矩阵 $\boldsymbol{Y}(s)$ 定义为

$$\boldsymbol{Y}(s) = \boldsymbol{G} + s\boldsymbol{C} + \frac{1}{s}\boldsymbol{\Gamma} \tag{9.47}$$

其中，$\boldsymbol{G}$ 为 $B \times B$ 对角电导矩阵；$\boldsymbol{C}$ 为 $B \times B$ 的电容矩阵；$\boldsymbol{\Gamma}$ 为式(9.43)所定义的 $B \times B$ 倒电感矩阵。

根据式(9.28)、式(9.29)和式(9.46)，可以写出相应的 VCR 为

$$\boldsymbol{I}_b(s) = \boldsymbol{Y}(s)\boldsymbol{U}_b(s) + \boldsymbol{I}_s(s) + \boldsymbol{Y}(s)\boldsymbol{U}_s(s) \tag{9.48}$$

因为在许多实际应用中，电路系统均含有晶体管、运算放大器、回转器、负阻抗变

换器、理想变压器和耦合电感等，而这些器件均可以用受控制模型来模拟，为此必须导出含有更广泛的典型支出路 b_k(如图 9-14 所示)的网络的 VCR 方程，显然这第 k 条支路含有受 j 支路元件电流 $I_j(s)$ 控制的 CCCS 和受 i 支路元件电压 $U_i(s)$ 控制的 VCVS，因此 k 支路的电压和电流可表示为

$$U_{b_k}(s) = U_k(s) - \mu_{ki} U_i(s) - U_{S_k}(s)$$

$$I_{b_k}(s) = I_k(s) + \alpha_{kj} I_j(s) + I_{S_k}(s)$$

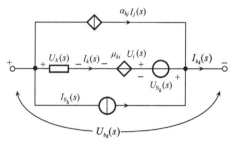

图 9-14　LTI 网络的典型支路 b_k

于是一个具有 B 条含受控源典型支路的 VCR 方程可表示为

$$U_b(s) = U(s) - PU(s) - U_S(s) = (I - P)U(s) - U_S(s) \tag{9.49}$$

$$I_b(s) = I(s) + QI(s) + I_S(s) = (I + Q)I(s) + I_S(s) \tag{9.50}$$

　　　这里，假设了网络中所有的受控电流源都是流控的，所有的受控电压源都是压控的。如果不满足这个假设，则要应用戴维南定理或诺顿定理进行等效变换。式(9.49)中，P 是一个 $B \times B$ 维的 VCVS 控制系数矩阵，它的对角线元素为零，非对角线元素为控制系数 $\mu_{ij}(i \neq j)$；Q 是一个 $B \times B$ 维的 CCCS 控制系数矩阵，它的对角线元素为零，非对角线元素为控制系数 $a_{ij}(i \neq j)$。

　　　因为 $I(s) = Y(s)U(s)$，将式(9.49)代入即得

$$I(s) = Y(s)(I - P)^{-1}[U_b(s) + U_S(s)]$$

将上式代入式(9.50)可得

$$I_b(s) = (I + Q)Y(s)(I - P)^{-1}[U_b(s) + U_S(s)] + I_S(s) \tag{9.51}$$

同理，可求得

$$U_b(s) = (I - P)Z(s)(I + Q)^{-1}[I_b(s) - I_S(s)] - U_S(s) \tag{9.52}$$

　　　公式(9.51)和式(9.52)两式即为含受控源典型支路的 VCR 方程。这里假定 $(I-P)$ 和 $(I+Q)$ 的逆矩阵均存在。

9.4　节点分析法和基本割集分析法

9.4.1　节点分析法

　　　在节点分析法中，把节点电压作为辅助变量，列出一组含有 N-1 个未知量的 N-1 个

线性独立方程，当 $N-1$ 比 $2B$ 小得多时，这种方法显然比支路法优越得多。

现在选取第 N 个节点作为参考点，并且用 $U_{n_1}, U_{n_2}, \cdots, U_{n_{(N-1)}}$ 表示其余节点对参考点的电压，定义节点对参考点的电压矢量为

$$U_n(s) = [U_{n_1}(s), U_{n_2}(s), \cdots, U_{n_{(N-1)}}(s)]^T \tag{9.53}$$

根据支路电压矢量和节点电压矢量之间的关系式：

$$U_b(s) = A^T U_n(s) \tag{9.54}$$

将式(9.54)中的 $U_b(s)$ 代入式(9.29)，得

$$U(s) - U_S(s) = A^T U_n(s) \tag{9.55}$$

同样，将式(9.28)代入式(9.3)，得

$$AI(s) = -AI_S(s) \tag{9.56}$$

将式(9.46)代入式(9.56)，有

$$AY(s)U(s) = -AI_S(s) \tag{9.57}$$

将式(9.55)中的 $U(s)$ 代入式(9.57)，得

$$AY(s)A^T U_n(s) = -AY(s)U_S(s) - AI_S(s)$$

或写为

$$Y_n(s)U_n(s) = -AY(s)U_S(s) - AI_S(s) \tag{9.58}$$

这里，$Y_n(s)$ 是 $(N-1) \times (N-1)$ 节点导纳矩阵，即

$$Y_n(s) \triangleq AY(s)A^T \tag{9.59}$$

于是得

$$U_n(s) = -Y_n^{-1}(s)AY(s)U_S(s) - Y_n^{-1}(s)AI_S(s) \tag{9.60}$$

式(9.58)、式(9.60)就是所要求得的网络的节点电压方程组，它是关于节点电压 $U_n(s)$ 的 $N-1$ 个线性独立的方程，由它可以得到唯一的一组解。求出 $U_n(s)$ 后，支路电压矢量 $U_b(s)$ 就可以根据式(9.54)求出，而支路电流矢量 $I_b(s)$ 也可以根据下式求得

$$I_b(s) = Y(s)U_b(s) + I_S(s) + Y(s)U_S(s) \tag{9.61}$$

例9.1 已知电路网络如图9-15所示，假定 $L_5 L_6 \neq M^2$，其中 M 是电感 L_5 和 L_6 之间的互感，并假定网络中所有元件均为线性时不变元件，试列出电路的节点电压方程。

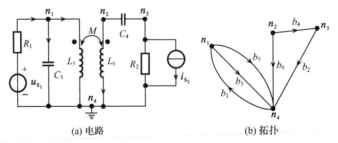

(a) 电路　　　　　　(b) 拓扑

图9-15　例9.1图

解　(1)求 A。

选 n_4 为参考点，图9-15(a)的拓扑如图9-15(b)所示，其关联矩阵 A 为

$$A = \begin{array}{c} \\ n_1 \\ n_2 \\ n_3 \end{array} \begin{array}{cccccc} b_1 & b_2 & b_3 & b_4 & b_5 & b_6 \\ \end{array} \left[\begin{array}{cccccc} -1 & 0 & 1 & 0 & 1 & 0 \\ 0 & 0 & 0 & 1 & 0 & 1 \\ 0 & 1 & 0 & -1 & 0 & 0 \end{array} \right]$$

(2) 从支路 VCR 方程，求出元件导纳矩阵。

由图 9-15 可知这个网络的电导矩阵 G 是 6×6 方阵，此矩阵对角线上第一个和第二个元素分别为 $\dfrac{1}{R_1}$ 和 $\dfrac{1}{R_2}$ 外，其余各元素均为零。网络的电容矩阵 C 也是 6×6 方阵，此矩阵除对角线上第三个和第四个元素分别为 C_3 和 C_4 外，其余均为零。网络的倒电感矩阵 Γ 可以从电感矩阵 L' 的逆矩阵并应用式(9.43)求得。电感矩阵 L' 为

$$L' = \begin{bmatrix} L_5 & M \\ M & L_6 \end{bmatrix}$$

于是元件导纳矩阵 $Y(s)$ 可写成

$$Y(s) = \begin{bmatrix} \dfrac{1}{R_1} & 0 & 0 & 0 & 0 & 0 \\ 0 & \dfrac{1}{R_2} & 0 & 0 & 0 & 0 \\ 0 & 0 & sC_3 & 0 & 0 & 0 \\ 0 & 0 & 0 & sC_4 & 0 & 0 \\ 0 & 0 & 0 & 0 & \dfrac{L_6}{s\Delta} & -\dfrac{M}{s\Delta} \\ 0 & 0 & 0 & 0 & 0 & -\dfrac{L_5}{s\Delta} \end{bmatrix}$$

其中，$\Delta = L_5 L_6 - M^2$。

(3) 根据式(9.59)求出节点导纳矩阵 $Y_n(s)$

$$Y_n(s) = AY(s)A^{\mathrm{T}} = - \begin{bmatrix} \dfrac{1}{R_1} + sC_3 + \dfrac{L_6}{s\Delta} & \dfrac{-M}{s\Delta} & 0 \\ -\dfrac{M}{s\Delta} & sC_4 + \dfrac{L_5}{s\Delta} & -sC_4 \\ 0 & -sC_4 & \dfrac{1}{R_2} + sC_4 \end{bmatrix}$$

(4) 电压源矢量 $U_S(s)$ 和电流源矢量 $I_S(s)$

$$U_S(s) = [U_{S_1}(s) \quad 0 \quad 0 \quad 0 \quad 0 \quad 0]^{\mathrm{T}}$$
$$I_S(s) = [0 \quad I_{S_1}(s) \quad 0 \quad 0 \quad 0 \quad 0]^{\mathrm{T}}$$

(5) 写出节点电压方程：因为

$$U_n(s) = -Y_n^{-1}(s)AY(s)U_S(s) - Y_n^{-1}(s)AI_S(s)]$$
$$= -Y_n^{-1}(s)[AY(s)U_S(s) + AI_S(s)]$$

所以

$$U_n(s) = \begin{bmatrix} \dfrac{1}{R_1} + sC_3 + \dfrac{-L_6}{s\Delta} & \dfrac{-M}{s\Delta} & 0 \\[3mm] \dfrac{-M}{s\Delta} & sC_4 + \dfrac{L_5}{s\Delta} & -sC_4 \\[3mm] 0 & -sC_4 & \dfrac{1}{R_2} + sC_4 \end{bmatrix} \begin{bmatrix} \dfrac{U_{S_1}(s)}{R_1} \\[3mm] 0 \\[3mm] -I_{S_2}(s) \end{bmatrix}$$

这是一组关于节点电压 U_{n_1}、U_{n_2}、U_{n_3} 的 3 个线性独立方程，有了它，根据式(9.54)和式(9.61)即可求出支路电压和支路电流。由此不难看出节点电压方程不仅是线性独立的，而且是完备的。只要 $Y_n(s) \neq 0$，它的解是存在且唯一的，所以节点分析法获得了广泛的应用。

综上所述，节点分析法的解题方法及步骤如下：

(1)选任意一节点作为参考节点，根据网络有向拓扑图写出关联矩阵 A。

(2)根据支路 VCR 方程，求出元件导纳矩阵 $Y(s)$。

(3)求出节点导纳矩阵 $Y_n(s)$
$$Y_n(s) = AY(s)A^T$$

(4)写出给定网络的激励电压源矢量 $U_S(s)$ 和电流源矢量 $I_S(s)$。

(5)列出节点电压方程组
$$U_n(s) = -Y_n^{-1}(s)AY(s)U_S(s) - Y_n^{-1}(s)AI_S(s)$$

(6)求出支路电压矢量 $U_b(s)$ 和支路电流矢量 $I_b(s)$
$$U_b(s) = A^T U_n(s)$$
$$I_b(s) = Y(s)U_b(s) + I_S(s) + Y(s)U_S(s)$$

(7)对节点电压方程、支路电压方程和支路电流方程所求得结果取拉普拉斯反变换，即得到所要求的解答 $u_n(t)$、$u_b(t)$、$i_b(t)$。

当电路中含有受控源(CCCS 和 VCVS)典型支路时，可以同样推导出节点方程公式，因为有
$$AI_b(s) = 0$$
将式(9.51)两边同乘 A 矩阵即得
$$A(I+Q)Y(s)(I-P)^{-1}[U_b(s)+U_S(s)] + AI_S(s) = 0$$
又因为 $U_b(s) = A^T U_n(s)$，于是代入上式得
$$A(I+Q)Y(s)(I-P)^{-1}A^T U_n(s) = -A(I+Q)Y(s)(I-P)^{-1}U_S(s) - AI_S(s) \quad (9.62)$$
令节点导纳矩阵为
$$Y_n(s) = A(I+Q)Y(s)(I-P)^{-1}A^T \quad (9.63)$$
假定 $Y_n(s)$ 的逆矩阵存在，于是对式(9.62)两边同乘 $Y_n^{-1}(s)$ 即得节点电压方程公式为
$$U_n(s) = -Y_n^{-1}(s)A(I+Q)Y(s)(I-P)^{-1}U_S(s) - Y_n^{-1}(s)AI_S(s) \quad (9.64)$$
根据公式(9.64)即可建立含受控源支路的节点方程组。显然，不含受控源支路的节点方程公式仅仅是它的特例。

例 9.2 已知一运算放大器电路如图 9-16 所示，设电路初储能为零，试用节点分析

法求节点电压 $u_{n_1}(t)$ 和 $u_{n_2}(t)$ 。

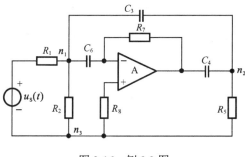

图 9-16　例 9.2 图

解　应用运算放大器的等效模型，则此电路的 s 域模型如图 9-17(a)所示，其受控电压源的端电压为 $-sC_6R_7U_2$ ，其有向拓扑图如图 9-17(b)所示。

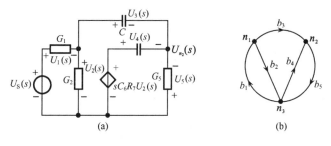

图 9-17　例 9.2 解图

选取 n_3 作为参考点，其关联矩阵 A 为

$$A = \begin{array}{c} \\ n_1 \\ n_2 \end{array} \begin{array}{ccccc} b_1 & b_2 & b_3 & b_4 & b_5 \\ \left[\begin{array}{ccccc} -1 & 1 & 1 & 0 & 0 \\ 0 & 0 & -1 & -1 & 1 \end{array}\right] \end{array}$$

因为网络内没有受控电流源，Q 矩阵为零，并且因为只含有一个压控电压源，矩阵 P 是一个 5×5 的矩阵，它的元素除去 $\mu_{42}=-sC_6R_7$ 之外，其余均为零，故得

$$P = \begin{bmatrix} 0 & 0 & & 0 & 0 & 0 \\ 0 & 0 & & 0 & 0 & 0 \\ 0 & 0 & & 0 & 0 & 0 \\ 0 & -sC_6R_7 & & 0 & 0 & 0 \\ 0 & 0 & & 0 & 0 & 0 \end{bmatrix}$$

$$Q = 0$$

根据电路，激励电源矢量为

$$I_s(s) = 0$$
$$U_s(s) = [U_s(s) \quad 0 \quad 0 \quad 0 \quad 0]^{\mathrm{T}}$$

而元件导纳矩阵 $Y(s)$ 为

$$\boldsymbol{Y}(s) = \mathrm{diag}[G_1 \quad G_2 \quad sC_3 \quad sC_4 \quad G_5]$$

应用公式(9.63)，可求得节点导纳矩阵 $\boldsymbol{Y}_n(s)$ 为

$$\boldsymbol{Y}_n(s) = \begin{bmatrix} G_1 + G_2 + sC_2 & -sC_3 \\ -sC_3 + s^2 C_4 C_6 R_7 & sC_3 + sC_4 + G_5 \end{bmatrix}$$

将 $\boldsymbol{Y}_n(s)$ 代入公式(9.64)，即得电路的节点方程

$$\boldsymbol{U}_n(s) = -\begin{bmatrix} G_1 + G_2 + sC_3 & -sC_3 \\ -sC_3 + s^2 C_4 C_6 R_7 & sC_3 + sC_4 + G_5 \end{bmatrix}^{-1} \begin{bmatrix} -G_1 \\ 0 \end{bmatrix} U_S(s)$$

作为一个数字例子，设 $G_1=G_2=G_5=1\mathrm{S}$，$C_3=C_4=C_6=1\mathrm{F}$，$R_7=1\Omega$，$U_S(t)$ 为一单位阶跃函数，即 $U_S(s)=\dfrac{1}{s}$，于是得

$$\boldsymbol{U}_n(s) = -\begin{bmatrix} 2+s & -s \\ -s+s^2 & 2s+1 \end{bmatrix}\begin{bmatrix} -\dfrac{1}{s} \\ 0 \end{bmatrix} = \begin{bmatrix} \dfrac{1+2s}{s(s^3+s^2+5s+2)} \\ \dfrac{-s+1}{s^3+s^2+5s+2} \end{bmatrix}$$

对上式作拉普拉斯反变换，即求得 $\boldsymbol{u}_n(t)$。

以上所得出的分析方法和公式具有普遍的意义。

9.4.2 基本割集分析法

在电路理论中，还可以引入的另一组辅助变量是树支电压，利用这组变量来分析网络的方法，称为基本割集分析法。当基本割集数比基本回路少得多时，应用这种方法更为优越。

对于具有 N 个节点、B 条支路的网络任选一树 T，则有 $N-1$ 条树支，由此可以得到 $N-1$ 个基本割集。规定基本割集的方向与其相应的树支电压方向相同，定义树支电压矢量为

$$\boldsymbol{U}_T(s) = [U_{T1}(s), U_{T2}(s), \cdots, U_{T(N-1)}(s)]^T \tag{9.65}$$

根据式(9.25)可以知道，电压矢量 $\boldsymbol{U}_b(s)$ 与树支电压矢量 $\boldsymbol{U}_T(s)$ 之间的关系，由下式确定

$$\boldsymbol{U}_b(s) = \boldsymbol{Q}_f^T \boldsymbol{U}_T(s) \tag{9.66}$$

而支路电流为

$$\boldsymbol{I}_b(s) = \boldsymbol{Y}(s)[U_b(s) + U_S(s)] + I_S(s) \tag{9.67}$$

由式(9.10)可知

$$\boldsymbol{Q}_f \boldsymbol{I}_b(s) = 0 \tag{9.68}$$

将式(9.66)代入式(9.67)得

$$\boldsymbol{I}_b(s) = \boldsymbol{Y}(s)\boldsymbol{Q}_f^T \boldsymbol{U}_T(s) + \boldsymbol{Y}(s)U_S(s) + \boldsymbol{I}_S(s) \tag{9.69}$$

将式(9.69)代入式(9.68)得

$$\boldsymbol{Q}_f \boldsymbol{Y}(s)\boldsymbol{Q}_f^T \boldsymbol{U}_T(s) = -\boldsymbol{Q}_f \boldsymbol{Y}(s)U_S(s) - \boldsymbol{Q}_f \boldsymbol{I}_S(s) \tag{9.70}$$

为了简化表达式，这里引入 $(N{-}1)\times(N{-}1)$ 维的割集导纳矩阵 $\boldsymbol{Y}_\mathrm{T}(s)$，即

$$\boldsymbol{Y}_\mathrm{T}(s)\triangleq\boldsymbol{Q}_\mathrm{f}\boldsymbol{Y}(s)\boldsymbol{Q}_\mathrm{f}^\mathrm{T} \tag{9.71}$$

于是可以得到基本割集方程

$$\boldsymbol{Y}_\mathrm{T}(s)\boldsymbol{U}_\mathrm{T}(s)=-\boldsymbol{Q}_\mathrm{f}\boldsymbol{Y}(s)\boldsymbol{U}_\mathrm{S}(s)-\boldsymbol{Q}_\mathrm{f}\boldsymbol{I}_\mathrm{S}(s) \tag{9.72}$$

如果 $\boldsymbol{Y}_\mathrm{T}(s)$ 的逆矩阵存在，用 $\boldsymbol{Y}_\mathrm{T}^{-1}(s)$ 同乘式(9.72)两边，则得电路的基本割集方程组

$$\boldsymbol{U}_\mathrm{T}(s)=-\boldsymbol{Y}_\mathrm{T}^{-1}(s)\boldsymbol{Q}_\mathrm{f}\boldsymbol{Y}(s)\boldsymbol{U}_\mathrm{S}(s)-\boldsymbol{Y}_\mathrm{T}^{-1}(s)\boldsymbol{Q}_\mathrm{f}\boldsymbol{I}_\mathrm{S}(s) \tag{9.73}$$

求出 $\boldsymbol{U}_\mathrm{T}(s)$ 之后，即可由式(9.66)求出所有的支路电压，由式(9.69)求出所有的支路电流。由此不难看出，基本割集方程组是线性独立和完备的，只要 $\boldsymbol{Y}_\mathrm{T}(s)\neq0$，它的解是存在且唯一的。

下面举例说明其应用。

例 9.3　已知电路网络如图 9-18(a)所示，试写出该网络的基本割集方程组。

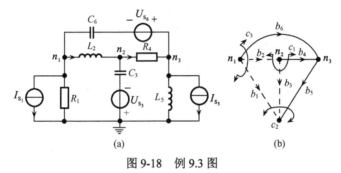

图 9-18　例 9.3 图

解　(1)选支路 b_4、b_5、b_6 为树支，作出网络有向拓扑图，如图 9-17(b)所示，则可得网络的基本割集矩阵 $\boldsymbol{Q}_\mathrm{f}$(基本割集如图示 c_1、c_2、c_3)。

$$\boldsymbol{Q}_\mathrm{f}=\begin{array}{c} \\ c_1 \\ c_2 \\ c_3 \end{array}\begin{array}{cccccc} b_1 & b_2 & b_3 & b_4 & b_5 & b_6 \\ \left[\begin{array}{cccccc} 0 & -1 & 1 & 1 & 0 & 0 \\ 1 & 0 & 1 & 0 & 1 & 0 \\ 1 & 1 & 0 & 0 & 0 & 1 \end{array}\right] \end{array}$$

(2)根据 VCR 方程，写出支路导纳矩阵 $\boldsymbol{Y}(s)$，由于电路不存在互感、回转器和受控源，所以支路导纳矩阵是一个对角阵，对角线以外的元素为零，即

$$\boldsymbol{Y}(s)=\mathrm{diag}\left[\begin{array}{cccccc} \dfrac{1}{R_1} & \dfrac{1}{sL_2} & sC_3 & \dfrac{1}{R_4} & \dfrac{1}{sL_5} & sC_6 \end{array}\right]$$

(3)求出割集导纳矩阵 $\boldsymbol{Y}_\mathrm{T}(s)$

$$\boldsymbol{Y}_\mathrm{T}(s)\triangleq\boldsymbol{Q}_\mathrm{f}\boldsymbol{Y}(s)\boldsymbol{Q}_\mathrm{f}^\mathrm{T}=\begin{bmatrix} \dfrac{1}{sL_2}+sC_3+\dfrac{1}{R_4} & sC_3 & -\dfrac{1}{sL_2} \\[3mm] sC_2 & \dfrac{1}{R_1}+sC_3+\dfrac{1}{sL_5} & \dfrac{1}{R_1} \\[3mm] -\dfrac{1}{sL_2} & \dfrac{1}{R_1} & \dfrac{1}{R_1}+\dfrac{1}{sL_2}+sC_6 \end{bmatrix}$$

(4) 写出激励源矢量 $U_S(s)$，$I_S(s)$

$$U_s(s) = [0 \quad 0 \quad U_{S_3}(s) \quad 0 \quad 0 \quad U_{S_6}(s)]^T$$

$$I_s(s) = [I_{S_1}(s) \quad 0 \quad 0 \quad 0 \quad I_{S_5}(s) \quad 0]^T$$

(5) 写出基本割集方程

将 $Y_T(s)$，$Y(s)$，Q_f，$I_S(s)$ 代入下式即得

$$U_T(s) = -Y_T^{-1}(s)Q_f Y(s)U_S(s) - Y_T^{-1}(s)Q_f I_S(s)$$

综上所述，可以把基本割集分析法的解题步骤归纳如下：

(1) 作出网络有向拓扑图，任选一树 T，求出相应的基本割集矩阵 Q_f。

(2) 根据支路 VCR 方程，写出元件导纳矩阵 $Y(s)$。

(3) 求出割集导纳矩阵

$$Y_T(s) \triangleq Q_f Y(s)Q_f^T$$

(4) 写出给定网络的激励电压源矢量 $U_S(s)$ 和电流源矢量 $I_S(s)$。

(5) 写出基本割集方程

$$U_T(s) = -Y_T^{-1}(s)Q_f Y(s)U_S(s) - Y_T^{-1}(s)Q_f I_S(s)$$

(6) 求出支路矢量 $I_b(s)$ 和支路电压矢量 $U_b(s)$

$$U_b(s) = Q_f^T U_T(s)$$

$$I_b(s) = Y(s)[U_b(s) + U_S(s)] + I_S(s)$$

当电路中含有受控源典型支路时，同样也可以由 KCL、KVL 和 VCR 方程推导出电路的基本割集方程

$$U_T(s) = -Y_T^{-1}(s)Q_f(I+Q)Y(s)(I-P)^{-1}U_S(s) - Y_T^{-1}(s)Q_f I_S(s) \tag{9.74}$$

根据公式 (9.74)，即可建立含受控源电路的基本割集方程。

9.5　网孔分析法和基本回路分析法

在电路理论中，还可以引入另一组辅助变量——回路电流或网孔电流，相应地可以得到基本回路分析法和网孔分析法。基本回路分析法不仅适用于平面网络而且也适用于非平面网络，所以重点讨论基本回路分析法。

在具有 N 个节点、B 条支路的网络中任选一树 T，那么网络应有 $B-(N-1)$ 个基本回路，将这些回路用 l_1，l_2，$\cdots$，$l_{B-(N-1)}$ 表示，选取连支电流 $I_{l_1}(s), I_{l_2}(s), \cdots, I_{l_{(B-N+1)}}(s)$ 为回路电流，于是回路电流（即连支电流）矢量 $I_L(s)$ 为

$$I_L(s) = [I_{l_1}(s), I_{l_2}(s), \cdots, I_{l_{(B-N+1)}}(s)]^T \tag{9.75}$$

根据对偶原理，基本回路分析法与基本割集分析法之间存在对偶关系，基本回路电流 $I_L(s)$、基本回路矩阵 B_f、元件阻抗矩阵 $Z(s)$、回路阻抗矩阵 $Z_l(s)$ 与 $U_T(s)$、Q_f、$Y(s)$、$Y_T(s)$ 互为对偶量。因此通过对偶代换，可以由基本割集方程求得基本回路方程，即

$$U_T(s) = -Y_T^{-1}(s)Q_f Y(s)U_S(s) - Y_T^{-1}(s)Q_f I_S(s)$$

由对偶代换得

$$I_{\mathrm{L}}(s) = -Z_l^{-1}(s)B_{\mathrm{f}}Z(s)I_{\mathrm{S}}(s) + Z_l^{-1}(s)B_{\mathrm{f}}U_{\mathrm{S}}(s) \tag{9.76}$$

其中，回路阻抗矩阵 $Z_l(s)$ 定义为

$$Z_l(s) \triangleq B_{\mathrm{f}}Z(s)B_{\mathrm{f}}^{\mathrm{T}} \tag{9.77}$$

求得基本回路电流 $I_{\mathrm{L}}(s)$ 后，支路电流矢量 $I_b(s)$ 即可由回路转换公式(9.26)求得，而支路电压矢量为

$$U_b(s) = Z(s)I_b(s) - U_{\mathrm{S}}(s) - Z(s)I_{\mathrm{S}}(s) \tag{9.78}$$

下面举例说明基本回路分析法的应用。

例 9.4　图 9-19(a)为一桥式回转器网络，其相应的有向拓扑图如图 9-19(b)所示，要求列出回路电流 $I_{l_1}(s)$、$I_{l_2}(s)$、$I_{l_3}(s)$、所必需的联立方程组。若已知各参数的值 $C=1\mathrm{F}$，$R_4=1\Omega$，$R_3=2\Omega$，$C_5=\dfrac{1}{2}\mathrm{F}$，$C_6=\dfrac{1}{3}\mathrm{F}$，并设电压激励信号源 $u_{\mathrm{S}_3}(t)$ 为单位阶跃函数，试求出在 $t \geqslant 0$ 时，C_6 上的输出响应电压。

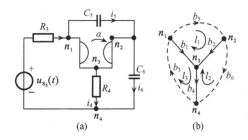

图 9-19　例 9.4 图

解　选支路$\{b_1,\ b_2,\ b_4\}$为树，则$\{b_5,\ b_6,\ b_3\}$为连支，而得基本回路 l_1、l_2、l_3，其方向与连支方向相同，其回路电流为相应的连支电流，于是可以写出相应的基本回路矩阵：

$$B_{\mathrm{f}} = \begin{array}{c} \\ l_1 \\ l_2 \\ l_3 \end{array} \begin{array}{cccccc} b_1 & b_2 & b_3 & b_4 & b_5 & b_6 \\ \left[\begin{array}{cccccc} -1 & 1 & 0 & 0 & 1 & 0 \\ 0 & -1 & 0 & -1 & 0 & 1 \\ 1 & 0 & 1 & 1 & 0 & 0 \end{array}\right] \end{array}$$

而其元件阻抗矩阵 $Z(s)$ 可直接从支路 VCR 方程中获得

$$Z(s) = \begin{bmatrix} 0 & -\alpha & 0 & 0 & 0 & 0 \\ \alpha & 0 & 0 & 0 & 0 & 0 \\ 0 & 0 & R_3 & 0 & 0 & 0 \\ 0 & 0 & 0 & R_4 & 0 & 0 \\ 0 & 0 & 0 & 0 & \dfrac{1}{sC_5} & 0 \\ 0 & 0 & 0 & 0 & 0 & \dfrac{1}{sC_6} \end{bmatrix}$$

于是可求得回路阻抗矩阵 $\boldsymbol{Z}_l(s)$ 为

$$\boldsymbol{Z}_l(s)=\boldsymbol{B}_\mathrm{f}\boldsymbol{Z}(s)\boldsymbol{B}_\mathrm{f}^\mathrm{T}=\begin{bmatrix}\dfrac{1}{sC_3}&-\alpha&\alpha\\[2mm]\alpha&R_4+\dfrac{1}{sC_6}&-\alpha-R_4\\[2mm]-\alpha&\alpha-R_4&R_3+R_4\end{bmatrix}$$

其电压源矢量与电流源矢量可根据给定网络写出

$$\boldsymbol{U}_\mathrm{S}(s)=[0\quad 0\quad U_{\mathrm{S}_3}(s)\quad 0\quad 0\quad 0]^\mathrm{T}$$
$$\boldsymbol{I}_\mathrm{S}(s)=0$$

于是根据式 (9.76)，将 $\boldsymbol{Z}_l(s)$，$\boldsymbol{U}_\mathrm{S}(s)$，$\boldsymbol{I}_\mathrm{S}(s)$ 代入回路方程，则得

$$\boldsymbol{I}_\mathrm{L}(s)=\boldsymbol{Z}_l^{-1}(s)\boldsymbol{B}_\mathrm{f}\boldsymbol{U}_\mathrm{S}(s)=\begin{bmatrix}\dfrac{1}{sC_5}&-\alpha&\alpha\\[2mm]\alpha&R_4+\dfrac{1}{sC_6}&-\alpha-R_4\\[2mm]-\alpha&\alpha-R_4&R_3+R_4\end{bmatrix}^{-1}\begin{bmatrix}0\\0\\U_{\mathrm{S}_3}(s)\end{bmatrix}$$

将网络元件的数值代入上式，则得：

$$\boldsymbol{I}_\mathrm{L}(s)=\begin{bmatrix}\dfrac{2}{s}&-1&1\\[2mm]1&1+\dfrac{3}{s}&-2\\[2mm]-1&0&3\end{bmatrix}^{-1}\begin{bmatrix}0\\0\\\dfrac{1}{s}\end{bmatrix}=\begin{bmatrix}\dfrac{s-3}{2s^2+9s+18}\\[2mm]\dfrac{4+s}{2s^2+9s+18}\\[2mm]\dfrac{s^2+2s+6}{s(2s^2+9s+18)}\end{bmatrix}$$

现在，终端电容 C_6 上的端电压 $U_{C_6}(s)$ 可以从下式求出：

$$U_{C_6}(s)=\frac{1}{sC_6}I_{l2}(s)=\frac{3}{s}\times\frac{4+s}{2s^2+9s+18}=\frac{12+3s}{s(2s^2+9s+18)}$$
$$=\frac{2}{3}\left[\frac{1}{s}-\frac{s+\dfrac{9}{4}}{\left(s+\dfrac{9}{4}\right)^2+\left(\dfrac{3\sqrt{7}}{4}\right)^2}\right]$$

对上式方程两边取拉氏反变换，即得

$$u_{C_6}(t)=\frac{2}{3}-\frac{2}{3}\mathrm{e}^{-\frac{9}{4}t}\cos\frac{3\sqrt{7}}{4}t,\quad t\geqslant 0$$

其实只要求得了基本回路电流 $\boldsymbol{I}_\mathrm{L}(s)$，就可以根据公式 (9.26) 和公式 (9.78) 求得所有的支路电流和支路电压。由此不难看出回路方程不仅是线性独立的，而且是完备的，只要 $\boldsymbol{Z}_l(s)\neq 0$，它的解是存在且唯一的。所以，基本回路分析法也获得了广泛的应用。

综上所述，可以将基本回路分析法的解题步骤归纳如下：

(1) 任选一树 T，求其相应的基本回路矩阵 $\boldsymbol{B}_\mathrm{f}$。

(2) 根据支路 VCR 方程，写出元件阻抗矩阵 $\boldsymbol{Z}(s)$。

(3) 根据 $\boldsymbol{Z}_l(s) = \boldsymbol{B}_f \boldsymbol{Z}(s) \boldsymbol{B}_f^{\mathrm{T}}$，求出回路阻抗矩阵 $\boldsymbol{Z}_l(s)$。

(4) 写出给定网络的激励电压源矢量 $\boldsymbol{U}_S(s)$ 和电流源矢量 $\boldsymbol{I}_S(s)$。

(5) 写出网络的回路方程

$$\boldsymbol{I}_{\mathrm{L}}(s) = \boldsymbol{Z}_l^{-1}(s)\boldsymbol{B}_f \boldsymbol{Z}(s)\boldsymbol{I}_S(s) + \boldsymbol{Z}_l^{-1}(s)\boldsymbol{B}_f \boldsymbol{U}_S(s)$$

(6) 求出支路电流矢量 $\boldsymbol{I}_b(s)$ 和支路电压矢量 $\boldsymbol{U}_b(s)$

$$\boldsymbol{I}_b(s) = \boldsymbol{B}_f^{\mathrm{T}} \boldsymbol{I}_{\mathrm{L}}(s)$$

$$\boldsymbol{U}_b(s) = \boldsymbol{Z}(s)\boldsymbol{I}_b(s) - \boldsymbol{U}_S(s) - \boldsymbol{Z}(s)\boldsymbol{I}_S(s)$$

(7) 对 $\boldsymbol{I}_S(s)$，$\boldsymbol{I}_b(s)$，$\boldsymbol{U}_b(s)$ 求拉普拉斯反变换，即得到所要求的解答 $i_{\mathrm{L}}(t)$，$i_b(t)$ 和 $u_b(t)$。

其中只要选定了树，确定了基本回路后，也可以任意选定回路方向，直接将回路电流作为变量，而不一定非得是连支电流，则上述基本回路分析法照样使用，所得回路电流方程组仍然是线性独立的，其解仍然是存在且唯一的。网孔分析法就是采用这种思想，下面作简要介绍。

因为当网络是平面网络时，可以用网孔矩阵 $\boldsymbol{M}$ 代替基本回路矩阵 $\boldsymbol{B}_f$，用网孔电流 $\boldsymbol{I}_{\mathrm{m}}(s)$ 代替回路电流 $\boldsymbol{I}_{\mathrm{L}}(s)$，用网孔阻抗矩阵 $\boldsymbol{Z}_{\mathrm{m}}(s)$ 去代替回路阻抗矩阵 $\boldsymbol{Z}_l(s)$，即可得到网孔方程：

$$\boldsymbol{I}_{\mathrm{m}}(s) = \boldsymbol{Z}_{\mathrm{m}}^{-1}(s)\boldsymbol{M}\boldsymbol{Z}(s)\boldsymbol{I}_S(s) + \boldsymbol{Z}_{\mathrm{m}}^{-1}(s)\boldsymbol{M}\boldsymbol{U}_S(s) \tag{9.79}$$

其中，网孔阻抗矩阵 $\boldsymbol{Z}_{\mathrm{m}}(s)$ 可以定义为

$$\boldsymbol{Z}_{\mathrm{m}}(s) \underline{\triangle} \boldsymbol{M}\boldsymbol{Z}(s)\boldsymbol{M}^{\mathrm{T}} \tag{9.80}$$

显然，网孔方程只不过是回路方程的特例。网孔方程与节点方程之间存在对偶关系，所以也可以由节点方程通过对偶代换求得。

求得网孔电流之后，即可由 $\boldsymbol{I}_b(s) = \boldsymbol{M}^{\mathrm{T}}\boldsymbol{I}_{\mathrm{m}}(s)$ 求得支路电流，而由式 (9.78) 求得支路电压。

当电路中含有受控源 (CCCS 和 VCVS) 典型支路时若为 VCCS 和 CCVS 则应先进行等效变换，可以同理推导出基本回路方程和网孔方程。

基本回路方程为

$$\boldsymbol{I}_{\mathrm{L}}(s) = \boldsymbol{Z}_l^{-1}(s)\boldsymbol{B}_f(\boldsymbol{I}-\boldsymbol{P})\boldsymbol{Z}(s)(\boldsymbol{I}+\boldsymbol{Q})^{-1}\boldsymbol{I}_S(s) + \boldsymbol{Z}_l^{-1}(s)\boldsymbol{B}_f \boldsymbol{U}_S(s) \tag{9.81}$$

其中，回路阻抗矩阵 $\boldsymbol{Z}_l(s)$ 定义为

$$\boldsymbol{Z}_l(s) \underline{\triangle} \boldsymbol{B}_f(\boldsymbol{I}-\boldsymbol{P})\boldsymbol{Z}(s)(\boldsymbol{I}+\boldsymbol{Q})^{-1}\boldsymbol{B}_f^{\mathrm{T}} \tag{9.82}$$

网孔方程为

$$\boldsymbol{I}_{\mathrm{m}}(s) = \boldsymbol{Z}_{\mathrm{m}}^{-1}(s)\boldsymbol{M}(\boldsymbol{I}-\boldsymbol{P})\boldsymbol{Z}(s)(\boldsymbol{I}+\boldsymbol{Q})^{-1}\boldsymbol{I}_S(s) + \boldsymbol{Z}_{\mathrm{m}}^{-1}(s)\boldsymbol{M}\boldsymbol{U}_S(s) \tag{9.83}$$

$$\boldsymbol{Z}_{\mathrm{m}}(s) \underline{\triangle} \boldsymbol{M}(\boldsymbol{I}-\boldsymbol{P})\boldsymbol{Z}(s)(\boldsymbol{I}+\boldsymbol{Q})^{-1}\boldsymbol{M}^{\mathrm{T}} \tag{9.84}$$

根据公式 (9.81) 和公式 (9.83) 即可建立电路的基本回路方程和网孔方程。

例 9.5　试建立图 9-20 所示电路的基本回路方程。

解　(1) 选 b_1、b_4、b_2 为树支，作出拓扑图，写出基本回路矩阵 $\boldsymbol{B}_f$：

$$
\begin{array}{c}
\quad\quad b_1 \quad b_2 \quad b_3 \quad b_4 \quad b_5 \\
\boldsymbol{B}_{\mathrm{f}} = \begin{array}{c} l_1 \\ l_2 \end{array}\!\!
\begin{bmatrix}
-1 & 0 & 0 & -1 & 1 \\
-1 & -1 & 1 & -1 & 0
\end{bmatrix}
\end{array}
$$

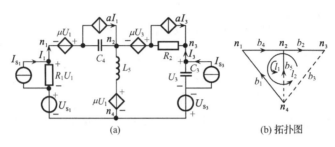

(a)　　　　　　　　　　(b) 拓扑图

图 9-20　例 9.5 图

(2) 写出元件阻抗矩阵 $\boldsymbol{Z}(s)$：

$$
\boldsymbol{Z}(s) = \mathrm{diag}\left[\begin{array}{ccccc} R_1 & R_2 & \dfrac{1}{sC_3} & \dfrac{1}{sC_4} & sL_5 \end{array}\right]_{5\times 5}
$$

(3) 求出回路阻抗矩阵 $\boldsymbol{Z}_l(s)$。因为

$$
\boldsymbol{P} = \begin{array}{c} b_1 \\ b_2 \\ b_3 \\ b_4 \\ b_5 \end{array}
\begin{array}{c} \scriptstyle b_1 \;\; b_2 \;\; b_3 \;\; b_4 \;\; b_5 \\
\begin{bmatrix}
0 & 0 & 0 & 0 & 0 \\
0 & 0 & \mu & 0 & 0 \\
0 & 0 & 0 & 0 & 0 \\
\mu & 0 & 0 & 0 & 0 \\
\mu & 0 & 0 & 0 & 0
\end{bmatrix}_{5\times 5}
\end{array}, \quad
\boldsymbol{Q} = \begin{array}{c} b_1 \\ b_2 \\ b_3 \\ b_4 \\ b_5 \end{array}
\begin{array}{c} \scriptstyle b_1 \;\; b_2 \;\; b_3 \;\; b_4 \;\; b_5 \\
\begin{bmatrix}
0 & 0 & 0 & 0 & 0 \\
0 & 0 & \alpha & 0 & 0 \\
0 & 0 & 0 & 0 & 0 \\
\alpha & 0 & 0 & 0 & 0 \\
0 & 0 & 0 & 0 & 0
\end{bmatrix}_{5\times 5}
\end{array}
$$

而

$$
\boldsymbol{Z}_l(s) \triangleq \boldsymbol{B}_{\mathrm{f}}(\boldsymbol{I}-\boldsymbol{P})\boldsymbol{Z}(s)(\boldsymbol{I}+\boldsymbol{Q})^{-1}\boldsymbol{B}_{\mathrm{f}}^{\mathrm{T}}
$$

于是将 $\boldsymbol{B}_{\mathrm{f}}$、$\boldsymbol{P}$、$\boldsymbol{Q}$、$\boldsymbol{Z}(s)$ 代入上式即可求得

$$
\boldsymbol{Z}_l(s) = \begin{bmatrix}
R_1 - \dfrac{\alpha-1}{sC_4} + sL_5 & R_1 - \dfrac{\alpha-1}{sC_4} \\[3mm]
R_1 - \mu R_1 - \dfrac{\alpha-1}{sC_4} & R_1 - \mu R_1 + \alpha R_2 + R_2 + \dfrac{\mu+1}{sC_3} - \dfrac{\alpha-1}{sC_4}
\end{bmatrix}
$$

(4) 写出激励源矢量 $\boldsymbol{U}_{\mathrm{S}}(s)$：

$$
\boldsymbol{U}_{\mathrm{S}}(s) = [U_{\mathrm{S}_1}(s) \quad 0 \quad -U_{\mathrm{S}_3}(s) \quad 0 \quad 0]^{\mathrm{T}}
$$

$$
\boldsymbol{I}_{\mathrm{S}}(s) = [I_{\mathrm{S}_1}(s) \quad 0 \quad I_{\mathrm{S}_3}(s) \quad 0 \quad 0]^{\mathrm{T}}
$$

(5) 写出基本回路方程

$$
\boldsymbol{I}_{\mathrm{S}}(s) = \boldsymbol{Z}_l^{-1}(s)\boldsymbol{B}_{\mathrm{f}}(\boldsymbol{I}-\boldsymbol{P})\boldsymbol{Z}(s)(\boldsymbol{I}+\boldsymbol{Q})^{-1}\boldsymbol{I}_{\mathrm{S}}(s) + \boldsymbol{Z}_l^{-1}(s)\boldsymbol{B}_{\mathrm{f}}\boldsymbol{U}_{\mathrm{S}}(s)
$$

即

$$\begin{bmatrix} I_{l_1}(s) \\ I_{l_2}(s) \end{bmatrix} = \begin{bmatrix} R_1 - \dfrac{\alpha-1}{sC_4} + sL_5 & R_1 - \dfrac{\alpha-1}{sC_4} \\ R_1 - \mu R_1 - \dfrac{\alpha-1}{sC_4} & R_1 - \mu R_1 + \alpha R_2 + R_2 + \dfrac{\mu+1}{sC_3} - \dfrac{\alpha-1}{sC_4} \end{bmatrix}$$

$$\left\{ \begin{bmatrix} \left(-R_1 + \dfrac{\alpha}{sC_4}\right) I_{S_1}(s) \\ \left((\mu-1)R_1 + \dfrac{\alpha}{sC_4}\right) I_{S_1}(s) + \left(\alpha R_2 + \dfrac{\mu+1}{sC_3}\right) I_{S_3}(s) \end{bmatrix} - \begin{bmatrix} U_{S_1}(s) \\ U_{S_1}(s) + U_{S_3}(s) \end{bmatrix} \right\}$$

9.6* 改进节点分析法

改进节点法的基本思想是将网络的所有支路分成导纳型和非导纳型支路，并对每一个非导纳型支路将它的电流设为补充变量，对每一个节点按节点法列写节点方程。这时若遇到非导纳支路，将它的支路电流作为未知变量保留在节点方程中，这样所得节点方程的未知变量包括节点电压和非导纳支路电流。为此，必须对每一个非导纳支路写出一个支路方程作为补充方程，且补充方程必须用节点电压和非导纳支路电流来描述，进一步推广将难处理的支路(如 CCVS、CCCS)和待求的支路均设补充电流变量，再列出相应的补充方程，这样得到的一组方程组就是改进节点方程。下面举例说明。

例 9.6 已知某晶体管放大电路如图 9-21 所示，试列出改进节点方程。

解　(1)做出放大器等效电路模型，如图 9-22 (a)所示(设晶体管为 CCCS，且内阻 r_{be} 忽略)。由此得到有向拓扑图，如图 9-22(b)所示。

(2)n_5 为参考点，$I_3(s)$，$I_5(s)$，$I_7(s)$ 为补充电流变量，列出节点方程

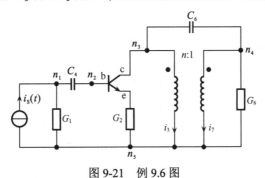

图 9-21　例 9.6 图

$$\begin{cases} (sC_4 + G_1)U_{n_1}(s) - sC_4 U_{n_2}(s) = I_3(s) \\ -sC_4 U_{n_1}(s) + (G_2 + sC_4)U_{n_2} = I_5(s) \\ sC_6 U_{n_3}(s) - sC_6 U_{n_4}(s) = -I_3(s) - I_5(s) \\ -sC_6 U_{n_3}(s) + (sC_6 + G_8)U_{n_4}(s) = -I_7(s) \end{cases}$$

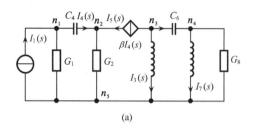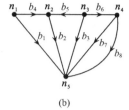

图 9-22　例 9.6 解图

(3) 列出各补充量方程。

理想变压器：

$$\begin{cases} U_{n_3}(s) - nU_{n_4}(s) = 0 \\ I_3(s) + \dfrac{1}{n} I_7(s) = 0 \end{cases}$$

受控电流源：

$$\begin{cases} I_5(s) = -\beta I_4(s) \\ I_4(s) = sC_4[U_{n_1}(s) - U_{n_4}(s)] \end{cases}$$

两组方程统一为

$$\begin{bmatrix} 0 & 0 & 1 & -n \\ 0 & 0 & 0 & 0 \\ -\beta sC_4 & \beta sC_4 & 0 & 0 \end{bmatrix} \begin{bmatrix} U_{n_1}(s) \\ U_{n_2}(s) \\ U_{n_3}(s) \\ U_{n_4}(s) \end{bmatrix} + \begin{bmatrix} 0 & 0 & 0 \\ 1 & 0 & \dfrac{1}{n} \\ 0 & 1 & 0 \end{bmatrix} \begin{bmatrix} I_3(s) \\ I_5(s) \\ I_7(s) \end{bmatrix} = \begin{bmatrix} 0 \\ 0 \\ 0 \end{bmatrix}$$

(4) 将以上 9 个方程合起来写为矩阵形式，即为改进节点方程：

$$\begin{bmatrix} G_1 + sC_4 & -sC_4 & 0 & 0 & 0 & 0 & 0 \\ -sC_4 & G_2 + sC_4 & 0 & 0 & 0 & -1 & 0 \\ 0 & 0 & sC_6 & -sC_6 & 1 & 1 & 0 \\ 0 & 0 & -sC_6 & sC_6 + G_8 & 0 & 0 & 1 \\ 0 & 0 & 1 & -n & 0 & 0 & 0 \\ 0 & 0 & 0 & 0 & 1 & 0 & \dfrac{1}{n} \\ -\beta sC_4 & \beta sC_4 & 0 & 0 & 0 & 1 & 0 \end{bmatrix} \begin{bmatrix} U_{n_1}(s) \\ U_{n_2}(s) \\ U_{n_3}(s) \\ U_{n_4}(s) \\ \cdots \\ I_3(s) \\ I_5(s) \\ I_7(s) \end{bmatrix} = \begin{bmatrix} I_S(s) \\ 0 \\ 0 \\ 0 \\ \cdots \\ 0 \\ 0 \\ 0 \end{bmatrix}$$

总结分析上述实例，即可以得出改进节点方程的一般公式及规律：

$$\begin{bmatrix} \boldsymbol{Y}_n(s) & \boldsymbol{H}_{12} \\ \boldsymbol{H}_{21} & \boldsymbol{H}_{22} \end{bmatrix} \begin{bmatrix} \boldsymbol{U}_n(s) \\ \boldsymbol{I}_n(s) \end{bmatrix} = \begin{bmatrix} \boldsymbol{I}_S(s) \\ \boldsymbol{F}_S(s) \end{bmatrix} \tag{9.85}$$

其中，$\boldsymbol{Y}_n(s)$ 是断开非导纳支路后的网络节点导纳矩阵；$\boldsymbol{H}_{12}$ 是网络关联矩阵 $\boldsymbol{A}$ 中各非导纳支路所对应的各矩阵，例如，图 9-22(b) 中 b_3、b_5、b_7 对应的矩阵；$\boldsymbol{H}_{21}$ 是补充方程中节点电压矢量对应的系数矩阵；$\boldsymbol{H}_{22}$ 是补充方程中补充电流变量对应的系数矩阵；$\boldsymbol{I}_S(s)$ 是激励电流源矢量(可包括动态元件的初始条件的贡献)；$\boldsymbol{F}_S(s)$ 是补充方程中激励电压源矢量和电流源矢量(可包括动态元件的初始条件的贡献)。

根据公式(9.85)，即可得到改进节点法的系统化方法及步骤如下：

(1)选取节点电压变量 $U_n(s)$ 和补充电流变量 $I_n(s)$。

(2)做出网络的拓扑图，写出网络的关联矩阵 A 及 H_{12}。

(3)断开非导纳支路和已假设补充电流的难处理支路，求出这时余下的网络节点导纳矩阵 $Y_n(s)$。

(4)写出描述补充电流变量的补充方程，并表示为矩阵形式
$$H_{21}U_n(s)+H_{22}I_n(s)=F_S(s)$$
求得 H_{21}，H_{22}，$F_S(s)$。

(5)写出激励源矢量
$$K_m(s)=[I_S(s)\quad F_S(s)]^T$$

(6)将以上结果代入公式(9.85)，即得改进节点方程
$$\begin{bmatrix} Y_n(s) & H_{12} \\ H_{21} & H_{22} \end{bmatrix}\begin{bmatrix} U_n(s) \\ I_n(s) \end{bmatrix}=\begin{bmatrix} I_S(s) \\ F_S(s) \end{bmatrix}$$

例 9.7　试列出图 9-23(a)所示电路的改进节点方程，设电路中所有动态元件无初始储能。

解　(1)选 n_5 为参考点，$I_8(s)$，$I_9(s)$ 为补充电流变量，即
$$\begin{bmatrix} U_n(s) \\ I_n(s) \end{bmatrix}=\left[U_{n_1}(s),U_{n_2}(s),U_{n_3}(s),U_{n_4}(s),I_8(s),I_9(s)\right]^T$$

(2)求出 H_{12}：

做出电路的有向拓扑图 G_d，如图 9-23(b)所示，则

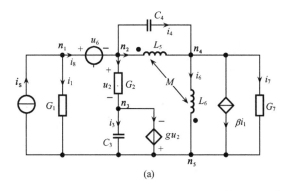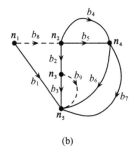

图 9-23　例 9.7 图

$$H_{12}=\begin{array}{c} \\ n_1 \\ n_2 \\ n_3 \\ n_4 \end{array}\begin{array}{cc} b_8 & b_9 \\ \left[\begin{array}{cc} 1 & 0 \\ -1 & 0 \\ 0 & 1 \\ 0 & 0 \end{array}\right] \end{array}$$

(3) 求出 $Y_n(s)$:

去掉 b_8、b_9 支路,即图 9-23(b)中的虚线,写出此时的 A 矩阵及电路的控制参数矩阵 Q(因为 $P=0$)

$$A = \begin{bmatrix} 1 & 0 & 0 & 0 & 0 & 0 & 0 \\ 0 & 1 & 0 & 1 & 1 & 0 & 0 \\ 0 & -1 & 1 & 0 & 0 & 0 & 0 \\ 0 & 0 & 0 & -1 & -1 & 1 & 1 \end{bmatrix}$$

$$Q = \begin{bmatrix} 0 & 0 & 0 & 0 & 0 & 0 & 0 \\ 0 & 0 & 0 & 0 & 0 & 0 & 0 \\ 0 & 0 & 0 & 0 & 0 & 0 & 0 \\ 0 & 0 & 0 & 0 & 0 & 0 & 0 \\ 0 & 0 & 0 & 0 & 0 & 0 & 0 \\ 0 & 0 & 0 & 0 & 0 & 0 & 0 \\ \beta & 0 & 0 & 0 & 0 & 0 & 0 \end{bmatrix}, \quad Y(s) = \begin{bmatrix} G_1 & 0 & 0 & 0 & 0 & 0 & 0 \\ 0 & G_2 & 0 & 0 & 0 & 0 & 0 \\ 0 & 0 & sC_3 & 0 & 0 & 0 & 0 \\ 0 & 0 & 0 & sC_4 & 0 & 0 & 0 \\ 0 & 0 & 0 & 0 & \dfrac{L_6}{s\Delta} & \dfrac{M}{s\Delta} & 0 \\ 0 & 0 & 0 & 0 & \dfrac{M}{s\Delta} & \dfrac{L_5}{s\Delta} & 0 \\ 0 & 0 & 0 & 0 & 0 & 0 & G_7 \end{bmatrix}$$

其中

$$\Delta = L_5 L_6 - M^2$$

所以

$$Y_n(s) = A(I+Q)Y(s)(I-P)^{-1}A^{\mathrm{T}}$$

即

$$Y_n(s) = \begin{bmatrix} G_1 & 0 & 0 & 0 \\ 0 & G_2 + sC_4 + \dfrac{L_6}{s\Delta} & -G_2 & -sC_4 + \dfrac{M-L_5}{s\Delta} \\ 0 & -G_2 & G_2 + sC_3 & 0 \\ \beta G_1 & -sC_4 + \dfrac{M-L_6}{s\Delta} & 0 & G_7 + sC_4 + \dfrac{L_5+L_6-2M}{s\Delta} \end{bmatrix}$$

(4) 求出 H_{21}、H_{22} 和 $F_S(s)$:

列补充方程为

$$\begin{cases} U_S(s) = U_{n_1}(s) - U_{n_2}(s) \\ gU_{n_2}(s) = -U_{n_3}(s) = g[U_{n_2}(s) - U_{n_3}(s)] \end{cases}$$

即

$$gU_{n_2}(s) + (1-g)U_{n_3}(s) = 0$$

则

$$
\underbrace{\begin{bmatrix} 1 & -1 & 0 & 0 \\ 0 & g & 1-g & 0 \end{bmatrix}}_{H_{21}} \begin{bmatrix} U_{n_1}(s) \\ \vdots \\ U_{n_4}(s) \end{bmatrix} + \underbrace{\begin{bmatrix} 0 & 0 \\ 0 & 0 \end{bmatrix}}_{H_{22}} \begin{bmatrix} I_8(s) \\ I_9(s) \end{bmatrix} = \underbrace{\begin{bmatrix} U_S(s) \\ 0 \end{bmatrix}}_{F_S(s)}
$$

(5) 写出激励 $I_S(s)$

$$
I_S(s) = [I_S(s) \quad 0 \quad 0 \quad 0]^T
$$

(6) 将以上结果代入公式 (9.85) 得改进节点方程

$$
\begin{bmatrix} Y_n(s) & H_{12} \\ H_{21} & H_{22} \end{bmatrix} \begin{bmatrix} U_n(s) \\ I_n(s) \end{bmatrix} = \begin{bmatrix} I_S(s) \\ F_S(s) \end{bmatrix}
$$

9.7　总结与思考

9.7.1　总结

本章主要介绍电路网络图论的基本知识和网络图论的基本概念：图、有向图、树、回路、割集以及描述网络的矩阵表示：关联矩阵、回路矩阵、割集矩阵，掌握网络计算的分析方法：节点法、回路电流法以及割集法。重点内容概要如下。

1. 图的基本定义和概念

(1) 图。若将电路中的每一元件用一线段来代替，这些线段称为支路，线段的端点称为节点，这样得到的由节点(点)和支路(线段)组成的图形则称为网络拓扑图，简称图，用 G 表示。它仅表示电路的连接特点，与构成电路的元件性质无关。图中允许有孤立节点的存在，但任一条支路的终端必须在节点上。

(2) 有向图和无向图。标明了各支路参考方向的图称为有向图，否则称无向图。

(3) 连通图和非连通图。当图的任意两个节点之间至少存在一条路径时，该图称为连通图，否则为非连通图。

(4) 子图。若图 G_1 每个节点和支路都是图 G 中的节点和支路，则称图 G_1 为图 G 的一个子图。

(5) 树、树支和连支。不包含回路，但包含图的所有节点的连通的子图称为树。组成树的支路称为树支，其余支路称为连支。若支路数为 B，则树支数为 N(节点数)-1；连支数为 $B-(N-1)$。

(6) 回路和基本回路。由支路所成的一条闭合路径，且此路径中的多个节点所关联的支路数恰好是 2，则称闭合路径为一回路。只含一个连支的回路称为基本回路，也称单连支回路。

(7) 割集和基本割集。割集是连通图的一些支路的集合，如果把这些支路移去，将使图分成两个分离部分，而少移去任一条支路，图仍是连通的。只含一个树支的割集称为基本割集，也称为单树支割集。

2. 图的矩阵表示

有向图中的节点与支路、回路与支路、割集与支路的关联性质可分别用矩阵表示。

(1)关联矩阵 A。对任一具有 N 个节点、B 条支路的有向图，节点和支路的关联性质可用一个 $N \times B$ 阶的矩阵来描述，即

$$A_a = [a_{ij}]_{N \times B}$$

其中

$$a_{kj} = \begin{cases} 1 & \text{当支路} b_j \text{连接节点} n_k, \text{且支路方向背离节点} n_k \text{时;} \\ -1 & \text{当支路} b_j \text{连接节点} n_k, \text{且支路方向指向节点} n_k \text{时;} \\ 0 & \text{当支路} b_j \text{与节点} n_k \text{不相连时。} \end{cases}$$

(2)回路矩阵 B。对于任一个具有 N 个节点、B 条支路、L 个回路的有向图，回路与支路间的关联性质可用一个 $L \times B$ 阶矩阵来描述，即

$$B_a = [b_{ij}]_{L \times B}$$

其中

$$b_{kj} = \begin{cases} 1 & \text{当支路} b_j \text{在回路} l_k \text{中，并且与回路} l_k \text{方向相同;} \\ -1 & \text{当支路} b_j \text{在回路} l_k \text{中，并且与回路} l_k \text{方向相反;} \\ 0 & \text{当支路} b_j \text{不在回路} l_k \text{中。} \end{cases}$$

选取一棵树 T 后，用树余中的一条连支和一组树支构成一个回路，且规定回路的方向与连支方向相同，可得到一个的 $B-(N-1) \times B$ 的回路矩阵，则这种回路矩阵称为基本回路矩阵 B_f。

(3)割集矩阵 Q：对于任一具有 N 个节点、B 条支路、K 个割集的有向图，其割集与支路的关联性质可用一个 $K \times B$ 阶矩阵来描述，即

$$Q_a = [q_{ij}]_{K \times B}$$

其中

$$q_{kj} = \begin{cases} 1 & \text{当支路} b_j \text{在割集} c_k \text{中并与} c_k \text{同向;} \\ -1 & \text{当支路} b_j \text{在割集} c_k \text{中并与} c_k \text{反向;} \\ 0 & \text{当支路} b_j \text{不在割集} c_k \text{中。} \end{cases}$$

选取一棵树 T 后，用树 T 中的一条树支和一组连支构成一个割集，且规定割集的方向与树支方向相同，可得到一个 $(N-1) \times B$ 的割集矩阵，称为基本割集矩阵 Q_f。

(4) A、B、Q_f 之间的关系。

设一个连通图 G_d 具有 N 个节点、B 条支路，选定树为 T，按先树支后连支次序排列的 A、B_f、Q_f 阵为

$$\begin{cases} A = [A_T \mid A_L] \\ B_f = [B_T \mid I] = [-F^T \mid I] \\ Q_f = [I \mid Q_L] = [I \mid F] \end{cases}$$

(5)掌握表 9-1 支路变量之间的基本关系。

3. 网络的矩阵分析法

常用的矩阵分析法有 3 种：节点法、回路法和割集法。不论用哪种方法对电路进行分析，均需研究与元件性质有关的支路电流、电压关系。为此，引入复合支路，如图 9-13 所示。

(1) 节点电压方程的矩阵形式。节点法是以节点电压为未知量来列方程分析电路的方法。节点导纳矩阵定义为

$$Y_n(s) \triangleq AY(s)A^T$$

(2) 回路电流方程的矩阵形式。回路法是以回路电流为未知量来列方程分析电路的方法。回路阻抗矩阵 $Z_l(s)$ 定义为

$$Z_l(s) \triangleq B_f Z(s) B_f^T$$

当电路中不含有受控源支路时，支路电压矢量为

$$U_b(s) = Z(s)I_b(s) - U_s(s) - Z(s)I_s(s)$$

(3) 割集电压方程的矩阵形式。割集法是以割集电压为未知量来列方程分析电路的方法。设割集电压列向量为 $U_t(s)$，割集导纳矩阵定义为

$$Y_T(s) \triangleq Q_f Y(s) Q_f^T$$

当电路中不含有受控源支路时，支路矢量 $I_b(s)$ 和支路电压矢量 $U_b(s)$ 为

$$U_b(s) = Q_f^T U_T(s)$$
$$I_b(s) = Y(s)[U_b(s) + U_s(s)] + I_s(s)$$

(4) 改进的节点电压法。当电路中含有纯电压源构成的支路时，把该支路单独处理，则改进的节点电压方程为

$$\begin{pmatrix} Y_n(s) & H_{12} \\ H_{21} & H_{22} \end{pmatrix} \begin{pmatrix} U_n(s) \\ I_n(s) \end{pmatrix} = \begin{pmatrix} I_s(s) \\ U_s(s) \end{pmatrix}$$

9.7.2　思考

(1) ①图 9-24 中有几个树？②画出一个适当的树，用两个未知量写出两个方程，求 I_3；③受控源提供的功率是多少？

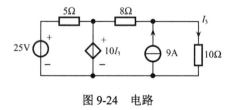

图 9-24　电路

(2) 图 9-25 所示电路中，$C=0.2F$，$L=1H$，以 $u_C(t)$，$i_L(t)$ 为状态变量，列写电路的状态方程的矩阵形式。

(3) 在图 9-26 中，

① 下列两种支路集合中（ ）是树支集合。

(a){1，2，4，5，10}；(b){1，2，3，7，8}

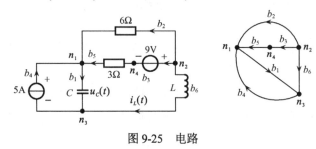

图 9-25 电路

② 下列两种支路集合中（ ）是一组独立的完备的电流变量。

(a){3，4，7，8，10}；(b){1，2，3，4，8}

(4) 图 9-27 所示电路中，选定树支集合为{7，8，9，10}，写出该图的基本回路方程和基本割集方程

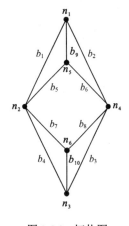

图 9-26 拓扑图

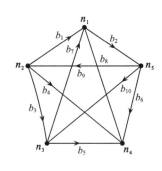

图 9-27 电路

习 题 9

9.1 基本割集中仅含有一条（ ）支路，基本回路中仅含有一条（ ）支路。

9.2 对网络的图任选一树，（ ）支电压知道后，即可确定全部支路电压；（ ）支电流知道后即可确定全部支路电流。

9.3 图 9-28 为有向图，选支路 4、5 为树支，则其基本回路矩阵为（ ），关联矩阵为（ ）。

9.4 若平面线图如图 9-29 所示，试画出：

(1) 此线路图中所有的树；

(2) 此线路图中所有的割集；

(3)此线路图中所有的回路。

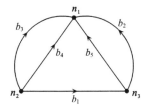

图 9-28 习题 9.3 图

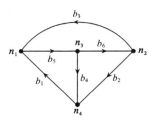

图 9-29 习题 9.4 图

9.5 若选图 9-29 中支路 b_6、b_5 和 b_2 构成树 T，试求：

(1)此线路图中相应于树 T 的所有基本割集；

(2)此线路图中相应于树 T 的所有基本回路。

9.6 若一有线图如图 9-30 所示，试写出其增广关联矩阵 A_a 和关联矩阵 A。

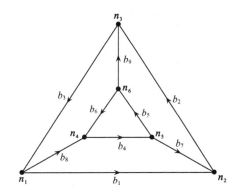

图 9-30 习题 9.6 图

9.7 若一网络关联矩阵给定为

$$A = \begin{bmatrix} 0 & -1 & -1 & 1 & 0 \\ 0 & 0 & 0 & -1 & -1 \\ 1 & 0 & 1 & 0 & 1 \end{bmatrix}$$

(1)试画出此网络的线路图；

(2)求出该线路图的树的数目。

9.8 已知一个有向网络图的基本回路矩阵 B_f 给定如下，试写出对应于同一有向图、同一树的基本割集矩阵 Q_f，并画出相应的网络有向拓扑图及树。

$$B_f = \begin{bmatrix} 1 & 0 & 0 & -1 & 0 & 1 \\ 0 & 1 & 0 & -1 & -1 & 0 \\ 0 & 0 & 1 & 0 & -1 & 1 \end{bmatrix}$$

9.9 已知有一有向拓扑图的基本割集矩阵 Q_f 给定如下：

$$Q_f = \begin{bmatrix} -1 & 1 & 1 & 0 & 1 & 0 & 0 \\ 0 & 1 & 1 & -1 & 0 & 1 & 0 \\ 0 & 1 & 0 & -1 & 0 & 0 & 1 \end{bmatrix}$$

(1) 试写出对应于该网络同一树的基本回路矩阵 B_f，并画出有向拓扑图及树；

(2) 试验证：$B_f Q_f^T = 0$。

9.10 已知某有向图 G_n 的关联矩阵为

$$A = \begin{matrix} & b_1 & b_2 & b_3 & b_4 & b_5 & b_6 & b_7 \\ n_1 & \begin{bmatrix} 1 & 1 & 0 & 0 & 0 & 0 & 1 \\ n_2 & -1 & -1 & 1 & 0 & 0 & 0 & 0 \\ n_3 & 0 & 0 & -1 & 1 & 0 & 0 & 0 \\ n_4 & 0 & 0 & 0 & -1 & -1 & -1 & 0 \end{bmatrix} \end{matrix}$$

(1) 不画图，完成以下要求。

① 证明支路集 $\{b_1, b_3, b_4, b_5\}$ 构成该图的树 T；

② 求出相应于 T 的基本回路矩阵 B_f 和基本割集矩阵 Q_f；

③ 求出 G_d 中含树的数目。

(2) 做出图 G_d，并验证上述结论。

9.11 如图 9-31 所示电路，以支路 3、4、5 为树：

(1) 画出电路的有向图；

(2) 写出基本回路矩阵；

(3) 写出基本割集矩阵；

(4) 写出支路阻抗矩阵；

(5) 写出回路方程的矩阵形式。

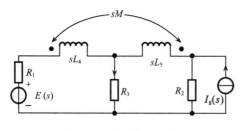

图 9-31 习题 9.11 图

9.12 已知电路网络如图 9-32 所示。

(1) 画出有向拓扑图，写出关联矩阵 A；

(2) 求出节点导纳矩阵 $Y_n(s)$；

(3) 列出节点方程；

(4) 求出节点电压 $u_{n_1}(t)$，$u_{n_2}(t)$。

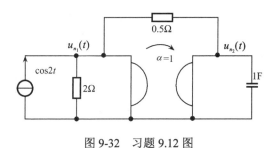

图 9-32　习题 9.12 图

9.13　已知电路网络如图 9-33 所示，其中 $i_{S_1}(t) = i_{S_2}(t) = U(t)$（单位阶跃）且各动态元件上的初始条件为零，$R_1 = 1\Omega$，$C_2 = 1F$，$C_3 = 2F$，$L_4 = \dfrac{1}{2}H$，$L_5 = \dfrac{1}{2}H$，$L_6 = 2H$，$M_1 = 1H$，$M_2 = 2H$。

(1) 若选 b_4、b_5、b_6 为树，试画出有向拓扑图，并写出 $\boldsymbol{B}_f$；

(2) 求出基本回路阻抗矩阵 $\boldsymbol{Z}_l(s)$；

(3) 写出基本回路方程。

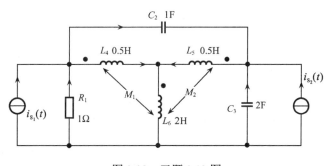

图 9-33　习题 9.13 图

9.14　已知一有源滤波器如图 9-34 所示，试用节点分析法求出其网络的 $u_2(t)$。

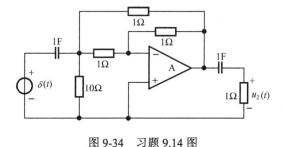

图 9-34　习题 9.14 图

9.15　对图 9-35(a) 电路列写节点电压方程的矩阵形式。

9.16　已知有负阻抗变换器的电路如图 9-36 所示，且设电容上初始电压为零，试证明

$$U_2(s) = \frac{(1-\alpha)s + 1}{s^2 + (3-\alpha)s + 2} U_1(s)$$

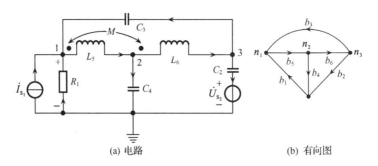

(a) 电路   (b) 有向图

图 9-35　习题 9.15 图

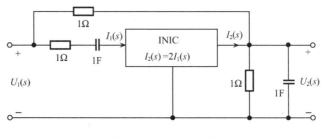

图 9-36　习题 9.16 图

9.17　已知电路如图 9-37 所示,试建立其改进节点方程(设电容上初始电压为零)。

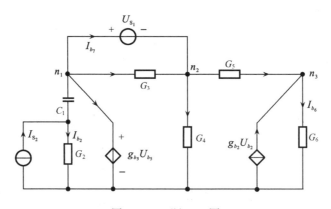

图 9-37　习题 9.17 图

9.18　已知电路如图 9-38(a)所示,动态元件无初始储能,其对应的有向图如图 9-38(b),已知: R_1=1Ω, R_2=0.25Ω, C_3=2F, C_4=1F, L_5=4H, L_6=3H, $i_{S_1} = \delta(t)\text{A}$。

令节点 4 为参考节点,列写下列条件下的节点电压方程。

(1) M=2H, g_m=0;

(2) M=2H, g_m=2s。

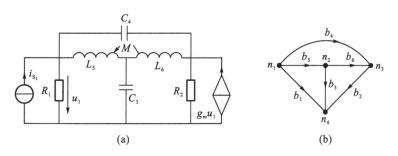

图 9-38　习题 9.18 图

9.19　对于图 9-39 所示正弦交流网络，选一个含 R_4、R_5、R_6、R_7 及 R_8 支路的树，写出对应于此树的割集矩阵 $\boldsymbol{Q}_\mathrm{f}$、割集导纳矩阵 $\boldsymbol{Y}_\mathrm{T}$ 和其基本割集方程。

9.20　试证明 Tellegen 定理 $\boldsymbol{U}_b^\mathrm{T}(s)\boldsymbol{I}_b(s)=0$ 和广义 Tellegen 定理 $\boldsymbol{U}^\mathrm{T}(s)\boldsymbol{I}_b'(s)=0$。

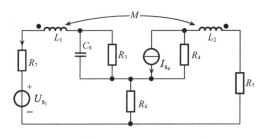

图 9-39　习题 9.19 图

第 10 章　计算机辅助设计

内 容 提 要

本章简要介绍了计算机辅助设计(computer-aided design，CAD)的发展、特点与应用和电子设计自动化(electronic design automation，EDA)的基础概念以及电路模拟程序 PSPICE 的初步知识；重点介绍了电子电路设计软件 Multisim 的背景与功能，并具体说明了使用该软件进行电路设计与仿真的步骤。

10.1　计算机辅助设计基础

10.1.1　计算机辅助设计技术简介

电路的计算机辅助设计(computer-aided design，CAD)是在计算机技术、模拟理论和应用数学等基础上发展起来的一门新技术。它为电路的分析和设计带来了新的生命力，使电路设计走向了更高的阶段。现在几乎所有较为复杂的电路，特别是大规模和超大规模集成电路的设计都离不开计算机辅助设计技术，并且计算机辅助设计技术在计算、信息存储和制图等项工作上发挥着重要作用。

计算机辅助设计准备和酝酿阶段是在 20 世纪 50~60 年代。50 年代在美国诞生第一台计算机绘图系统，开始出现具有简单绘图输出功能的被动式的计算机辅助设计技术；60 年代初期出现了 CAD 的曲面片技术，推出商品化的计算机绘图设备；70 年代，完整的 CAD 系统开始形成，出现了廉价的固定电路随机存储器、产生逼真图形的光栅扫描显示器、光笔、图形输入板的图形输入设备，促进了 CAD 技术的发展；80 年代是突飞猛进的一个时期，CAD 技术向标准化、集成化、智能化方向发展，一些标准的图形接口软件和图形功能相继推出，为 CAD 技术的推广、软件的移植和数据共享起到了重要的促进作用，从用于产品设计发展到工程设计和工艺设计，设计过程更趋于自动化。

传统的电路设计过程是：首先设计人员根据实际需要及具体要求提出设计指标，然后根据经验，初步确定电路方案和元件参数，最后将电路及元器件模型进行简化，根据已知的参数对电路指标进行检验。检验的方法分为解析法和物理模拟法两种。

解析法就是利用数学的方法进行数学模拟，先画出等效电路图，在图上标出有关的数据，然后根据电路理论列出电路方程组进行人工求解，求解后得到初始设计电路的性能参数，与设计要求进行比较，看是否符合要求。原则上讲这种方法可以适用于任何电路，但实际上它只适用于较小规模的简单电路。如果没有有效的计算工具，人工计算相当费时。特别是需要进行重复计算时，所花的时间更长。因此这种方法不仅要求电路简单，元件类型也要求比较简单，而且还要受到计算精度的限制。

物理模拟法就是设计人员根据初始设计方案，用实际元件在实验室搭接一个实验电路进行实验，然后利用仪器仪表来测试电路性能，以此来检验设计的正确性。如果性能参数与设计要求不符，或偏差较大，则需要修改元件参数或电路结构反复进行测试检验，直到电路性能满足指标要求为止。此法对一般较为简单的电路是有效的，但它所用的实验时间一般较长，因为它是在对元器件的等效电路和模型做了大量的近似和简化的理想条件下进行的，忽略了寄生参量的影响，从而使得实验结果与实验性能之间差距往往很大。在实验过程中，特别是要对多种方案和元件参数进行分析比较时，实验时间更长，同时实验的精度不可能做得高，因为获得精确的元件值是有困难的。

从上面可以看出，传统的设计方法效率低、周期长。特别是随着电子技术的飞跃发展，电子设备与系统日趋复杂，电路规模越来越大，集成度也越来越高，对它们的精确度、稳定性、可靠性等指标的要求也越来越严格，传统的设计方法已不能适应新的设计要求，这就必须采用 CAD 技术。

CAD 技术从根本上改革了电路的设计方式，这一新技术的开发不仅发展了经典的电路理论，而且将计算机的高速运算、优良的数据处理能力与人的创造性思维有机地联系起来。利用计算机帮助设计人员设计产品，加快了设计进程、提高了设计质量、缩短了设计周期、加速了产品的更新换代，因此 CAD 具有广阔的发展前景。采用 CAD 技术模拟电路的各种特性，无须任何实际元件，各种功能的计算机应用程序代替了实验中的各种仪器仪表，是电路设计中的一项革命性变革。

电路的 CAD 一般是指计算机根据设计人员的指令执行各种数据分析和模拟实验过程，并输出结果。电路的 CAD 包括电路的计算机辅助分析(computer aided analysis，CAA)和电路的最优化设计。CAA 是整个电路的重要环节，也就是说，电路的 CAD 是以 CAA 为基础的，CAA 是在给定电路结构和元件参数的条件下，计算电路的性能指标，而电路的优化设计则是在给定电路结构和性能指标的条件下，求出电路中各元件的最佳值。

CAD 常用软件有以下几种：

AutoCAD(Autodesk Computer Aided Design)是国际上著名的二维和三维 CAD 设计软件，是美国 Autodesk 公司首次于 1982 年生产的自动计算机辅助设计软件，用于二维绘图、详细绘制、设计文档和基本三维设计，现已成为国际上广为流行的绘图工具。AutoCAD 具有良好的用户界面，通过交互菜单或命令行方式便可以进行各种操作，它的多文档设计环境让非计算机专业人员也能很快地学会并使用。AutoCAD 具有广泛的适应性，它可以在各种操作系统支持的微型计算机和工作站上运行，广泛用于土木建筑、工业制图、工程制图、电子工业等领域。

VDF(VectorDraw Developer Framework)在 CAD 制图工具中算得上是领头羊，它相当于一个 AutoCAD 的封装库，但又比 AutoCAD 的功能更加完善。程序员可用于其应用程序的可视化，通过所提供的功能可以创建、编辑、管理、导出和导入以及打印 2D 和 3D 图形与图形文件。VDF 所采用的一种格式称为 VDML，此格式是基于 XML 的，支持定制的对象，不受构件版本的影响。它是一个面向对象的 CAD 制图控件，所以操作起来直观明了、易上手，并且提供无限分发授权，被广泛用于 ERP 系统、CAD/CAM/CAE 应用程序、地理信息系统(GIS)应用软件 CVC 及任何需要矢量或栅格图形输出的应用程序。

Pro/Engineer 操作软件是美国参数技术公司(Parametric Technology Corporation，PTC)旗下的 CAD/CAM/CAE 一体化的三维软件。Pro/Engineer 软件以参数化著称，是参数化技术的最早应用者，在目前的三维造型软件领域中占有重要地位。Pro/Engineer 作为当今世界机械 CAD/CAE/CAM 领域的新标准而得到业界的认可和推广，是现今主流的 CAD/CAM/CAE 软件之一，特别是在国内产品设计领域占据重要位置。

CAXA 电子图板和 CAXA-ME 制造工程师软件是由北京北航海尔软件有限公司设计与开发的，是国产的 CAD/CAM/CAE 软件。CAXA 电子图板是一套高效、方便、智能化的通用中文设计绘图软件，可帮助设计人员进行零件图、装配图、工艺图表、平面包装设计，适合所有需要二维绘图的应用，使设计人员可以把精力集中在设计构思上，彻底甩掉图板，满足现代企业快速设计、绘图、信息电子化的需求；CAXA-ME 是面向机械制造业的自主开发的、中文界面、三维复杂形面 CAD/CAM 软件。CAXA 制造工程师 1.0 版于 1996 年推出，CAXA-ME2.0 版于 1998 年 3 月发布，CAXA-ME2000 版也已发布。

开目 CAD 是华中理工大学(现华中科技大学)机械学院开发的具有自主版权的基于微机平台的 CAD 和图纸管理软件，它面向工程实际，模拟人的设计绘图思路，操作简便，机械绘图效率比 AutoCAD 高得多。开目 CAD 支持多种几何约束种类及多视图同时驱动，具有局部参数化的功能，能够处理设计中的过约束和欠约束。开目 CAD 实现了 CAD、CAPP(computer aided process planning)、CAM 的集成，适合我国设计人员的习惯，是全国 CAD 应用工程主推产品之一。

在电子行业中，CAD 技术不但应用面广，而且发展迅速，在实现电子设计自动化(electronic design automation，EDA)方面取得了突破性的进展。目前在电子设计中，设计技术正处于从 CAD 到 EDA 过渡的进程中。

10.1.2 电子设计自动化简介

电子电路设计的电子设计自动化(EDA)是指使用 EDA 工具软件进行电子电路设计的一种电子产品设计方法。它是一种自上而下的设计方法，从系统设计入手，先在顶层进行功能划分、行为描述和结构设计，然后在底层进行方案设计与验证、电路设计与印制电路板(printed-circuit board，PCB)设计、专用集成电路(application specific integrated circuit，ASIC)设计等。这种方法花费少，效率高，周期短，功能强，应用范围广，是当今电子电路设计的主流手段。目前，在这种方法中，除系统设计、功能划分和行为描述外，其余工作都由计算机自动完成。随着计算机硬件水平的提高，以及 Multisim、Protel、OrCAD、PSPICE 和 MATLAB 等 EDA 工具软件的发展完善，这种方法的设计效能会大幅度提高，并将对电子产业乃至其他相关产业产生深远影响。

EDA 工具软件具有以下功能。

1) 电路设计

电路设计主要指原理电路的设计、PCB 设计、ASIC 设计、可编程逻辑器件设计和单片机设计。具体来说，就是设计人员可以在 EDA 软件的图形编辑器中，利用软件提供的图形工具(包括通用绘图工具和包含电子元器件图形符号及外观图形的元器件图形库)准确、快捷地画出产品设计所需的电路原理图和 PCB 图。

2) 电路仿真

电路仿真是利用 EDA 软件工具的模拟功能对电路环境(含电路元器件及测试仪器)和电路过程(从激励到响应的全过程)进行仿真。这个工作对应传统电子设计中的电路搭建和性能测试，即设计人员将目标电路的原理图输入到由 EDA 软件建立的仿真器中，利用软件提供的仿真工具(包括仿真测试仪器和电子器件仿真模型的参数库)对电路的实际工作情况进行模拟，其模拟的真实程度主要取决于电子元器件仿真模型的逼真程度。由于不需要真实电路环境的介入，因此花费少，效率高，而且显示结果快捷、准确、形象。

3) 系统分析

系统分析是应用 EDA 软件自带的仿真算法包对所设计电路的系统性能进行仿真计算，设计人员可以利用仿真得出的数据对该电路的静态特性(如直流工作点等静态参数)、动态特性(如瞬态响应等动态参数)、频率特性(如频谱、噪声、失真等频率参数)、系统稳定性(如系统传递函数、零点和极点参数)等系统性能进行分析，最后，将分析结果用于改进和优化该电路的设计。有了这个功能以后，设计人员就能以简单、快捷的方式对所设计电路的实际性能做出较为准确的描述。同时，非设计人员也可以通过使用 EDA 软件的这个功能深入了解实际电路的综合性能，为其对这些电路的应用提供依据。

EDA 常用软件有以下几种。

EWB(Electronic Workbench)软件是交互图像技术有限公司(Interactive Image Technologies Ltd，IIT 公司)在 20 世纪 90 年代初推出的电路仿真软件。目前普遍使用的是 EWB5.2 版本，相对于其他 EDA 软件，它是较小巧的软件(只有16M)。但它对模数电路的混合仿真功能却十分强大，几乎 100%地仿真出真实电路，还在桌面上提供了万用表、示波器、信号发生器、扫频仪、逻辑分析仪、数字信号发生器、逻辑转换器和电压表、电流表等仪器仪表。其界面直观，易学易用。它的很多功能模仿了 SPICE 的设计，但分析功能比 PSPICE 稍少一些。

MATLAB 系列软件一大特性是有众多的面向具体应用的工具箱和仿真块，包含了完整的函数集用来对图像信号处理、控制系统设计、神经网络等特殊应用进行分析和设计。它具有数据采集、报告生成和 MATLAB 语言编程产生独立 C/C++代码等功能。MATLAB 具有下列功能：数据分析，数值和符号计算，工程与科学绘图，控制系统设计，数字图像信号处理，财务工程，建模、仿真、原型开发，应用开发，图形用户界面设计等。MATLAB 广泛应用于信号与图像处理、控制系统设计、通信系统仿真等诸多领域。开放式的结构使 MATLAB 很容易针对特定的需求进行扩充，从而在不断深化对问题认识的同时，提高自身的竞争力。

Protel 是 Altium 公司在 20 世纪 80 年代末推出的 CAD 工具，是 PCB 设计者的首选软件。它较早在国内使用，普及率最高，有些高校的电路专业还专门开设 Protel 课程，几乎所有的电路公司都要用到它。早期的 Protel 主要作为印刷板自动布线工具使用，现在普遍使用的是 Protel99SE，它是一个完整的全方位电路设计系统，包含了电路原理图绘制、模拟电路与数字电路混合信号仿真、多层印刷电路板设计(包含印刷电路板自动布局布线)、可编程逻辑器件设计、图表生成、电路表格生成、支持宏操作等功能，并具有 Client/Server 客户/服务器体系结构，同时还兼容一些其他设计软件的文件格式，如 OrCAD、PSPICE、Excel 等。使用多层印制线路板的自动布线，可实现高密度 PCB 的 100%布通率。Protel 软件功能强大、界面友好、使用方便，其最具代表性的是电路设计和 PCB 设计。

OrCAD Capture 是一款基于 Windows 操作环境的电路设计工具。利用 OrCAD 软件，能够实现绘制电路原理图以及为制作 PCB 和可编程的逻辑设计提供连续性的仿真信息。OrCAD Capture 作为行业标准的 PCB 原理图输入方式，是当今世界最流行的原理图输入工具之一，具有简单直观的用户设计界面。OrCAD Capture 具有功能强大的元件信息系统，可以在线集中管理元件数据库，大幅提升电路设计的效率。OrCAD Capture 提供了完整的、可调整的原理图设计方法，能够有效应用于 PCB 的设计创建、管理和重用。将原理图设计技术和 PCB 布局布线技术相结合，OrCAD 能够从一开始就抓住设计意图。不管是用于设计模拟电路、复杂的 PCB、FPGA 和 CPLD、PCB 改版的原理图修改，还是用于设计层次模块，OrCAD Capture 都能提供快速的设计输入工具。此外，OrCAD Capture 原理图输入技术可以随时输入、修改和检验 PCB 设计。

对于电子爱好者来讲，EDA 软件的出现大大地改进了其学习电子电路的方法，提高了学习电子电路相关知识的效率。

10.1.3 PSPICE 简介

PSPICE 是由 SPICE(Simulation Program with Integrated Circuit Emphasis)发展而来的用于微机系列的通用电路分析程序。SPICE 于 1972 年由美国加州大学伯克利分校的计算机辅助设计小组利用 FORTRAN 语言开发而成，主要用于大规模集成电路的计算机辅助设计。

SPICE 的正式版 SPICE 2G 在 1975 年正式推出，其运行环境至少为小型机。1985 年，加州大学伯克利分校用 C 语言对 SPICE 软件进行了改写，并由 MicroSim 公司推出。1988 年 SPICE 被定为美国国家工业标准，与此同时，各种以 SPICE 为核心的商用模拟电路仿真软件，在 SPICE 的基础上做了大量实用化工作，从而使 SPICE 成为最为流行的电子电路仿真软件。

PSPICE 采用自由格式语言的 5.0 版本自 20 世纪 80 年代以来在我国得到广泛应用，并且从 6.0 版本开始引入图形界面。1998 年著名的 EDA 商业软件开发商 OrCAD 公司与 MicroSim 公司正式合并，自此 MicroSim 公司的 PSPICE 产品正式并入 OrCAD 公司的商业 EDA 系统中。不久之后，OrCAD 公司正式推出了 OrCAD PSPICE Release 10.5，与传统的 SPICE 软件相比，PSPICE 10.5 在三大方面实现了重大变革：第一，在对模拟电路进行直流、交流和瞬态等基本电路特性分析的基础上，实现了蒙特卡罗分析、最坏情况分析以及优化设计等较为复杂的电路特性分析；第二，不但能够对模拟电路进行仿真，而且能够对数字电路、数/模混合电路进行仿真；第三，集成度大大提高，电路图绘制完成后可直接进行电路仿真，并且可以随时分析观察仿真结果。PSPICE 软件的使用已经非常流行。在大学里，它是工科类学生必会的分析与设计电路工具；在公司里，它是产品从设计、试验到定型过程中不可缺少的设计工具。

至目前为止，PSPICE 的版本已经发展到了 16.6，包含在 OrCAD 16.6 release 当中。PSPICE 仿真功能从严格意义上讲已经发展演变为两大模块：一个是基本分析模块，简称PSPICE A/D，另外一个是高级分析模块，简称 PSPICE AA。AA 是近些年 PSPICE 不断加强和扩展的一个功能，AA 部分的功能与生产方面结合得更为紧密，仿真分析中考虑的问题更加全面。PSPICE 由以下部分组成。

(1) 电路原理图编辑程序(Schematics)。PSPICE 的输入有两种形式，一种是网单文件(或文本文件)形式，一种是电路原理图形式，相对而言后者比前者较简单直观，它既可以生成新的电路原理图文件，又可以打开已有的原理图文件。电路元器件符号库中备有各种元器件符号，除了电阻、电容、电感、晶体管、电源等基本器件及符号外，还有运算放大器、比较器等宏观模型级符号，组成电路图、原理图文件后缀为.sch。图形文字编辑器自动将原理图转化为电路网单文件以提供给模拟计算程序运行仿真。

(2) 激励源编辑程序(Stimulus Editor)。PSPICE 中有很丰富的信号源，如正弦源、脉冲源、指数源、分段线性源、单频调频源等。该程序可用来快速完成各种模拟信号和数字信号的建立与修改，并且可以直观方便地显示这些信号源的波形。

(3) 电路仿真程序(PSPICE A/D)。它是软件核心部分。在 PSPICE 4.1 版本以上，该仿真程序具有数字电路和模拟电路的混合仿真能力。它接收电路输入程序确定的电路拓扑结构和元器件参数信息，经过元器件模型处理形成电路方程，然后求解电路方程的数值解并给出计算结果，最后产生扩展名为.dat 的数据文件(给图形后处理程序Probe)和扩展名为.out 的电路输出文本文件。模拟计算程序只能打开扩展名为.cir 的电路输入文件，不能打开扩展名为.sch 的电路输入文件。因此在 Schematics 环境下，运行模拟计算程序时，系统首先将原理图.sch 文件转换为.cir 文件，然后再启动 PSPICEA/D 进行模拟分析。

(4) 输出结果绘图程序(Probe)。Probe 程序是 PSPICE 的输出图形后处理软件包。该程序的输入文件为用户作业文本文件或图形文件仿真运行后形成的后缀为.dat 的数据文件。它可以起到万用表、示波器和扫描仪的作用，在屏幕上绘出仿真结果的波形和曲线。随着计算机图形功能的不断增强，PC 机上 Windows95、98、2000/XP 的出现，Probe 程序的绘图能力也越来越强。

(5) 模型参数提取程序(Model Editor)。电路仿真分析的精度和可靠性主要取决于元器件模型参数的精度。尽管 PSPICE 的模型参数库中包含了上万种元器件模型，但有时用户还是根据自己的需要采用自己确定的元器件的模型及参数，这时可以调用模型参数提取程序从器件特性中提取该器件的模型参数。

(6) 元件模型参数库(LIB)。PSPICE 具有自建的元件模型，元件的建立以元件的物理原理为基础，模型参数与物理特性密切相关，元件的等效模型还有其工作条件与分析要求相关。在直流分析中，非线性元件的等效模型是小信号线性等效电路；在瞬态分析中，非线性元件的等效模型考虑到了电荷存储效应。二极管模型既适用于结型二极管，也适用于肖特基势垒二极管。除了分立元件参数库以外，还有集成电路的宏模型库，并提供了一些著名器件和 IC 生产厂家的专有元器件参数库。

SPICE 程序的主要功能有非线性直流分析、线性小信号交流分析、非线性瞬态分析、灵敏度分析和统计分析。前三种分析是一个电子电路所需要的三种基本分析，因此它具有模拟大部分电子电路的功能。此外，它还具有温度分析等一些辅助分析功能。

(1) 直流工作点分析(DC operating point analysis)。SPICE 程序可以进行直流工作点的分析(.OP)，分析决定电路的静态工作点。其分析结果是程序输出电路的节点电压、独立电压源的电流和电路中总的静态功耗。还可以进行小信号转移函数(.TF)分析，在输入变量和输出变量已被定义的情况下，SPICE 可以得到直流小信号的转移函数值。同时 SPICE 中还有可供用以计算和打印规定的直流灵敏度，用以分析小信号灵敏度(.SENS)。

(2) 交流分析(AC analysis)。SPICE 可分析小信号频率响应，可用来设计小信号输入时的模拟电路。在频率变化时，可得到电路转移特性的频率响应，并能打印出曲线(.PLOT)。SPICE 还可进行噪声分析(.NOISE)，分析输出的总噪声是电路中各种元件产生噪声的均方根值。此外，SPICE 还具有失真分析的能力(.DISTO)，它通过逼近每个非线性元件的模型来估计二次谐波失真和三次谐波失真以及二次和三次交调失真的功能，其总的失真是单个失真的矢量和。

(3) 瞬态分析(transient analysis)。应用瞬态分析可以确定指定的时域输入下的时域响应。

在电路方程的建立上，SPICE 采用了改进的节点分析法列方程。在进行非线性电路的直流分析上，对非线性方程的求解，SPICE 采用的迭代方法是用牛顿-拉弗森方法(NR法)的改进算法来进行非线性分析。对于求解线性方程组，SPICE 应用了稀疏矩阵技术，在求解方法上采用了改进的高斯消元法，即利用具有行变换选主元的 LU 分解法(LU factorization)求解。在瞬态分析上应用了变阶变步长的隐式积分法。

10.2 Multisim 软件基础

10.2.1 Multisim 简介

Multisim 是电子线路分析与设计的优秀仿真软件，它主要完成设计的原理图输入、电路仿真和 PLD 设计功能。IIT 公司在 20 世纪 80 年代后期就推出了用于电路仿真与设计的 EDA 软件 Electronic Workbench(EWB)，随着技术的发展，EWB 也经过了多个版本的演变，目前国内常见的版本有 4.0d 和 5.0c。从 6.0 版本开始，IIT 公司对 EWB 进行了较大规模的改动，仿真设计模块被改名为 Multisim，也就是 Multisim 2001 版本，Electronic Workbench Layout 模块经重新设计并被更名为 Ultiboard。新的 Ultiboard 模块是以 Ultimate 软件为核心开发的新的 PCB 软件，为了加强 Ultiboard 的布线能力，还开发了一个 Ultiroute 布线引擎。IIT 公司又推出了一个专门用于通信电路分析与设计的模块——Commsim，Multisim、Ultiboard、Ultiroute 及 Commsim 是现今 EWB 的基本组成部分，能完成从电路的仿真设计到电路版图生成的全过程。这些模块彼此相互独立，可以单独使用。目前，这 4 个 EWB 模块中最具特色的是 EWB 仿真设计模块 Multisim。

　　2003 年，IIT 公司又对 Multisim 2001 进行了较大的改进，升级为 Multisim 7，增加了 3D 元器件以及安捷伦的万用表、示波器、函数信号发生器等仿实物的虚拟仪表，使得虚拟电子工作平台更加接近实际的实验平台。Multisim 7 功能已相当强大，能胜任各种电子电路的分析和仿真试验。它有十分丰富的电子元器件库，可供用户调用组建仿真电路进行试验；它提供 18 种基本分析方法，可供用户对电子电路进行各种性能分析；它还有多达 17 台虚拟仪器仪表和 1 个实时测量探针，可以满足一般电子电路的测试和试验。但它有一个缺点，就是将电阻的单位 Ω 用"Ohm" 3 个字母表示，使用起来不方便。除了这一点之外，电子仿真软件 Multisim 7 已经相当成熟和稳定，是加拿大 IIT 公司在开拓电子仿真软件领域中的一个里程碑。

　　IIT 公司继 Multisim 2001、Multisim 7 后，于 2004 年推出了 Multisim 8。与低版本的 EWB 相比较，Multisim 8 继承了 EWB 的诸多优点，并且在功能和操作方法上有了较大改进，极大地扩充了元器件数据库，特别是大量新增的与现实元器件对应的元器件模型，增强了仿真电路的实用性。新增的元器件编辑器给用户提供了自行创建或修改所需元器件模型的工具，增加了射频电路仿真功能，这是目前众多通用电路仿真软件所不具备的。为了扩充电路的测试功能，增加了瓦特计、失真仪、频谱分析仪、网络分析仪等测试仪表，而且所有仪表都允许多台同时调用。同时改进了元器件之间的连接方式，允许任意连线。专业版的 Multisim 8 还支持 VHDL(VHSIC Hardware Description Language) 和 Verilog 语言的电路仿真与设计，它还具有丰富的帮助功能，既有软件本身的操作指南，还有元器件的功能说明。

　　2005 年以后，加拿大 IIT 公司已经隶属于美国国家仪器(National Instrument，NI)公司，美国 NI 公司于 2006 年初首次推出 Multisim 9 版本。NI 公司推出的 Multisim 9 版本与以前加拿大 IIT 公司推出的 Multisim 7 版本有着本质上的区别。虽然它的界面、元器件调用方式、搭建电路、虚拟仿真、电路基本分析方法等沿袭了 EWB 的优点，但软件的内容和功能已大不相同，标志着设计技术的一个根本转变，工程师有了一个从采集到模拟，再到测试及运用的紧密集成、终端对终端的电子设计解决方案。

　　2007 年初，美国 NI 公司下属的 Electronics Workbench Group 又推出了 NI Multisim

10 版本。它在原来的 Multisim 前冠以 NI，但我们在书写时往往会将 NI 省略，在安装 Multisim 10 软件的同时，也安装了与之配套的制版软件 UItiboard 10，并且两个软件位于同一路径，给用户提供了极大的方便。

NI 公司推出的 Multisim 10 与以前的 EWB 大不相同，可以这样认为，EWB 的主要功能在于一般电子电路的虚拟仿真，而 Multisim 10 软件则不仅仅局限于电子电路的虚拟仿真，其在 LabVIEW 虚拟仪器、单片机仿真等技术方面都有更多的创新和提高，属于 EDA 技术的更高层次范畴。Multisim 10 与其他电路仿真软件相比，具有如下特点。

(1)该软件是交互式 SPICE 仿真和电路分析软件的最新版本，专用于原理图捕获、交互式仿真、电路板设计和集成测试。这个平台将虚拟仪器技术的灵活性扩展到了电子设计者的工作台，弥补了测试与设计功能之间的缺口。通过将 Multisim 10 电路仿真软件和 LabVIEW 测量软件相集成，需要设计制作自定义 PCB 的工程师能够非常方便地比较仿真和真实数据，规避设计上的反复，减少原型错误并缩短产品上市时间。

(2)工程师们可以使用 Multisim 10 交互式地搭建电路原理图，并对电路行为进行仿真。Multisim10 提炼了 SPICE 仿真的复杂内容，这样工程师无须懂得深入的 SPICE 技术就可以很快地进行捕获、仿真和分析新的设计，这也使其更适合于电子学教育。通过 Multisim 和虚拟仪器技术，PCB 设计工程师和电子学教育工作者可以完成从理论到原理图捕获与仿真再到原型设计和测试这样一个完整的综合设计流程。

(3)NI Multisim 10 为 NI 电子学教育平台提供了一个强大的基础，NI 电子学教育平台也包括 NI ELVIS(教学实验室虚拟仪器套件)原型工作站和 NI LabVIEW，利用它学生可获得贯穿电子产品设计流程的完整操作经验。通过这个平台，学生能够很容易地在动手做原型的过程中把理论知识应用到实践，从而对电路设计有更深入的认识和理解。

(4)Multisim 10 和 Ultiboard 10 推出了很多专业设计特性，主要是高级仿真工具、增强的元器件库和扩展的用户社区。元器件库包括 1200 多个新元器件和 500 多个新 SPICE 模块，这些都来自美国模拟器件(Analog Devices)公司、凌力尔特(Linear Technology)公司和德州仪器(Texas Instruments)公司等业内领先的厂商，其中也包括 100 多个开关模式电源模块。其他增强的功能有：会聚帮助(convergence assistant)能够自动调节 SPICE 参数纠正仿真错误；数据的可视化与分析功能，包括一个新的电流探针仪器和用于不同测量的静态探点，以及对 BSIM4 参数的支持。

(5)Multisim 10 可以作为一个完整的包括 Ultiboard 10 和 NI LabVIEW SignalExpress 的集成设计与测试的平台进行订购。LabVIEW SignalExpress 交互式测量软件通过在工作台上控制所有的仪器来提高效率。

(6)Multisim 10 有丰富的帮助功能，其帮助系统不仅包括软件本身的操作指南，更重要的是还包含元器件的功能解说，有利于使用 EWB 进行 CAI(computer aided instruction)教学。另外，Multisim 10 还提供了与国内外流行的 PCB 设计自动化软件 Protel 及电路仿真软件 PSPICE 之间的文件接口，也能通过 Windows 的剪贴板把电路图送往文字处理系统中进行编辑排版。

继而推出的 Multisim 11、12 是 Multisim 10 的改进、增强版，主要功能变化不大，在运用上更加简便、清晰，这里就不再赘述。

Multisim 易学易用，便于电子行业的从业人员开展综合性的设计和试验，有利于培养其综合分析能力、开发和创新能力。但对于电子行业的初学者来讲，对该软件的应用重点应在电子电路的虚拟仿真上。

10.2.2　Multisim 基本操作

本节将系统地介绍 Multisim 用户界面的基本操作，主要以 Multisim 12 为参考模型。启动 Multisim 12，运行该软件，弹出如图 10-1 所示 Multisim 12 用户界面。

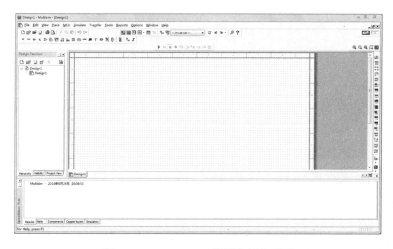

图 10-1　Multisim 12 的基本操作界面

从图 10-1 可以看出，Multisim 12 的主窗口如同一个实际的电子实验台。屏幕中央区域最大的窗口就是电路工作区，在电路工作区上可将各种电子元器件和测试仪器仪表连接成试验电路。电路工作窗口上方是菜单栏、工具栏。从菜单栏中可以选择电路连接、试验所需的各种命令。工具栏包含了常用的操作命令按钮。电路工作窗口两边是设计工具栏和仪器仪表栏。设计工具栏存放着各种电子元器件，仪器仪表栏存放着各种测试仪器仪表，从中可以很方便地提取试验所需的各种元器件及仪器仪表到电路工作窗口并连接成试验电路。按下电路工作窗口上方的"启动/停止"按钮或"暂停/恢复"按钮可以方便地控制仿真试验的进程。

Multisim 12 用户界面由以下几个基本部分组成。

①菜单栏(Menu Bar)：该软件的所有功能均可在此找到。

②标准工具栏(Standard Toolbar)：其中的按钮是常用的功能按钮。

③虚拟仪器仪表工具栏(Instruments Toolbar)：Multisim 的所有虚拟仪器仪表按钮均可在此找到。

④元器件工具栏(Components Toolbar)：提供电路图中所需的各类元器件。

⑤电路窗口(Circuit Windows or Workspace)：即电路工作区，该工作区是用来创建、编辑电路图以及进行仿真分析、显示波形的窗口。

⑥状态栏(Status Bar)：主要用于显示当前的操作及鼠标指针所指条目的有关信息。

⑦设计工具栏(Design Toolbox)：利用该工具栏可以将有关电路设计的原理图、PCB图、相关文件、电路的各种统计报告进行分类管理，还可以观察分层电路的层次结构。

⑧电路元器件属性视窗(Spreadsheet View)：该视窗是当前电路文件中所有元器件属性的统计窗口，可通过该视窗改变部分或全部元器件的某一属性。

Multisim 的菜单栏、系统工具栏等与 Windows 风格类似，这里就不一一介绍，下面重点来认识元器件库和仪表工具栏。

Multisim 的元器件库提供了用户在电路仿真中所需的所有元件，如图 10-2 所示。

图 10-2　Multisim 的元器件库界面

元器件库从左到右依次为：信号源库、基本元器件库、二极管库、晶体管库、模拟集成电路库、TTL 数字集成电路库、CMOS 数字集成电路库、其他数字器件库、数模混合集成电路库、指示器件库、电源器件库、其他器件库、键盘显示器库、射频元器件库、机电类器件库和微控制器库。

仪表工具栏位于窗口的最右边一栏，它提供了用户所需的所有仪器仪表，如图 10-3 所示。

图 10-3　Multisim 的仪表工具栏界面

仪表工具栏从左到右分别为：数字万用表、函数信号发生器、瓦特表、双通道示波器、四通道示波器、波特图仪、频率计、字信号发生器、逻辑分析仪、逻辑转换器、IV分析仪、失真度仪、频谱分析仪和网络分析仪。

数字万用表可用于测量交直流电压、电流和电阻，也可以用分贝形式显示电压和电流。函数信号发生器可用于产生正弦波、方波和三角波信号，信号频率可在 1Hz～999MHz 范围内调整，信号的幅值以及占空比等参数也可以根据需要进行调节。瓦特表可用于测量电路交、直流功率。双通道示波器可以观察一路或两路信号波形的形状，分析被测周期信号的幅值和频率，时间基准可在纳秒至秒范围内调节。四通道示波器与双通道示波器的使用方法和参数调整方式完全一样，只是多了一个通道控制器旋钮，当旋钮拨到某个通道位置，才能对该通道的 Y 轴进行调整。波特图仪可以方便地测量和显示电路的频率响应，适合于分析滤波电路或电路的频率特性，特别易于观察截止频率，类似于实验室的频率特性测试仪。频率计主要用来测量信号的频率、周期、相位，脉冲信号的上升沿和下降沿。字信号发生器(又称为数字逻辑信号源)可以以多种方式产生 32 位同步逻辑信号，在数字电路的测试中应用非常灵活。逻辑分析仪可用于同步记录和显示 16 路逻辑信号，对数字逻辑信号进行高速采集和时序分析。Multisim 12 提供了一种虚拟仪器——逻辑转换器，实际中并不存在这样的仪器。逻辑转换器可以在逻辑电路、真值表和逻辑表达式之间进行转换。6 种转换功能依次是：逻辑电路转换为真值表、真值表转换为逻辑表达式、真值表转换为最简逻辑表达式、逻辑表达式转换为真值表、逻辑表达式转换为逻辑电路和逻辑表达式转换为与非门电路。IV 分析仪专门用来分析晶体管的伏安特性曲线，如二极管、NPN 管、PNP 管、NMOS 管、PMOS 管等器件。IV 分析仪相当于实验室的晶体管图示仪，需要将晶体管与连接电路完全断开，才能进行 IV 分析仪的连接和测试。失真度仪可用于测试电路总谐波失真与信噪比，测量电路的信号失真度，提供的频率范围为 20Hz～100kHz。频谱分析仪主要用于测量和显示信号所包含的频率和频率所对应的幅度，其频域分析范围的上限为 4GHz。网络分析仪主要用于测量双端口网络的特性，如衰减器、放大器、混频器、功率分配器等，可以测量电路的 S、H、Y、Z 参数，是高频电路中最常用的仪器之一。

　　下面用一个例子说明如何在 Multisim 中创建和连接电路，以及如何调用 Multisim 提供的虚拟仪器来进行电路仿真。所要建立和仿真的电路如图 10-4 所示。

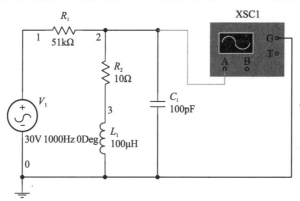

图 10-4　典型的 RLC 电路

建立该电路，通常可分为下几个步骤。

(1)在菜单栏 File 中点击 New，新建一个空白的电路图，如图 10-5 所示。

(2)从元器件库中调用所需要的元件，如图 10-6 所示。

图 10-5　新建空白的电路图

图 10-6　放置所需元件

对于电阻、电容和电感等基本元件有现实元件和虚拟元件两种模型。虚拟元件是指元件的大部分模型参数是该元件的理想值。现实元件是根据实际存在的元器件参数设计的，与实际数值存在的元件相对应。使用现实元件仿真的结果比理想元件准确可靠，但其选取的速度要比理想元件慢。以上两种元件可根据情况进行选择，此例中选择现实元件。点击基本元件库的电容图标，出现如图 10-7 所示窗口，在左边的元件取值菜单中选择 100pF，点击 OK 按钮，拖动鼠标到操作窗口中合适的位置单击，即可以将电容放入图中。电阻和电感元件的选取方法和电容一样。

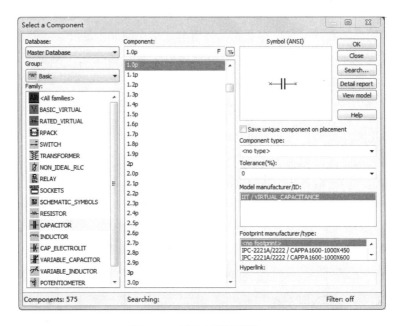

图 10-7　元件参数设置窗口

然后在电源库选取电源元件。在库中选择交流电源接地，即完成所需元件的选取。完成选取后的电路图如图 10-8 所示。

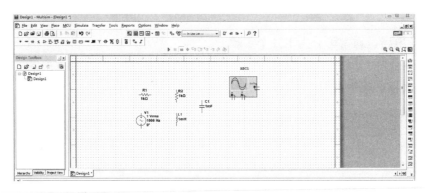

图 10-8　完成选取后的电路图

(3)电路的连接。电路的连接一般可分为如下两类。

①元件之间的连接。将鼠标指针指向所要连接的元件引脚一端，点击并拖动鼠标，使鼠标指针到另一元件的引脚，再次点击，系统将自动连接两个引脚之间的线路。

②元件与线路的连接。从元件引脚的一端开始，点击该引脚然后拖向所要连线的线路上再点击，系统将自动连接两个点，同时在连接线路的交叉点上自动放置一个节点。或者在已连接好的线路上放置一个节点，然后从该点引出，指到元件引脚的一端点击，即可完成连接。

需要删除某根连线时，选定该连线，点击鼠标右键，出现快捷菜单，选择 Delete 即可；也可以选中连线后直接使用键盘上的 Delete 按键完成删除操作。删除节点的方法与删除连线一样。

(4) 虚拟仪器的放置和连接。Multisim 12 的仪器库(instruments)中共有 17 种虚拟仪器：数字万用表、函数信号发生器、瓦特表、示波器等。这些仪器可用于电路基础、模拟电路、数字电路和高频电路的仿真和测试。使用时只需拖动所需仪器的图标，再双击该图标就可以得到该仪器的控制面板。在此电路图中，要连接一个示波器，用于分析和观察电压的波形。选择仪表工具栏中的示波器(oscilloscope)，拖动鼠标到电路中合适的空白位置，单击后示波器就会出现在图中。将示波器 A 端和电压源正端相连，G 端与电路接地端相连即可完成虚拟仪器的连接。

(5) 电路的运行和仿真。电路连接完成后，此时电路并未工作，按下工作界面右上角的 Run 按钮，电路即可开始工作。双击示波器的图标即可看到波形显示，如图 10-9 所示。

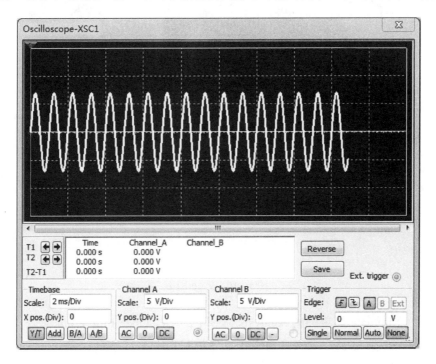

图 10-9　电路的仿真界面

10.3　Multisim 电路分析方法

Multisim 12 提供了 18 种基本分析方法，分别为直流工作点分析、交流分析、瞬态分析、傅里叶分析、噪声分析、噪声系数分析、失真分析、直流扫描分析、灵敏度分析、参数扫描分析、温度扫描分析、零-极点分析、传递函数分析、最坏情况分析、蒙特卡罗分析、导线宽度分析、批处理分析和用户自定义分析。下面介绍几种常用的仿真分析方法。

10.3.1　直流工作点分析

直流工作点分析(DC operating point analysis)主要用来计算电路的静态工作点。进行直流工作点分析时，Multisim 自动将电路分析条件设为电感短路、电容开路、交流电压源短路。下面使用图 10-10 差分电路来举例说明电路的直流工作点分析方法。

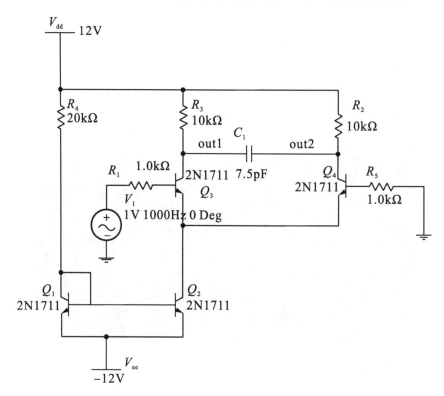

图 10-10　差分电路

(3)执行 Simulate 菜单中的 Analysis 命令下的 DC Operating Point 命令，将弹出如图 10-11 所示的对话框，进入直流工作点分析状态，该对话框包含 Output、Analysis Options 和 Summary 共 3 个选项。

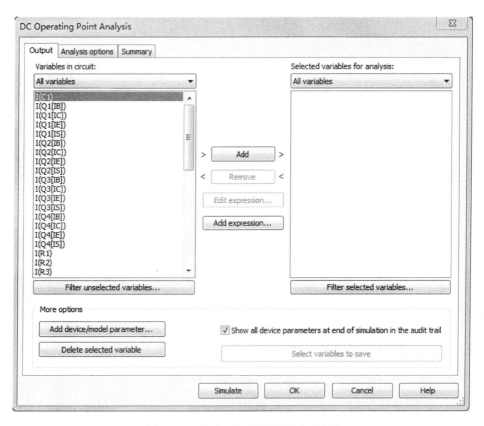

图 10-11　直流工作点分析设置对话框

（1）Output 页的选项用于选择所要分析的节点或变量。其中的 Variables in circuit 一栏用于列出所有可供分析的节点电压和变量，点击 Variables in circuit 窗口中的下箭头按钮，可以给出变量类型选择表。点击该栏下的 Filter unselected variables 按钮，可以增加一些变量。Selected variables for analysis 一栏用于显示用户确定需要分析的节点或变量。选中 Variables in circuit 栏内的变量，点击 Add 按钮，即可把需要分析的变量加入 Selected variables for analysis 一栏中；如果不想分析其中已选中的某一个变量，可先选中该变量，点击 Remove 按钮即将其移回 Variables in circuit 栏内。

（2）Analysis options 页的选项是用来设定分析参数，建议使用默认值，包含有 SPICE options 区和 Other options 区，如图 10-12 所示。如果选择 Use Custom Settings，可以用来选择用户所设定的分析选项。可供选取设定的项目出现在栏中，其中大部分项目应该采用默认值，如果想要改变其中某一个分析选项参数，则在选取该项后，再选中下面的 Customize 选项，将出现另一个窗口，可以在该窗口中输入新的参数。点击左下角的 Restore to recommended settings 按钮，即可恢复默认值。

（3）Summary 页的选项是对上面的设置进行总结。在 Summary 中显示了所设定的参数和选项，可以确认并检查所要进行的分析设置是否符合要求，如图 10-13 所示。

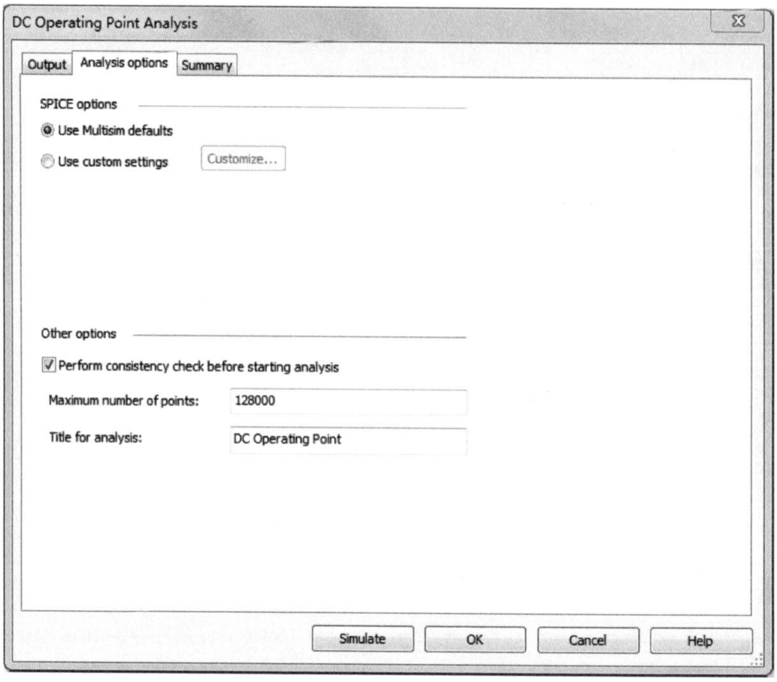

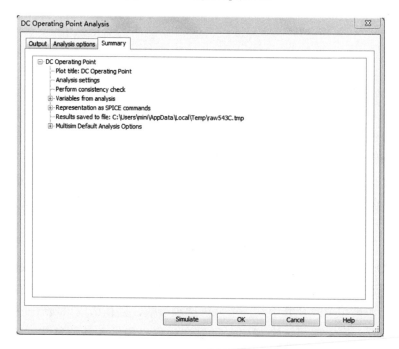

图 10-12   Analysis options 页

图 10-13   Summary 页

经过以上设置，点击下方的 Simulate 键即可进行直流工作点分析，分析结果如图 10-14
所示。

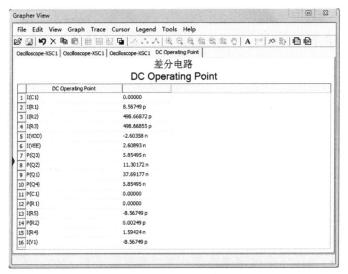

图 10-14　差分电路分析结果

10.3.2　交流分析

　　交流分析（AC analysis）可以对模拟电路进行交流频率响应分析，可以得到模拟电路的幅频响应和相频响应。需先选定被分析的电路节点，在分析时，要求直流电压源短路，耦合电容短路，输入信号也设定为正弦波形式。若把函数信号发生器的其他信号作为输入激励信号，在进行交流频率分析时，会自动把它作为正弦信号输入。因此输出响应也是该电路交流频率的函数。

　　执行 Simulate 菜单中的 Analysis 命令下的 AC Analysis 命令，将弹出如图 10-15 所示的对话框，进入交流分析状态。

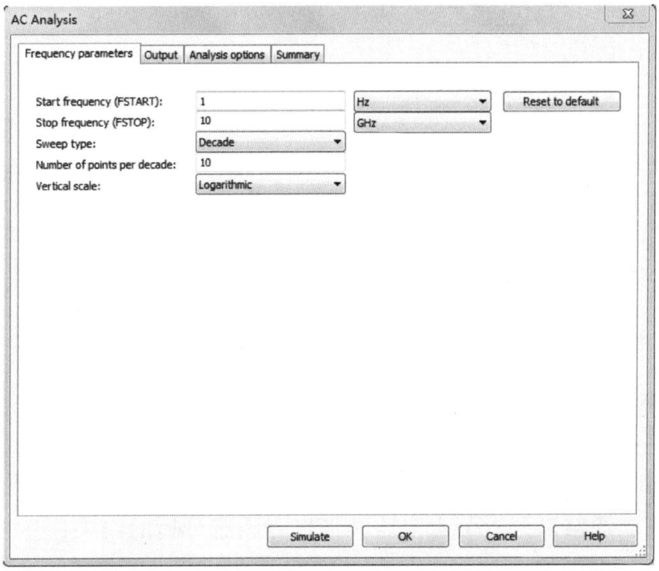

图 10-15　交流分析设置对话框

该对话框有 Frequency parameters、Output、Analysis options 和 Summary 4 个选项，其中 Output、Analysis options 和 Summary 3 个选项与直流工作点分析的设置一样。Frequency parameters 选项用来设置交流分析的频率参数，下面重点介绍 Frequency parameters 选项中的内容。

在 Frequency parameters 参数设置对话框中，可以确定分析的起始频率、终点频率、扫描形式、分析采样点数和纵坐标(Vertical scale)等参数。其中：

Start frequency：设置分析的起始频率，默认设置为 1Hz。

Stop frequency(FSTOP)：设置扫描终点频率，默认设置为 10GHz。

Sweep type：设置分析的扫描方式，包括 Decade(十倍程扫描)和 Octave(八倍程扫描)及 Linear(线性扫描)。默认设置为十倍程扫描(Decade 选项)，以对数方式展现。

Number of points per decade：设置每十倍频率的分析采样数，默认为 10。

Vertical scale：选择纵坐标刻度形式：坐标刻度形式有 Decibel(分贝)、Octave(八倍)、Linear(线性)及 Logarithmic(对数)形式。默认设置为对数形式。

点击 Simulate 按钮即可在显示图上获得被分析节点的频率特性波形，可以显示幅频特性和相频特性两个图，分析结果如图 10-16 所示。

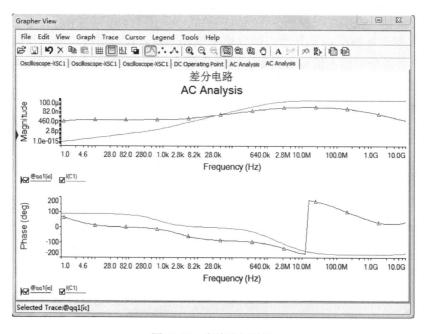

图 10-16　交流分析结果

10.3.3　瞬态分析

瞬态分析(transient analysis)是一种非线性时域分析方法，可以分析在激励信号作用下电路的时域响应。通常以分析节点电压波形作为瞬态分析的结果。

执行 Simulate 菜单中的 Analysis 命令下的 Transient Analysis 命令，将弹出如图 10-17

所示的对话框。该对话框包含 Analysis parameters、Output、Analysis options 和 Summary 共 4 个选项。后三个选项的设置方法与直流工作点分析中的设置相同，下面重点介绍 Analysis parameters 选项中的内容。

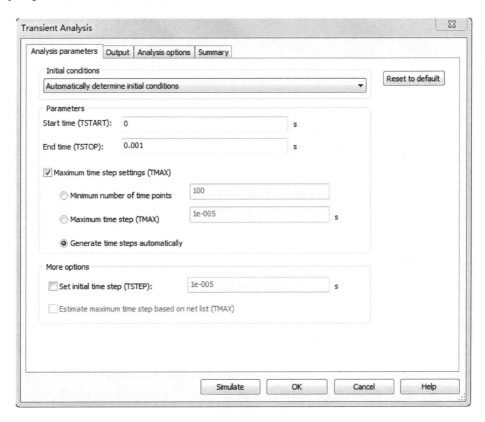

图 10-17　瞬态分析设置对话框

Analysis parameters 页主要由 3 部分组成。功能如下。

(1) Initial conditions 部分用于设置初始条件。其下拉菜单中包括 Automatically determine initial conditions（程序自动设置），Set to zero（设置初始值为 0），User define（由用户自定义初始值），Calculate DC operating point（计算直流工作点作为初始值）。

(2) Parameters 部分可以对时间间隔和步长等参数进行设置。Start time 设置分析的起始时刻，End time 设置分析的终止时刻。Maximum time step settings 设置最大时间步长，其中：点击 Minimum number of time points，可以设置单位时间内的采样点数；点击 Maximum time step(TMAX)，可以设置最大的采样时间间距；点击 Generate time steps automatically，由程序自动决定分析的时间步长。

(3) 单击 Reset to default 按钮将使 Analysis Parameters 页的所有设置恢复为默认值。

点击 Simulate 按钮，即可得到瞬态分析的结果，如图 10-18 所示。

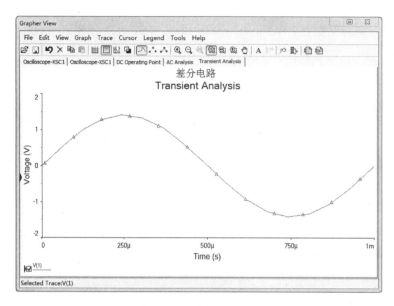

图 10-18　瞬态分析结果

10.3.4　扫描分析

Multisim 提供了三种扫描分析法：直流扫描分析、参数扫描分析和温度扫描分析，通过扫描分析可以看到扫描参数的变化对仿真输出的影响。

直流扫描分析(DC sweep analysis)是计算电路某一节点的直流工作点随直流电压源变化的情况。利用直流扫描分析，可以快速地根据直流电源的变动范围来确定电路的直流工作点。注意：如果电路中有数字器件，可将其当作一个大的接地电阻处理。

参数扫描分析(parameter sweep analysis)是通过对电路中某个元件的参数在一定范围内变化时，观察它对电路的直流工作点、瞬态特性、交流特性的影响，从而对电路的指标进行优化。相当于该元件每次取不同的值，进行多次仿真。对于数字器件，在进行参数扫描分析时将被视为高阻接地。

温度扫描分析(temperature sweep analysis)可用于分析温度变化对电路性能的影响，相当于该元件每次取不同的温度值进行多次仿真。在进行其他分析时，电路的仿真温度默认值设定在 27℃。

下面以图 10-4 中 RLC 电路为例，介绍参数扫描分析的使用。

启动 Simulate 菜单中的 Analysis 命令下的 Parameter Sweep 命令项，即可弹出如图 10-19 所示的对话框。

Analysis parameters 页中的 Sweep parameter 区用于选择扫描的元件和参数。选择下拉菜单中的 Device parameter 之后，右边的选项可以选择需要扫描的元件种类、序号和参数。

Points to sweep 区用于选择扫描方式。有十倍频扫描(Decade)、八倍频扫描(Octave)、线性刻度扫描(Linear)以及列表取值扫描。选定好扫描类型后，在 Point to sweep 右部设定扫描的起始值、终止值和扫描时间间隔。

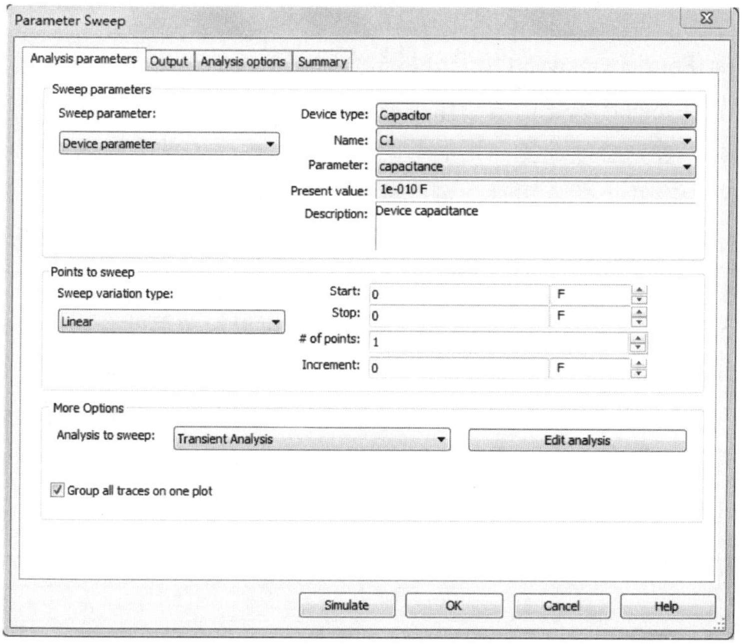

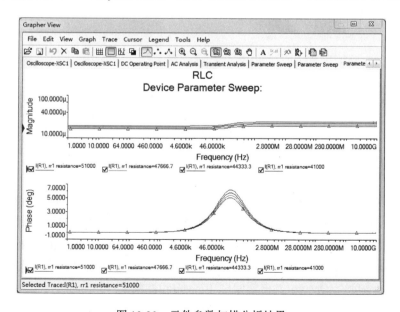

图 10-19　参数扫描分析设置对话框

　　点击 More 按钮可在 More Options 选项里选择扫描的分析类型。有直流工作点分析、交流分析和瞬态分析三种类型可选。

　　对 RLC 电路中的 R_1 进行扫描分析，分别取电阻 R_1 为 51kΩ、47.667kΩ、44.333kΩ、41kΩ 选择交流分析（AC analysis）类型，点击 Simulate 按钮，可得到如图 10-20 结果。

图 10-20　元件参数扫描分析结果

10.3.5　傅里叶分析

傅里叶分析(Fourier analysis)用于分析一个时域信号的直流分量、基频分量和谐波分量，即把被测节点处的时域变化信号作离散傅里叶变换，求出它的频域变化规律。在进行傅里叶分析时，首先必须选择分析的节点，一般将电路中的交流激励源的频率设定为基频，若在电路中有几个交流源时，可以将基频设定在这些频率的最小公倍数上。譬如有一个 10.5kHz 和一个 7kHz 的交流激励源信号，则基频可取 0.5kHz 傅里叶分析设置对话框如图 10-21 所示。

Analysis parameters 页中的 Sampling options 区可以对傅里叶分析的基本参数进行设置。在 Frequency resolution(fundamental frequency)窗口中可以设置基频。如果电路之中有多个交流信号源，则取各信号源频率的最小公倍数。如果不知道如何设置时，可以点击 Estimate 按钮，由程序自动设置。在 Number of harmonics 窗口可以设置希望分析的谐波次数。

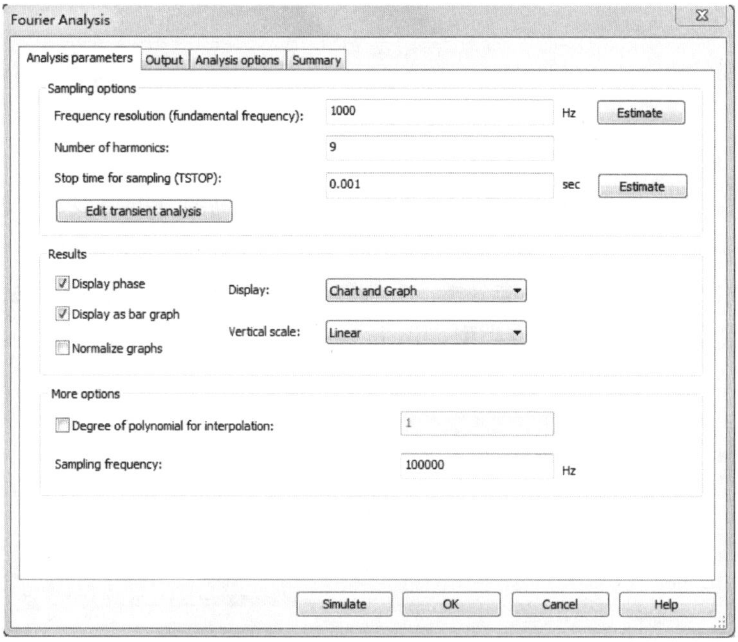

图 10-21　傅里叶分析设置对话框

Results 区可以选择仿真结果的显示方式。其中：Display phase 可以显示幅频和相频特性；Display as bar graph 可以以线条显示出频谱图；Normalize graphs 可以显示归一化的(Normalize)频谱图；在 Display 窗口可以选择所要显示的项目， Chart(图表)、Graph(曲线)及 Chart and Graph(图表和曲线)；在 Vertical 窗口可以选择频谱的纵坐标刻度，其中包括 Decibel(分贝刻度)、Octave(八倍刻度)、Linear(线性刻度)和 Logarithmic(对数刻度)。

点击 More 按钮可在 More options 选项里选择 Degree of polynomial for interpolation，

可以设置多项式的维数，选中该选项后，可在其右边栏中输入维数值。多项式的维数越高，仿真运算的精度也越高。

点击 Simulate 按钮，即可在显示图上获得分析节点的离散傅里叶变换的波形，如图 10-22 所示。傅里叶分析可以显示被分析节点的电压幅频特性也可以选择显示相频特性，显示的幅度可以是离散条形，也可以是连续曲线型。

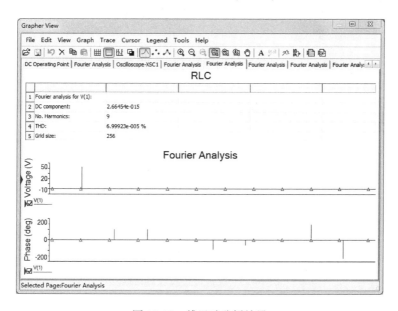

图 10-22　傅里叶分析结果

10.3.6　噪声分析

噪声分析(noise analysis)用于检测电子电路输出信号的噪声功率幅度，用于计算、分析电阻或晶体管的噪声对电路的影响。在分析时，假定电路中各噪声源是互不相关的，因此它们的数值可以分开各自计算。总的噪声是各噪声在该节点之和(用有效值表示)。噪声分析设置对话框如图 10-23 所示。

Analysis parameters 页中的 Input noise reference source 区，选择作为噪声输入的交流电压源，默认设置为电路中的编号为 1 的交流电压源；在 Output node 区，选择作测量输出噪声分析的节点，默认设置为电路中编号为 1 的节点；在 Reference node 区，选择参考节点，默认设置为接地点。

当选择 Set point per summary 选项时，输出显示为噪声分布为曲线形式；未选择时，输出显示为数据形式。在 Analysis parameters 对话框中的右边有 3 个 Change filter，分别对应于其左边的栏，其功能与 Output 对话框中的 Filter unselected variables 按钮相同，详见直流工作点分析中的 Output 对话框。

点击 Simulate 按钮，即可在显示图上获得被分析节点的噪声分布曲线图。

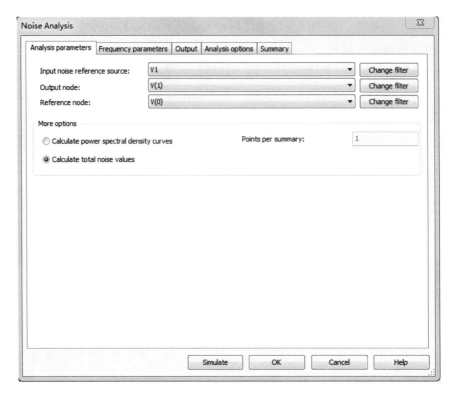

图 10-23　噪声分析设置对话框

10.3.7　失真分析

失真分析(distortion analysis)用于分析电子电路中的谐波失真和内部调制失真(互调失真)，通常非线性失真会导致谐波失真，而相位偏移会导致互调失真。若电路中有一个交流信号源，该分析能确定电路中每一个节点的二次谐波和三次谐波的幅值，若电路有两个交流信号源，该分析能确定电路变量在三个不同频率处的幅值：两个频率之和的值、两个频率之差的值以及二倍频率与另一个频率的差值。该分析方法是对电路进行小信号的失真分析，采用多维的 Volterra 分析法和多维泰勒(Taylor)级数来描述工作点处的非线性，级数要用到三次方项。这种分析方法尤其适合观察在瞬态分析中无法看到的、比较小的失真。失真分析设置对话框如图 10-24 所示。

Analysis parameters 页中的 Start frequency(FSTART)区设置分析的起始频率，默认设置为 1Hz；Stop frequency(FSTOP)区设置扫描终点频率，默认设置为 10GHz；Sweep type 区设置分析的扫描方式，包括 Decade(十倍程扫描)、Octave(八倍程扫描)和 Linear(线性扫描)，默认设置为十倍程扫描(Decade 选项)，以对数方式展现；Vertical scale 区选择纵坐标刻度形式，坐标刻度形式有 Decibel(分贝)、Octave(八倍)、Linear(线性)以及 Logarithmic(对数)形式，默认设置为对数形式。

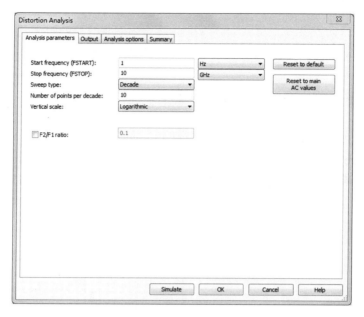

图 10-24　失真分析设置对话框

选择 F2 / F1 ratio 时，分析两个不同频率(F1 和 F2)的交流信号源，分析结果为(F1 ＋F2)、(F1－F2)和(2F1－F2)相对于频率 F1 的互调失真，在右边的窗口内输入 F2 / F1 的比值，该值必须在 0 到 1 之间；不选择 F2 / F1 ratio 时，分析结果为 F1 作用时产生的二次谐波、三次谐波失真。

Reset to main AC values 按钮将所有设置恢复为与交流分析相同的设置值。

Reset to default 按钮将本对话框的所有设置恢复为默认值。

点击 Simulate 按钮，即可在显示图上获得分析节点的失真曲线图，如图 10-25 所示。该分析方法主要用于小信号模拟电路的失真分析，元器件噪声模型采用 PSPICE 模型。

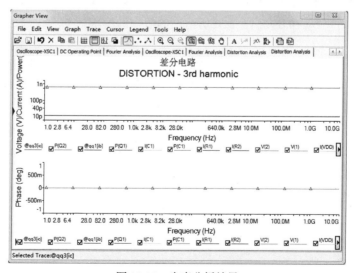

图 10-25　失真分析结果

10.4 Multisim 应用实例

10.4.1 基尔霍夫电流定律和基尔霍夫电压定律的仿真

本小节主要验证基尔霍夫电流定律(Kirchhoff's current law，KCL)和基尔霍夫电压定律(Kirchhoff's voltage law，KVL)，进一步加深对电荷守恒定律和能量守恒定律的认识与理解，在实践中熟悉电路中的基本变量和参数，以第 1 章课后习题 1.8 为例。

(1)在 Multisim 仿真软件中按照设计要求设置好各元件的参数，并完成电路图的连接，如图 10-26 所示。

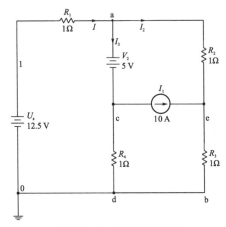

图 10-26　仿真电路图

(2)搭建完电路图后，用万用表测量 U_{ab} 电压值，逐渐改变 U_s 电压值，当 U_{ab}=5V 时，记录下当前 U_s 值，观察试验值与计算值是否相等，步骤如下所示。

取 U_s=12V 时，U_{ab}=4.8V 小于题目所给出的值，继续增大 U_s 值，如图 10-27 所示。

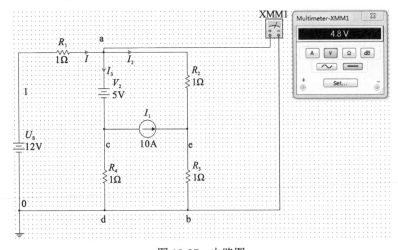

图 10-27　电路图

取 U_s=10.5V 时，U_{ab}=5V 等于题目所给出的值，再将此时 U_s 值与计算出的 U_s 值进行比较，可以知道是相等的，如图 10-28 所示。

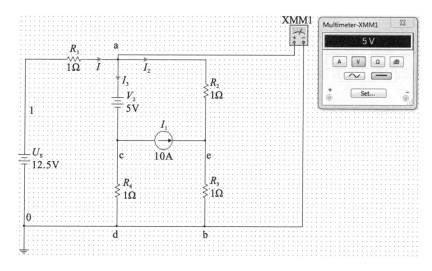

图 10-28　电路图

(3)按照得出正确参数值的电路图分别测量 I、I_2、I_3，R_1、R_2、R_3 电压值，再观察是否满足基尔霍夫电流定律(KCL)和基尔霍夫电压定律(KVL)，如图 10-29 所示。

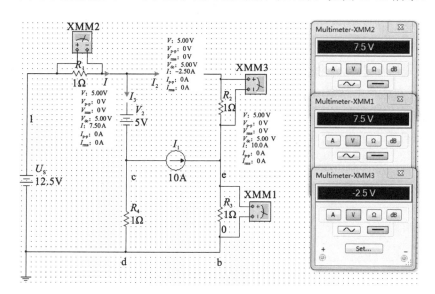

图 10-29　电路图及参数值

由测量结果可知，I=7.5A，I_2=−2.5A，I_3=10.0A，I=I_2+I_3，满足基尔霍夫电流定律；U_s=10.5V，U_{R_1}=7.5V，U_{R_2}=−2.5V，U_{R_3}=7.5V，$-U_s+U_{R_1}+U_{R_2}+U_{R_3}$=0，满足基尔霍夫电压定律。

10.4.2　电阻、电容、电感的电原理性的仿真

我们知道，电阻的主要作用是分电压和限电流，电容的主要作用是隔直流通交流，电感的主要作用是隔交流通直流。因此，本小节通过 Multisim 对这些特性进行演示和验证，加深对这些基本元器件的理解与认识。

1) 电阻的分电压与限电流特性演示

首先创建一个如图 10-30 所示的电路。

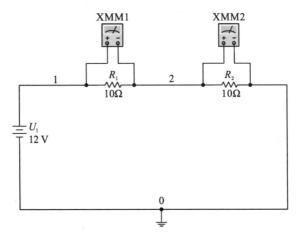

图 10-30　演示电路图

打开仿真，观察两个电压表各自测量的电压值，如图 10-31 所示。可以看到两个电压表测量的电压都是 6V，根据这个电路原理，同样可以计算出电阻 R_1 和电阻 R_2 上的电压均为 6V。在这个电路中，电源和两个电阻构成了一个回路，根据电阻分电压原理，电源的电压被两个电阻分担了，再根据两个电阻的阻值，可以计算出每个电阻上分担的电压是多少。同理，可以改变这两个电阻的阻值，进一步验证电阻分电压特性。

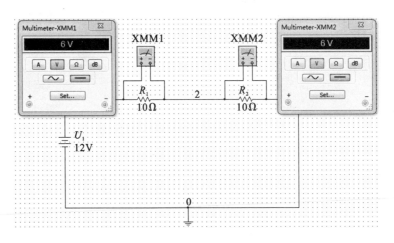

图 10-31　电路图及测量电压值

电阻限电流特性演示和验证创建如图 10-32 所示的电路。

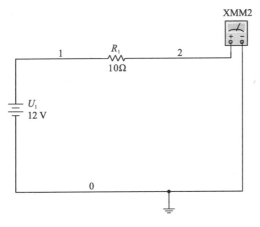

图 10-32 验证电路图

这时需要将万用表作为电流表使用，双击万用表，弹出万用表的属性对话框，点击按钮"A"。开始仿真，双击万用表，弹出电流值显示对话框，在这里可以查看电阻 R_1 上的电流，如下图 10-33 所示。

图 10-33 电阻 R_1 上的电流值

关闭仿真，修改电阻 R_1 的阻值为 1kΩ，再打开仿真，观察电流的变化情况，如图 10-34 所示，可以看到电流发生了变化。因为电阻值大小的改变，电流大小也相应地发生了变化，从而验证了限电流特性。

图 10-34 电阻 R_1 上的电流值

2）电容的隔直流通交流特性演示

创建如图 10-35 所示电路图，在这个电路图中，我们用直流电源加到电容的两端，通过示波器观察电路中电压的变化。

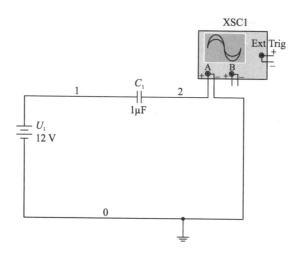

图 10-35   电容特性演示电路图

打开仿真，如图 10-36 所示，图中直线就是示波器所测的电压，可以看到，这个电压是 0，从而验证了电容的隔直流特性。

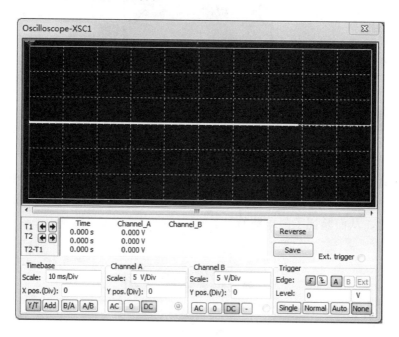

图 10-36   示波器所测电压值

创建如图 10-37 所示电路图，在该电路图中，将直流电源换作交流电源，电源电压和频率分别为 6V，50Hz。

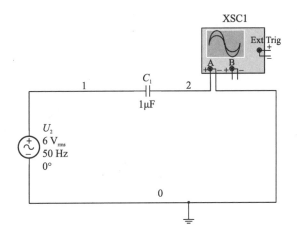

图 10-37　电容特性演示电路图

打开仿真，双击示波器，观察电路中的电压变化。如图 10-38 所示，电路中有频率为 50Hz 的电压变化曲线，从而验证了电容通交流的特性。

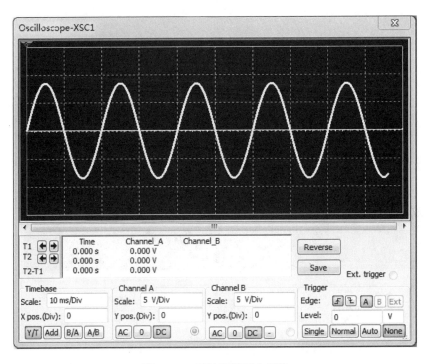

图 10-38　示波器所测电压值

3）电感的隔直流阻交流特性演示

创建如图 10-39 所示电路图，为了能得到更好地演示效果，在电感的两端分别连接示波器的一个通道。通道 A 测量电源经过电感后的电压变化情况，通道 B 连接电源，观察电源两端的电压情况。为了便于观察，示波器两个通道的水平位置进行了不同设置。因为直流电源通过电感后，其电压没有发生变化，示波器两个通道的波形会重叠在一起。通过调整两个通道的水平位置，将这两个波形分开，这样能够比较直观地看到两个通道的波形，如图 10-40 所示。

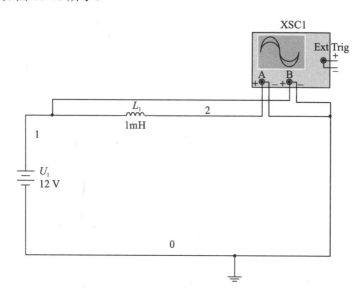

图 10-39 电感特性演示电路图

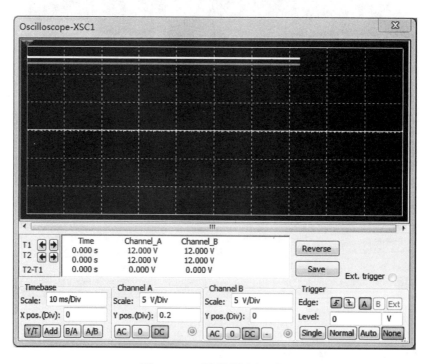

图 10-40 示波器所测电压值

创建如图 10-41 所示电路图，将电源变为交流电源，频率为 50MHz。

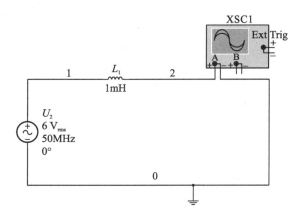

图 10-41　电感特性演示电路图

打开仿真，双击示波器，可以看到示波器上没有电压，说明电感将交流电隔断了，如图 10-42 所示。通过改变频率的大小，可以发现，在频率比较低的情况下，电压是能够通过电感的，但随着频率的提高，电压逐渐被完全隔断，与电感的频率特性是一致的。

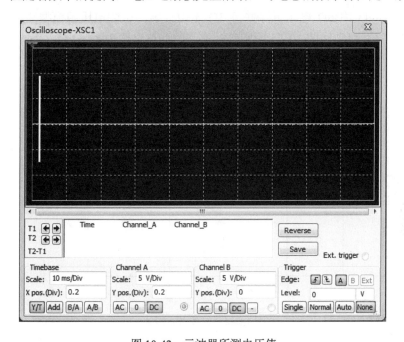

图 10-42　示波器所测电压值

10.4.3　电阻电路等效分析法的仿真

电阻电路等效分析法可以将复杂的电路等效转换为简单电路，使计算上大大降低，减少工作量。本小节通过实验仿真验证电阻电路等效分析法，证明其真实性和有效性。

（1）在 Multisim 仿真软件中按照设计要求设置好各元件的参数，完成电路图的连接，并测量图中电阻 R_6 的电压和电流 U、I，如图 10-43 所示。

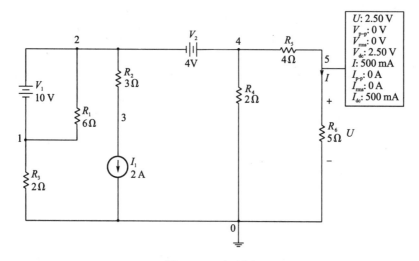

图 10-43　电路图

可以看出，测量结果 U=2.50V，I=500mA。

(2)将图 10-43 中 6Ω 电阻拆除并将 3Ω 电阻置零，10V 电压源模型支路等效变换为电流源模型支路，得到如图 10-44 所示等效电路，并测量图中 U、I 值。

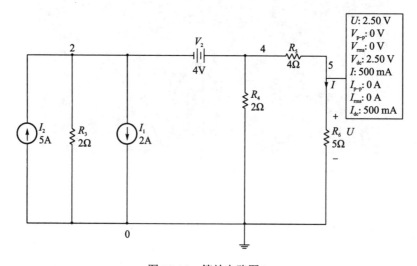

图 10-44　等效电路图 1

可以看出，测量结果 U=2.50V，I=500mA，R_6 电阻电压和电流不变。

(3)将图 10-44 中两并联电流源合并为一个 3A 电流源，再将 3A 电流源模型支路等效为 6V 电压源模型支路，两串联电压源合并为一个 10V 电压源，最后将 10V 电压源模型支路等效为 5A 电流源模型支路，得到如图 10-45 所示等效电路，并测量图中 U、I 值。

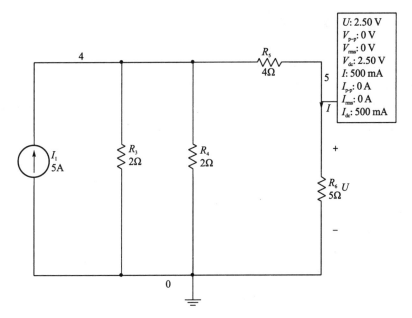

图 10-45　等效电路图 2

可以看出，测量结果 $U=2.50\text{V}$，$I=500\text{mA}$，R_6 电阻电压和电流不变。

(4)将图 10-45 中两并联电阻合并为一个 1Ω 电阻，再将 5A 电流源模型等效变换为 5V 电压源模型，最后将 1Ω 与 4Ω 串联电阻合并为一个 5Ω 电阻，得出最简单的单回路等效电路，如图 10-46 所示，测量最后等效电路图中 U、I 值。

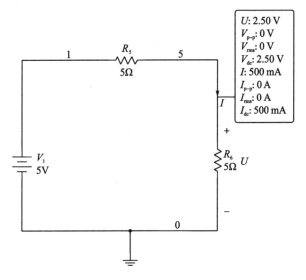

图 10-46　等效电路图 3

可以看出，最后得到的等效电路图中 U 与 I 与最开始的电路图中的 U、I 值相等，都为 $U=2.50\text{V}$，$I=500\text{mA}$，验证了电阻电路等效分析法是可行的。

10.4.4 叠加定理的仿真

本小节主要通过 Multisim 仿真软件验证叠加定理的真实性和有效性，进一步加深对叠加定理的认识与理解，在实践中熟悉叠加定理的过程与步骤。

（1）在 Multisim 仿真软件中按照设计要求设置好各元件的参数，并完成电路图的连接，测量图中电流 i 的值，结果如图 10-47 所示，i=3.6A。

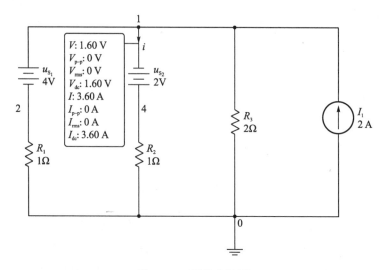

图 10-47 原始电路图

（2）当 u_{S_1} 单独作用时，令 $u_{S_2}=0$，电压源 u_{S_2} 置零，用短路线代替；$I_1=0$，电流源 I_1 置零，用开路线代替。最后连接如图 10-48 所示电路图，测量此时电流 i_2 的值，i_2=1.6A。

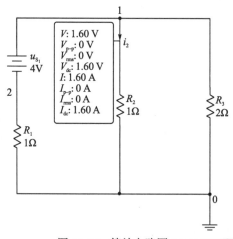

图 10-48 等效电路图 1

（3）当 u_{S_2} 单独作用时，令 $u_{S_1}=0$，电压源 u_{S_1} 置零，用短路线代替；$I_1=0$，电流源 I_1 置零，用开路线代替。最后连接如图 10-49 所示电路图，测量此时电流 i_3 的值，

$i_3=1.2$A。

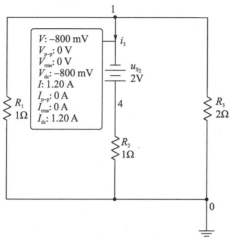

图 10-49　等效电路图 2

（4）当 I_1 单独作用时，令 $u_{S_1}=0$，电压源 u_{S_1} 置零，用短路线代替；$u_{S_2}=0$，电压源 u_{S_2} 置零，用短路线代替。最后连接如图 10-50 所示电路图，测量此时电流 i_4 的值，$i_4=0.8$A。

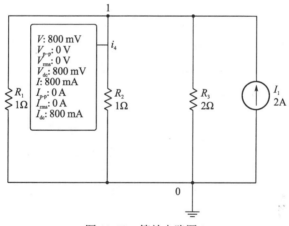

图 10-50　等效电路图 3

（5）分别得到 i、i_2、i_3、i_4 电流值后，可以得出 $i=i_2+i_3+i_4$，因此多个激励源共同作用时引起的响应（电路中各处的电流、电压）等于各个激励源单独作用时（将其他激励源置为零）所引起的响应之和，即验证了叠加定理。

10.4.5　电路时域分析的仿真

本小节主要验证电路时域分析中的一阶电路三要素分析法，只要求出电路图中的三要素，就可求得一阶电路在恒定输入信号激励下的完全响应，在实践中加深对三要素分析法的理解，以第 5 章例题 5.4 为例。

（1）在 Multisim 仿真软件中按照设计要求设置好各元件的参数，并完成电路图的连接，由 $t<0$ 时测量 $u_C(0-)$，如图 10-51 所示。

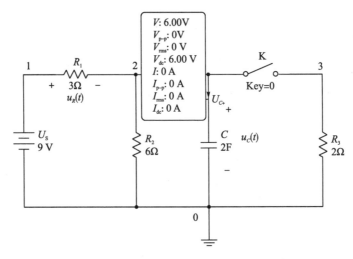

图 10-51　一阶电路图

由换路定理可得

$$u_C(0+)=u_C(0-)=6\,(\text{V})$$

（2）由 $t=0+$ 时测量 $u_R(t)$ 瞬时电压 $u_R(0+)$，可以使用 Multisim 中的瞬态分析得到瞬时值 $u_R(0+)$。点击 Simulate 菜单中的 Analysis 命令下的 Transient Analysis 命令，在 Output 栏中对 $V(2)$ 参数进行分析，如图 10-52 所示。

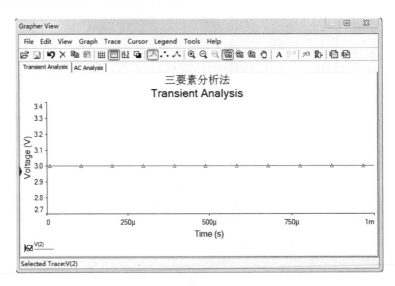

图 10-52　节点 2 的电压值

可以看出，$u_R(0+)=3\,(\text{V})$。

（3）由 $t \geqslant 0$ 时，测量电路进入稳态时 $u_R(t)$ 稳态值 $u_R(\infty)$。使用万用表测量 $u_R(t)$ 电压值，当开关 K 放下时，$u_R(t)$ 值会一直变化直到电路进入稳态值，如图 10-53 所示。

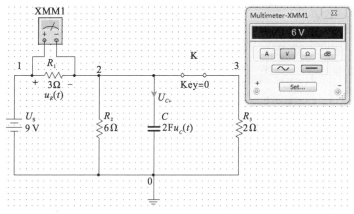

图 10-53　万用表所测电压值

可以看出，进入稳态时 $u_R(\infty)=6(\mathrm{V})$，测量值与计算值相同，因此在实际电路中验证三要素分析法是有效可行的。

10.4.6　耦合电感去耦合等效变换的仿真

本小节验证耦合电感在实际电路中的实际效果，在实际电路中证明其去耦合等效变换正确性，进一步加深对耦合电感在电路中作用的理解。

（1）首先，在 Multisim 仿真软件中只有普通电感，我们要知道在软件中如何产生耦合电感，Multisim 仿真软件中的耦合电感实际是普通电感再加上耦合两步操作形成的。在 Multisim 界面中放置两个需要耦合的电感，然后在变压器元器件分类中找到如图 10-54 所示的耦合元件。

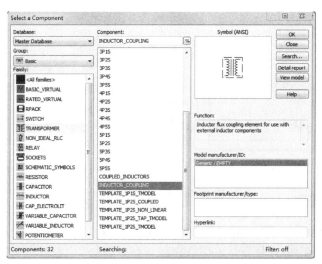

图 10-54　变压器元器件分类

　　双击这个"电感器耦合"元件，把需要耦合的电感名称加上，逗号分隔。再加上耦合系数，耦合系数为负表示两电感异名端耦合，耦合元件参数设置如图 10-55 所示。

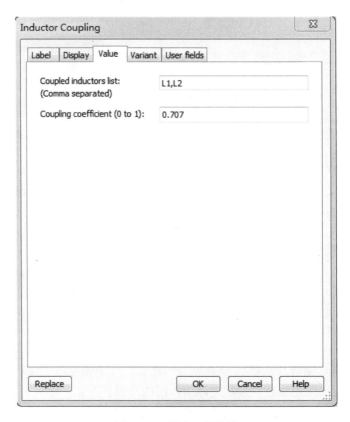

图 10-55　耦合元件参数

　　(2) 在 Multisim 仿真软件中创建连接一个耦合电感电路，电路图如图 10-56 所示。

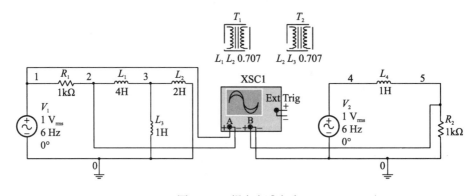

图 10-56　耦合电感电路

　　T_1、T_2 耦合系数为 0.707，由计算得出等效电感 L_4=1H，观察示波器两输出波形可知输出波形相同，如图 10-57 所示。

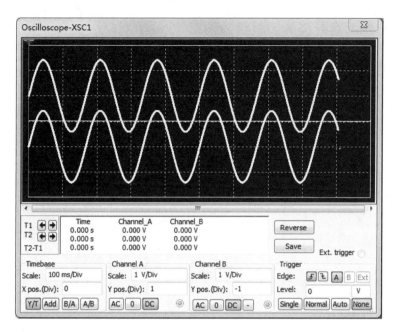

图 10-57　示波器波形显示

（3）观察耦合电感电路产生的相移，并与去耦合等效电路做对比。如图 10-58 所示，其中电路图的左边是耦合电感电路，右边是计算之后的去耦合等效电路。两示波器中，上面的波形是信号源波形，下面的波形是经过电阻的波形，两示波器各自对应的波形相同，说明耦合电感电路和去耦合等效电路的作用与效果一样。观察同一个示波器中信号源波形与经过电阻波形的差别，点击该示波器"单次"，可见有细微的延时，可以看到电感带来的相移影响。

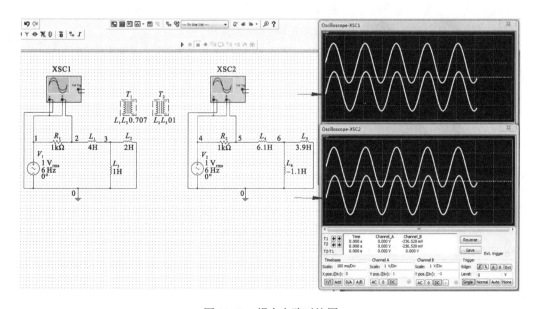

图 10-58　耦合电路对比图

10.4.7　基本共射极放大电路的仿真

基本共射极放大电路是指输入信号加在三极管的基极，输出信号从集电极引出，发射极作为输入电路和输出电路公共电极的放大电路，电路图如图 10-59 所示。

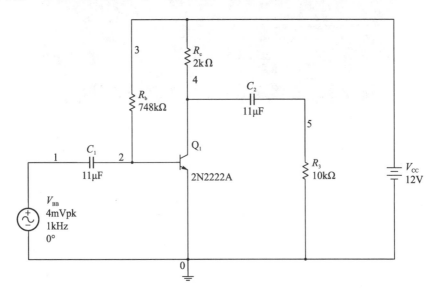

图 10-59　基本共射极放大电路

在图 10-59 所示的电路中，采用 NPN 型晶体管，V_{CC} 是集电极回路的直流偏置，它的负端接发射极，正端通过 R_c 接集电极，以保证晶体管集电结反向偏置；R_c 是集电极电阻，它的作用是通过集电极电流 I_C 的变化控制集电极电压 V_{CE} 的变化。V_{BB} 是基极回路的直流偏置，正端通过基极电阻 R_b 接基极，以保证发射结正向偏置。电容 C_1 和 C_2 为耦合电容或隔直流电容，在电路中的作用是隔直流通交流。

(1)直流工作点分析。直流工作点分析也称静态工作点分析，电路的直流工作点分析是在电路中电容开路、电感短路时，计算电路的直流工作点，即在恒定激励条件下求电路的稳态值。

执行菜单命令 Simulate→Analysis，在列出的可操作分析类型中选择 DC Operating Point，则出现直流工作点分析对话框，如图 10-60 所示。

图 10-60 中，Output 选项卡用于选定需要分析的节点，左边的 Variables in circuit 栏中列出了电路中各节点电压变量和流过电源的电流变量，右边的 Selected variables for analysis 栏用于存放需要分析的节点。

在 Variables in circuit 栏中选中需要分析的变量，再单击 Add 按钮，相应变量则会出现在 Selected variables for analysis 栏中。如果 Selected variables for analysis 栏中的某个变量不需要分析，则先选中它，然后单击 Remove 按钮，该变量将会返回左边的 Variables in circuit 栏中。

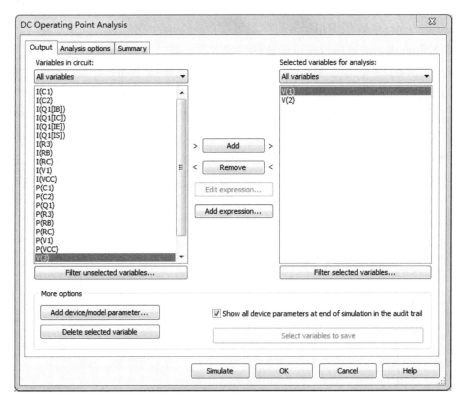

图 10-60　直流工作点分析图

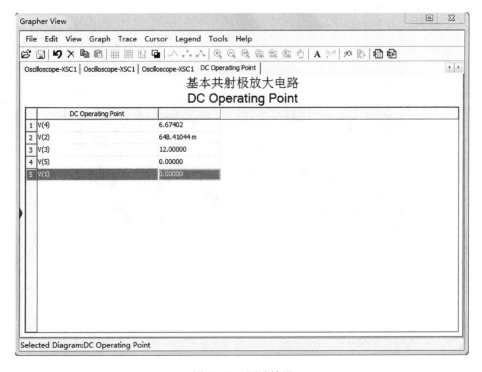

图 10-61　测试结果

Analysis options 选项卡用于分析参数设置，Summary 选项卡中列出了该分析所设置的所有参数和选项，通过检查可以确认这些参数的设置。

单击图 10-60 左下边的 Simulate 按钮，测试结果如图 10-61 所示。测试结果给出电路各个节点的电压值，根据这些电压的大小，可以确定该电路的静态工作点是否合理。如果不合理，改变电路中的某个参数，观察电路中某个元器件参数的改变对电路直流工作点的影响。

(2)输入、输出波形观察。将图 10-62 所示的仿真电路接上示波器，打开仿真开关，调整示波器扫描时间和通道 A、B 的显示比例，得到如图 10-63 所示的输入、输出波形。

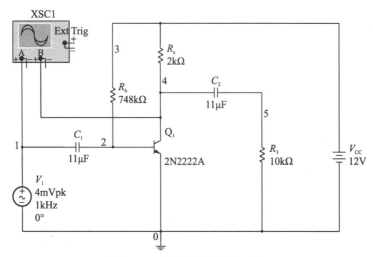

图 10-62　基本共射极放大电路

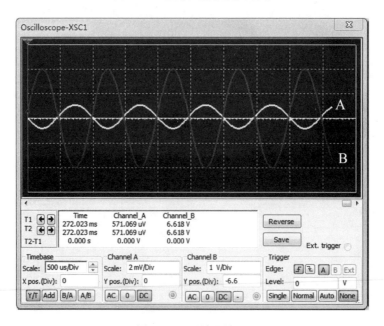

图 10-63　示波器波形

(3) 从图 10-63 示波器演示中可以看出，A 通道为输入信号波形，B 通道为输出信号波形，反相放大许多倍。静态工作点偏低时会产生截止失真，接近截止区，交流变量在截止区不能放大，使输出电压波形正半周期被削顶，产生截止失真。静态工作点偏高时产生饱和失真，接近饱和区，交流变量在饱和区不能放大，使输出电压波形负半周期被削底，产生饱和失真。因此，要使放大电路不产生失真，必须要有一个合适的静态工作的 Q，它应大致选在特性曲线中点。此外，输入信号的幅值不能太大，以避免放大电路的工作范围超过特性曲线的线性范围。

10.4.8　有源带通滤波器的仿真

本小节主要内容是有源带通滤波器的设计，并对其进行仿真与分析。设计基本要求如下：中心频率约为 10MHz，品质因数不低于 30，增益不低于 10。

(1) 首先按要求的指标，选定带通滤波器的结构，计算出各元件的参数值（设计和计算过程不是本章讨论重点，相关细节可参考本书有关章节）。

(2) 在 Multisim 12 中按照设计要求设置好各元件的参数，并完成电路图的连接，电路图如下图 10-64 所示。

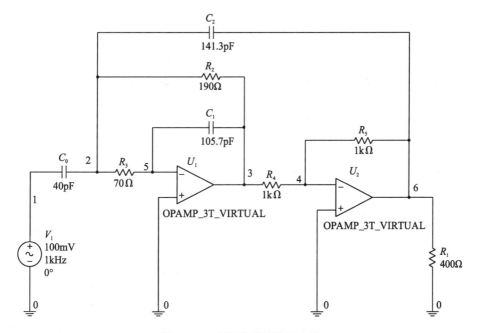

图 10-64　有源带通滤波器电路

(3) 完成交流分析（AC analysis）相关选项设置，设置分析的频率范围为 1Hz～100MHz，并选择分析节点，如图 10-65 所示。

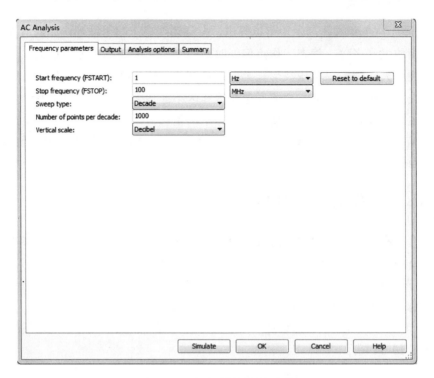

图 10-65   交流分析的频率参数

(4) 进行交流特性分析，得出该滤波器的幅频特性曲线，如图 10-66 所示。由图可知：$f_0 \approx 10\text{MHz}$，$Q \approx 32$，$BW \approx 310\text{kHz}$，$A_{\text{GAIN}} \approx 12$，基本满足设计指标。

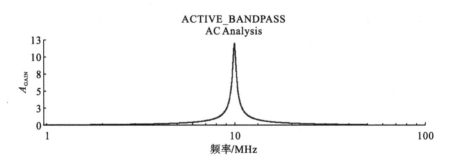

图 10-66   滤波器的幅频特性曲线

(5) 进行参数扫描分析，观察电阻值变化对幅频特性的影响。

首先，假设 R_2 一定，分析 R_3 的变化对电路性能的影响。启动 Simulate 菜单中的 Analysis 命令下的 Parameter Sweep 命令项，弹出参数扫描对话框。设置参数扫描的方式为 List 方式，其值为 $40 \sim 90\Omega$，间隔为 10Ω。设置参数扫描的分析方式，仍为交流特性分析，频率范围为 1Hz～100MHz，如图 10-67 所示。设置好扫描方式后，运行仿真，得到相应曲线，如图 10-68 所示。

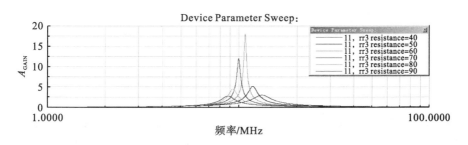

图 10-67　交流分析参数

图 10-68　电阻 R_3 变化对幅频特性曲线的影响

观察图中对应曲线可知：当 R_2 一定，分析 R_3 的变化时，该滤波器的增益、Q 值和中心频率均发生了变化。

然后，假设 R_3 一定，分析 R_2 的变化对电路性能的影响。同样地，需要首先完成参数扫描分析的设置。这里，设置参数扫描的方式仍为 List 方式，其值为 170～210Ω，间隔仍为 10Ω。设置参数扫描的分析方式，仍为交流特性分析，频率范围仍为 1Hz～100MHz，如图 10-69 所示。设置好扫描方式后，运行仿真，得到相应曲线，如图 10-70 所示。

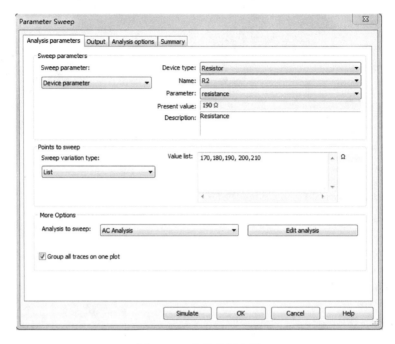

图 10-69   交流分析参数

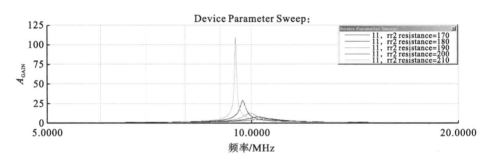

图 10-70   电阻 R_2 变化对幅频特性曲线的影响

观察图中对应曲线可知：当 R_3 一定，分析 R_2 的变化时，该滤波器的增益、Q 值和中心频率同样发生了变化。因此，可以知道，对电阻 R_2 和 R_3 调整会同时改变该滤波器的增益、Q 值和中心频率。从图中还可以看出，当电阻 R_2 和 R_3 调整到一适当值时可以得到较为理想的滤波器特性。

10.5   总结与思考

10.5.1   总结

随着计算机技术和电子技术的不断发展，计算机辅助设计技术在现代电子设计中发挥着重要的作用。本章的重点包括：计算机辅助设计的概念、PSPICE 的基本原理、Multisim 软件的使用及其各种分析方法。

1) 基本概念

包括计算机辅助设计、PSPICE、直流工作点分析、瞬态分析、交流分析及扫描分析。

2) 计算机辅助设计

计算机辅助设计一般是指计算机根据设计人员的指令执行各种数据分析和模拟实验过程,并输出结果。电路的计算机辅助设计包括电路的计算机辅助分析 CAA 和电路的最优化设计。

3) PSPICE

PSPICE 程序是计算机辅助电路分析中最具有代表性的电路分析程序之一。PSPICE 由以下部分组成:电路原理图编辑程序、激励源编辑程序、电路仿真程序、输出结果绘图程序、模型参数提取程序和元件模型参数库。PSPICE 可以进行直流工作点分析、交流分析和瞬态分析,这是对一个电子电路所需要的三种基本分析,因此它具有模拟大部分电子电路的功能。此外,它还具有温度分析等一些辅助分析功能。

4) 直流工作点分析

直流工作点分析 (DC operating point analysis) 主要用来计算电路的静态工作点。进行直流工作点分析时,Multisim 软件自动将电路分析条件设为电感短路、电容开路、交流电压源短路。

5) 瞬态分析

瞬态分析 (transient analysis) 是一种非线性时域分析方法,可以分析在激励信号作用下电路的时域响应。通常以分析节点电压波形作为瞬态分析的结果。

6) 交流分析

交流分析 (AC analysis) 可以对模拟电路进行交流频率响应分析,可以得到模拟电路的幅频响应和相频响应。在对交流小信号进行分析时,要求直流电压源短路,耦合电容短路。

7) 扫描分析

Multisim 软件提供了三种扫描分析法,即直流扫描分析、参数扫描分析和温度扫描分析,通过扫描分析可以看到扫描参数的变化对仿真输出的影响。

10.5.2　思考

(1) Multisim 软件进行仿真分析的基本原理。

(2) 元件参数扫描分析的应用。

习 题 10

10.1　PSPICE 程序包含了哪几种常用的分析功能?

10.2　Multisim 10、12 版本与其他电路仿真软件相比具有哪些典型的特征?

10.3 使用 Multisim 进行电路分析包括哪些典型的步骤？

10.4 使用 Multisim 绘制如图 10-71 所示电路。

10.5 使用 Multisim 绘制如图 10-72 所示电路。

10.6 使用 Multisim 求解图 10-71 所示电路的工作点。

10.7 使用 Multisim 求解图 10-71 所示电路的输出电压波形，若发现输出波形失真，试分析其原因。

10.8 使用 Multisim 求解图 10-72 所示电路的输出电压波形。

10.9 使用 Multisim 分析如图 10-71 所示电路中电阻元件 R_1、R_2、R_3 单独变化时对输出波形的影响。

10.10 使用 Multisim 分析如图 10-72 所示电路中电阻元件 R_3、R_4、R_5 单独变化时对输出波形的影响。

10.11 使用 Multisim 绘制如图 10-71 所示电路的幅频特性曲线和相频特性曲线，试分析其原因。

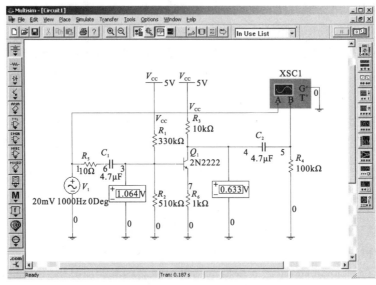

图 10-71 习题 10.4 图

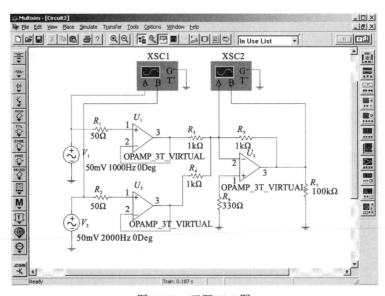

图 10-72 习题 10.5 图

主要参考文献

阿坦斯 M, 1979. 系统、网络与计算：多变量法. 宗孔德等译. 北京：人民教育出版社

巴拉巴尼安 N，1983. 电网络理论. 夏承铨等译. 北京：高等教育出版社

贝卡利, 1979. 网络分析与综合基础. 陈大培等译. 北京：人民教育出版社

陈树柏, 1984. 网络图论及其应用. 北京：科学出版社

程少痒, 1993. 电网络分析. 北京：机械工业出版社

德陶左 M L, 1978. 系统、网络与计算：基本概念. 江辑光等译. 北京：人民教育出版社

狄苏尔 C A, 1979. 电路基本理论. 葛守仁，林争辉译. 北京：人民教育出版社

法肯伯尔格 M E 范, 1982. 网络分析. 杨行峻等译. 北京：科学出版社

姜卜香，高敦堂, 1987. 电路与系统理论. 北京：高等教育出版社

赖先聪，韩文昭, 1988. 电路与系统理论. 北京：高等教育出版社

李瀚荪, 1993. 电路分析基础. 第三版. 北京：高等教育出版社

林争辉, 1988. 电路理论. 第一卷. 北京：高等教育出版社

龙建忠，王勇，方勇，等, 2002. 电路系统分析与设计. 成都：四川大学出版社

裴留庆, 1983. 电路理论基础. 北京：北京师范大学出版社

邱关源, 1982. 网络理论分析. 北京：科学出版社

邱关源, 1999. 电路. 北京：高等教育出版社

王蔼, 1987. 基本电器理论. 上海：上海交通大学出版社

徐士良, 1994. C 常用算法程序集. 北京：清华大学出版社

绪方胜彦, 1980. 现代控制工程. 卢伯英等译. 北京：科学出版社

郑君里, 2000. 信号与系统. 第二版. 北京：高等教育出版社

周昌, 1984. 电路理论机助分析方法. 沈志广译. 北京：人民邮电出版社

Charles K Alexander, Matthew N O Sadiku, 2000. Fundamentals of Electric Circuits. 北京：清华大学出版社

Charles K Alexander, Matthew N O Sadiku, 2003. 电路基础. 刘巽亮，倪国强译. 北京：电子工业出版社

Hayt W H, 2002. 工程电路分析. 王大鹏等译. 北京：电子工业出版社

Leon O Chua，Pen Min Lin, 1975. Computer-Aided Analysis of Electronic Circuits. Upper Saddle River：Prentice-Hall Inc

附　　录

常用函数的拉普拉斯变换表

序号	$f(t)(t>0)$	$F(s)=L[f(t)]$
1	冲击 $\delta(t)$	1
2	阶跃 $U(t)$	$\dfrac{1}{s}$
3	$b_0 e^{-at}$	$\dfrac{b_0}{s+\alpha}$
4	t^n (n 是正整数)	$\dfrac{n!}{s^{n+1}}$
5	$\sin\omega t$	$\dfrac{w}{s^2+w^2}$
6	$\cos\omega t$	$\dfrac{s}{s^2+w^2}$
7	$e^{-at}\sin\omega t$	$\dfrac{w}{(s+a)^2+\omega^2}$
8	$e^{-at}\cos\omega t$	$\dfrac{s+a}{(s+a)^2+\omega^2}$
9	te^{at}	$\dfrac{1}{(s-a)^2}$
10	$t^n e^{-at}$ (n 是正整数)	$\dfrac{n!}{(s+a)^{n+1}}$
11	$t\sin\omega t$	$\dfrac{2\omega s}{(s^2+\omega^2)^2}$
12	$t\cos\omega t$	$\dfrac{s^2-\omega^2}{(s^2+\omega^2)^2}$
13	$\sinh(at)$	$\dfrac{a}{s^2-a^2}$
14	$\cosh(at)$	$\dfrac{s}{s^2-a^2}$